乙級飲料調製技能檢定學術科完全攻略

閻寶蓉（Amy Yen） 編著

全華圖書股份有限公司

作者介紹：

閻寶蓉

專業領域：飲料調酒、餐飲創業規劃

專技助理教授：景文、萬能、德霖科技大學

專業證照：飲料調製乙級、
　　　　　中國調酒師高級、
　　　　　中國職業教師證、
　　　　　City & Guild Bar Professinoal、
　　　　　SSE　Lounge Bar Professional

經歷：福華飯店酒吧經理、京華城女狼俱樂部負責人、
　　　中國揚州女狼俱樂部總經理、亞太郵輪飲務部總監

現職：行政院勞委會飲料調製監評委員（18 年資歷）、
　　　名曜實業義大利女巫咖啡酒吧研發顧問、
　　　詮勝 168 餐飲補習班首席講師、
　　　楊海詮餐飲學院首席講師、
　　　Taipei Menu 餐飲管理顧問公司總監、
　　　兩岸專業證照申辦、
　　　安和 353 私宅酒窖餐廳股東、
　　　福容飯店桃園館女巫酒吧營運總監

著作：丙級調酒、飲料與調酒、乙級飲料調製、
　　　餐飲創業開店規劃

編輯大意

一、本書依據勞動部勞動力發展署技能檢定中心 113 年啟用最新公告「飲料調製乙級技術士技能檢定術科測試參考資料」編寫而成。

二、本書共分為五個部分：技能檢定準備篇、技術與考題解析篇、術科實作示範篇、酒譜背誦技巧篇，以及學科試題及解答篇，本書著重操作技術術科考題解析，以評審角度和評分標準，提點應考關鍵與訣竅，力求增加報檢者的應考實力。

三、本書自創酒譜分類快速背誦法，從調製法、基酒、杯器皿、裝飾物、相似混淆題，快速背誦 108 道考題酒譜；圖解示範調製步驟，細節解說淺顯易懂。

四、本書特別規劃「考前 14 週術科準備時程表」、「考前 100 天術科臨陣磨槍計畫表」、「檢定時間準備表」，配合三大考題模擬準備，反覆練習，可循序漸進從容應考；書末附印有酒譜的活頁酒卡，便利攜帶隨時背誦和練習。

五、本書編撰時力求完善，雖嚴謹校編，仍恐有疏漏之處，尚祈先進不吝賜教，俾便改正修訂。

目錄

第三篇

實作示範

目錄

| 第四篇 |

酒譜分類快速背誦技巧

| 第五篇 |

學科試題解答

飲料調製乙級技術士技能檢定

考前 **14** 週術科準備時程表

1.
- ☐ 了解考場規範及考題重點，掌握評分要點，學術科準備方向
- ☐ 認識杯皿、材料、酒類

2.
- ☐ 吧檯佈置、裝飾物製作

3.
- ☐ Free Pour 操作、乙級飲調方法實作教學

4.
- ☐ 注入法、直接注入法練習

5.
- ☐ 搖盪法、壓榨法練習

6.
- ☐ 攪拌法、電動攪拌法練習

7.
- ☐ 分層法、飄浮法練習

8.
- ☐ 咖啡拉花、酒類辨識

9.
- ☐ 咖啡拉花、酒類辨識

10.
- ☐ 實作 C1-C6 試題
- ☐ 背頌酒譜卡

11.
- ☐ 實作 C7-C12 試題
- ☐ 背頌酒譜卡

12.
- ☐ 實作 C13-C18 試題
- ☐ 背頌酒譜卡

13.
- ☐ 模擬考
  1. 酒類試聞（24 支）
  2. 吧檯佈置
  3. 術科操作
  4. 酒類辯試（10 支）

14.
- ☐ 模擬考
  1. 酒類試聞（24 支）
  2. 吧檯佈置
  3. 術科操作
  4. 酒類辯試（10 支）

☆☆☆
- ● 掌握重點，謹慎、自信、從容以對。
- ● 致命錯誤誤題，絕不可犯。
- ● 酒類辨識，以公告之原文印刷體作答，大小寫皆可，且不可重覆做答。
- ● 相似度高的杯子，不可拿錯。
- ● 杯皿、材料、酒類、方法絕對不能錯。

一張證照，終身受用，
邁向人生職場高階，遠景更寬廣

對照本書重點練習配合操作與背誦
- ◎掌握 24 支酒類辨識試款數
- ◎十種酒配方分類背誦法
- ◎自創酒譜分類快速背誦法
- ◎從裝飾物分類記憶背誦法
- ◎八種調製法分類背誦法
- ◎從杯器皿分類背誦法

考前 100 天術科臨陣磨槍計畫

大項	考試大題	時間	滿分	準備目標	學習時間分配
A	酒類辨識： 從 24 支酒抽出 10 支酒，不可以口嚐。	每人每款 30 秒	100 分	1. 了解考場規範與安全及衛生等事項 2. 學會辨識 24 支酒的產區、原料與釀造法、酒精度以及口味香氣和特色 3. 認識杯、器皿、機具與材料 4. 能背誦 24 支酒的英文酒名	第 1 週
B	吧檯準備： 吧檯佈置及裝飾物製作 1. 需完成術科 6 題之裝飾物製作 2. 一個頻果塔製作 （實 2.5-3 公分共 5 層）	20 分鐘 （佈置製作 15 分鐘，評分 5 分鐘）	100 分	1. 吧檯佈置 2. 裝飾物製作 3. 學會正確切割檸檬（柳橙）片、檸檬角及螺旋狀檸檬皮、薄荷枝、芹菜棒、頻果塔及糖（鹽）口杯等裝飾物之製作	第 2 週
C	咖啡拉花與飲料調製： 從 C1~C18 共 18 小組抽出一組，每組 6 題。	2 小時 27 分鐘 （一題 15 分鐘：前置 4 分、調製 7 分、善後 4 分）	600 分	1. 養成正確的前置作業及安全及衛生等事項等學習慣 2. 熟背乙級酒譜 3. 熟練 91 道乙級雞尾酒之調製技能 4. 熟練正確操作八種調製法 5. 學會義式咖啡機操作及鮮奶發泡與咖啡拉花葉子、心形之技巧 6. 養成正確善後處理程序之習慣 7. 分類背頌	第 1~10 週 （10 道 × 9 週）
最後衝刺				1. 總復習每天練習調製一組試題，反覆操作（含裝飾物製作） 2. 辨識 24 支酒	第 13~14 週

飲料調製乙級技術士技能檢定時間準備表

項目	1、2月	6月	7月	8月	9月	9月	10月	11月	12月
簡章及報名表發售				■	■				
報名日期				■					
學科考試								■	
術科考試									■
考場規範、材料、杯器皿的介紹	■								
吧檯佈置、Free Pour 操作、杯緣裝飾操作			■						
注入法、搖盪法、電動攪拌、直注法、攪拌法、分層法	■			■	■				
酒類辨識、咖啡拉花						■			
背酒譜、六大基酒分類、杯子分類、裝飾物分類	■						■		
實作練習、模擬考	■							■	■

第一篇 技能檢定準備

壹、檢定應考須知
貳、檢定機具設備材料表
參、檢定場規定
肆、評審總表
伍、辦理單位時間配當表

壹 檢定應考須知

一、綜合注意事項

1. 術科考試兩周前主辦單位會寄給應檢人一份資料：此份應檢資料，含酒類辨識酒款產區、品種、年分資料；義式咖啡機品牌、款式資料。乙級技能檢定術科測試試題共有三大題，第一大題（201，A 大題）- 酒類辨識，第二大題（202，B 大題）- 吧檯準備（吧檯布置及製作裝飾物，含六小題之裝飾物），第三大題（203，C 大題）- 飲料調製。第一大題酒類辨識，嚴禁口嚐。第三大題飲料調製分為 18 小組（依序為 C1、C2、C3、C4、C5、C6、C7、C8、C9、C10、C11、C12、C13、C14、C15、C16、C17、C18），每一組別內各有六小題，共計 108 題。

2. 測試當日監評長於綜合注意事項說明後，應引導應檢人至檢定場的酒類辨識區作酒類試聞：辦理單位將酒類辨識 24 種酒款分裝杯器皿（每款 1 杯，計 24 杯），於酒類辨識區依序分三區排列（每區 8 杯），將酒瓶擺置對應酒款杯器皿後方，酒類辨識材料卡（僅標註酒款原文名稱）陳列於杯器皿前。酒類試聞時將應檢人分為三組，同組於同一區進行酒類試聞，每區試聞時間為 5 分鐘，試聞時間共計 15 分鐘，酒類試聞應檢人嚴禁交談、口嚐。

3. 酒類試聞結束，監評長公開舉行抽題事宜。

4. 應檢人確認抽題結果：抽題結束後，辦理單位應立即將抽題結果公告於明顯處，請應檢人確認。

5. 最小號之術科測試編號的應檢人抽選酒類辨識題號：主管單位公告採用電子抽題後，測試當日由術科測試編號最小號之應檢人抽選酒類辨識題號，再由監評長不規則編號 10 款酒類辨識序號，經所有監評人員簽名確認。術科測試編號最小號之應檢人並抽出其個人測試對應的試題組別，其餘應檢人依檢定序號對應試題組別。

6. 抽題結束後先進行二、三大題，第一大題最後進行：考量辦理單位準備第一大題（201，A 大題）酒類辨識需有備酒時間，因此於抽題完成後先進行第二大題（202，B 大題）吧檯準備、第三大題（203，C 大題）飲料調製，最後再進行第一大題（201，A 大題）酒類辨識。

7. 應檢人須自備的工具：檢定之設備、工具、材料均由辦理單位提供，唯應檢人須自備：(1) 職場專業服裝儀容（如本篇第參節服裝儀容標準說明圖所示）、(2) 廚房紙巾一捲（盒）。

8. 應檢人於測試前應詳閱應檢人參考資料，含試題、評審表。

9. 檢定作業完成時間，不得藉故要求延長時間。

10. 檢定的成品不得攜回：檢定結束後，應檢人之成品（含半成品）均不得要求攜回，並於清理個人操作檯後，始得離開檢定場。

11. 應檢人應注意工作安全，預防意外事故發生。

應考秘笈

應檢人須自備：
① 職場專業服裝儀容
② 廚房紙巾一捲（盒）

二、檢定當日應注意事項

1. 應檢人依通知日期時間到達檢定場後，請先到「報到處」辦理報到手續，再依試務人員安排至指定處等候。

2. 應檢人報到時，請出示術科測試通知單、准考證及國民身分證或其他法定身分證明。

3. 應檢人報到完畢後，由試務人員集合核對人數點交由當日監評長（或指定的監評人員）進行服裝儀容檢查。應檢人服裝儀容未依規定穿著者，不得進場應試，術科成績以不及格論。應檢人如有異議，監評長應邀集所有監評人員召開臨時會議討論並決議之。監評長宣布當日一般注意事項，介紹說明場地機具設備、檢定流程注意事項及冰沙機、義式咖啡機、拉花鮮奶容量位置及酒類辨識的材料（包括葡萄酒產區、年分）。抽題結束後，試務人員記錄應檢人員題號同時發給題目，監評長依序核對檢定號碼並簽名確認抽題題目，經監評人員再次確認應檢資料後，等待監評長發「開始」指令。

4. 應檢人員於術科測試時間開始（吧檯準備）後 15 分鐘以上尚未進場者視同未報到，並以「缺考」註記。

5. 監評長宣布依據辦理單位所提供之機具、設備及材料確認表清點，如有短少或損壞，立即請場地管理人員補充或更換；檢定中損壞之機具、設備及材料經監評人員確認責任後，由該應檢人於檢定結束後賠償之。

6. 俟監評長宣布「開始」口令後，應檢人才能開始檢定作業。

7. 應檢人應詳閱試題，若有疑問應於檢定開始前提出。辦理單位提供之杯器皿容量規格，應在容許之誤差範圍內。應檢人應依試題規定適當運用辦理單位提供之杯器皿進行術科測試。

8. 應檢人檢定中不得交談、代人操作或託人操作等違規行為，違反者，以「扣考」論處。應檢人認為測試題組使用之器具、原料為其他應檢人取用致短缺時，應立即向監評人員反應，經監評人員確認後，得中止該名應檢人測試時間，做適當處理，並補足其測試時間。

9. 檢定進行中，術科試題題卡放置於操作檯處，應檢人不可攜帶至公共材料區。

10. 檢定中應注意自己、鄰人及檢定場地之安全。

11. 在規定時間內提早完成者，於原地靜候指令。

12. 檢定須在規定時間內完成，在監評長宣布「檢定截止」時，應請立即停止操作。

13. 離場前，將術科測試通知單請試務人員簽章後才可離開檢定場。

14. 離場時，除自備用品外，不得攜帶任何東西出場。

15. 不遵守試場規則者，除勒令出場外，取消應檢資格並以「扣考」論處。

16. 進入檢定場後，應將所有電子通信設備關閉，以免影響檢定場秩序。

17. 本職類術科測試試題規定之操作、處理手法，僅供應檢人參加檢定時，須瞭解之共通基礎技能。

18. 本須知未盡事項，依技術士技能檢定及發證辦法、技術士技能檢定及試場規則等相關規定處理。

三、檢定當日檢定程序及時間表

1. 每位應檢人檢定三大題，檢定時間總計 3 小時 25 分鐘。
2. 當日檢定程序表。

大項	考試大題	時間	滿分	備註
第一大題 （201，A 大題）	酒類試聞 共 10 題，從 24 支酒抽出 10 支酒，每支 10 分（只能聞不能嚐）	35 分鐘	100 分	須以公告之原文印刷體作答，大小寫皆可，以原文書寫體或中文作答者，不予計分（錯一個字母即為錯誤），辨識方法嚴禁口嚐。 不能扣超過 51 分
第二大題 （202，B 大題）	吧檯布置及裝飾物製作 1. 需完成術科 6 題之裝飾物 2. 一個蘋果塔製作 　（寬 2.5~3cm，共 5 層）	20 分鐘 （布置及製作裝飾物時間 15 分鐘，評分時間 5 分鐘）	100 分	不能扣超過 51 分
第三大題 （203，C 大題）	飲料調製 每人只抽考 6 題，從 18 組（C1~C18）抽出一組，每組 6 小題（共計 108 題）	2 小時 27 分鐘	600 分	每題共 100 分，每題不能扣超過 51 分，總分不能扣超過 241 分

3. 檢定當日飲料調製時間表。

題數	項目	進 行 時 間
第一題	前置作業	4 分鐘
	評分（停止操作）	3 分鐘
	調製過程	7 分鐘
	成品完成	
	評分（停止操作）	3 分鐘
	善後處理	4 分鐘
	評分	3 分鐘
第二題	前置作業	4 分鐘
	評分（停止操作）	3 分鐘
	調製過程	7 分鐘
	成品完成	
	評分（停止操作）	3 分鐘
	善後處理	4 分鐘
	評分	3 分鐘
第三題	前置作業	4 分鐘
	評分（停止操作）	3 分鐘
	調製過程	7 分鐘
	成品完成	
	評分（停止操作）	3 分鐘
	善後處理	4 分鐘
	評分	3 分鐘

題數	項目	進 行 時 間
第四題	前置作業	4 分鐘
	評分（停止操作）	3 分鐘
	調製過程	7 分鐘
	成品完成	
	評分（停止操作）	3 分鐘
	善後處理	4 分鐘
	評分	3 分鐘
第五題	前置作業	4 分鐘
	評分（停止操作）	3 分鐘
	調製過程	7 分鐘
	成品完成	
	評分（停止操作）	3 分鐘
	善後處理	4 分鐘
	評分	3 分鐘
第六題	前置作業	4 分鐘
	評分（停止操作）	3 分鐘
	調製過程	7 分鐘
	成品完成	
	評分（停止操作）	3 分鐘
	善後處理	7 分鐘
	評分	3 分鐘

飲料調製時間小計：2 小時 27 分鐘

四、檢定應試對象

1. 想從事調酒咖啡飲料相關的開店及就業者
2. 從事飯店餐飲、咖啡館、PUB 等經營管理者
3. 從事餐飲教育培訓工作者

五、主辦機關

1. 發照單位：行政院勞動部勞動力發展署技能檢定中心
2. 承辦單位：財團法人技專校院入學測驗中心基金會
3. 地　　　址：雲林縣 640 斗六市大學路三段 123-5 號
4. 服務電話：(05)5360800 轉 999 / 免費諮詢專線：0800-360-800

六、檢定報考資格

檢定的報考年齡並無限制，符合下列其中 1 項即可：

1. 有丙證者（調酒或飲料調製）
   (1) 2 年工作經歷
   (2) 高中職畢或同等學力或在校最高年級
   (3) 五專在校 3 年級以上或技專院校、大學在校生或同等學力
2. 無丙證者
   (1) 高中職畢或同等學力 +2 年工作經歷
   (2) 專科以上畢或在校最高年級（無需相關科系及工作經歷）
   (3) 6 年工作經歷（無學歷）

七、檢定時間（第三梯次）

檢定一年只考一次，時間如下。

項目	時間	地點
簡章及報名書表發售期間	約每年 8 月	全家便利商店、萊爾富便利商店、OK 超商。發展署技能檢定中心技能檢定服務窗口、臺北市職能發展學院。
報名日期團體 / 個別報名	約每年 8 月	可採通信報名或網路報名，全國檢定通信報名統一收件中心。
學科測試時間	約每年 11 月	以報考人准考證所標示的地點為主。
術科考試時間	測試日前 10 天公布	由主辦單位於測試日前 10 日公布，考試地點以准考證通知地點為準。

八、進修課程推薦

乙級飲料調製技術士的進修課程推薦表。

課程名稱	機構名稱	上課地點	報名電話
飲料調製乙級證照班	詮勝烹飪調酒補習班	臺北市忠孝東路一段 13 號 6F	02-2351-6868
乙級飲料調酒證照班	楊海銓餐飲學苑	臺北市中山區中山北路一段 88 號 1 樓	02-2531-1797

貳 檢定機具設備材料表

乙級技術士技能檢定術科測試會用到的機具設備和材料表。

檢定職類		飲料調製	級別	乙	每場檢定人數	18 人
項目	名　稱		規格	單位	數量	備註
檢定場面積			1520 x 840cm 以上	式	1	含空調設備
			800 x600cm 以上	式	1	可容納 18 人以上的獨立座位

【傢俱類】

項目	名　稱	規格	單位	數量	備註
傢 1	長方會議桌	180 x 60 x 75cm，含摺疊式桌腳、夾層	張	42	180 x 60 x 75cm，含摺疊式桌腳、夾層。
傢 2	座椅	高度 45cm	張	15	高度 45cm
傢 3	課桌椅		組	18	供應檢人繕寫使用

【布巾類】

項目	名　稱	規格	單位	數量	備註
布 1	檯布	270 x 150cm	條	26	270 x 150cm、須有 6 條為白色，供酒類辨識桌用。

【玻璃類】考場提供之各種器皿規格須一致

項目	名　稱	規格	單位	數量	備註
玻 1	可林杯 (Collins)	360ml(±5ml)	框	1	36 個入一個杯框
玻 2	高飛球杯 (High Ball)	300ml(±5ml)	框	共入一個杯框	30 個入一個杯框
玻 3	高飛球杯 (High Ball)	240ml(±5ml)			6 個
玻 4	古典酒杯 (Old Fashioned)	240ml(±5ml)	框	1	24 個入一個杯框
玻 5	香甜酒杯 (Liqueur)	30ml(±2ml)			12 個
玻 6	酸酒杯 (Sour)	140ml(±5ml)	框	共入一個杯框	6 個
玻 7	愛爾蘭咖啡杯 (Irish Coffee Glass)	240ml			6 個
玻 8	馬丁尼杯 (Martini)	90ml (±5ml)	個	12	
玻 9	雞尾酒杯 (Cocktail)	125ml (±5ml)	框	1	36 個入一個杯框
玻 10	大雞尾酒杯 (Cocktail)	180ml (±5ml)	個	12	
玻 11	瑪格麗特杯 (Margarita)	200ml (±10ml)	個	6	
玻 12	托地杯 (Toddy)	240ml (±10ml)	個	12	
玻 13	炫風杯 (Hurricane)	430ml (±10ml)	個	12	
玻 14	烈酒杯 (Shot)	60ml (±2ml)	個	6	
玻 15	高腳香檳杯 (Flute)	150ml (±10ml)	個	12	

（續下頁）

（承上頁）

項目	名　稱	規格	單位	數量	備註
玻16	白酒杯 (White Wine Glass)	130ml（±10ml）	個	6	
玻17	試酒杯 (Tasting Glass)	220ml（±10ml）	個	120	
玻18	公杯 (Pitcher)	公杯 300ml(±20ml) 帶嘴，壓克力材質亦可：需耐溫 80℃	框	1	帶嘴 /36 個入一杯框

【瓷器類】

項目	名　稱	規格	單位	數量	備註
瓷1	寬口咖啡杯組	270ml(±10ml)、附底盤及不銹鋼匙	組	18	置於義式咖啡機上方
瓷2	小圓盤 (Side Plate)	直徑 15~18cm	個	56	

【雜項類】

項目	名　稱	規格	單位	數量	備註
雜1	砧板	45cmx30cmx1cm、塑膠製	片	18	
雜2	砧板架		座	2	
雜3	三角尖刀	12~15cm（不含刀柄）	支	20	刀刃處須保持銳利
雜4	水果夾	長約 12~15 cm	支	36	與【瓷2】項圓盤配合使用
雜5	壓汁器	塑膠製	個	18	
雜6	量酒器 (Jigger)	30ml/15ml 共計 45ml	個	24	須使用標準容量（18 個放置公共材料區、6 個為辦理單位酒類辨識量酒用）
雜7	波士頓雪克杯 (Boston Shaker)	內杯玻璃器製；外杯不銹鋼製	個	20	內杯玻璃杯口不得有防滑裝置
雜8	隔冰器		支	18	
雜9	吧叉匙	32~34cm	支	18	
雜10	搗碎棒 (Muddler)	材質不拘	支	18	
雜11	酒嘴 (Pourer)	不銹鋼製、內徑 0.6~0.7cm、長 10~12cm	個	70	
雜12	拉花鋼杯	600ml(±100ml)	個	9	
雜13	小鋼杯	225 ml(±25ml)	個	9	高 6.5 公分，寬 7 公分，置於義式咖啡機上方，每台 3 個
雜14	圓湯匙	不銹鋼製、16~19 cm	支	4	
雜15	圓托盤	直徑 35cm、止滑	個	20	
雜16	葡萄酒開酒器 (Waiter's Friend)	開啟葡萄酒	支	2	
雜17	水桶	45 公升以上、塑膠製	個	20	

（續下頁）

（承上頁）

項目	名　　稱	規格	單位	數量	備註
雜 18	冰桶（附冰鏟 / 冰夾）	至少 3.5 公升以上	個	22	需尺寸協調；2 個置於義式咖啡機旁，放置剩餘奶泡。
雜 19	冰酒桶	至少 3.5 公升以上	個	8	冰鎮香檳及白葡萄酒和鮮奶、碳酸飲料、果汁
雜 20	垃圾桶	10~15 公升、塑膠製	個	18	與【耗 6】項垃圾袋配合使用
雜 21	廚餘桶	2 公升（以上）、塑膠或不鏽鋼製	個	18	
雜 22	開罐器	有壓孔功能、簡單型	個	4	
雜 23	儲冰槽	20 公斤容量以上、塑膠材質加蓋	個	4	
雜 24	冰鏟	1 個儲冰槽配用 2 支，並緊鄰儲冰槽衛生放置	支	8	配合【雜 23】項使用
雜 25	開飲機	10 公升以上，水溫開滾後保持 95℃ 以上	台	4	
雜 26	手搖碎冰機	12 x 12 x 24cm 以上	台	6	材質不拘
雜 27	海棉刷	長柄	支	20	
雜 28	乾粉滅火器	ABC 型 10 型	個	4	
雜 29	急救箱	安全效期內之完整藥品及配件	箱	1	
雜 30	沖壺	600~1000ml、不銹鋼	個	4	
雜 31	果汁機組或冰沙機	具碎冰功能 / 附延長線（從電源至每一應檢人操作台長度）	組	4	
雜 32	半自動義式咖啡機	雙口、鍋爐容量 10 公升以上；咖啡機兩側須有長 90 公分、寬 60 公分以上的工作檯面供應檢人操作	台	3	1. 含一台備用（雙口）；調整出水量為 30ml、60ml。 2. 三台皆須開機，並備註第一台、第二台及備用台。 3. 需附轉角防滑咖啡填壓墊 2 個。 4. 每台咖啡機須附： (1) 平底不鏽鋼填壓器 (Flat Stainless Tamper)*2 個； (2) 沖煮把手（單導流嘴）Filter holder's handle (Solo)*2 支； (3) 濾器 / 粉杯（單杯）Solo Filter（7~9 克）*2 個； (4) 沖煮把手（雙導流嘴）Filter holder's handle (Doppio)*2 支； (5) 濾器 / 粉杯（雙杯）Doppio Filter（14~18 克）*2 個； (6) 木柄毛刷 *2 支（20~27cm）。

（續下頁）

項目	名　　稱	規格	單位	數量	備註
雜 33	義式咖啡磨豆機	豆槽容量 450 公克以上	台	4	1. 須設於咖啡機旁 2. 含一台備用（4 台皆須開機） 3. 每台皆須附木柄毛刷
雜 34	恆溫酒窖或恆溫儲酒櫃	儲酒櫃須可存放 60 瓶以上	台	1	放置地點鄰近考場，以不影響檢定進行為原則。
雜 35	葡萄酒專用溫度計	可插入瓶中	支	2	
雜 36	抹布	毛巾料（20 兩／一打）或棉紗：63×30cm 或 30×30cm	條	24	供應檢人擦拭工作檯及夾層使用；另在義式咖啡機上方備 2 條濕抹布（顏色須與工作檯不同），供擦拭蒸氣管。
雜 37	葡萄酒瓶塞		個	4	供紅、白、氣泡酒瓶塞用。
雜 38	吧檯瀝水墊	可瀝水，至少 30×40cm 以上	塊	18	放置洗淨後之器皿。

以下檢定所有各項材料，於場地評鑑時，至少提出一份供確認（生鮮類除外），檢定時可使用不同品牌混合，並須遮蓋中文標示。

【再製酒類】ABV = Alcohol by Volume

項目	名　　稱	規格	單位	數量	備註
酒 1	金巴利酒 (Campari)	700~750ml ／瓶	瓶	4	25%ABV 以上
酒 2	不甜苦艾酒 (Dry Vermouth)	700~750ml ／瓶	瓶	4	15%ABV 以上
酒 3	甜味苦艾酒 (Rosso Vermouth)	700~750ml ／瓶	瓶	4	15%ABV 以上
酒 4	紅多寶力酒 (Dubonnet Red)	700~750ml ／瓶	瓶	4	14.8%ABV 以上
酒 5	杏仁香甜酒 (Amaretto)	700~750ml ／瓶	瓶	4	28%ABV 以上
酒 6	深可可香甜酒 (Brown Crème de Cacao)	700~750ml ／瓶	瓶	4	24%ABV 以上
酒 7	白可可香甜酒 (White Crème de Cacao)	700~750ml ／瓶	瓶	4	24%ABV 以上
酒 8	班尼狄克丁香甜酒 (Bénédictine)	700~750ml ／瓶	瓶	4	40%ABV 以上
酒 9	卡魯哇咖啡香甜酒 (Kahlúa)	700~750ml ／瓶	瓶	4	20%ABV 以上
酒 10	咖啡香甜酒 (Crème de Café)	700~750ml ／瓶	瓶	4	24%ABV 以上
酒 11	君度橙酒 (Cointreau)	700~750ml ／瓶	瓶	3	39%ABV 以上
酒 12	白柑橘香甜酒 (Triple Sec)	700~750ml ／瓶	瓶	5	30%ABV 以上
酒 13	藍柑橘香甜酒 (Blue Curaçao Liqueur)	700~750ml ／瓶	瓶	4	24%ABV 以上

（續下頁）

（承上頁）

項目	名　稱	規格	單位	數量	備註
酒 14	柑橘香甜酒 (Orange Curaçao) 或 Dry Orange	700~750ml ／瓶	瓶	4	24%ABV 以上
酒 15	綠薄荷香甜酒 (Green Crème de Menthe)	700~750ml ／瓶	瓶	4	24%ABV 以上
酒 16	白薄荷香甜酒 (White Crème de Menthe)	700~750ml ／瓶	瓶	4	23%ABV 以上
酒 17	義大利香草酒 (Galliano)	700~750ml ／瓶	瓶	4	42.3%ABV
酒 18	蜂蜜香甜酒 (Drambuie)	700~750ml ／瓶	瓶	4	40%ABV 以上
酒 19	櫻桃白蘭地〈香甜酒〉(Cherry Brandy)(Liqueur)	700~750ml ／瓶	瓶	4	20%ABV 以上（使用紅色系櫻桃酒類）
酒 20	莫札特黑色巧克力香甜酒 (Mozart Dark Chocolate Liqueur)	500~750ml ／瓶	瓶	4	15%ABV 以上
酒 21	白巧克力酒 (White Chocolate Cream)	500~750ml ／瓶	瓶	4	15%ABV 以上
酒 22	香蕉香甜酒 (Crème de Bananes)	700~750ml ／瓶	瓶	4	24%ABV 以上
酒 23	貝里斯奶酒 (Bailey`s Irish Cream)	375~750ml ／瓶	瓶	4	17%ABV 以上
酒 24	香橙干邑香甜酒 (Grand Marnier)	700~750ml ／瓶	瓶	6	40%ABV 以上
酒 25	黑醋栗香甜酒 (Crème de Cassis)	700~750ml ／瓶	瓶	4	15%ABV 以上
酒 26	青蘋果香甜酒 (Sour Apple Liqueur)(de Pomme Verte)	700~750ml ／瓶	瓶	4	15%ABV 以上
酒 27	水蜜桃香甜酒 (Peach Liqueur)	700~750ml ／瓶	瓶	4	18%ABV 以上
酒 28	百香果香甜酒 (Passion Fruit Liqueur)	700~750ml ／瓶	瓶	4	15%ABV 以上

【蒸餾酒類】

項目	名　稱	規格	單位	數量	備註
酒 29	蘇格蘭調和威士忌 (Blended Scotch Whisky)	700~750ml ／瓶	瓶	4	40%ABV 以上；裝上酒嘴。
酒 30	蘇格蘭單一純麥威士忌 (Single malt Scotch Whisky)	700~750ml ／瓶	瓶	2	40%ABV 以上；置於酒類辨識區。
酒 31	愛爾蘭威士忌 (Irish Whiskey)	700~750ml ／瓶	瓶	4	40%ABV 以上；裝上酒嘴。
酒 32	波本威士忌 (Bourbon Whiskey)	700~750ml ／瓶	瓶	6	40%ABV 以上；裝上酒嘴。

（續下頁）

項目	名　　稱	規格	單位	數量	備註
酒 33	加拿大威士忌 (Canadian Whisky)	700~750ml ／瓶	瓶	4	40%ABV 以上；裝上酒嘴。
酒 34	白色蘭姆酒 (White Rum)	700~750ml ／瓶	瓶	6	40%ABV 以上；裝上酒嘴。
酒 35	深色蘭姆酒 (Dark Rum)	700~750ml ／瓶	瓶	4	40%ABV 以上；裝上酒嘴。
酒 36	伏特加 (Vodka)	700~750ml ／瓶	瓶	6	40%ABV 以上；裝上酒嘴。
酒 37	香草伏特加 (Vanilla Vodka)	700~750ml ／瓶	瓶	4	35%ABV 以上；裝上酒嘴。
酒 38	白蘭地 (Brandy)	700~750ml ／瓶	瓶	6	40%ABV 以上；裝上酒嘴。
酒 39	特吉拉 (Tequila)	700~750ml ／瓶	瓶	6	40%ABV 以上；裝上酒嘴。
酒 40	琴酒 (Gin)	700~750ml ／瓶	瓶	8	40%ABV 以上；裝上酒嘴。
酒 41	甘蔗酒 (Cachaça)	700~1000ml ／瓶	瓶	4	40%ABV 以上；裝上酒嘴。
酒 42	干邑 (Cognac)	700ml／瓶（或50ml/瓶至少 6瓶以上）	瓶	1	40%ABV 以上；V.S.O.P 等級。

【葡萄酒類】

公共材料區之汽泡酒、白酒須冰鎮。紅白葡萄酒須使用應檢當年度 5 年內之年分（含 5 年），例如檢定年度為 2014 年，則須提供 2009 年之後年分的葡萄酒（年分指葡萄採收年 Vintage）。

項目	名　　稱	規格	單位	數量	備註
酒 43	原味香檳或汽泡酒 (Champagne or Sparkling Wine Brut)	375~750ml ／瓶	瓶	4	11%ABV 以上（限當日開瓶）
酒 44	卡波內索維濃 (Cabernet Sauvignon)	375~750ml ／瓶	瓶	4	12%ABV 以上，紅葡萄酒（限當日開瓶），其中任 2 瓶放置於公用材料區。
酒 45	美洛 (Merlot)	375~750ml ／瓶	瓶	4	
酒 46	黑皮諾 (Pinot Noir)	375~750ml ／瓶	瓶	4	
酒 47	夏多內 (Chardonnay)	375~750ml ／瓶	瓶	4	12%ABV 以上，白葡萄酒（限當日開瓶），其中任 2 瓶放置於公用材料區。
酒 48	白索維濃 (Sauvignon Blanc)	375~750ml ／瓶	瓶	4	
酒 49	雷絲林 (Riesling)	375~750ml ／瓶	瓶	4	8%ABV 以上，白葡萄酒（限當日開瓶）。
酒 50	雪莉酒 (Sherry)	700~750ml ／瓶	瓶	4	15%ABV 以上，甜度不拘。
酒 51	波特酒 (Tawny Port)	700~750ml ／瓶	瓶	4	15%ABV 以上
酒 52	安格式苦精 (Angostura Bitters)	118ml 以上	瓶	4	

【配料類】

項目	名　　稱	規格	單位	數量	備註
配 1	辣醬油 (Worcestershire Sauce)	296ml	瓶	2	
配 2	酸辣油 (Tabasco)	60ml	瓶	2	
配 3	荳蔻粉 (Nutmeg Powder Powder)	35g、玻璃或壓克力裝	瓶	5	
配 4	肉桂粉 (Cinnamon Powder)	45g	瓶	3	
配 5	可可粉 (Cocoa Powder)	50g	瓶	3	裝入瓶中
配 6	糖包 (White Sugar)	6~8公克/包、50包/盒	盒	1	
配 7	細鹽 (Salt)	300 公克	罐	1	保持乾燥
配 8	細鹽 (Salt)	35g，裝於瓷器、玻璃或壓克力製罐子	瓶	3	
配 9	黑胡椒粉 (Blak Pepper)	35g，裝於瓷器、玻璃或壓克力製罐子	瓶	3	
配 10	果糖 (Sugar Syrup)	350m 以上	瓶	18	
配 11	義式咖啡豆 (Coffee Bean)	450g	包	3	義式咖啡磨豆機用
配 12	裝飾用咖啡豆 (Coffee Bean)	30 g	杯	1	以古典杯裝盛，置於公共材料區。
配 13	無糖液態奶精 (Cream)	500ml	罐	4	以公杯取用
配 14	蔓越莓汁 (Cranberry Juice)	700ml 以上	瓶	2	
配 15	蘋果汁 (Apple Juice)	700ml 以上	瓶	2	採用稀釋天然果汁的包裝飲料（30% 以上），或濃縮果汁現場由監評人員監督稀釋調配至30% 以上，以公杯取用。
配 16	草莓汁 (Strawberry Juice)	700ml 以上	瓶	2	
配 17	柳橙汁 (Orange Juice)	700ml 以上	瓶	6	
配 18	番茄汁 (Tomato Juice)	190~600ml	瓶	6	
配 19	鳳梨汁 (Pineapple Juice)	190~360ml 易開罐裝	箱	1	
配 20	蘇打水 (Soda Water) 或原味氣泡水 (Sparkling Water)	300~600ml/24 以上，罐裝／瓶裝	箱	1	
配 21	薑汁汽水 (Ginger Ale)	300ml/24 以上，罐裝／瓶裝	箱	1	
配 22	無色汽水 (7-up/Sprite 等)	500~600ml 寶特瓶裝	瓶	6	
配 23	可樂 (Cola)	500~600ml 寶特瓶裝	瓶	6	
配 24	紅石榴糖漿 (Grenadine Syrup)	700ml 以上	瓶	6	
配 25	莫西多糖漿 (Mojito Syrup)	700ml 以上	瓶	2	

（續下頁）

（承上頁）

項目	名　稱	規格	單位	數量	備註
配 26	夏威夷豆糖漿 (Macadamia Nut Syrup)	700ml 以上	瓶	2	
配 27	杏仁糖漿 (Almond Syrup/ Orgeat Syrup)	700ml 以上	瓶	2	
配 28	椰漿 (Coconut Cream)	14oz(400ml)	罐	2	以公杯取用
配 29	紅心橄欖 (Stuffed Olive)	85g（含）以上	罐	1	以水果夾取用
配 30	小洋蔥 (Cocktail Onion)	283g（含）以上	罐	1	以水果夾取用
配 31	紅櫻桃 (Maraschino Cherry)	帶梗，1 公斤裝	罐	1	以水果夾取用
配 32	淡鹽水 (Light Salty Water)	約 1000ml（含 20 公克左右之細鹽）	罐／瓶	4	浸泡蘋果塔用（以水壺或保特瓶盛裝，請標示淡鹽水）。
配 33	方糖		盒	1	

【生鮮類】

項目	名　稱	規格	單位	數量	備註
鮮 1	雞蛋	水洗精選、10 粒／盒	盒	4	
鮮 2	鮮奶	1 公升／盒、全脂（含脂肪量 3~3.8% 以上）	盒	8	以公杯或拉花鋼杯取用、保持冰鎮狀態，禁止使用回收鮮奶。
鮮 3	檸檬		個	50	
鮮 4	柳橙		個	50	
鮮 5	萊姆（無籽檸檬）		個	50	
鮮 6	蘋果	紅皮	個	10	切成 1/4 以保鮮膜覆蓋，長度 7~9 公分，準備 20 份。
鮮 7	香蕉		條	6	帶皮，條 /100g(±10g)，可切適當份量。
鮮 8	奇異果		個	4	
鮮 9	葡萄柚		個	5	
鮮 10	鳳梨（帶皮）		個	1	切成 1/8 以保鮮膜覆蓋，準備 2 份。
鮮 11	西洋芹	整支存放（含葉片）	支	4	
鮮 12	薄荷葉		克	50	以保鮮膜包覆 12 片，8 份。
鮮 13	薄荷枝 (Mint Sprig)	帶葉	枝	15	12cm 以上
鮮 14	嫩薑		克	100	去皮，長約 7cm，寬 0.5 x 1cm，以保鮮膜包覆 3 片，2 份。
鮮 15	調酒立方冰塊	2 × 2cm	公斤	100	
鮮 16	泡沫鮮奶油		罐	2	保持冰鎮狀態

14

【消耗品類】

項目	名　稱	規格	單位	數量	備註
耗 1	環保紙吸管	細管（可裁剪）	支	10	配合薄荷芙萊蓓使用
耗 2	水	配於【家1】長方會議桌上，每箱5加侖（含以上），附出水控制開關	箱	20	
耗 3	杯墊	100 個 / 盒	盒	1	
耗 4	櫻桃叉	100 支 / 包	盒	1	
耗 5	調酒棒	50 支 / 包	包	1	配合高飛球杯
耗 6	垃圾袋	配合 10~15 公升垃圾桶使用	個	50	
自備	廚房紙巾	應檢人自備：具清潔、擦拭及襯墊功能	捲（盒）	1	
自備	服務巾	應檢人自備： 白色、全棉、長寬 55cm±3cm，不可有髒汙	條	1	

【檢定用品類】

項目	名　稱	規格	單位	數量	備註
檢 1	評分夾板	直式帶夾紙器	個	7	
檢 2	評審總表	填寫完成應檢人檢定崗位編號、起訖時間、檢定編號、日期、姓名	張	18	
檢 3	評審表	填寫完成應檢人六位檢定編號、第一～六小題、日期、起訖時間	份	36	
檢 4	時鐘	供現場全體人員清楚視之	座	1	
檢 5	原子筆	黑或藍色	支	30	供監評人員及應檢人使用
檢 6	計算機	按鍵具食指大小	個	7	供監評人員使用
檢 7	訂書機	大於 10 號針	支	6	
檢 8	紅色印泥		個	1	
檢 9	計時器	1. 具開始、停止及暫停功能 2. 可記錄至秒數 3. 可放置（或固定）於桌面上	個	11	
檢 10	術科測試試題題目卡	C1~C18（黃色）、護貝	份	2	供應檢人使用，只標示中英文考題。
檢 11	術科測試配方表	C1~C18（白色）、護貝	份	2	供監評人員使用
檢 12	崗位標號牌	牌面尺寸 21×9cm，就寬度標示號碼 01 至 18，固定於個人操作檯左上角。	套	1	

（續下頁）

項目	名　稱	規格	單位	數量	備註
檢 13	背部崗位標號牌	牌面尺寸20 x 20cm，就寬度標示號碼01至18，同於個人操作檯標號，易於應檢人在協助下固定於背部腰際以上位置。	套	1	
檢 14	酒類辨識材料表	共 24 種酒類，每場次使用一份	份	2	抽出辨識酒款評審長予以編號，評審長與所有監評簽名後備查。
檢 15	酒類辨識材料卡	1. 8 x 5cm 規格 2. 24 張為 1 組	組	2	標註 24 款酒類原文名稱；酒類試聞使用。
檢 16	酒類辨識標號卡	1. 8 x 5cm 規格 2. 10 張為 1 組	組	6	標註 10 款已抽選酒類之號碼順序 (1~10)；酒類辨識使用。
檢 17	酒類辨識答案表	分 10 格標示 1~10	張	18	
檢 18	數位相機		台	1	
檢 19	列表機		台	1	
檢 20	直尺	15~30cm	支	7	供監評人員使用
檢 21	電子磅秤		台	1	供監評人員使用
檢 22	義式咖啡機操作崗位配置表	護貝	張	4	張貼於義式咖啡機上方、供辨識用
檢 23	標籤貼紙	適當大小	張	54	標示數字 1~24，作為酒類試聞使用；及標示數字 1~10，作為 3 組酒類辨識使用。

參 檢定場規定

一、檢定場平面圖

飲料調製乙級技術士技能檢定場地平面圖。

1. 最小面積共計1520×840cm（扣除牆柱及裝潢建築物之實際長寬）；考試台180×60cm；個人臺間距80cm；中間走道120cm；邊圍走道60cm。

2. 因全日分上下二場考試，另設置有監評人員及應檢人員休息場所。

3. 考場可依場地狀況，將義式咖啡機架設在考場前方或後方。

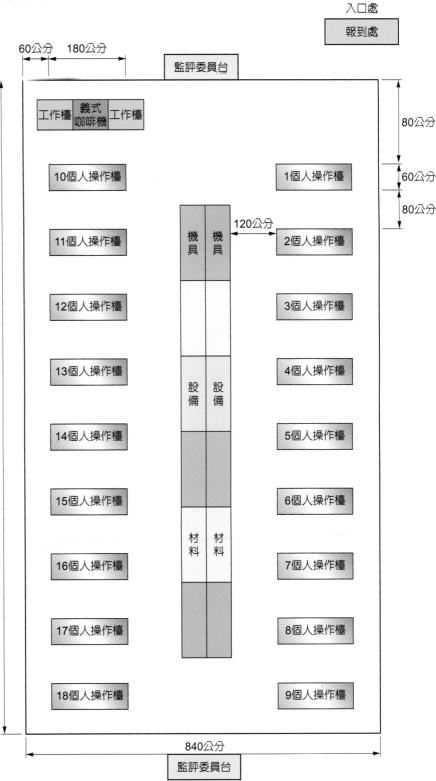

二、操作台平面圖

飲料調製乙級技術士技能檢定的操作台平面圖。

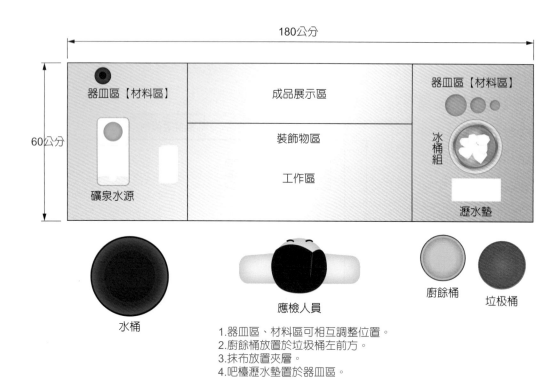

1.器皿區、材料區可相互調整位置。
2.廚餘桶放置於垃圾桶左前方。
3.抹布放置夾層。
4.吧檯瀝水墊置於器皿區。

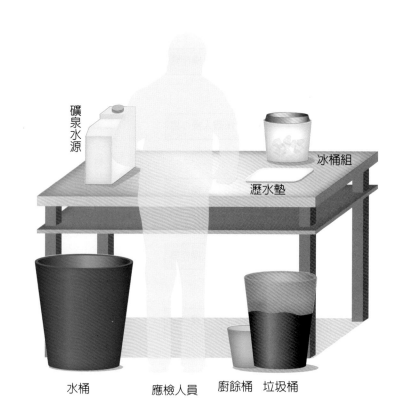

三、服裝儀容標準說明

　　本說明從專業飲務從業人員「重安全」、「講衛生」之工作立場要求下列標準：

1. 頭髮：梳理整齊，髮長觸及衣領或過肩者須往後綁成髻並戴上髮網；額前頭髮不得長及眼睛。

2. 顏面：不蓄鬍鬚，不可濃妝艷抹，不可佩戴飾品（如：耳環、鼻環……等）。

3. 領結或領帶：不限樣式及顏色。

4. 手：不得留長指甲（超出指肉者謂之）、不著指甲油；雙手潔淨，不戴飾物（含手錶），辦理單位及監評人員請協助及輔導應檢人，於點名作業前，先提供潤滑油協助取下手鐲，並提醒針對不可拆除之手鐲，應全程配戴乳膠手套。

5. 白襯衫：一律長袖（不可捲、摺）並以扣子扣住領口及袖口；長度至手腕。

6. 背心：西服背心，長度至腰際，顏色不限。

7. 長褲：一律深黑或深藍色，有褲耳者需繫皮帶（不限材質及顏色），褲襬不得短及露出肚臍；褲長達鞋面。

8. 襪子：著全黑色素面襪子（不限材質），襪子長度須超過腳踝。

9. 皮鞋（前、後及兩側全包）：需為黑色並須擦拭乾淨，鞋跟不得超過 5 公分。

10. 服裝材質：服裝材質以棉或混紡的西服布料為準（不可著牛仔褲或緊身褲）。

　　詳細服裝規定，整理如下所示。服裝儀容若未依規定穿著，則不得進場應試，術科成績以不及格論。

額前頭髮不得長及眼睛

不可濃妝艷抹，不可佩戴飾品

領結不限樣式及顏色

長髮過肩者須綁成髻並戴上髮網

不可戴飾物和手錶

穿白色長袖襯衫

穿西服背心，長度到腰

不可擦指甲油

袖口要扣住，不可捲和摺

穿深黑色或深藍色長褲，有褲耳者須繫皮帶，褲長達鞋面

穿黑色襪子

黑色皮鞋，擦拭乾淨，鞋跟不可超過5公分

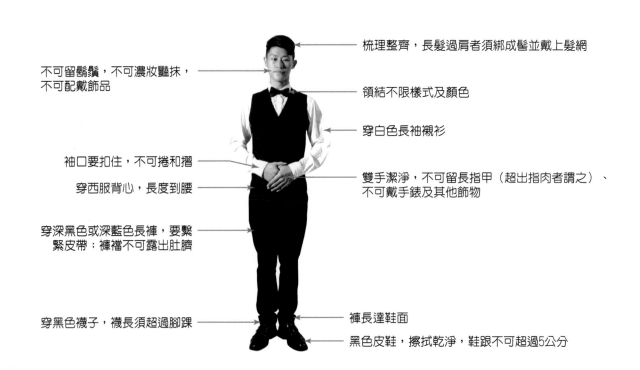

梳理整齊，長髮過肩者須綁成髻並戴上髮網

不可留鬍鬚，不可濃妝豔抹，不可配戴飾品

領結不限樣式及顏色

穿白色長袖襯衫

袖口要扣住，不可捲和摺

穿西服背心，長度到腰

雙手潔淨，不可留長指甲（超出指肉者謂之）、不可戴手錶及其他飾物

穿深黑色或深藍色長褲，要繫緊皮帶；褲襠不可露出肚臍

穿黑色襪子，襪長須超過腳踝

褲長達鞋面

黑色皮鞋，擦拭乾淨，鞋跟不可超過5公分

肆 評審總表

檢定編號：			檢定起訖時間：		

崗位編號			檢定日期	中華民國 __ 年 __ 月 __ 日 上 / 下午場		
姓　　名			試題編號	C：		
監評人員簽名	(A) (B)		監評長簽名		總評結果	□ 扣 考 □ 缺 考 □ 不及格 □ 及 格
職業道德扣分						
A- 酒類辨識扣分						

題　　序		評審 (A) 扣分	評審 (B) 扣分	平均扣分	重大專業技能扣分
B- 吧檯準備					
C-飲料調製	一				
	二				
	三				
	四				
	五				
	六				
扣分小計					

說明：

1. 違反職業道德項目第 1 點者，一律扣考，已檢定之成績以不及格論。違反職業道德第 2 點或重大專業技能項目者，一律扣該題 100 分。A、B、C 三大題分別獨立計分（A-100 分、B-100 分、C-600 分，C 大題各小題爲 100 分）。A、B、C 有一大題不及格，或違反職業道德、重大專業技能評分項目，術科成績即爲不及格。

2. A、B 大題只要其一扣分 51 分（含）以上即爲不及格，C 大題六小題總分扣分 241 分（含）以上或 C 大題其中一小題扣分 51 分（含）以上，C 大題即爲不及格。

3. 違規扣考者、缺考者，在「總評結果」欄之適當□內，以打勾「√」註記之。

4. 請 A、B 二位監評人員就六小題評審結果，分別轉入 A、B 評審扣分欄內，求出平均扣分及總計並在監評人員簽名指定欄內簽上姓名及日期。

5. 監評長核對各題扣分無誤確認結果後，請在「總評結果」欄之適當□內，以打勾「√」表示之，並在監評長簽名指定欄內簽上姓名及日期。

6. 若誤植須塗改時，請塗改監評人員及監評長在塗改處簽名。

7. 本評審總表附於六位應檢人評審表第一頁，六位應檢人共用評審表（一小題八張，計有四十八張），方便爾後查詢。

8. 應檢人如違反重大專業技能項目者，將違反項目記錄於各題「重大專業技能扣分」欄內。

一、吧檯準備評審表（B）

項目	監評內容	扣分標準（次）						
	應檢人崗位編號							
	應檢人姓名							
	組別編號							
職業道德	1. 違反下列事項者 (1) 冒名頂替 (2) 傳遞資料或信號 (3) 協助他人或託他人代為實作 (4) 互換題卡 (5) 故意損壞機具、設備 (6) 擾亂試場內外秩序不聽勸阻 (7) 中途離場或自行變換檢定崗位 (8) 有吸煙、嚼檳榔、嚼口香糖等情形 (9) 除礦泉水、包裝飲用水外，攜帶任何食物或其他物件入場 (10) 應檢人間彼此交談、討論 (11) 不遵守試場規則（含服裝儀容未依規定）者	扣考						
吧檯準備100分	1. 違反安全及衛生事項者（依項次扣分） (1)以抹布擦拭工作檯面及夾層以外的地方 (2)未能正確操作托盤運送物件 (3)以托盤運送物件時，打翻材料或破損 (4)冰鏟〈冰夾〉放置冰桶中 (5)生鮮物料未經正確清潔、處理（含去皮、去囊、去蒂頭、去除標籤） (6)製作裝飾物前未先洗手 (7)未分類處理垃圾、冰和水 (8)砧板及三角尖刀使用完後，未立即清洗 (9)其他	4 ★						
	2. 未正確切割檸檬（柳橙）角或片（含厚薄不一、形狀不平整）	4 ★						
	3. 製作檸檬（柳橙）皮，含 1/3 以上白色果皮（肉）或未達寬 0.7~1cm、長 5~6cm	4 ★						
	4. 螺旋狀檸檬皮拉長後未達杯身高度者	4						
	5. 薄荷枝、芹菜棒未冰鎮或未放入該題之杯皿中	4 ★						
	6. 製作芹菜棒長度未高於高飛球杯 2~3cm 或寬度未在 1~1.5cm 之間	4						
	7. 製作檸檬角，寬度未在 1.5~2cm 之間或傷害到果肉者	4 ★						
	8. 未歸還可堪使用或未處理剩餘裝飾物之生鮮物品者	4 ★						
	9. 吧檯準備作業時間截止，未完成或拿錯之項目（依項次扣分）：(1)波士頓雪克杯組；(2) 吧叉匙；(3) 量酒器；(4) 水果刀；(5) 砧板；(6)2 個圓盤；(7) 水果夾；(8) 壓汁器；(9) 杯墊；(10) 托盤；(11)洗杯刷；(12) 應拿未拿之物品：如吸管、調酒棒、搗碎棒、鹽、糖等	10 ★						
	10. 未完成或取用錯誤 6 小題所需裝飾物除糖（鹽）口杯之外（需組合，依項次扣分）	10 ★						
	1-10 項扣分小計（最多扣 80 分）							

（續下頁）

（承上頁）

吧檯準備100分	11. 製作蘋果塔時，未於砧板上製作者	10						
	12. 製作完整蘋果塔時成品斷裂（依層次扣，缺層視為未完成）	4 ★						
	13. 蘋果塔層次、厚薄不均勻	4						
	14. 蘋果塔之厚寬度大或小於 2.5~3cm	10						
	15. 蘋果塔超過 5 層者	4						
	16. 製作好之蘋果塔未浸泡於古典杯內淡鹽水或時間截止前未取出者	4						
	17. 未製作或未完成（含未推展開）、重作蘋果塔者	20						
	11-17 項扣分小計（最多扣 20 分）							
	18. 時間截止時，仍繼續作業者	20						
	扣分總計（最多扣 100 分）							

備註：扣分欄位標註「★」，該扣分項目得重複扣分。
監評人員簽名

二、飲料調製評審表

六位檢定編號：＿＿＿＿＿＿＿　　　　第＿＿＿小題
檢定日期：＿＿＿＿＿＿＿　　　　　檢定起訖時間：＿＿＿＿＿＿＿

項目	監評內容	扣分標準（次）					
	應檢人崗位編號						
	應檢人姓名						
	組別編號						
	監評內容						
職業道德	1. 違反下列事項者 (1) 冒名頂替 (2) 傳遞資料或信號 (3) 協助他人或託他人代為實作 (4) 互換題卡 (5) 故意損壞機具、設備 (6) 擾亂試場內外秩序不聽勸阻 (7) 中途離場或自行變換檢定崗位 (8) 有吸煙、嚼檳榔、嚼口香糖等情形 (9) 除礦泉水、包裝飲用水外，攜帶任何食物或其他物件入場 (10) 應檢人間彼此交談、討論 (11) 酒類試聞超時者 (12) 酒類辨識後，未完成場地清潔工作者（包含垃圾分類、廚餘清理、水桶清理與清潔） (13) 不遵守試場規則（含服裝儀容未依規定）者	扣考					
	2. 口嚐飲料者	100					
重大專業技能	1. 未按題序恣意跳題製作者	100					
	2. 未按試題飲料名稱、調製方法、配方成分（檸檬、萊姆除外）及杯器皿、崗位指示操作者（含咖啡拉花無拉花圖案或拉花圖案非指定圖形）	100					
	3. 操作時出現下列情形者，扣該題 100 分 (1) 直接注入法及分層法應使用吧叉匙而未使用者 (2) 呈現之成品，應有冰塊而未含冰塊或冰塊已融化者（或無需冰塊而含冰塊者） (3) 特定飲料，應有之裝飾物未呈現者，如：鹽（糖）口杯、吉普森、不甜馬丁尼、馬頸、血腥瑪莉…等，於配方表裝飾物欄位該項註記★號者 (4) 未能正確且安全的操作機具設備者。如：萃取咖啡時，把手未扣緊或脫落、成品含咖啡渣、自行調整磨豆機刻度或義式咖啡機設定、操作搖盪法時刻度調酒杯破裂、操作果汁機時上下座未裝妥即開機、未關機即以吧叉匙進行攪拌或搖晃機身 (5) 前後題目需要濃縮咖啡者，將預先準備之濃縮咖啡倒掉、未事先同時萃取、萃取錯誤者 (6) 成品容量未達 6 分滿者 (7) 操作搖盪法時，加入有氣泡的飲料 (8) 酒類倒出未使用 (9) 飲料重新製作 (10) 調製注入法 (Pour) 攪拌者 (11) 氣泡酒或有氣泡材料使用量酒器 (12) 調製時間截止無成品者	100					

註一：凡違反職業道德項目第 1 點者，一律扣考，已檢定之成績以不及格論。
註二：凡違反其他項目者，一律扣該題 100 分。
註三：調製方法係指術科測試試題中所指之調製法。

監評人員簽名							

24

三、飲料調製評審表

扣分項目		應檢人崗位編號	扣分（次）						
(A) 前置作業 20%	1. 違反安全及衛生相關事項者（依項次扣分） (1)未預先舖設紙巾於工作區 (2)未洗手即取物 (3)未能正確持用托盤運送物品 (4)運送物件時打翻、掉落或破損者 (5)未檢視處理杯器皿及清潔 (6)清潔後之杯器皿未將外部擦拭乾淨 (7)將冰鏟（冰夾）放置冰桶（槽）中 (8)砧板及三角尖刀使用完後，未立即清洗 (9)抹布未摺疊整齊 (10)其他		4 ★						
	2. 未按試題布置個人操作檯		4						
	3. 未將材料及器皿商標或標籤，正面朝前方		4						
	4. 取用不當器皿或材料，造成他人不敷使用者（依項次扣分）		4 ★						
	5. 未正確切割壓取果汁之水果（如檸檬、萊姆、柳橙、葡萄柚）		10						
	6. 使用義式咖啡磨豆機未檢視咖啡粉存量，咖啡粉研磨過多，超過使用量之 1/2		4						
	7. 未正確整粉、填壓咖啡粉（太多、太少、不平整）、咖啡把手未拭粉		10						
	8. 填充咖啡粉後，未將填壓器放置咖啡填壓墊或未將把手放置於紙巾上		4						
	9. 前置作業未完成咖啡粉研磨或填壓		10						
	10. 研磨咖啡粉，咖啡把手離開研磨機時，未立即關閉研磨機		10						
	11. 持杯時手碰觸杯口		10						
	12. 於前置作業進行調製者		10						
	13. 檸檬、萊姆取用錯誤		10						
	14. 前置作業時間截止，未完成之工作項目（依項次扣分） (1)材料 (2)杯皿 (3)器具 (4)其他		4 ★						
	15. 前置作業時間截止，仍繼續作業者		20						
扣分小計（最多扣 20 分）									

備註：1. 應檢人可於前置作業時間，操作壓汁動作不予扣分。

2. 扣分欄位標註「★」，該扣分項目得重複扣分。

（續下頁）

（承上頁）

扣分項目	應檢人崗位編號	扣分 （次）						
(B) 調 製 過 程 30%	1. 違反安全及衛生相關事項者（依項次扣分） 　(1)未於操作前洗淨、擦乾雙手 　(2)冰杯後冰塊繼續使用 　(3)放置裝飾物時，直接以手抓取裝飾物 　(4)操作時，液體材料或冰塊溢出 　(5)裝飾物掉落 　(6)取完熱水未洗手 　(7)未於適當時機溫杯（冰杯） 　(8)砧板、三角尖刀使用完後，未立即清洗 　(9)其他違反事項者	4 ★						
	2. 新鮮果汁類壓汁後，未使用公杯	10						
	3. 未按正確方式操作（依項次扣分） 　(1)操作電動攪拌法或搖盪法先加入冰塊 　(2)操作搖盪法時，將酒水倒入外杯 　(3)扣住把手後，未放置咖啡杯或小鋼杯於把手下方之適當位置 　(4)未於適當時間製作鹽（糖）口杯 　(5)未依配方順序調製 　(6)萃取義式咖啡時流量中斷 　(7)以圓湯匙刮除奶泡 　(8)未於抹布上方敲擊拉花鋼杯，致產生噪音 　(9)拉花時奶泡溢出	4 ★						
	4. 操作電動攪拌法時，關機後馬達尚未停止即搖動、移動、打開容器或造成機器空轉	10						
	5. 義式咖啡機操作違反相關事項（依項次扣分）： 　(1)操作前，沖煮頭未放水即扣住把手。 　(2)使用蒸汽管前，未洩蒸氣者。 　(3)使用蒸汽管後，未立即將蒸汽管擦拭乾淨或洩蒸氣者。 　(4)工作檯與咖啡機旁的抹布交錯使用。 　(5)萃取時間不當（不足或過度）。	10 ★						
	6. 持杯時，手碰觸杯口	10						
	7. 未能正確量取材料（以 ±10% 為基準）（熱水除外）	10 ★						
	8. 調製搖盪法時，內杯放入冰塊或內杯朝外、液體溢出	10 ★						
	9. 應製作 3 杯時未同時製作 3 杯	20						
	10. 未正確扭轉檸檬（柳橙）皮	10						
	11. 製作鹽（糖）口杯，未使用檸檬（柳橙）者	10						
	12. 將混合過的飲料再倒回果汁機、雪克杯、刻度調酒杯，重覆操作者	20						
扣分小計（最多扣 30 分）								

備註：扣分欄 2. 扣分欄位標註「★」，該扣分項目得重複扣分。

（續下頁）

（承上頁）

扣分項目		應檢人崗位編號	扣分（次）					
(C) 成 品 評 鑑 40%	1. 違反安全及衛生相關事項者		4 ★					
	2. 未將成品置放成品區杯墊上		4					
	3. 未將裝飾物與成品組合或錯誤的裝飾（加註★號者除外）		10					
	4. 製作三杯份之飲料，成品容量或濃度不均		10					
	5. 成品未放置（或放錯）調酒棒或吸管		10					
	6. 成品未放置（或放錯）咖啡匙		10					
	7. 層次不分明		10					
	8. 成品不均勻或含雜質		10					
	9. 以蛋、乳製品為材料、搖盪調配之成品，未見其頂端一層泡沫		10					
	10. 霜凍成品應呈冰沙狀而未達冰沙狀		20					
	11. 調製完成之成品，依題意其液體容量未達 8 分滿或超過 9 分滿規定分量（不得第 13 項重複扣分），古典杯除外		10					
	12. 口感偏離試題成份使用量標準		20					
	13. 拉花咖啡之成品，其總容量未達九分滿或超過杯口溢出規定分量		10					
	14. 萃取之義式咖啡無 Crema		10					
	15. 咖啡拉花，已呈細奶泡（軟奶）狀，但僅呈現指定之類似圖形（心形奶泡未達杯面 1/3 以上、葉形奶泡左右未達各 5 片以上）		20					
	16. 咖啡拉花，未能打出細奶泡（軟奶），但呈現指定之圖形（心形奶泡達杯面 1/3 以上、葉形奶泡左右各達 5 片以上）		20					
	17. 咖啡拉花，未能打出細奶泡（軟奶），且僅呈現指定之類似圖形（心形奶泡未達杯面 1/3 以上、葉形奶泡左右各未達 5 片以上）		40					
	扣分小計（最多扣 40 分）							

備註：扣分欄位標註「★」，該扣分項目得重複扣分。

（續下頁）

（承上頁）

扣分項目		應檢人崗位編號	扣分（次）					
(D)善後處理 10%	1. 違反安全、衛生相關事項（依項次扣分）：(1) 抹布使用後未清洗 (2) 違反服務巾使用原則 (3) 將未清潔過的器皿放置於吧檯瀝水墊上 (4) 其他。		4 ★					
	2. 未能正確操持托盤運送物件或打翻、掉落、破損者		4					
	3. 未能處理垃圾、廚餘及液體的分類		4					
	4. 未能確實清理機具設備或擦拭杯器皿		4 ★					
	5. 未能將機具歸回原公共用材料區或器皿區（依項次扣分）		4 ★					
	6. 未使用抹布擦拭工作檯面及夾層		4					
	7. 擦拭蒸汽管之抹布未帶回清洗並歸位		4					
	8. 取用物料量超過規定 1/4 造成浪費者（水、冰塊除外）		10					
	9. 持杯時手碰觸杯口		10					
	10. 善後處理時間截止，未完成工作者		10					
	扣分小計（最多扣 10 分）							
第 _____ 小題（A＋B＋C＋D）項小計扣分總合計								

備註：

1. 本評審表適用於每一小題六個崗位應檢人，其各組別的評分作業進行；監評人員應在開始評分前，確認正確之應檢人崗位編號、應檢人姓名、試題組別編號及第一～六小題；缺考者於評審總表「總評結果」欄之適當□內，以打勾「V」註記。

2. 凡違反監評內容者，請在該項方格內以「正」字劃記次數，並於各項小計扣分欄內填記各單項違反次數與扣分相乘之扣分總合分數。

3. 扣分欄位標註「★」，該扣分項目得重複扣分。

伍 辦理單位時間配當表

每一檢定場，每日排定測試場次為上、下午各乙場，程序如下表。

時間	內容	備註
上午場		
07：30~08：00	1. 監評前協調會議（含監評檢查機具設備） 2. 應檢人報到完成（含服裝儀容檢查）	
08：00~08：30	1. 場地設備、供料、自備機具及材料等作業說明。 2. 測試應注意事項說明 3. 應檢人檢查設備及材料 4. 應檢人試題疑義說明 5. 其他事項	綜合注意事項說明
08：30~08：45	酒類試聞（每人每款 30 秒為限）	
08：50~09：00	抽題	
09：00~09：20	吧檯準備（吧檯布置及 6 題裝飾物、蘋果塔製作）	
09：20~11：47	飲料調製	
11：50~12：25	酒類辨識（1. 分組進行預覽抽題結果 1 分鐘；2. 完成測試後統一進行場地清潔工作）	測試時間： 3 小時 25 分鐘
12：25~13：00	1. 監評人員成績核算 2. 監評人員休息用膳時間	
下午場		
12：30-13：00	應檢人報到完成（含服裝儀容檢查）	
13：00~13：30	1. 場地設備、供料、自備機具及材料等作業說明 2. 測試應注意事項說明 3. 應檢人檢查設備及材料 4. 應檢人試題疑義說明 5. 其他事項	綜合注意事項說明
13：30~13：45	酒類試聞（每人每款 30 秒為限）	
13：50~14：00	抽題	
14：00~14：20	吧檯準備（吧檯布置及 6 題裝飾物、蘋果塔製作）	
14：20~16：47	飲料調製	測試時間： 3 小時 25 分鐘
16：50~17：25	酒類辨識（1. 分組進行預覽抽題結果 1 分鐘；2. 完成測試後統一進行場地清潔工作）	
17：25~18：00	1. 成績計算核對 2. 檢討會（監評人員及術科測試辦理單位視需要召開）	

第二篇 技術與考題解析

壹 飲料調製器具及材料介紹

【各式酒杯介紹】

項目	名稱	規格	項目	名稱	規格
玻1	可林杯 (Collins) 	360ml(±5ml)	玻2	高飛球杯 (High Ball) 	300ml(±5ml)
玻3	高飛球杯 (High Ball) 	240ml(±5ml)	玻4	古典酒杯 (Old Fash-ioned) 	240ml(±5ml)
玻5	香甜酒杯 (Liqueur) 	30ml(±2ml)	玻6	酸酒杯 (Sour) 	140ml(±5ml)
玻7	愛爾蘭咖啡杯 (Irish Coffee Glass) 	240ml	玻8	馬丁尼杯 (Martini) 	90ml(±5ml)
玻9	雞尾酒杯 (Cocktail) 	125ml(±5ml)	玻10	大雞尾酒杯 (Cocktail) 	180ml(±5ml)

（續下頁）

（承上頁）

項目	名稱	規格	項目	名稱	規格
玻 11	瑪格麗特杯 (Margarita) 	200ml(±10ml)	玻 12	托地杯 (Toddy) 	240ml(±10ml)
玻 13	炫風杯 (Hurricane) 	430ml(±10ml)	玻 14	烈酒杯 (Shot) 	60ml(±2ml)
玻 15	高腳香檳杯 (Flute) 	150ml(±10ml)	玻 16	白酒杯 (White Wine Glass) 	130ml(±10ml)
玻 17	試酒杯 (Tasting Glass) 	220ml(±10ml)	玻 18	公杯 (Pitcher) 	公杯 300ml(±20ml)

【瓷器類】

項目	名稱	規格	項目	名稱	規格
瓷 1	寬口咖啡杯組 	270ml（±10 ml）、附底盤及不銹鋼匙	瓷 2	小圓盤 (Side Plate) 	直徑 15~18cm

項目	名稱	規格	項目	名稱	規格
雜 1	砧板	45 x 30 x 1cm、塑膠	雜 3	三角尖刀	12~15cm（不含刀柄），用來切各類水果裝飾物，刀刃處須保持銳利。
雜 4	水果夾	長約12~15cm，用於夾取裝飾物如檸檬、柳橙、櫻桃、吸管或劍叉等。	雜 5	壓汁器	材質不拘。柑橘類的檸檬、柳橙、萊姆或葡萄柚等新鮮水果榨汁時使用的器具。
雜 6	量酒器 (Jigger)	30/15ml，共計45ml。	雜 7	波士頓雪克杯 (Boston Shaker)	內杯為玻璃；外杯為鋼。
雜 8	隔冰器	－	雜 9	吧叉匙	32~34cm
雜 10	搗碎棒 (Muddler)	材質不拘	雜 11	酒嘴 (Pourer)	不銹鋼製、內徑 0.6~0.7cm、長 10~ 1cm。
雜 12	拉花鋼杯	600ml(±100ml)	雜 13	小鋼杯	225 ml(±25ml)

（續下頁）

（承上頁）

項目	名稱	規格	項目	名稱	規格
雜 14	圓湯匙	不銹鋼製、16 ~ 19 cm。	雜 15	圓托盤	直徑 35cm、止滑，應檢時運送完材料器皿後須放於操作檯的夾層內。
雜 16	葡萄酒開酒器 (Waiter's Friend)	開啓葡萄酒	雜 18	冰桶（附冰鏟／冰夾）	至少 3.5 公升以上，應檢時冰夾不能拿來夾取水果及裝飾物。
雜 19	冰酒桶	至少 3.5 公升以上，冰鎮香檳及白葡萄酒和鮮奶、碳酸飲料、果汁。	雜 22	開罐器	有壓孔功能、簡單型。開罐後，必須馬上以乾淨抹布或紙巾擦拭乾淨。
雜 24	冰鏟	舀冰塊的鏟子	雜 26	手搖碎冰機	12 x 12 x 24cm 以上。專門用來碎冰的機器。
雜 27	海棉刷	長柄。應檢時，只須以海棉刷刷洗，用清水沖洗清潔以紙巾擦拭外圍乾淨，不能以紙巾擦拭杯內。	雜 30	沖壺	600 ~ 1000ml，不銹鋼。
雜 31	果汁機組或冰沙機	具碎冰功能，附延長線（從電源至每一應檢人操作台的長度）。	雜 32	半自動義式咖啡機	雙口、鍋爐容量 10 公升以上；咖啡機兩側須有長 90cm、寬 60cm 以上的工作檯面供應檢人操作。

（續下頁）

項目	名稱	規格	項目	名稱	規格
雜33	義式咖啡磨豆機	豆槽容量450公克以上	雜35	葡萄酒專用溫度計	可插入瓶中
雜37	葡萄酒瓶塞	供紅、白、氣泡酒瓶塞用。	雜38	瀝水墊	可瀝水，至少 30 x 40cm 以上

【再製酒類】ABV = Alcohol by Volume

以下檢定所有各項材料，於場地評鑑時，至少提出一份供確認（除生鮮外），檢定時可使用不同品版混合，並須遮蓋中文標示。

項目	名稱	規格	項目	名稱	規格
酒1	金巴利酒 (Campari)	700~750ml/ 瓶 25%ABV 以上	酒2	不甜苦艾酒 (Dry Vermouth)	700~750ml/ 瓶 15%ABV 以上
酒3	甜味苦艾酒 (Rosso Vermouth)	700~750ml/ 瓶 15%ABV 以上	酒4	紅多寶力酒 (Dubonnet Red)	700~750ml/ 瓶 14.8%ABV 以上
酒5	杏仁香甜酒 (Amaretto)	700~750ml/ 瓶 28%ABV 以上	酒6	深可可香甜酒 (Brown Crème de Cacao)	700~750ml/ 瓶 24%ABV 以上

（續下頁）

（承上頁）

項目	名稱	規格	項目	名稱	規格
酒 7	白可可香甜酒 (White Crème de Cacao)	700~750ml/ 瓶 24%ABV 以上	酒 8	班尼狄克丁香甜酒 (Bénédictine)	700~750ml/ 瓶 40%ABV 以上
酒 9	卡魯哇咖啡香甜酒 (Kahlúa)	700~750ml/ 瓶 20%ABV 以上	酒 10	咖啡香甜酒 (Crème de Café)	700~750ml/ 瓶 24%ABV 以上
酒 11	君度橙酒 (Cointreau)	700~750ml/ 瓶 39%ABV 以上	酒 12	白柑橘香甜酒 (Triple Sec)	700~750ml / 瓶 30%ABV 以上
酒 13	藍柑橘香甜酒 (Blue Curaçao Liqueur)	700~750ml/ 瓶 24%ABV 以上	酒 14	柑橘香甜酒 (Orange Curaçao 或 Dry Orange)	700~750ml/ 瓶 24%ABV 以上
酒 15	綠薄荷香甜酒 (Green Crème de Menthe)	700~750ml/ 瓶 24%ABV 以上	酒 16	白薄荷香甜酒 (White Crème de Menthe)	700~750ml/ 瓶 23%ABV 以上
酒 17	義大利香草酒 (Galliano)	700~750ml/ 瓶 42.3%ABV 以上	酒 18	蜂蜜香甜酒 (Drambuie)	700~750ml/ 瓶 40%ABV 以上

（續下頁）

項目	名稱	規格	項目	名稱	規格
酒 19	櫻桃白蘭地（香甜酒）(Cherry Brandy)(Liqueur）	700~750ml/ 瓶 20%ABV 以上（使用紅色系櫻桃酒類）	酒 20	莫札特黑巧克力香甜酒(Mozart Dark Chocolate Liqueur)	500~750ml/ 瓶 15%ABV 以上
酒 21	莫札特白巧克力香甜酒 (Mozart White Chocolate Liqueur）	500~750ml/ 瓶 15%ABV 以上	酒 22	香蕉香甜酒 (Crème de Bananes)	700~750ml/ 瓶 24%ABV 以上
酒 23	貝里斯奶酒 (Bailey's Irish Cream)	375~750ml/ 瓶 17%ABV 以上	酒 24	香橙干邑香甜酒 (Grand Marnier)	700~750ml/ 瓶 40%ABV 以上
酒 25	黑醋栗香甜酒 (Crème de Cassis)	700~750ml/ 瓶 15%ABV 以上	酒 26	青蘋果香甜酒 (Sour Apple Liqueur de Pomme Verte)	700~750ml/ 瓶 15%ABV 以上
酒 27	水蜜桃香甜酒 (Peach Liqueur)	700~750ml/ 瓶 18%ABV 以上	酒 28	百香果香甜酒 (Passion Fruit Liqueur)	700~750ml/ 瓶 20%ABV 以上

【蒸餾酒類】

裝上酒嘴之酒瓶，也可使用量酒器操作。

項目	名稱	規格	項目	名稱	規格
酒 29	蘇格蘭調和威士忌 (Blended Scotch Whisky)	700~750ml/ 瓶 40%ABV 以上： 裝上酒嘴。	酒 30	蘇格蘭單一純麥威士忌 (Single malt Scotch Whisky)	700~750ml/ 瓶 40%ABV 以上： 置於酒類辨識區。
酒 31	愛爾蘭威士忌 (Irish Whiskey)	700~750ml/ 瓶 40%ABV 以上： 裝上酒嘴。	酒 32	波本威士忌 (Bourbon Whiskey)	700~750ml/ 瓶 40%ABV 以上： 裝上酒嘴。
酒 33	加拿大威士忌 (Canadian Whisky)	700~750ml/ 瓶 40%ABV 以上： 裝上酒嘴。	酒 34	白色蘭姆酒 (White Rum)	700~750ml/ 瓶 40%ABV 以上： 裝上酒嘴。
酒 35	深色蘭姆酒 (Dark Rum)	700~750ml/ 瓶 40%ABV 以上： 裝上酒嘴。	酒 36	伏特加 (Vodka)	700~750ml/ 瓶 40%ABV 以上： 裝上酒嘴。
酒 37	香草伏特加 (Vanilla Vodka)	700~750ml/ 瓶 35%ABV 以上： 裝上酒嘴	酒 38	白蘭地 (Brandy)	700~750ml/ 瓶 40%ABV 以上： 裝上酒嘴

（續下頁）

（承上頁）

項目	名稱	規格	項目	名稱	規格
酒 39	特吉拉 (Tequila)	700~750ml/瓶 40%ABV以上；裝上酒嘴。	酒 40	琴酒 (Gin)	700~750ml/瓶 40%ABV以上；裝上酒嘴。
酒 41	甘蔗酒 (Cachaça)	700~750ml/瓶 40%ABV以上；裝上酒嘴。	酒 42	干邑 (Cognac)	700ml/瓶（或50ml/瓶至少6 瓶以上）40%ABV以上；Ｖ.S.O.P.等級。

【葡萄酒類】

公共材料區之汽泡酒、白酒需冰鎮。紅白葡萄酒須使用應檢當年度 5 年內之年分（含 5 年），例如檢定年度為 2014 年，則須提供 2009 年之後年分的葡萄酒（年分指葡萄採收年：Vintage）。

項目	名稱	規格	項目	名稱	規格
酒 43	原味香檳或汽泡酒 (Champagne or Sparkling Wine Brut)	375~750ml/ 瓶 11%ABV 以上（限當日開瓶）。	酒 44	卡波內索維濃 (Cabernet Sauvignon)	375~750ml/ 瓶 12%ABV 以上、紅葡萄酒（限當日開瓶）。
酒 45	美洛 (Merlot)	375~750ml/ 瓶 12%ABV 以上、紅葡萄酒（限當日開瓶）。	酒 46	黑皮諾 (Pinot Noir)	375~750ml/ 瓶 12%ABV 以上、紅葡萄酒（限當日開瓶）。
酒 47	夏多內 (Chardonnay)	375~750ml/ 瓶 12%ABV 以上、白葡萄酒（限當日開瓶）。	酒 48	白索維濃 (Sauvignon Blanc)	375~750ml/ 瓶 12%ABV 以上、白葡萄酒（限當日開瓶）。

（續下頁）

（承上頁）

項目	名稱	規格	項目	名稱	規格
酒 49	雷絲林 (Riesling)	375~750ml/ 瓶 8%ABV 以上、白葡萄酒（限當日開瓶）。	酒 50	雪莉酒 (Sherry)	700~750ml/ 瓶 15%ABV 以上、甜度不拘。
酒 51	波特酒 (Tawny Port)	700~750ml/ 瓶 15%ABV 以上	酒 52	安格式苦精 (Angostura Bitters)	118~120ml

【配料類】

項目	名稱	規格	項目	名稱	規格
配 1	辣醬油 (Worcestershire Sauce)	296ml	配 2	酸辣油 (Tabasco)	60ml
配 3	荳蔻粉 (Nutmeg Powder Powder)	35g、玻璃或壓克力裝	配 4	肉桂粉 (Cinnamon Powder)	45g
配 5	可可粉 (Cocoa Pow-der)	50g	配 6	糖包 (White Sugar)	8 公克 / 包、50 包 / 盒
配 7	細鹽 (Salt)	300 公克	配 10	果糖 (Sugar Syrup)	350ml 以上

（續下頁）

（承上頁）

項目	名稱	規格	項目	名稱	規格
配 11	義式咖啡豆 (Coffee Bean)	450g	配 12	裝飾用咖啡豆 (Coffee Bean)	30g
配 13	無糖液態奶精 (Cream)	500ml，罐裝 / 瓶裝，以公杯取用	配 14	蔓越莓汁 (Cranberry Juice)	700ml 以上 以公杯取用
配 15	蘋果汁 (Apple Juice)	700ml 以上 以公杯取用	配 16	草莓汁 (Strawberry Juice)	700ml 以上 以公杯取用
配 17	柳橙汁 (Orange Juice)	700ml 以上 以公杯取用	配 18	番茄汁 (Tomato Juice)	190~600ml 取整罐
配 19	鳳梨汁 (Pineapple Juice)	190~360ml 易開罐裝 取整罐	配 20	蘇打水 (Soda Water)	300ml/24 以上， 罐裝 / 瓶裝 取整罐
配 21	薑汁汽水 (Ginger Ale)	300ml/24 以上， 罐裝 / 瓶裝 取整罐	配 22	無色汽水 (7-up/Sprite 等)	500~600ml 寶特瓶裝

（續下頁）

（承上頁）

項目	名稱	規格	項目	名稱	規格
配 23	可樂 (Cola)	500~600ml 寶特瓶裝	配 24	紅石榴糖漿 (Grena-dine Syrup)	700ml 以上
配 25	莫西多糖漿 (Mojito Syrup)	700ml 以上	配 26	夏威夷豆糖漿 (Macadamia Nut Syrup)	700ml 以上
配 27	杏仁糖漿 (Almond Syrup/Orgeat Syrup)	700ml 以上	配 28	椰漿 (Coconut Cream)	14oz(400ml) 以公杯取用
配 29	紅心橄欖 (Stuffed Olive)	85g（含）以上	配 30	小洋蔥 (Cocktail Onion)	283g（含）以上
配 31	紅櫻桃 (Maraschino Cherry)	帶梗，1 公斤裝。	配 32	淡鹽水 (Light Salty Water)	約 1000c.c.（含 20 公克左右之細鹽）
配 33	方糖	1 盒	－	－	－

【生鮮類】

項目	名稱	規格	項目	名稱	規格
鮮1	雞蛋	水洗精選、10 粒 / 盒。	鮮2	鮮奶	1 公升 / 盒、全脂（含脂肪量 3~3.8% 以上）
鮮3	檸檬	30c.c. 取一粒，依考場規範。	鮮4	柳橙	60c.c. 取一粒
鮮5	萊姆 (無籽檸檬)	依考場規範	鮮6	蘋果	紅皮，切成 1/4 以保鮮膜覆蓋，準備 20 份。
鮮7	香蕉	帶皮，條 /100g (±10g)，可切適當份量。	鮮8	奇異果	－
鮮9	葡萄柚	120c.c.，取整粒。	鮮10	鳳梨（帶皮）	－
鮮11	西洋芹	冰水浸泡於該題杯中	鮮12	薄荷葉	以保鮮膜包覆 12 片，8 份。

（續下頁）

（承上頁）

項目	名稱	規格	項目	名稱	規格
鮮 13	薄荷枝（Mint Sprig）	帶梗，冰水浸泡在該題杯中。	鮮 14	嫩薑	去皮，長約7cm，寬0.5 x 1 cm，以保鮮膜包覆3片，2份。
鮮 15	泡沫鮮奶油	保持冰鎮狀態	－	－	－

【消耗品類】

項目	名稱	規格	項目	名稱	規格
耗 1	環保紙吸管	細管（可裁剪）、10 支	耗 4	櫻桃叉	100 支 / 包
耗 5	調酒棒	50 支 / 包（配合高飛球杯使用）	自備	廚房紙巾	應檢人自備之用具，須具清潔、擦拭及襯墊功能。
自備	服務巾	應檢人自備：白色、全棉、長寬 55cm±3cm，不可有髒汙	－	－	－

貳 第一大題（A 大題）─酒類辨識考題解析

第一大題共 10 題，A1 ～ A18 抽 6 款，A19 ～ A21 抽 2 款，A22 ～ A24 抽 2 款，嚴禁交談、口嚐。茲將考試重點列出如下：

一、考試程序

（一）試聞

檢定當日監評長於綜合注意事項說明後，會引導應檢人至檢定場之酒類辨識區作酒類試聞。辦理單位先將酒類辨識 24 種酒款分裝盃器皿（每款 1 杯，計 24 杯），於酒類辨識區依序分三區排列（每區 8 杯），將酒瓶擺置對應酒款盃器皿後方，酒類辨識材料卡（僅標註酒款原文名稱）陳列於盃器皿前。酒類試聞時將應檢人分為三組，每組 6 人，每組時間 10 分鐘，同組於同一區進行酒類試聞，時間共 35 分鐘（含換組時間）。

（二）公開舉行抽題事宜

酒類試聞結束，監評長公開舉行抽題事宜：五個籤筒及其籤支內容。

1. 應檢人崗位數籤筒（內含 1 至 18 字樣籤各 1 份，計 18 支）。
2. 酒類辨識（A 大題）試題籤桶 1（內含 A1~A18 及酒名原文字樣籤各 1 份，計 18 支）。
3. 酒類辨識（A 大題）試題籤桶 2（內含 A19~A21 及酒名原文字樣籤各 1 份，計 3 支）。
4. 酒類辨識（A 大題）試題籤桶 3（內含 A22~A24 及酒名原文字樣籤各 1 份，計 3 支）。

應考秘笈

1. 須以公告之原文印刷體作答，以原文書寫體或中文作答者，不予計分（錯 1 個字母即為錯誤）。
2. 寫重覆不予計分。
3. 注意！酒類辨識只可聞不可口嚐。

（三）酒類辨識材料表

檢定日期：中華民國 ＿＿＿ 年 ＿＿＿ 月 ＿＿＿ 日　上 / 下午場　　　　　　監評長簽名：＿＿＿＿＿＿＿＿＿

序號	酒 名	抽出之編號請打 ✓（6 題）	監評長不規則編號 1~10
A1	Cognac V.S.O.P.		
A2	Blended Scotch Whisky		
A3	Single malt Scotch Whisky		
A4	Bourbon Whiskey		
A5	Vodka		
A6	Gin		
A7	Tequila(Color is an option)		
A8	Dark Rum		
A9	White Rum		
A10	Cachaça		
A11	Dry Vermouth		
A12	Dubonnet Red		
A13	Grand Marnier		
A14	Crème de Cassis		
A15	Cointreau		
A16	Bénédictine		
A17	Brown Crème de Cacao		
A18	Crème de Café		

序號	酒 名	抽出之編號請打 ✓（2 題）	監評長不規則編號 1~10
A19	Cabernet Sauvignon		
A20	Merlot		
A21	Pinot Noir		

序號	酒 名	抽出之編號請打 ✓（2 題）	監評長不規則編號 1~10
A22	Sauvignon Blanc		
A23	Chardonnay		
A24	Riesling		

監評人員簽名：＿＿＿＿＿＿＿＿＿＿＿＿

（四）酒類辨識答案表

檢定日期：中華民國 _____ 年 _____ 月 _____ 日　上／下午場

應檢人崗位編號：_____

應檢人姓名：_____　　應檢人簽名：_____

注意事項：須以公告之原文印刷體作答，大小寫皆可，以原文書寫體或中文作答者，不予計分（錯1個字母即為錯誤），辨識方法嚴禁口嚐。

編號	酒名或葡萄品種
第 1 杯	
第 2 杯	
第 3 杯	
第 4 杯	
第 5 杯	
第 6 杯	
第 7 杯	
第 8 杯	
第 9 杯	
第 10 杯	

每題 10 分，總分：100 分；答案重複者皆不計分　　　　　　　　扣分：_____
（本大題扣分 51 分【含】以上即為不及格，以口嚐辨識者扣 100 分）

監評長簽名：_____

監評人員簽名：_____

二、酒類辨識技巧

　　觀其色，聞其香，哪些酒是透明無色的？哪些是淺琥珀色？哪些是深琥珀色？顏色對了，就對一半了！

應考秘笈

1. 無色透明：Gin；Vodka；White Rum；Tequila；Cachaca；Cointreau。

2. 深琥珀：Cognac V.S.O.P；Dark Rum；Grand Marnier。

3. 琥珀色：Blend Scotch；Bourbon Whisky。

4. 淡琥珀：Single Malt；Benedictine。

5. 淺黃：Dry Vermouth。

6. 深紅褐：Dubonnet Red；Crème de Cassis。

7. 深黑褐：Brown Crème de Cacao；Cremé de Café。

8. 紅葡萄酒：Cabernet Sauvignon；Merlot；Pinot Noir。

9. 白葡萄酒：Sauvignon Blanc；Chardonnay；Riesling。

應考秘笈

1. 提醒！有些酒類並不完全是英文，要特別注意寫法，以免被扣了冤枉分數！
2. 寫重覆二題均不計分。

檢定中會出現的酒類辨識種類如下表：

序號	酒　名	顏　色	產區	品種／原料	酒精度	口味／香氣	釀製法
A1	干邑（Cognac V.S.O.P.）	深琥珀色	法國干邑區	葡萄	40%	濃郁香醇	蒸餾
A2	蘇格蘭調合威士忌（Blended Scotch Whisky）	琥珀色	蘇格蘭	20%的中性酒精裝瓶，80% Proof酒精度，穀類（大麥或裸麥）	40%	煙燻泥煤味	蒸餾
A3	蘇格蘭單一純麥威士忌（Single malt Scotch Whisky）	淡琥珀色	蘇格蘭	取單一酒廠純麥 Whisky 調配而成	40%	香醇	蒸餾
A4	波爾本威士忌（Bourbon Whiskey）	琥珀色	美國	51%玉米穀物發酵	不得低於40%，且不得高於62.5%	玉米味	陳年
A5	伏特加（Vodka）	白色透明	原產地：俄羅斯	馬鈴薯＋穀物	40%	無味，別稱為生命之水、鑽石酒。	蒸餾
A6	琴酒（Gin）	白色透明	原產地：荷蘭主產地	穀物＋杜松子	40%	利尿、健胃、解熱、最早是醫藥用途，堪稱雞尾酒的心臟之王。	蒸餾

（續下頁）

（承上頁）

序號	酒 名	顏 色	產區	品種 / 原料	酒精度	口味 / 香氣	釀製法
A7	特吉拉（Tequila (Color is an option)） 	白色透明	墨西哥	龍舌蘭（特吉拉鎮產）	40%	白：未經橡木桶儲存黃：儲存一年，有特殊嗆味。別稱沙漠之酒，沙漠甘泉。	蒸餾
A8	深色蘭姆酒（Dark Rum） 	深琥珀色	西印度群島	蔗糖蜜	40%	焦糖味，又稱海盜之酒。	蒸餾
A9	白色蘭姆酒（White Rum） 	白色透明	西印度群島	蔗糖	40%	嗆辣味	蒸餾
A10	甘蔗酒（Cachaça） 	白色透明	巴西	甘蔗	40%	甘蔗渣味	蒸餾
A11	不甜苦艾酒（Dry Vermouth） 	淡黃	義大利	白葡萄酒 + 香料藥草	18%	紹興酒味	釀造酒
A12	紅多寶力酒（Dubonnet Red） 	酒紅色	法國	紅葡萄酒 + 香料藥草	14%	紅棗味	釀造酒

（續下頁）

（承上頁）

序號	酒　名	顏　色	產區	品種／原料	酒精度	口味／香氣	釀製法
A13	香橙干邑香甜酒（Grand Marnier） 	琥珀色	法國	Cognac＋曬乾橙皮	40%	香橙柑橘味	混成酒再製酒
A14	黑醋栗香甜酒（Crème de Cassis） 	深棗紅	法國	以蒸餾酒為基酒浸泡黑醋栗	15%	黑佳麗軟糖味	再製酒
A15	君度橙酒（Cointreau） 	白色透明	法國	Cognac干邑	39%	橙皮味	再製酒
A16	班尼狄克丁香甜酒（Bénédictine） 	淺黃	法國	以白蘭地為基酒＋茴香、香草、果皮、香料、藥材。	40%	菊花茶味	混成酒再製酒
A17	深可可香甜酒（Brown Crème de Cacao） 	深黑	法國	蒸餾酒＋可可豆＋香草	25%	可可甘草味	混成酒再製酒
A18	咖啡香甜酒（Crème de Café） 	深黑	法國	蒸餾酒＋咖啡	20%	濃郁的咖啡酒精味	混成酒再製酒

（續下頁）

序號	酒　名	顏　色	產區	品種／原料	酒精度	口味／香氣	釀製法
A19	卡波內索維濃（Cabernet Sauvignon）	淺寶石紅	法國梅多克(Medoc)	葡萄，又稱紅葡萄之王。	8~14%	年輕：青草、青椒黑莓、李子、黑醋栗。成熟：咖啡、煙草 橡木桶陳年：西洋杉味與香草味。	釀造酒
A20	美洛（Merlot）	深寶石紅	法國波爾多區(Bordeaux)	葡萄	8~14%	年輕：黑莓、藍莓、青椒。成熟：帶黑巧克力、李子蜜餞。	釀造酒
A21	黑皮諾（Pinot Noir）	淡寶石紅	法國勃根地香檳區	葡萄（世界最受歡迎的紅葡萄品種，十分嬌貴）	8~14%	典型的黑櫻桃香料、覆盆子與醋栗風味。	釀造酒
A22	白索維濃（Sauvignon Blanc）	純淨白	法國波爾多區(Bordeaux)	葡萄（主要用在釀造年輕不甜白酒），又稱白葡萄之王。	8~14%	酸度高，辛辣濃郁，有時會有煙燻味、蔬菜與麝香醋的味道。	釀造酒
A23	夏多內（Chardonnay）	華麗金黃	原產法國勃根地產區	葡萄（最受歡迎的白葡萄品種之一），又稱白葡萄酒之后。	8~14%	年輕時有蘋果、鳳梨、哈密瓜等水果味，適合儲存橡木桶，頂級Chardonnay更有榛果味。	釀造酒
A24	雷絲林（Riesling）	金黃	德國萊茵區	葡萄	8~14%	優雅花香、蜂蜜、蘋果、水蜜桃，不甜到微甜，為最濃郁甜美的冰酒。	釀造酒

（續下頁）

（承上頁）

參 第二大題（B 大題）—吧檯布置考題解析

應考吧檯布置及六題裝飾物、蘋果塔製作時，應檢人要完成吧檯基本擺設（參閱下方的操作台平面圖），並完成六小題的裝飾物製作，布置及製作裝飾物時間 15 分鐘，評分時間 5 分鐘。

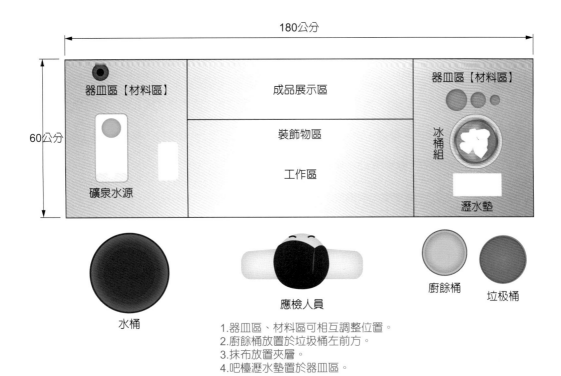

一、考題分析

以抽題抽到 C15 為例，試題如下：

第一題 Porto Flip 波特惠而浦	第二題 Harvey Wallbanger 哈維撞牆	第三題 Cosmopolitan 四海一家 （製作三杯）	第四題 Apple Manhattan 蘋果曼哈頓	第五題 Latte Art Rosetta 咖啡拉花 - 葉形 奶泡	第六題 Jolt'ini 震憾
Nutmeg Pow-der 荳蔻粉	Orange Slice　柳橙片 Cherry 櫻桃	Lime Slice 萊姆片	Apple Tower 蘋果塔		Float Three Coffee Beans 三粒咖啡豆

二、吧檯準備

有關吧檯準備（含吧檯布置及製作裝飾物）的器具食材，整理如下表。

杯、器皿	1. 波士頓雪克杯組（含內外杯 隔冰器）、2. 吧叉匙、3. 量酒器、4. 水果刀、5. 砧板、6. 圓盤2個、7.1支水果夾、8. 壓汁器、9. 杯墊、10. 托盤、11. 洗杯刷、12. 蘋果塔、13. 古典杯（浸泡完蘋果塔送回）
C1	3粒咖啡豆、（櫻桃＋劍叉）x3、櫻桃、檸檬片x2、柳橙片、肉桂粉、薄荷枝（冰鎮雞尾酒杯）、紙吸管x2、碎冰機
C2	檸檬皮x2、柳橙皮、櫻桃＋劍叉、香蕉片、薄荷枝（冰鎮高球杯）、碎冰機、搗碎棒
C3	檸檬皮x3、可可粉、薄荷枝（冰鎮古典杯）、調酒棒
C4	（鹽盤＋檸檬片）（高球杯）、薄荷枝（冰鎮高球杯）、荳蔻粉、調酒棒、碎冰機、搗碎棒
C5	3粒咖啡豆、（柳橙片＋櫻桃＋劍叉）、（檸檬片＋櫻桃＋劍叉）、柳橙片、檸檬皮x4、調酒棒x2
C6	3粒咖啡豆、柳橙皮、檸檬角x3、檸檬片、調酒棒
C7	（紅心橄欖＋劍叉）、檸檬皮、柳橙片、調酒棒
C8	3粒咖啡豆、（糖盤＋柳橙片）、（檸檬片＋櫻桃＋劍叉）、荳蔻粉、柳橙皮
C9	（鳳梨片＋櫻桃＋劍叉）、檸檬皮x3
C10	3粒咖啡豆、柳橙片、檸檬皮x3、薄荷枝（冰鎮高球杯）、肉桂粉、調酒棒、碎冰機、搗碎棒
C11	檸檬皮x3、（櫻桃＋劍叉）x3、（檸檬片＋櫻桃＋劍叉）、（鳳梨片＋櫻桃＋劍叉）
C12	3粒咖啡豆、（鳳梨片＋櫻桃＋劍叉）、檸檬角、芹菜棒（冰鎮高球杯）、檸檬片、柳橙片、（鹽盤＋檸檬片）
C13	3粒咖啡豆、柳橙片x2、檸檬片、檸檬皮、荳蔻粉、調酒棒
C14	薄荷枝（冰鎮可林杯）、柳橙皮x3、奇異果片、（櫻桃＋劍叉）、碎冰機、搗碎棒
C15	3粒咖啡豆、荳蔻粉、（柳橙片＋櫻桃＋劍叉）、萊姆片x3、調酒棒
C16	（鳳梨片＋櫻桃＋劍叉）、（櫻桃＋劍叉）、（小洋蔥＋劍叉）、可可粉、薄荷枝（冰鎮雞尾酒杯）x3、搗碎棒
C17	香蕉、櫻桃（切）、（1/2柳橙片＋櫻桃＋劍叉）、（櫻桃＋劍叉）x3、螺旋狀檸檬皮（20cm）、調酒棒
C18	檸檬皮x4、柳橙片x2、櫻桃x2、檸檬片、調酒棒

三、吧檯布置

共 15 分鐘，需要準備的器具及工作項目（第 6 題善後處理時，再歸還至公共材料區）。

（一）拿取規定的器具

1. 波士頓雪克杯組（含內杯、鋼杯、隔冰器）
2. 吧叉匙
3. 量酒器
4. 水果刀
5. 1 支水果夾（1 ～ 5 置於吧檯瀝水墊）
6. 2 個圓盤
7. 壓汁器
8. 杯墊（須製作 3 杯時，再另取 2 張杯墊，於該題善後處理時須歸還）
9. 托盤、洗杯刷
10. 砧板（9 ～ 10 置於工作檯夾層）

（二）製作裝飾物及蘋果塔

操作 6 小題所需的裝飾物，須要製作柳橙片串櫻桃及蘋果塔，含吸管及調酒棒（剩餘可堪使用之材料，須歸還至公共材料區）。

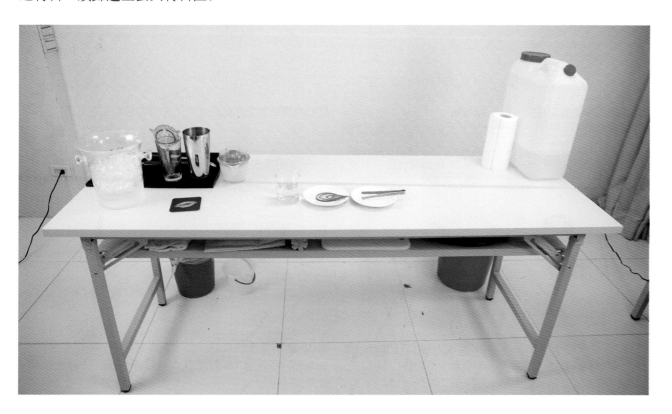

製作時應注意之事項列舉如下：

1. 若裝飾物需要 Muddle 者，須拿搗碎棒；需要碎冰者，則須拿手搖碎冰機。
2. 應檢人必須完成一個 5 層蘋果塔，寬度 2.5~3cm 之間，完成後須浸泡淡鹽水中，並於吧檯準備作業時間截止前取出備用。
3. 薄荷枝取用該題之杯皿，並冰鎮於杯中。
4. 製作芹菜棒長度需高於高飛球杯 2~3cm、寬度在 1~1.5cm 之間，並冰鎮於該題之杯皿中。

應考秘笈

1. 抹布不可擦拭工作檯面及夾層以外的地方。
2. 要預先舖設紙巾。
3. 正確操作托盤運送物件，以托盤運送物件時，不可打翻材料或破損。
4. 冰鏟（冰夾）不可放置冰桶中。
5. 生鮮物料須要正確清潔和處理，如去皮、去囊、去蒂頭、去除標籤等。
6. 製作裝飾物前要先洗手。
7. 分類處理垃圾、冰和水。
8. 砧板使用完後，清洗放置夾層。

四、裝飾物的呈現

有關裝飾物的呈現，如下表所示。

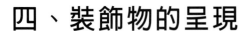

薄荷枝	薄荷枝	紅心橄欖	小洋蔥
薄荷枝取用該題之杯皿，並冰鎮於杯中。	薄荷葉	紅心橄欖串劍叉之呈現	小洋蔥串劍叉之呈現
螺旋檸檬皮	扭轉柳橙皮	扭轉檸檬皮	芹菜棒
螺旋檸檬皮，一頭掛在杯緣，其餘螺旋狀垂向底部，螺旋狀檸檬皮拉長後需達杯身高度。	柳橙皮：寬 0.7~1cm、長 5~6cm，不可含 1/3 以上白色果皮（肉）。	檸檬皮：寬 0.7~1cm、長 5~6cm，不可含 1/3 以上白色果皮（肉）。	製作芹菜棒，長度需高於高飛球杯 2~3cm，並先冰鎮於杯皿中，寬度 1~1.5cm。

蘋果塔	糖口杯	鹽口杯	1/2 柳橙片串櫻桃
五層蘋果塔掛杯口	先以柳橙片抹杯口後沾糖粉	先以檸檬片抹杯口後沾鹽巴	柳橙片切半串紅櫻桃的杯口呈現

裝飾物掛杯口呈現			
單片檸檬片掛杯口呈現，檸檬片厚薄型狀需統一。	單片柳橙片掛杯口呈現，柳橙片厚薄型狀需統一。	奇異果掛杯口的呈現	香蕉帶皮掛杯口
檸檬角掛杯口，寬度在 1.5~2cm 之間，不可傷害到果肉。	櫻桃串劍叉掛杯口呈現	檸檬片串紅櫻桃的杯口呈現	柳橙片串紅櫻桃的杯口呈現
鳳梨片串紅櫻桃的杯口呈現	香蕉串紅櫻桃的杯口呈現	柳橙片、檸檬片掛杯口呈現	

（承上頁）

五、裝飾物作法示範

（一）蘋果塔製作

蘋果塔的製作，寬 2.5~3cm，共需 5 層，要在砧板上製作。

1 將蘋果洗淨，取寬度約 2.5~3cm 之蘋果一塊，以三角尖刀從最外側平切一刀，不可切斷。

2 再從另一側切一刀成 V 狀，取出第 1 層。

3 以同樣切法，先從一側切一刀，不可切斷。

4 再從另一側切一刀成 V 狀，取出第 2 層。

5 以同樣切法，先從一側切一刀，不可切斷。

6 再從另一側切一刀成 V 狀，取出第 3 層。

7 以同樣切法，再取出第 4 層。

8 完成第 5 層後，組合成蘋果塔，5 層的層次、厚薄須均勻。

9 將製作好的蘋果塔，浸泡於古典杯內淡鹽水中備用。

（二）檸檬螺旋皮

①檸檬洗淨去蒂

②用三角尖刀沿著檸檬外皮類似削蘋果皮的方法，亦稱馬頸式切割法。

③以繞圈方式將檸檬皮呈螺旋狀削下

④削得的螺旋狀檸檬皮，浸泡於高飛球杯冰水中備用。

（三）鹽口杯製作方法

①將檸檬切片，杯緣先用檸檬果肉處抹過。

②將杯口倒放在鹽堆上沾鹽

③即完成鹽口杯

（四）糖口杯製作方法

①先將柳橙切片，杯緣用柳橙果肉抹杯口。

②把砂糖鋪平在點心盤上，再將杯口倒放在糖堆中沾糖。

③即完成糖口杯

肆 第三大題（C大題）─飲料調製標準流程

以冰涼甜心為例，調製標準流程如下：

前置作業（**4**分鐘）

1 就位靜待前置作業開始

2 清洗浸濕抹布

3 擦拭桌面及工作夾層

4 鋪設廚房紙巾

5 以托盤拿取該試題之材料至個人操作檯，材料及器皿商標或標籤，正面朝前方。

6 再以托盤拿取器具至操作台布置

7 托盤放置在中間夾層

8 靜待評分

調製過程（**7** 分鐘）

1. 洗手

2. 擦乾

3. 將方糖放入杯中

4. 滴入 4~5 滴安格式苦精

5. 倒入蘇打水少許

6. 扭轉檸檬皮放入杯中

7. 用搗碎棒壓榨均勻

8. 古典酒杯加冰塊 8 分滿

9. 以 Free pour 或量酒器注入 45ml 波本威士忌

10. 再用吧叉匙沿杯緣攪拌 2~3 下

11. 先夾取 1 顆櫻桃放入

12. 再夾第 2 顆櫻桃放入

13. 最後夾取柳橙片，掛上杯口。

14. 成品置於杯墊即完成

善後處理（**4**分鐘）

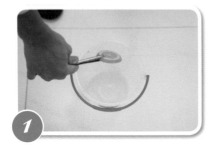

1. 丟棄裝飾物（留下櫻桃叉）

2. 飲料倒入水桶內

3. 以洗杯刷清洗杯具

4. 清洗使用過之器具

5. 以服務巾將所有器具擦乾

6. 把擦好的原料及器皿放於托盤內側，送回材料區。

7. 以抹布擦拭工作檯面及夾層

9. 清洗抹布，並摺疊整齊

10. 靜候評分（3分鐘）

應考秘笈

善後處理口訣
1. 拿起紙巾擦瓶口
2. 剩餘材料送回去
3. 須用杯刷洗器具
4. 分門別類來擦拭
5. 仔細默想下一題

伍 義式咖啡機操作標準流程

操作義式咖啡機的標準流程，如下所示：

前置作業（4分鐘）

1 洗手

2 擦乾

3 至材料區，以拉花鋼杯拿取200ml左右之鮮奶（±20ml）、抹布及紙巾，站立於咖啡機前。

4 鋪設紙巾

5 研磨咖啡粉（應檢人不可自行調整刻度、由當日評審長調整後，並試做一杯）填充咖啡粉後，將填壓器放置填壓墊上，把手置於紙巾上。

6 填充咖啡粉

7 刮去多餘的咖啡粉

8 填壓咖啡粉，將填壓及咖啡把手置於紙巾上

應考秘笈

1. 監評長於場地說明時，須以200ml之水加入拉花鋼杯以為參考。

2. 當日監評長須解說義式咖啡機之使用方法，須現場測試咖啡機之流速、水量、Crema、壓力、磨豆機磨粉等內容。

調製過程（**7**分鐘）

測試水壓

再扣緊手把

放置咖啡杯或小鋼杯萃取咖啡

打奶泡前，排放蒸氣管中之水分。

打奶泡

打發奶泡後，立即以咖啡機旁之抹布，擦拭蒸氣管。

排放蒸氣

於咖啡機旁的工作檯完成拉花試題

拉出心形奶泡（圖案需超過杯面 1/3）

以托盤運送回操作檯，將咖啡成品放置成品區、靜候評分。

附表一　義式咖啡機操作崗位配置圖

崗位操作區 題序	第一台		第二台	
	左側	右側	左側	右側
一	C1	C2	C3	
二	C4	C5	C6	
三	C7	C8	C9	C3 （愛爾蘭咖啡）
四	C10	C11	C12	
五	C13	C14	C15	
六	C16	C17	C18	

備註：應檢人須依上表規定之義式咖啡機操作咖啡題，左側右側係指應檢人面對咖啡機之方向

善後處理（**4**分鐘）

1. 清洗咖啡杯組及其他器皿（拉花鋼杯，若仍有鮮奶須倒回鮮奶收集器）。

2. 清洗擦拭蒸氣管之抹布後，將物件送回歸位。

3. 以托盤將咖啡杯組、填壓器、小鋼杯、抹布及剩餘牛奶送回咖啡機操作區。

4. 以右手扳向左方取下濾器把手

5. 右手握拿濾器把手，快速有力的敲打咖啡渣槽橫桿，咖啡粉餅一次就掉落咖啡渣槽內。

6. 排出沖煮頭熱水沖洗濾器把手，以廚房紙巾擦拭乾淨後，放於咖啡機上方。

7. 以操作檯抹布，清潔咖啡機及工作區。以咖啡機旁之抹布擦拭乾淨後，放於咖啡機上方。

8. 清理磨豆機上鋪設的紙巾

9. 將紙巾上的咖啡渣倒掉，紙巾丟入垃圾桶中。

10. 以托盤運送咖啡機區的抹布、拉花鋼杯回操作檯，清潔抹布及善後處理，靜候評分。

應考秘笈

1. 萃取咖啡時，把手未扣緊或脫落、成品含咖啡渣、自行調整磨豆機刻度或義式咖啡機設定扣 100 分。

2. 考試題組之咖啡拉花後題目，下一題若為義式咖啡雞尾酒小題之義式咖啡應於前一小題事先萃取，該題咖啡拉花須取雙孔把手萃取 2 杯 Espresso，另一杯用小鋼杯盛裝。

陸 考題分析得分訣竅

一、重點掌握

哪些是必死題？犯了哪些錯誤會有「致命」的扣分？單題扣 100 分，就必須明年再見。

操作時出現下列情形者，扣該題 100 分：

1. 直接注入法及分層法、漂浮法應使用吧叉匙而未使用者。
2. 呈現之成品，應有冰塊而未含冰塊或冰塊已融化者，或無需冰塊而含冰塊者。
3. 特定飲料，應有之裝飾物未呈現者，如鹽（糖）口杯、吉普森、不甜馬丁尼、馬頸、血腥瑪莉。
4. 未能正確且安全的操作機具設備者。如：萃取咖啡時，把手未扣緊或脫落、成品含咖啡渣、自行調整磨豆機刻度或義式咖啡機設定、操作搖盪法時刻度調酒杯破裂、操作果汁機時未關機即進行攪拌或搖晃。
5. 前後題目需要濃咖啡者，將預先準備之濃咖啡倒掉、未事先萃取、萃取錯誤者。
6. 成品容量未達六分滿者。
7. 操作搖盪法時，加入有氣泡的飲料。
8. 酒類倒出未使用。
9. 飲料重新製作。
10. 調製注入法 (Pour) 攪拌者。
11. 氣泡酒使用量酒器。
12. 無成品者。

二、調製時容易犯的錯誤

1. 研磨咖啡粉、咖啡手把離開研磨機時，未立即關閉研磨機扣 10 分。
2. 新鮮果汁類壓汁後，未使用公杯扣 10 分。
3. 砧板使用完未立即清洗扣 4 分。
4. 操作義式咖啡機時抹布交錯使用扣 10 分。
5. 調製分層法時，蹲下操作扣 10 分。
6. 調製搖盪法時，內杯放入冰塊扣 10 分。
7. 調製搖盪法時，內杯朝外扣 10 分。
8. 調製搖盪法，搖盪時液體溢出扣 10 分。
9. 未正確扭轉檸檬皮扣 10 分。
10. 製作鹽（糖）口杯，未使用檸檬（柳橙）者扣 20 分。
11. 持續碰觸杯口扣 10 分。
12. 將混合過的飲料再倒回果汁機，雪克杯刻度調酒杯重複操作者扣 20 分。

13. 調製時間截止，仍繼續操作者，扣 20 分。

14. 製作 3 杯份之飲料，容量高低不一，每杯扣 10 分。

三、成品重要提醒

1. 拉花咖啡之成品，其總容量須達九分滿不可溢出，心形奶泡要達到杯面 1/3 以上、葉形奶泡左右須達各 5 片以上，成品要記得放置咖啡匙。

2. 愛爾蘭咖啡 (Irish Coffee) 成品要記得放置咖啡匙及底盤。

3. 以蛋、鮮奶為材料搖盪調配之成品，頂端須呈現一層泡沫，如材料有蛋黃的蛋酒 (Egg Nog)；有蛋白的粉紅佳人 (Pink Lady) 和銀費士 (Silver Fizz) 和雪莉惠而浦 (Sherry Flip)；有鮮奶的義式維也納咖啡 (Viennese Espresso)；白蘭地亞歷山大 (Brandy Alexander)、金色夢幻 (Golden Dream)、綠色蚱蜢 (Grasshopper)。

4. 成品要達冰沙狀：如霜凍香蕉戴吉利 (Banana Frozen Daiquiri) 或霜凍瑪格麗特 (Frozen Magarita)。

5. 成品要加碎冰狀者：薄荷芙萊蓓 (Mint Frappe)、莫西多 (Mojito)、蘋果莫西多 (Apple Mojito)、卡碧尼亞 (Caipirinha)、薑味莫西多 (Ginger Mojito)、經典莫西多 (Classic Mojito)。

6. 成品層次要分明，要訣是量酒器和吧叉匙每使用完一次就要洗淨擦乾，層次才會分明且乾淨，如普施咖啡 (Pousse Café)、B-52 轟炸機 (B-52 Shot)、彩虹酒 (Rainbow) 及天使之吻 (Angel's Kiss)。

7. 成品要放置調酒棒：記住要訣是高飛球杯就要放調酒棒，血腥瑪莉 (Bloody Mary) 放芹菜棒，及蛋酒 (Egg Nog) 不用放任何調酒棒及吸管。

四、認清杯皿與器具

乙級的杯具高矮胖瘦，大小不一，不同雞尾酒要搭配不同杯具，看看哪些最易犯錯搞混？仔細辨別，拿錯杯具扣 100 分，詳細見 p.30~p.31。

1. Highball（300ml 和 240ml）。

2. 大雞尾酒杯 (Cocktail)、雞尾酒杯 (Cocktail)、馬丁尼杯 (Martini) 容量分別為 180ml、125ml、90ml（須冰杯）。

3. 馬丁尼杯 v.s 雞尾酒杯 v.s 白酒杯；酸酒杯 v.s 高腳香檳杯（須冰杯）成品不見冰。

五、認識材料及酒

飲料調製的前置作業只有 4 分鐘，可沒有時間思考和猶豫！必須對所有材料非常了解，例如：新鮮柳橙汁 (Fresh Orange Juice)，或新鮮檸檬汁 (Fresh Lemon Juice) 須拿新鮮柳橙或新鮮檸檬去蒂對切，再榨汁倒進公杯備用；柳橙汁 (Orange Juice) 則用公杯拿取罐裝柳橙汁。拿錯扣 100 分，詳細見 p.32~p.43。

六、背誦酒譜

背酒譜要運用點技巧，如：

1. 以基酒分類來背誦：六大基酒、葡萄酒、香甜酒。

2. 以杯器皿分類背誦法：如用可林杯 (360ml)、雞尾酒杯 (180、125ml)、馬丁尼杯 (90ml)、高飛球杯 (300ml、240ml)、古典酒杯 (240ml)、颶風杯 (420ml)、香檳杯 (150ml)、酸酒杯 (140ml)、香甜酒杯 (30ml)、純飲杯 (60ml)。

3. 以裝飾物分類背誦法：酒的裝飾物有檸檬片、扭轉檸檬皮、檸檬角、檸檬螺旋、柳橙片、鹽口杯、糖口杯、肉桂粉、荳蔻粉、可可粉、咖啡豆、薄荷枝、薄荷葉、芹菜棒、鳳梨片、奇異果、櫻桃、香蕉片、蘋果塔。

4. 相似題背誦法，如：

   (1) 曼哈頓系列：曼哈頓 (Manhattan) 與不甜曼哈頓 (Dry Manhattan)、蘋果曼哈頓 (Apple Manhattan)

   (2) 紐約系列：紐約 (New York) 與紐約客 (New Yorker)

   (3) 莫西多 (Mojito) 系列：莫西多 (Mojito) 與蘋果莫西多 (Apple Mojito)、薑味莫西多 (Ginger Mojito)、經典莫西多 (Classic Mojito)

   (4) 義式咖啡雞尾酒 (Espresso Cocktail) 系列

   (5) 馬丁尼 (Martini) 系列：Dry Martini、Perfect Martini、Gibson

   (6) 可林 (Collin) 系列：John Collin、Captain Collin

   (7) 巴迪達 (Batida) 系列：Banana Batida、Kiwi Bartida、Coffee Batida

七、義式咖啡機

除了製作綿密的奶泡（20 分）、咖啡拉花（20 分）以外，最重要的是正確的「操作義式咖啡機」。製作心形奶泡與葉形奶泡的示範步驟見本書 p.342~347。

八、以調製方法分類

以調製法分類，可分為以下幾種，詳細見本書第三篇。

1. 直注法（直注→壓搾）（直注→飄浮）

2. 攪拌法

3. 搖盪法（搖盪→飄浮）

4. 電動攪拌法／霜凍法

5. 分層法

6. 飄浮法

7. 注入法

第三篇 實作示範

壹、108 道術科試題

貳、以調製法分類一覽表

參、術科試題實作示範

壹 108 道術科試題

一、飲料調製

一組別 6 小題，每題檢定時間為 24 分鐘，評分時間 3 分鐘。

（一）術科試題題卡範例

以組別 C1 為例：

題序	飲料名稱
一	Latte Art Heart 咖啡拉花 - 心形奶泡（圖案須超過杯面 1/3）
二	Espresso Daiquiri 義式戴吉利
三	Manhattan 曼哈頓（製作 3 杯）
四	Hot Toddy 熱托地
五	Mint Frappe 薄荷芙萊蓓
六	Planter's Punch 拓荒者賓治

（二）術科測試題目

試題編號：1020203-1（組別含 C1、C2、C3、C4、C5、C6 計 6 組）

品名	義式咖啡機 Espresso Machine	調 製 雞 尾 酒 Cocktail					
類別	義式咖啡機 Espresso Machine	直接注入法 Build	攪拌法 Stir	搖盪法 Shake	電動攪拌法 / 霜凍法 Blend / Frozen	分層法 Layer	注入法 Pour
C1	Latte Art Heart 咖啡拉花 - 心形奶泡（圖案須超過杯面 1/3）	Hot Toddy 熱托地	Manhattan 曼哈頓	Expresso Daiquiri 義式戴吉利 Planter's Punch 拓荒者賓治			Mint Frappe 薄荷芙萊蓓
C2	Latte Art Heart 咖啡拉花 - 心形奶泡（圖案須超過杯面 1/3）	Mojito 莫西多		Cool Sweet Heart 冰涼甜心 Dandy Cocktail 至尊雞尾酒 White Stinger 白醉漢	Banana Batida 香蕉巴迪達 (Blend)		
C3	Latte Art Heart 咖啡拉花 - 心形奶泡（圖案須超過杯面 1/3）	Irish Coffee 愛爾蘭咖啡	Dry Manhattan 不甜曼哈頓	Gin Fizz 琴費士 Stinger 醉漢		Pousse Café 普施咖啡	
C4	Latte Art Heart 咖啡拉花 - 心形奶泡（圖案須超過杯面 1/3）	Salty Dog 鹹狗 Negus 尼加斯 Ginger Mojito 薑味莫西多		Golden Dream 金色夢幻		B-52 Shot B-52 轟炸機	
C5	Latte Art Heart 咖啡拉花 - 心形奶泡（圖案須超過杯面 1/3）	Tequila Sunrise 特吉拉日出 Americano 美國佬		Captain Collins 領航者可林 Pink Lady 粉紅佳人	Coffee Batida 巴迪達咖啡 (Blend)		
C6	Latte Art Heart 咖啡拉花 - 心形奶泡（圖案須超過杯面 1/3）			Jack Frost 傑克佛洛斯特 Viennese Espresso 義式維也納咖啡 Silver Fizz 銀費士 Kamikaze 神風特攻隊			Mimosa 含羞草

試題 1020203-1 各組配方

組別 C1

題序	飲料名稱 Drink name	成分 Ingredients	調製法 Method	裝飾物 Garnish	杯器皿 Glassware	成品圖
一	DC01 Latte Art Heart 咖啡拉花 - 心形奶泡 （圖案須超過杯面 1/3）	30ml Espresso Coffee 義式咖啡 (7g) Top with Foaming Milk 加滿奶泡	義式咖啡機 Pour 注入法		寬口咖啡杯	
二	CS01 Espresso Daiquiri 義式戴吉利	30ml White Rum 白色蘭姆酒 30ml Espresso Coffee 義式咖啡 (7g) 15ml Sugar Syrup 果糖	Shake 搖盪法	Float Three Coffee Beans 3 粒咖啡豆	Cocktail Glass 雞尾酒杯	
三	CST01 Manhattan 曼哈頓 （製作 3 杯）	45ml Bourbon Whiskey 波本威士忌 15ml Rosso Vermouth 甜味苦艾酒 Dash Angostura Bitters 安格式苦精（少許）	Stir 攪拌法	Cherry 櫻桃★	Martini Glass 馬丁尼杯	
四	CBU01 Hot Toddy 熱托地	45ml Brandy 白蘭地 15ml Fresh Lemon Juice 新鮮檸檬汁 15ml Sugar Syrup 果糖 Top with Boiling Water 熱開水 8 分滿	Build 直接注入法	Lemon Slice 檸檬片 Cinnamon Powder 肉桂粉★	Toddy Glass 托地杯	
五	CS02 Mint Frappe 薄荷芙萊蓓	45ml Green Crème de Menthe 綠薄荷香甜酒 1 cup Crushed Ice 碎冰 1 杯	Pour 注入法	Mint Sprig 薄荷枝 Cherry 紅櫻桃 2 Short Straw 短吸管 2 支	大雞尾酒杯	
六	CS03 Planter's Punch 拓荒者賓治	45ml Dark Rum 深色蘭姆酒 15ml Fresh Lemon Juice 新鮮檸檬汁 10ml Grenadine Syrup 紅石榴糖漿 Top with Soda Water 蘇打水 8 分滿 Dash Angostura Bitters 搖勻後加入少許安格式苦精	Shake 搖盪法	Lemon Slice 檸檬片 Orange Slice 柳橙片	Collins Glass 可林杯	

組別 C2

題序	飲料名稱 Drink name	成分 Ingredients	調製法 Method	裝飾物 Garnish	杯器皿 Glassware	成品圖
一	DC01 Latte Art Heart 咖啡拉花 - 心形奶泡 （圖案須超過杯面 1/3）	30ml Espresso Coffee 義式咖啡 (7g) Top with Foaming Milk 加滿奶泡	義式咖啡機 Pour 注入法		寬口咖啡杯	
二	CS05 Dandy Cocktail 至尊雞尾酒	30ml Gin 琴酒 30ml Dubonnot Rod 紅多寶力酒 10ml Triple Sec 白柑橘香甜酒 Dash Angostura Bitters 安格式苦精（少許）	Shake 搖盪法	Lemon Peel 檸檬皮 Orange Peel 柳橙皮	Cocktail Glass 雞尾酒杯	
三	CB01 Banana Batida 香蕉巴迪達	45ml Cachaça 甘蔗酒 30ml Crème de Bananes 香蕉香甜酒 20ml Fresh Lemon Juice 新鮮檸檬汁 1 Fresh Peeled Banana 1 條新鮮香蕉	Blend 電動攪拌法	Banana Slice 香蕉片	Hurricane Glass 炫風杯	
四	CS04 Cool Sweet Heart 冰涼甜心	30ml White Rum 白色蘭姆酒 30ml Mozart Dark Chocolate Liqueur 莫札特黑色巧克力香甜酒 30ml Mojito Syrup 莫西多糖漿 75ml Fresh Orange Juice 新鮮柳橙汁 15ml Fresh Lemon Juice 新鮮檸檬汁	Shake 搖盪法 Float 漂浮法	Lemon Peel 檸檬皮 Cherry 櫻桃	Collins Glass 可林杯	
五	CS06 White Stinger 白醉漢 （製作 3 杯）	45ml Vodka 伏特加 15ml White Crème de Menthe 白薄荷香甜酒 15ml White Crème de Cacao 白可可香甜酒	Shake 搖盪法		Old Fashioned Glass 古典酒杯	
六	CBU03 Mojito 莫西多	45ml White Rum 白色蘭姆酒 15ml Fresh Lime Juice 新鮮萊姆汁 1/2 Fresh Lime Cut Into 4 Wedges 新鮮萊姆切成 4 塊 12 Fresh Mint Leaves 新鮮薄荷葉 6~8g Sugar 糖包 Top with Soda Water 蘇打水 8 分滿 Crushed Ice 適量碎冰	Muddle 壓榨法 Build 直接注入法	Mint Sprig 薄荷枝	High Ball 高飛球杯	

題序	飲料名稱 Drink name	成分 Ingredients	調製法 Method	裝飾物 Garnish	杯器皿 Glassware	成品圖
一	DC01 Latte Art Heart 咖啡拉花 - 心形奶泡 （圖案須超過杯面 1/3）	30ml Espresso Coffee 義式咖啡 (7g) Top with Foaming Milk 加滿奶泡	義式咖啡機 Pour 注入法		寬口咖啡杯	
二	CST02 Dry Manhattan 不甜曼哈頓 （製作 3 杯）	45ml Bourbon Whiskey 波本威士忌 15ml Dry Vermouth 不甜苦艾酒 Dash Angostura Bitters 安格式苦精（少許）	Stir 攪拌法	Lemon Peel 檸檬皮★	Martini Glass 馬丁尼杯	
三	CBU04 Irish Coffee 愛爾蘭咖啡	45ml Irish Whiskey 愛爾蘭威士忌 6~8g Sugar 糖包 30ml Espresso Coffee 義式咖啡 (7g) 120ml Boiling Water 熱開水 Top with Whipped Cream 加滿泡沫鮮奶油	義式咖啡機 Build 直接注入法	Cocoa Powder 可可粉★	Irish Coffee Glass 愛爾蘭 咖啡杯	
四	CS08 Stinger 醉漢	45ml Brandy 白蘭地 15ml White Crème de Menthe 白薄荷香甜酒	Shake 搖盪法	Mint Sprig 薄荷枝	Old Fashioned Glass 古典酒杯	
五	CS07 Gin Fizz 琴費士	45ml Gin 琴酒 30ml Fresh Lemon Juice 新鮮檸檬汁 15ml Sugar Syrup 果糖 Top with Soda Water 蘇打水 8 分滿	Shake 搖盪法		Highball Glass 高飛球杯	
六	CL01 Pousse Café 普施咖啡	1/5 Grenadine Syrup 紅石榴糖漿 1/5 Brown Crème de Cacao 深可可香甜酒 1/5 Green Crème de Menthe 綠薄荷香甜酒 1/5 Triple Sec 白柑橘香甜酒 1/5 Brandy 白蘭地 （以杯皿容量 9 分滿為準）	Layer 分層法		Liqueur Glass 香甜酒杯	

組別 C4

題序	飲料名稱 Drink name	成分 Ingredients	調製法 Method	裝飾物 Garnish	杯器皿 Glassware	成品圖
一	CBU05 Salty Dog 鹹狗	45ml Vodka 伏特加 Top with Fresh Grapefruit Juice 新鮮葡萄柚汁 8 分滿	Build 直接注入法	Salt Rimmed 鹽口杯★	Highball Glass 高飛球杯	
二	DC01 Latte Art Heart 咖啡拉花 - 心形奶泡 （圖案須超過杯面 1/3）	30ml Espresso Coffee 義式咖啡 (7g) Top with Foaming Milk 加滿奶泡	義式咖啡機 Pour 注入法		寬口咖啡杯	
三	CL02 B-52 Shot B-52 轟炸機	1/3 Kahlúa 卡魯哇咖啡香甜酒 1/3 Bailey's Irish Cream 貝里斯奶酒 1/3 Grand Marnier 香橙干邑香甜酒 （以杯皿容量 9 分滿為準）	Layer 分層法		Shot Glass 烈酒杯	
四	CS10 Ginger Mojito 薑味莫西多	45ml White Rum 白色蘭姆酒 3 Slices Fresh Root Ginger 3 片嫩薑 12 Fresh Mint Leaves 新鮮薄荷葉 15 Fresh Lime Juice 新鮮萊姆汁 6~8g Sugar 糖包 Top with Ginger Ale 薑汁汽水 8 分滿 Crushed Ice 適量碎冰	Muddle 壓榨法 Build 直接注入法	Mint Sprig 薄荷枝	Highball Glass 高飛球杯	
五	CBU07 Negus 尼加斯	60ml Tawny Port 波特酒 15ml Fresh Lemon Juice 新鮮檸檬汁 15ml Sugar Syrup 果糖 Top with Boiling Water 熱開水 8 分滿	Build 直接注入法	Nutmeg Powder 荳蔻粉★	Toddy Glass 托地杯	
六	CS11 Golden Dream 金色夢幻 （製作 3 杯）	30ml Galliano 義大利香草酒 15ml Triple Sec 白柑橘香甜酒 15ml Fresh Orange Juice 新鮮柳橙汁 10ml Cream 無糖液態奶精	Shake 搖盪法		Cocktail Glass 雞尾酒杯	

題序	飲料名稱 Drink name	成分 Ingredients	調製法 Method	裝飾物 Garnish	杯器皿 Glassware	成品圖
一	CBU08 Tequila Sunrise 特吉拉日出	45ml Tequila 　特吉拉 Top with Orange Juice 　柳橙汁 8 分滿 10ml Grenadine Syrup 　紅石榴糖漿	Build 直接注入法 Float 漂浮法	Orange Slice 柳橙片 Cherry 櫻桃	Highball Glass (240ml) 高飛球杯	
二	DC02 Latte Art Heart 咖啡拉花 - 心形奶泡 （圖案須超過杯面 1/3）	30ml Espresso Coffee 　義式咖啡 (7g) Top with Foaming Milk 　加滿奶泡	義式咖啡機 Pour 注入法		寬口咖啡杯	
三	CB02 Coffee Batida 巴迪達咖啡	30ml Cachaça 　甘蔗酒 30ml Espresso Coffee 　義式咖啡 (7g) 30ml Crème de Café 　咖啡香甜酒 10ml Sugar Syrup 　果糖	Blend 電動攪拌法	Float Three Coffee Beans 3 粒咖啡豆	Old Fashioned Glass 古典酒杯	
四	CS09 Captain Collins 領航者可林	30ml Canadian Whisky 　加拿大威士忌 30ml Fresh Lemon Juice 　新鮮檸檬汁 10ml Sugar Syrup 　果糖 Top with Soda Water 　蘇打水 8 分滿	Shake 搖盪法	Lemon Slice 檸檬片 Cherry 櫻桃	Collins Glass 可林杯	
五	CBU09 Americano 美國佬	30ml Campari 　金巴利 30ml Rosso Vermouth 　甜味苦艾酒 Top with Soda Water 　蘇打水 8 分滿	Build 直接注入法	Orange Slice 柳橙片 Lemon Peel 檸檬皮	Highball Glass 高飛球杯	
六	CS13 Pink Lady 粉紅佳人 （製作 3 杯）	30ml Gin 　琴酒 15ml Fresh Lemon Juice 　新鮮檸檬汁 10ml Grenadine Syrup 　紅石榴糖漿 15ml Egg White 　蛋白	Shake 搖盪法	Lemon Peel 檸檬皮	Cocktail Glass 雞尾酒杯	

組別 C6

題序	飲料名稱 Drink name	成分 Ingredients	調製法 Method	裝飾物 Garnish	杯器皿 Glassware	成品圖
一	CS14 Jack Frost 傑克佛洛斯特	45ml Bourbon Whiskey 波本威士忌 15ml Drambuie 蜂蜜酒 30ml Fresh Orange Juice 新鮮柳橙汁 10ml Fresh Lemon Juice 新鮮檸檬汁 10ml Grenadine Syrup 紅石榴糖漿	Shake 搖盪法	Orange Peel 柳橙皮	Old Fashioned Glass 古典酒杯	
二	DC03 Latte Art Heart 咖啡拉花 - 心形奶泡 （圖案須超過杯面 1/3）	30ml Espresso Coffee 義式咖啡 (7g) Top with Foaming Milk 加滿奶泡	義式咖啡機 Pour 注入法		寬口咖啡杯	
三	CS15 Viennese Espresso 義式維也納咖啡	30ml Espresso Coffee 義式咖啡 (7g) 30ml White Chocolate Cream 白巧克力酒 30ml Macadamia Nut Syrup 夏威夷豆糖漿 120ml Milk 鮮奶	Shake 搖盪法	Float Three Coffee Beans 3 粒咖啡豆	Collins Glass 可林杯	
四	CS16 Kamikaze 神風特攻隊 （製作 3 杯）	45ml Vodka 伏特加 15ml Triple Sec 白柑橘香甜酒 15ml Fresh Lime Juice 新鮮萊姆汁	Shake 搖盪法	Lemon Wedge 檸檬角	Old Fashioned Glass 古典酒杯	
五	CS17 Silver Fizz 銀費士	45ml Gin 琴酒 15ml Fresh Lemon Juice 新鮮檸檬汁 15ml Sugar Syrup 果糖 15ml Egg White 蛋白 Top with Soda Water 蘇打水 8 分滿	Shake 搖盪法	Lemon Slice 檸檬片	Highball Glass 高飛球杯	
六	CBU10 Mimosa 含羞草	1/2 Fresh Orange Juice 新鮮柳橙汁 1/2 Champagne or Sparkling Wine (Brut) 原味香檳或汽泡酒 （以杯皿容量 8 分滿計算）	Pour 注入法		Flute Glass 高腳香檳杯	

品名	義式咖啡機 Espresso Machine	調 製 雞 尾 酒 Cocktail					
類別	義式咖啡機 Espresso Machine	直接注入法 Build	攪拌法 Stir	搖盪法 Shake	電動攪拌法 / 霜凍法 Blend / Frozen	分層法 Layer	注入法 Pour
C7	Latte Art Heart 咖啡拉花 - 心形 奶泡（圖案須 超過杯面 1/3）	White Russian 白色俄羅斯 Long Island Iced Tea 長島冰茶	Dry Martini 不甜馬丁尼	Grasshopper 綠色蚱蜢 Sangria 聖基亞			
C8	Latte Art Heart 咖啡拉花 - 心形 奶泡（圖案須 超過杯面 1/3）	Frenchman 法國佬 John Collins 約翰可林		Egg Nog 蛋酒 Orange Blossom 橘花	Brazilian Coffee 巴西佬咖啡 (blend)		
C9	Latte Art Heart 咖啡拉花 - 心形 奶泡（圖案須 超過杯面 1/3）	Black Russian 黑色俄羅斯		Sherry Flip 雪莉惠而浦 Blue Bird 藍鳥	Piña Colada 鳳梨可樂達 (blend)		Kir Royal 皇家基爾
C10	Latte Art Rosetta 咖啡拉花 - 葉形 奶泡（圖案之葉 片須左右對稱， 至少各 5 葉以上）	Screw Driver 螺絲起子 Classic Mojito 經典莫西多	Gin & IT 義式琴酒	Vanilla Espresso Martini 義式香草馬丁尼 Golden Dream 金色夢幻			
C11	Latte Art Rosetta 咖啡拉花 - 葉形 奶泡（圖案之葉 片須左右對稱， 至少各 5 葉以上）	God Father 教父	Perfect Martini 完美馬丁尼	Side Car 側車	Blue Hawaiian 藍色夏威夷 佬 (blend)	Rainbow 彩虹酒	
C12	Latte Art Rosetta 咖啡拉花 - 葉形 奶泡（圖案之葉 片須左右對稱， 至少各 5 葉以上）	Bloody Mary 血腥瑪莉		Mai Tai 邁泰 White Sangria 白色聖基亞 Vodka Espresso 義式伏特加	Frozen Margarita 霜凍瑪 格麗特 (frozen)		

試題 1020203-2 各組配方

組別 C7

題序	飲料名稱 Drink name	成分 Ingredients	調製法 Method	裝飾物 Garnish	杯器皿 Glassware	成品圖
一	CST03 Dry Martini 不甜馬丁尼	45ml Gin 琴酒 15ml Dry Vermouth 不甜苦艾酒	Stir 攪拌法	Stuffed Olive 紅心橄欖★	Martini Glass 馬丁尼杯	
二	CS18 Grasshopper 綠色蚱蜢 （製作 3 杯）	20ml Green Crème de Menthe 綠薄荷香甜酒 20ml White Crème de Cacao 白可可香甜酒 20ml Cream 無糖液態奶精	Shake 搖盪法		Cocktail Glass 雞尾酒杯	
三	DC03 Latte Art Heart 咖啡拉花 - 心形奶泡 （圖案須超過杯面 1/3）	30ml Espresso Coffee 義式咖啡 (7g) Top with Foaming Milk 加滿奶泡	義式咖啡機 Pour 注入法		寬口咖啡杯	
四	CS19 Long Island Iced Tea 長島冰茶	15ml Gin 琴酒 15ml White Rum 白色蘭姆酒 15ml Vodka 伏特加 15ml Tequila 特吉拉 15ml Triple Sec 白柑橘香甜酒 15ml Fresh Lemon Juice 新鮮檸檬汁 Top with Cola 可樂 8 分滿	Build 直接注入法	Lemon Peel 檸檬皮	Collins Glass 可林杯	
五	CS20 Sangria 聖基亞	30ml Brandy 白蘭地 30ml Red Wine 紅葡萄酒 15ml Grand Marnier 香橙干邑香甜酒 60ml Fresh Orange Juice 新鮮柳橙汁	Shake 搖盪法	Orange Slice 柳橙片	Highball Glass 高飛球杯	
六	CBU12 White Russian 白色俄羅斯	45ml Vodka 伏特加 15ml Crème de Café 咖啡香甜酒 30ml Cream 無糖液態奶精	Build 直接注入法 Float 漂浮法		Old Fashioned Glass 古典酒杯	

題序	飲料名稱 Drink name	成分 Ingredients	調製法 Method	裝飾物 Garnish	杯器皿 Glassware	成品圖
一	CS21 Egg Nog 蛋酒	30ml Brandy 白蘭地 15ml White Rum 白色蘭姆酒 135ml Milk 鮮奶 15ml Sugar Syrup 果糖 1 Egg Yolk 蛋黃	Shake 搖盪法	Nutmeg Powder 荳蔻粉★	Highball Glass (300ml) 高飛球杯	
二	CBU13 Frenchman 法國佬	30ml Grand Marnier 香橙干邑香甜酒 60ml Red Wine 紅葡萄酒 15ml Fresh Orange Juice 新鮮柳橙汁 15ml Fresh Lemon Juice 新鮮檸檬汁 10ml Sugar Syrup 果糖 Top with Boiling Water 熱開水 8 分滿	Build 直接注入法	Orange Peel 柳橙皮	Toddy Glass 托地杯	
三	DC03 Latte Art Heart 咖啡拉花 - 心形奶泡 （圖案須超過杯面 1/3）	30ml Espresso Coffee 義式咖啡 (7g) Top with Foaming Milk 加滿奶泡	義式咖啡機 Pour 注入法		寬口咖啡杯	
四	CB03 Brazilian Coffee 巴西佬咖啡	30ml Cachaça 甘蔗酒 30ml Espresso Coffee 義式咖啡 (7g) 30ml Cream 無糖液態奶精 15ml Sugar Syrup 果糖	Blend 電動攪拌法	Float Three Coffee Beans 3 粒咖啡豆	Old Fashioned Glass 古典酒杯	
五	CS22 Orange Blossom 橘花 （製作 3 杯）	30ml Gin 琴酒 15ml Rosso Vermouth 甜苦艾酒 30ml Fresh Orange Juice 新鮮柳橙汁	Shake 搖盪法	Sugar Rim 糖口杯★	Cocktail Glass 雞尾酒杯	
六	CBU14 John Collins 約翰可林	45ml Bourbon Whiskey 波本威士忌 30ml Fresh Lemon Juice 新鮮檸檬汁 15ml Sugar Syrup 果糖 Top with Soda Water 蘇打汽水 8 分滿 Dash Angostura Bitters 調勻後加入少許安格式 苦精	Build 直接注入法	Lemon Slice 檸檬片 Cherry 櫻桃	Collins Glass 可林杯	

組別 C9

題序	飲料名稱 Drink name	成分 Ingredients	調製法 Method	裝飾物 Garnish	杯器皿 Glassware	成品圖
一	CP01 Kir Royale 皇家基爾	15ml Crème de Cassis 黑醋栗香甜酒 Full up with Champagne or Sparkling Wine (Brut) 原味香檳或汽泡酒注至8分滿	Pour 注入法		Flute Glass 高腳香檳杯	
二	CBU15 Black Russian 黑色俄羅斯	45ml Vodka 伏特加 15ml Crème de Café 咖啡香甜酒	Build 直接注入法		Old Fashioned Glass 古典酒杯	
三	DC03 Latte Art Heart 咖啡拉花 - 心形奶泡 （圖案須超過面 1/3）	30ml Espresso Coffee 義式咖啡 (7g) Top with Foaming Milk 加滿奶泡	義式咖啡機 Pour 注入法		寬口咖啡杯	
四	CS23 Sherry Flip 雪莉惠而浦	15ml Brandy 白蘭地 45ml Sherry 雪莉酒 15ml Egg White 蛋白	Shake 搖盪法		Cocktail Glass 雞尾酒杯	
五	CS25 Blue Bird 藍鳥 （製作 3 杯）	30ml Gin 琴酒 15ml Blue Curaçao Liqueur 藍柑橘香甜酒 15ml Fresh Lemon Juice 新鮮檸檬汁 10ml Almond Syrup 杏仁糖漿	Shake 搖盪法	Lemon Peel 檸檬皮	Cocktail Glass 雞尾酒杯	
六	CB04 Piña Colada 鳳梨可樂達	30ml White Rum 白色蘭姆酒 30ml Coconut Cream 椰漿 90ml Pineapple Juice 鳳梨汁	Blend 電動攪拌法	Fresh Pineapple slice 新鮮鳳梨片（去皮） Cherry 櫻桃	Collins Glass 可林杯	

題序	飲料名稱 Drink name	成分 Ingredients	調製法 Method	裝飾物 Garnish	杯器皿 Glassware	成品圖
一	CBU16 Screw Driver 螺絲起子	45ml Vodka 伏特加 Top with Fresh Orange Juice 新鮮柳橙汁 8 分滿	Build 直接注入法	Orange Slice 柳橙片	Highball Glass 高飛球杯	
二	CST04 Gin & It 義式琴酒 （製作 3 杯）	45ml Gin 琴酒 15ml Rosso Vermouth 甜苦艾酒	Stir 攪拌法	Lemon Peel 檸檬皮 ★	Martini Glass 馬丁尼杯	
三	CS27 Classic Mojito 經典莫西多	45ml Cachaça 甘蔗酒 30ml Fresh Lime Juice 新鮮萊姆汁 1/2 Fresh Lime Cut Into 4 Wedges 新鮮萊姆切成 4 塊 12 Fresh Mint Leaves 新鮮薄荷葉 6~8g Sugar 糖包 Top with Soda Water 蘇打水 8 分滿 Crushed Ice 適量碎冰	Muddle 壓榨法 Build 直接注入法	Mint Sprig 薄荷枝	Highball Glass 高飛球杯	
四	DC05 Latte Art Rosetta 咖啡拉花 - 葉形奶泡 （圖案之葉片須左右對稱至少各 5 葉以上）	30ml Espresso Coffee 義式咖啡 (7g) Top with Foaming Milk 加滿奶泡	義式咖啡機 Pour 注入法		寬口咖啡杯	
五	CS26 Vanilla Espresso Martini 義式香草馬丁尼	30ml Vanilla Vodka 香草伏特加 30ml Espresso Coffee 義式咖啡 (7g) 15ml Kahlúa 卡魯瓦咖啡香甜酒	Shake 搖盪法	Float Three Coffee Beans 3 粒咖啡豆	Cocktail Glass 雞尾酒杯	
六	CS11 Golden Dream 金色夢幻 （製作 3 杯）	30ml Galliano 義大利香草酒 15ml Triple Sec 白柑橘香甜酒 15ml Fresh Orange Juice 新鮮柳橙汁 10ml Cream 無糖液態奶精	Shake 搖盪法		Cocktail Glass 雞尾酒杯	

組別 C11

題序	飲料名稱 Drink name	成分 Ingredients	調製法 Method	裝飾物 Garnish	杯器皿 Glassware	成品圖
一	CL03 Rainbow 彩虹酒	1/7 Grenadine Syrup 　紅石榴糖漿 1/7 Crème de Cassis 　黑醋栗香甜酒 1/7 White Crème 　de Cacao 　白可可香甜酒 1/7 Blue Curaçao Liqueur 　藍柑橘香甜酒 1/7 Campari 　金巴利酒 1/7 Galliano 　義大利香草酒 1/7 Brandy 　白蘭地酒 （以器皿容器 9 分滿為準）	Layer 分層法		Liqueur Glass 香甜酒杯	
二	CST05 Perfect Martini 完美馬丁尼 （製作 3 杯）	45ml Gin 　琴酒 10ml RossoVermouth 　甜味苦艾酒 10ml Dry Vermouth 　不甜苦艾酒	Stir 攪拌法	Lemon Peel 檸檬皮★ Cherry 櫻桃★	Martini Glass 馬丁尼杯	
三	CS30 Side Car 側車	30ml Brandy 　白蘭地酒 15ml Triple Sec 　白柑橘香甜酒 30ml Fresh Lime Juice 　新鮮萊姆汁	Shake 搖盪法	Lemon Slice 檸檬片 Cherry 櫻桃	Cocktail Glass 雞尾酒杯	
四	DC05 Latte Art Rosetta 咖啡拉花 - 葉形奶泡 （圖案之葉片須左右對 稱至少各 5 葉以上）	30ml Espresso Coffee 　義式咖啡 (7g) Top with Foaming Milk 　加滿奶泡	義式咖啡機 Pour 注入法		寬口咖啡杯	
五	CBU17 God Father 教父	45ml Blended 　Scotch Whisky 　蘇格蘭調和威士忌 15ml Amaretto 　杏仁香甜酒	Build 直接注入法		Old Fashioned Glass 古典酒杯	
六	CB05 Blue Hawaiian 藍色夏威夷佬	45ml White Rum 　白色蘭姆酒 30ml Blue Curaçao 　Liqueur 　藍柑橘香甜酒 45ml Coconut Cream 　椰漿 120ml Pineapple Juice 　鳳梨汁 15ml Fresh Lemon Juice 　新鮮檸檬汁	Blend 電動攪拌法	Fresh Pineapple slice 新鮮鳳梨片 （去皮） Cherry 櫻桃	Hurricane Glass 炫風杯	

題序	飲料名稱 Drink name	成分 Ingredients	調製法 Method	裝飾物 Garnish	杯器皿 Glassware	成品圖
一	CS31 Mai Tai 邁泰	30ml White Rum 白色蘭姆酒 15ml Orange Curaçao 柑橘香甜酒 10ml Sugar Syrup 果糖 10ml Fresh Lemon Juice 新鮮檸檬汁 30ml Dark Rum 深色蘭姆酒	Shake 搖盪法 Float 漂浮法 （深色蘭姆酒）	Fresh Pineapple slice 新鮮鳳梨片 （去皮） Cherry 櫻桃	Old Fashioned Glass 古典酒杯	
二	CBU18 Bloody Mary 血腥瑪莉	45ml Vodka 伏特加 15ml Fresh Lemon Juice 新鮮檸檬汁 Top with Tomato Juice 番茄汁 8 分滿 Dash Tabasco 少許酸辣油 Dash Worcestershire Sauce 少許辣醬油 Proper amount of Salt and Pepper 適量鹽跟胡椒	Build 直接注入法	Lemon Wedge 檸檬角 Celery Stick 芹菜棒★	Highball Glass 高飛球杯	
三	CS32 White Sangria 白色聖基亞	30ml Grand Marnier 香橙干邑香甜酒 60ml White Wine 白葡萄酒 Top with 7-Up 無色汽水 8 分滿	Shake 搖盪法	1 Lemon Slice 1 Orange Slice 檸檬、柳橙 各 1 片	Collins Glass 可林杯	
四	DC05 Latte Art Rosetta 咖啡拉花 - 葉形奶泡 （圖案之葉片須左右對稱至少各 5 葉以上）	30ml Espresso Coffee 義式咖啡 (7g) Top with Foaming Milk 加滿奶泡	義式咖啡機 Pour 注入法		寬口咖啡杯	
五	CS33 Vodka Espresso 義式伏特加	30ml Vodka 伏特加 30ml Espresso Coffee 義式咖啡 (7g) 15ml Crème de Café 咖啡香甜酒 10ml Sugar Syrup 果糖	Shake 搖盪法	Float Three Coffee Beans 3 粒咖啡豆	Old Fashioned Glass 古典酒杯	
六	CS34 Frozen Margarita 霜凍瑪格麗特 （製作 3 杯）	30ml Tequila 特吉拉 15ml Triple Sec 白柑橘香甜酒 15ml Fresh Lime Juice 新鮮萊姆汁	Frozen 霜凍法	Salt Rimmed 鹽口杯★	Margarita Glass 瑪格麗特杯	

試題編號：1020203-3（組別含 C13、C14、C15、C16、C17、C18 計 6 組）

品名	義式咖啡機 Espresso Machine	調 製 雞 尾 酒 Cocktail					
類別	義式咖啡機 Espresso Machine	直接注入法 Build	攪拌法 Stir	搖盪法 Shake	電動攪拌法 / 霜凍法 Blend / Frozen	分層法 Layer	注入法 Pour
C13	Latte Art Rosetta 咖啡拉花 - 葉形奶泡（圖案之葉片須左右對稱，至少各 5 葉以上）	Cuba Libre 自由古巴		New York 紐約 Amaretto Sour 杏仁酸酒 Brandy Alexander 白蘭地亞歷山大 Jalisco Espresso 墨西哥義式咖啡			
C14	Latte Art Rosetta 咖啡拉花 - 葉形奶泡（圖案之葉片須左右對稱，至少各 5 葉以上）	Apple Mojito 蘋果莫西多		New Yorker 紐約客	Kiwi Batida 奇異果 巴迪達 (blend)	Angel's Kiss 天使之吻	Bellini 貝利尼
C15	Latte Art Rosetta 咖啡拉花 - 葉形奶泡（圖案之葉片須左右對稱，至少各 5 葉以上）	Harvey Wallbanger 哈維撞牆	Apple Manhattan 蘋果曼哈頓	Porto Flip 波特惠而浦 Cosmoplitan 四海一家 Jolt'ini 震憾			
C16	Latte Art Rosetta 咖啡拉花 - 葉形奶泡（圖案之葉片須左右對稱，至少各 5 葉以上）	Caipirinha 卡碧尼亞 Caravan 車隊	Gibson 吉普森	Singapore Sling 新加坡司令 Flying Grasshopper 飛天蚱蜢			
C17	Latte Art Rosetta 咖啡拉花 - 葉形奶泡（圖案之葉片須左右對稱，至少各 5 葉以上）	Horse's Neck 馬頸	Rob Roy 羅伯羅依	Whiskey Sour 威士忌酸酒	Banana Frozen Daiquiri 霜凍香蕉戴吉利 (frozen)		Kir 基爾
C18	Latte Art Rosetta 咖啡拉花 - 葉形奶泡（圖案之葉片須左右對稱，至少各 5 葉以上）	Old Fashioned 古典酒	Rusty Nail 銹釘子	Sex on the Beach 性感沙灘 Strawberry Night 草莓夜 Tropic 熱帶			

試題 1020203-3 各組配方

組別 C13

題序	飲料名稱 Drink name	成分 Ingredients	調製法 Method	裝飾物 Garnish	杯器皿 Glassware	成品圖
一	CS35 New York 紐約	45ml Bourbon Whiskey 波本威士忌 15ml Fresh Lime Juice 新鮮萊姆汁 10ml Sugar Syrup 果糖 10ml Grenadine Syrup 紅石榴糖漿	Shake 搖盪法	Orange Slice 柳橙片	Cocktail Glass 雞尾酒杯	
二	CBU19 Cuba Libre 自由古巴	45ml Drak Rum 深色蘭姆酒 15ml Fresh Lemon Juice 新鮮檸檬汁 Top with Cola 可樂 8 分滿	Build 直接注入法	Lemon Slice 檸檬片	Highball Glass 高飛球杯	
三	CS36 Amaretto Sour (with ice) 杏仁酸酒（含冰塊）	45ml Amaretto 杏仁香甜酒 30ml Fresh Lemon Juice 新鮮檸檬汁 10ml Sugar Syrup 果糖	Shake 搖盪法	Orange Slice 柳橙片 Lemon Peel 檸檬皮	Old Fashioned Glass 古典酒杯	
四	CS37 Brandy Alexander 白蘭地亞歷山大 （製作 3 杯）	20ml Brandy 白蘭地 20ml Brown Crème de Cacao 深可可香甜酒 20ml Cream 無糖液態奶精	Shake 搖盪法	Nutmeg Powder 荳蔻粉★	Cocktail Glass 雞尾酒杯	
五	DC07 Latte Art Rosetta 咖啡拉花 - 葉形奶泡 （圖案之葉片須左右對 稱至少各 5 葉以上）	30ml Espresso Coffee 義式咖啡 (7g) Top with Foaming Milk 加滿奶泡	義式咖啡機 Pour 注入法		寬口咖啡杯	
六	CS38 Jalisco Espresso 墨西哥義式咖啡	30ml Tequila 特吉拉 30ml Espresso Coffee 義式咖啡 (7g) 30ml Kahlúa 卡魯哇咖啡香甜酒	Shake 搖盪法	Float Three Coffee Beans 3 粒咖啡豆	Old Fashioned Glass 古典酒杯	

組別 C14

題序	飲料名稱 Drink name	成分 Ingredients	調製法 Method	裝飾物 Garnish	杯器皿 Glassware	成品圖
一	CBU20 Apple Mojito 蘋果莫西多	45ml White Rum 　白色蘭姆酒 30ml Fresh Lime Juice 　新鮮萊姆汁 15ml Sour Apple Liqueur 　青蘋果香甜酒 12 Fresh Mint Leaves 　新鮮薄荷葉 Top with Apple Juice 　蘋果汁 8 分滿 Crushed Ice 　適量碎冰	Muddle 壓榨法 Build 直接注入法	Mint Sprig 薄荷枝	Collins Glass 可林杯	
二	CS39 New Yorker 紐約客 （製作 3 杯）	45ml Bourbon Whiskey 　波本威士忌 45ml Red Wine 　紅葡萄酒 15ml Fresh Lemon Juice 　新鮮檸檬汁 15ml Sugar Syrup 　果糖	Shake 搖盪法	Orange Peel 柳橙皮	Cocktail Glass 雞尾酒杯 （大）	
三	CB06 Kiwi Batida 奇異果巴迪達	60ml Cachaça 　甘蔗酒 30ml Sugar Syrup 　果糖 1 Fresh Kiwi 　1 顆奇異果	Blend 電動攪拌法	Kiwi Slice 奇異果片	Collins Glass 可林杯	
四	CBU21 Bellini 貝利尼	15ml Peach Liqueur 　水蜜桃香甜酒 Full up with Champagne 　or Sparkling Wine (Brut) 　原味香檳或汽泡酒注至 　8 分滿	Pour 注入法		Flute Glass 高腳香檳杯	
五	DC07 Latte Art Rosetta 咖啡拉花 - 葉形奶泡 （圖案之葉片須左右對 稱至少各 5 葉以上）	30ml Espresso Coffee 　義式咖啡 (7g) Top with Foaming Milk 　加滿奶泡	義式咖啡機 Pour 注入法		寬口咖啡杯	
六	CL04 Angel's Kiss 天使之吻	3/4 Brown Crème de Cacao 　深可可香甜酒 1/4 Cream 　無糖液態奶精 （以杯皿容量 9 分滿為準）	Layer 分層法	Cherry 櫻桃 ★	Liqueur Glass 香甜酒杯	

題序	飲料名稱 Drink name	成分 Ingredients	調製法 Method	裝飾物 Garnish	杯器皿 Glassware	成品圖
一	CS40 Porto Flip 波特惠而浦	10ml Brandy 　白蘭地 45ml Tawny Port 　波特酒 1 Egg Yolk 　1 個蛋黃	Shake 搖盪法	Nutmeg Powder 荳蔻粉★	Cocktail Glass 雞尾酒杯	
二	CBU23 Harvey Wallbanger 哈維撞牆	45ml Vodka 　伏特加 90ml Orange Juice 　柳橙汁 15ml Galliano 　義大利香草酒	Build 直接注入法 Float 漂浮法	Orange Slice 柳橙片 Cherry 櫻桃	Highball Glass (240ml) 高飛球杯	
三	CS41 Cosmopolitan 四海一家 （製作 3 杯）	45ml Vodka 　伏特加 15ml Triple Sec 　白柑橘香甜酒 15ml Fresh Lime Juice 　新鮮萊姆汁 30ml Cranberry Juice 　蔓越莓汁	Shake 搖盪法	Lime Slice 萊姆片	Cocktail Glass 雞尾酒杯 （大）	
四	CST06 Apple Manhattan 蘋果曼哈頓	30ml Bourbon Whiskey 　波本威士忌 15ml Sour Apple Liqueur 　青蘋果香甜酒 15ml Triple Sec 　白柑橘香甜酒 15ml Rosso Vermouth 　甜苦艾酒	Stir 攪拌法	Apple Tower 蘋果塔	Cocktail Glass 雞尾酒杯	
五	DC08 Latte Art Rosetta 咖啡拉花 - 葉形奶泡 （圖案之葉片須左右對 稱至少各 5 葉以上）	30ml Espresso Coffee 　義式咖啡 (7g) Top with Foaming Milk 　加滿奶泡	義式咖啡機 Pour 注入法		寬口咖啡杯	
六	CS42 Jolt'ini 震憾	30ml Vodka 　伏特加 30ml Espresso Coffee 　義式咖啡 (7g) 15ml Crème de Café 　咖啡香甜酒	Shake 搖盪法	Float Three Coffee Beans 3 粒咖啡豆	Old Fashioned Glass 古典酒杯	

組別 C16

題序	飲料名稱 Drink name	成分 Ingredients	調製法 Method	裝飾物 Garnish	杯器皿 Glassware	成品圖
一	CS43 Singapore Sling 新加坡司令	30ml Gin 琴酒 15ml Cherry Brandy (Liqueur) 櫻桃白蘭地（香甜酒） 10ml Cointreau 君度橙酒 10ml Bénédictine 班尼狄克丁香甜酒 10ml Grenadine Syrup 紅石榴糖漿 90ml Pineapple Juice 鳳梨汁 15ml Fresh Lemon Juice 新鮮檸檬汁 Dash Angostura Bitters 安格式苦精（少許）	Shake 搖盪法	Fresh Pineapple slice 新鮮鳳梨片 （去皮） Cherry 櫻桃	Collins Glass 可林杯	
二	CBU24 Caipirinha 卡碧尼亞	45ml Cachaça 甘蔗酒 15ml Fresh Lime Juice 新鮮萊姆汁 1/2 Fresh Lime Cut Into 4 Wedges 新鮮萊姆切成 4 塊 6~8g Sugar 糖包 Crushed Ice 適量碎冰	Muddle 壓榨法 Build 直接注入法		Old Fashioned Glass 古典酒杯	
三	CBU25 Caravan 車隊	90ml Red Wine 紅葡萄酒 15ml Grand Marnier 香橙干邑香甜酒 Top with Cola 可樂 8 分滿	Build 直接注入法	Cherry 櫻桃	Collins Glass 可林杯	
四	CST07 Gibson 吉普森	45ml Gin 琴酒 15ml Dry Vermouth 不甜苦艾酒	Stir 攪拌法	Onion 小洋蔥★	Martini Glass 馬丁尼杯	
五	CS44 Flying Grasshopper 飛天蚱蜢 （製作 3 杯）	30ml Vodka 伏特加 15ml Green Crème de Menthe 綠薄荷香甜酒 15ml White Crème de Cacao 白可可香甜酒 15ml Cream 無糖液態奶精	Shake 搖盪法	Cocoa Powder 可可粉★ Mint Sprig 薄荷枝	Cocktail Glass 雞尾酒杯	
六	DC07 Latte Art Rosetta 咖啡拉花 - 葉形奶泡 （圖案之葉片須左右對稱至少各 5 葉以上）	30ml Espresso Coffee 義式咖啡 (7g) Top with Foaming Milk 加滿奶泡	義式咖啡機 Pour 注入法		寬口咖啡杯	

題序	飲料名稱 Drink name	成分 Ingredients	調製法 Method	裝飾物 Garnish	杯器皿 Glassware	成品圖
一	CB07 Banana Frozen Daiquiri 霜凍香蕉戴吉利	30ml White Rum 白色蘭姆酒 10ml Fresh Lime Juice 新鮮萊姆汁 15ml Sugar Syrup 果糖 1/2 Fresh Peeled Banana 1/2 條新鮮香蕉	Frozen 霜凍法	Banana Slice 香蕉片 Cherry 櫻桃	Cocktail Glass 雞尾酒杯 （大）	
二	CS45 Whiskey Sour 威士忌酸酒	45ml Bourbon Whiskey 波本威士忌 30ml Fresh Lemon Juice 新鮮檸檬汁 30ml Sugar Syrup 果糖	Shake 搖盪法	1/2 Orange Slice 1/2 柳橙片 Cherry 櫻桃	Sour Glass 酸酒杯	
三	CST08 Rob Roy 羅伯羅依 （製作 3 杯）	45ml Blended Scotch Whisky 蘇格蘭調和威士忌 15ml Rosso Vermouth 甜味苦艾酒 Dash Angostura Bitters 安格式苦精（少許）	Stir 攪拌法	Cherry 櫻桃★	Martini Glass 馬丁尼杯	
四	CP02 Kir 基爾	10ml Crème de Cassis 黑醋栗香甜酒 Full up with Dry White Wine 不甜白葡萄酒注至 8 分滿	Pour 注入法		White Wine Glass 白葡萄酒杯	
五	CBU27 Horse's Neck 馬頸	45ml Brandy 白蘭地 Top with Ginger Ale 薑汁汽水 8 分滿 Dash Angostura Bitters 調勻後加入少許安格式 苦精	Build 直接注入法	Lemon Spiral 螺旋狀檸 檬皮★	Highball Glass 高飛球杯	
六	DC07 Latte Art Rosetta 咖啡拉花 - 葉形奶泡 （圖案之葉片須左右對 稱至少各 5 葉以上）	30ml Espresso Coffee 義式咖啡 (7g) Top with Foaming Milk 加滿奶泡	義式咖啡機 Pour 注入法		寬口咖啡杯	

組別 C18

題序	飲料名稱 Drink name	成分 Ingredients	調製法 Method	裝飾物 Garnish	杯器皿 Glassware	成品圖
一	CBU28 Rusty Nail 銹釘子 （製作 3 杯）	45ml Blended Scotch Whisky 蘇格蘭調和威士忌 30ml Drambuie 蜂蜜香甜酒	Stir 攪拌法	Lemon Peel 檸檬皮	Cocktail Glass 雞尾酒杯	
二	CS47 Sex on the Beach 性感沙灘	45ml Vodka 伏特加 15ml Peach Liqueur 水蜜桃香甜酒 30ml Orange Juice 柳橙汁 30ml Cranberry Juice 蔓越莓汁	Shake 搖盪法	Orange Slice 柳橙片	Highball Glass 高飛球杯	
三	CS48 Strawberry Night 草莓夜	20ml Vodka 伏特加 20ml Passion Fruit Liqueur 百香果香甜酒 20ml Sour Apple Liqueur 青蘋果香甜酒 40ml Strawberry Juice 草莓汁 10ml Sugar Syrup 果糖	Shake 搖盪法	Apple Tower 蘋果塔	Cocktail Glass 雞尾酒杯 （大）	
四	CBU29 Old Fashioned 古典酒	45ml Bourbon Whiskey 波本威士忌 2 Dashes Angostura Bitters 少許安格式苦精 1 Sugar Cube 方糖 Splash of Soda Water 蘇打水（少許）	Muddle 壓榨法 Build 直接注入法	Orange Slice 柳橙片 Lemon Peel 檸檬皮★ 2 Cherries 2 顆櫻桃	Old Fashioned Glass 古典酒杯	
五	CS49 Tropic 熱帶	30ml Bénédictine 班尼狄克丁香甜酒 60ml White Wine 白葡萄酒 60ml Fresh Grapefruit Juice 新鮮葡萄柚汁	Shake 搖盪法	Lemon Slice 檸檬片	Collins Glass 可林杯	
六	DC07 Latte Art Rosetta 咖啡拉花 - 葉形奶泡 （圖案之葉片須左右對稱至少各 5 葉以上）	30ml Espresso Coffee 義式咖啡 (7g) Top with Foaming Milk 加滿奶泡	義式咖啡機 Pour 注入法		寬口咖啡杯	

貳 以調製法分類一覽表

Pouring 注入法

題序	飲料名稱 Drink name	成分 Ingredients	基酒	調製法 Method	裝飾物 Garnish	杯器皿 Glassware	成品圖
C1-5	CS02 Mint Frappe 薄荷芙萊蓓	45ml Green Crème de Menth 綠薄荷香甜酒 1 Cup Crush Ice 1 杯碎冰	香甜酒	Pour 注入法	Mint Sprig 薄荷枝 Cherry 紅櫻桃 2 Short Straw 短吸管 2 支	Cocktail Glass 雞尾酒杯（大）	
C6-6	CBU10 Mimosa 含羞草	1/2 Fresh Orange Juice 新鮮柳橙汁 1/2 Champagne or Sparkling Wine (Brut) 原味香檳或汽泡酒 （以杯皿容量的 8 分滿計算）	葡萄酒	Pour 注入法		Flute Glass 高腳香檳杯	
C9-1	CP01 Kir Royal 皇家基爾	15ml Crème de Cassis 黑醋栗香甜酒 Full up with Champagne or Sparkling Wine (Brut) 原味香檳或汽泡酒注至 8 分滿	葡萄酒	Pour 注入法		Flute Glass 高腳香檳杯	
C14-4	CBU21 Bellini 貝利尼	15ml Peach Liqueur 水蜜桃香甜酒 Full up with Champagne or Sparkling Wine (Brut) 原味香檳或汽泡酒注至 8 分滿	葡萄酒	Pour 注入法		Flute Glass 高腳香檳杯	
C17-4	CP02 Kir 基爾	10ml Crème de Cassis 黑醋栗香甜酒 Full up with Dry White Wine 不甜白酒注至 8 分滿	葡萄酒	Pour 注入法		White Wine Glass 白葡萄酒杯	

Building 直接注入法

題序	飲料名稱 Drink name	成分 Ingredients	基酒	調製法 Method	裝飾物 Garnish	杯器皿 Glassware	成品圖
C1-4	CBU01 Hot Toddy 熱托地	45ml Brandy 白蘭地 15ml Fresh Lemon Juice 新鮮檸檬汁 15ml Sugar Syrup 果糖 Top with Boiling Water 熱開水 8 分滿	Brandy 白蘭地	Build 直接 注入法	Lemon Slice 檸檬片 Cinnamon Powder 肉桂粉	Toddy Glass 托地杯	
C2-6	CBU03 Mojito 莫西多	45ml White Rum 白色蘭姆酒 15ml Fresh Lime Juice 新鮮萊姆汁 1/2 Fresh Lime Cut Into 4Wedges 新鮮萊姆切成 4 塊 12 Fresh Mint Leaves 新鮮薄荷葉 8g Sugar 糖包 Top with Soda Water 蘇打水 8 分滿 Crushed Ice 適量碎冰	Rum 蘭姆酒	Muddle 壓榨法 Build 直接 注入法	Mint Sprig 薄荷枝	Highball Glass 高飛球杯	
C3-3	CBU04 Irish Coffee 愛爾蘭咖啡	45ml Irish Whiskey 愛爾蘭威士忌 8g Sugar 糖包 30ml Espresso Coffee 義式咖啡 (7g) 120ml Boiling Water 熱開水 Top with Whipped Cream 加滿泡沫鮮奶油	義式 咖啡	義式 咖啡機 Build 直接 注入法	Cocoa Powder 可可粉	Irish Coffee Glass 愛爾蘭 咖啡杯	
C4-1	CBU05 Salty Dog 鹹狗	45ml Vodka 伏特加 Top with Fresh Grapefruit Juice 新鮮葡萄柚汁 8 分滿	Vodka 伏特加	Build 直接 注入法	Salt Rimmed 鹽口杯	Highball Glass 高飛球杯	

（續下頁）

題序	飲料名稱 Drink name	成分 Ingredients	基酒	調製法 Method	裝飾物 Garnish	杯器皿 Glassware	成品圖
C4-4	CS10 Ginger Mojito 薑味莫西多	45ml White Rum 白色蘭姆酒 3 Slices Fresh Root Ginger 3片嫩薑 12 Fresh Mint Leaves 新鮮薄荷葉 15ml Fresh Lime Juice 新鮮萊姆汁 8g Sugar 糖包 Top with Ginger Ale 薑汁汽水8分滿 Crushed Ice 適量碎冰	Rum 蘭姆酒	Muddle 壓榨法 Build 直接 注入法	Mint Sprig 薄荷枝	Highball Glass 高飛球杯	
C4-5	CBU07 Negus 尼加斯	60ml Tawny Port 波特酒 15ml Fresh Lemon Juice 新鮮檸檬汁 15ml Sugar Syrup 果糖 Top with Boiling Water 熱開水8分滿	葡萄酒	Build 直接 注入法	Nutmeg Powder 荳蔻粉	Toddy Glass 托地杯	
C5-1	CBU08 Tequila Sunrise 特吉拉日出	45ml Tequila 特吉拉 Top with Orange Juice 柳橙汁八分滿 10ml Grenadine Syrup 紅石榴糖漿	Tequila 龍舌蘭	Build 直接 注入法 Float 漂浮法	Orange Slice 柳橙片 Cherry 櫻桃	Highball Glass (240ml) 高飛球杯	
C5-5	CBU09 Americano 美國佬	30ml Campari 金巴利 30ml Rosso Vermouth 甜味苦艾酒 Top with Soda Water 蘇打水八分滿	香甜酒	Build 直接 注入法	Orange Slice 柳橙片 Lemon Peel 檸檬皮	High Ball Glass 高飛球杯	
C7-4	CS19 Long Island Iced Tea 長島冰茶	15ml Gin 琴酒 15ml White Rum 白色蘭姆酒 15ml Vodka 伏特加 15ml Tequila 特吉拉 15ml Triple Sec 白柑橘香甜酒 15ml Fresh Lemon Juice 新鮮檸檬汁 Top with Cola 可樂八分滿	Gin 琴酒	Build 直接 注入法	Lemon Peel 檸檬皮	Collins Glass 可林杯	

（續下頁）

（承上頁）

題序	飲料名稱 Drink name	成分 Ingredients	基酒	調製法 Method	裝飾物 Garnish	杯器皿 Glassware	成品圖
C7-6	CBU13 White Russian 白色俄羅斯	45ml Vodka 伏特加 15ml Crème de Café 咖啡香甜酒 30ml Crème 奶精	Vodka 伏特加	Build 直接 注入法 Float 漂浮法		Old fashioned Glass 古典酒杯	
C8-2	CS45 Frenchman 法國佬	30ml Grand Marnier 香橙干邑白蘭地 60ml Red Wine 紅葡萄酒 15ml Fresh Orange Juice 新鮮柳橙汁 15ml Fresh Lemon Juice 新鮮檸檬汁 10ml Sugar Syrup 果糖 Top with Boiling Water 熱開水八分滿	葡萄酒	Build 直接 注入法	Orange Peel 柳橙皮	Toddy Glass 托地杯	
C8-6	CBU14 John Collins 約翰可林	45ml Bourbon Whiskey 波本威士忌 30ml Fresh 　Lemon Juice 新鮮檸檬汁 15ml Sugar Syrup 果糖 Top with Soda Water 蘇打汽水 8 分滿 Dash Angostura Bitters 調勻後加入少許安格 式苦精	Whiskey 威士忌	Build 直接 注入法	Lemon Slice 檸檬片 Cherry 櫻桃	Collins Glass 可林杯	
C9-2	CBU16 Black Russian 黑色俄羅斯	45ml Vodka 伏特加 15ml Crème de Café 咖啡香甜酒	Vodka 伏特加	Build 直接 注入法		Old fashioned Glass 古典酒杯	
C10-1	CBU16 Screw Driver 螺絲起子	45ml Vodka 伏特加 Top with Fresh 　Orange Juice 新鮮柳橙汁 8 分滿	Vodka 伏特加	Build 直接 注入法	Orange Slice 柳橙片	Highball Glass 高飛球杯	

（續下頁）

（承上頁）

題序	飲料名稱 Drink name	成分 Ingredients	基酒	調製法 Method	裝飾物 Garnish	杯器皿 Glassware	成品圖
C10-3	CS27 Classic Mojito 經典莫西多	45ml Cachaça 甘蔗酒 30ml Fresh Lime Juice 新鮮萊姆汁 1/2 Fresh Lime Cut Into 4 Wedges 新鮮萊姆切成 4 塊 12 Fresh Mint Leaves 新鮮薄荷葉 8g Sugar 糖包 Top with Soda Water 蘇打水 8 分滿 Crushed Ice 適量碎冰	甘蔗酒	Muddle 壓榨法 Build 直接 注入法	Mint Sprig 薄荷枝	Highball Glass 高飛球杯	
C11-5	CBU18 God Father 教父	45ml Blended Scotch Whisky 蘇格蘭調和威士忌 15ml Amaretto 杏仁香甜酒	Whisky 威士忌	Build 直接 注入法		Old Fashion Glass 古典酒杯	
C12-2	CBU18 Bloody Mary 血腥瑪麗	45ml Vodka 伏特加 15ml Fresh Lemon Juice 新鮮檸檬汁 Top with Tomato Juice 番茄汁 8 分滿 Dash Tabasco 少許酸辣油 Dash Worcestershire Sauce 少許辣醬油 Dash Salt and Pepper 適量鹽跟胡椒	Vodka 伏特加	Build 直接 注入法	Lemon Wedge 檸檬角 Celery Stick 芹菜棒	Highball Glass 高飛球杯	
C13-2	CBU19 Cuba Libre 自由古巴	45ml Dark Rum 深色蘭姆酒 15ml Fresh Lemon Juice 新鮮檸檬汁 Top with Cola 可樂 8 分滿	Rum 蘭姆酒	Build 直接 注入法	Lemon Slice 檸檬片	Highball Glass 高飛球杯	

（續下頁）

（承上頁）

題序	飲料名稱 Drink name	成分 Ingredients	基酒	調製法 Method	裝飾物 Garnish	杯器皿 Glassware	成品圖
C14-1	CBU20 Apple Mojito 蘋果莫西多	45ml White Rum 白色蘭姆酒 30ml Fresh Lime Juice 新鮮萊姆汁 15ml Sour Apple Liqueur 青蘋果香甜酒 12 Fresh Mint Leaves 新鮮薄荷葉 Top with Apple Juice 蘋果汁 8 分滿 Crushed Ice 適量碎冰	Rum 蘭姆酒	Muddle 壓榨法 Build 直接 注入法	Mint Sprig 薄荷枝	Collins Glass 可林杯	
C15-2	CBU23 Harvey Wall banger 哈維撞牆	45ml Vodka 伏特加 90ml Orange Juice 柳橙汁 15ml Galliano 香草酒	Vodka 伏特加	Build 直接 注入法 Float 漂浮法 （香草 酒）	Cherry 櫻桃 Orange Slice 柳橙片	Highball Glass (240ml) 高飛球杯	
C16-2	CBU24 Caipirinha 卡碧尼亞	45ml Cachaça 甘蔗酒 15ml Fresh Lime Juice 新鮮萊姆汁 1/2 Fresh Lime Cut Into 4 Wedges 新鮮萊姆切成 4 塊 8g Sugar 糖包 Crushed Ice 適量碎冰	甘蔗酒	Muddle 壓榨法 Build 直接 注入法		Old Fashioned Glass 古典酒杯	
C16-3	CBU25 Caravan 車隊	90ml Red Wine 紅葡萄酒 15ml Grand Marnier 香橙干邑香甜酒 Top with Cola 可樂 8 分滿	葡萄酒	Build 直接 注入法	Cherry 櫻桃	Collins Glass 可林杯	
C17-5	CBU27 Horse's Neck 馬頸	45ml Brandy 白蘭地 Top with Ginger Ale 薑汁汽水 8 分滿 Dash Angostura Bitters 安格式苦精（少許）	Brandy 白蘭地	Build 直接 注入法	Lemon Spiral 螺旋狀檸檬皮	Highball Glass 高飛球杯	
C18-4	CBU29 Old Fashioned 古典酒	45ml Bourbon Whisky 波本威士忌 2 Dashes Angostura Bitters 安格式苦精（少許） 1 Sugar Cube 方糖 Splash of Soda Water 蘇打水（少許）	Whisky 威士忌	Muddle 壓榨法 Build 直接 注入法	Orange Slice 柳橙片 Lemon Peel 檸檬皮 2 Cherries 2 粒櫻桃	Old Fashion Glass 古典酒杯	

Stirring 攪拌法

題序	飲料名稱 Drink name	成分 Ingredients	基酒	調製法 Method	裝飾物 Garnish	杯器皿 Glassware	成品圖
C1-3	CST01 Manhattan 曼哈頓 （製作 3 杯）	45ml Bourbon Whiskey 波本威士忌 15ml Rosso Vermouth 甜味苦艾酒 Dash Angostura Bitters 安格式苦精（少許）	Whisky 威士忌	Stir 攪拌法	Cherry 櫻桃	Martini Glass 馬丁尼杯	
C3-2	CST02 Dry Manhattan 不甜曼哈頓 （製作 3 杯）	45ml Bourbon Whiskey 波本威士忌 15ml Dry Vermouth 不甜苦艾酒 Dash Angostura Bitters 安格式苦精（少許）	Whisky 威士忌	Stir 攪拌法	Lemon Peel 檸檬皮	Martini Glass 馬丁尼杯	
C-7-1	CST03 Dry Martini 不甜馬丁尼	45ml Gin 琴酒 15ml Dry Vermouth 不甜苦艾酒	Gin 琴酒	Stir 攪拌法	Stuffed Olive 紅心橄欖	Martini Glass 馬丁尼酒杯	
C10-2	CST04 Gin & It 義式琴酒 （製作 3 杯）	45ml Gin 琴酒 15ml RossoVermouth 甜苦艾酒	Gin 琴酒	Stir 攪拌法	Lemon Peel 檸檬皮	Martini Glass 馬丁尼酒杯	
C11-2	CST05 Perfect Martini 完美馬丁尼 （製作 3 杯）	45ml Gin 琴酒 10ml Rosso Vermouth 甜味苦艾酒 10m Dry Vermouth 不甜苦艾酒	Gin 琴酒	Stir 攪拌法	Lemon Peel 檸檬皮 Cherry 櫻桃	Martini Glass 馬丁尼酒杯	
C15-4	CST06 Apple Manhattan 蘋果曼哈頓	30ml Bourbon Whiskey 波本威士忌 15ml Sour Apple Liqueur 青蘋果香甜酒 15ml Triple Sec 白柑橘香甜酒 15ml Rosso Vermouth 甜苦艾酒	Whisky 威士忌	Stir 攪拌法	Apple Tower 蘋果塔	Cocktail Glass 雞尾酒杯	
C16-4	CST07 Gibson 吉普森	45ml Gin 琴酒 15ml Dry Vermouth 不甜苦艾酒	Gin 琴酒	Stir 攪拌法	Onion 小洋蔥	Martini Glass 馬丁尼杯	

（續下頁）

（承上頁）

題序	飲料名稱 Drink name	成分 Ingredients	基酒	調製法 Method	裝飾物 Garnish	杯器皿 Glassware	成品圖
C17-3	CST08 Rob Roy 羅伯羅依 （製作 3 杯）	45ml Blended Scotch 　Whisky 　蘇格蘭調和威士忌 15ml Rosso Vermouth 　甜味苦艾酒 Dash Angostura Bitters 　安格式苦精（少許）	Whisky 威士忌	Stir 攪拌法	Cherry 櫻桃	Martini Glass 馬丁尼酒杯	
C18-1	CBU28 Rusty Nail 銹釘子 （製作 3 杯）	45ml Blended Scotch 　Whisky 　蘇格蘭調和威士忌 30ml Drambuie 　蜂蜜香甜酒	Whisky 威士忌	Stir 攪拌法	Lemon Peel 檸檬皮	Cocktail Glass 雞尾酒杯	

Shaking 搖盪法

題序	飲料名稱 Drink name	成分 Ingredients	基酒	調製法 Method	裝飾物 Garnish	杯器皿 Glassware	成品圖
C1-2	CS01 Expresso Daiquiri 義式戴吉利	30ml White Rum 白色蘭姆酒 30ml Expresso Coffee 義式咖啡 (7g) 15ml Sugar Syrup 果糖	Rum 蘭姆酒	Shake 搖盪法	Float Three Coffee Beans 3 粒咖啡豆	Cocktail Glass 雞尾酒杯	
C1-6	CS03 Planter's Punch 拓荒者賓治	45ml Dark Rum 深色蘭姆酒 15ml Fresh Lemon Juice 新鮮檸檬汁 10ml Grenadine Syrup 紅石榴糖漿 Top with Soda Water 蘇打水 8 分滿 Dash Angostura Bitters 安格式苦精（少許）	Rum 蘭姆酒	Shake 搖盪法	Lemon Slice 檸檬片 Orange Slice 柳橙片	Collins Glass 可林杯	
C2-2	CS05 Dandy Cocktail 至尊雞尾酒	30ml Gin 琴酒 30ml Dubonnet Red 紅多寶力酒 10ml Triple Sec 白柑橘香甜酒 Dash Angostura 安格式苦精（少許）	Gin 琴酒	Shake 搖盪法	Lemon Peel 檸檬皮 Orange Peel 柳橙皮	Cocktail Glass 雞尾酒杯	
C2-4	CS04 Cool Sweet Heart 冰涼甜心	30ml White Rum 白色蘭姆酒 30ml Mozart Dark Chocolate Liqueur 莫札特黑色巧克力 香甜酒 30ml Mojito Syrup 莫西多糖漿 75ml Fresh Orange Juice 新鮮柳橙汁 15ml Fresh Lemon Juice 新鮮檸檬汁	Rum 蘭姆酒	Shake 搖盪法 Float 漂浮法	Lemon Peel 檸檬皮 Cherry 櫻桃	Collins Glass 可林杯	
C2-5	CS06 White Stinger 白醉漢 （製作 3 杯）	45ml Vodka 伏特加 15ml White Crème de Menthe 白薄荷香甜酒 15ml White Crème de Cacao 白可可香甜酒	Vodka 伏特加	Shake 搖盪法		Old Fashioned Glass 古典酒杯	

（承上頁）

題序	飲料名稱 Drink name	成分 Ingredients	基酒	調製法 Method	裝飾物 Garnish	杯器皿 Glassware	成品圖
C3-5	CS07 Gin Fizz 琴費士	45ml Gin 琴酒 30ml Fresh Lemon Juice 新鮮檸檬汁 15ml Sugar Syrup 果糖 Top with Soda Water 蘇打水 8 分滿	Gin 琴酒	Shake 搖盪法		Highball Glass 高飛球杯	
C3-4	CS08 Stinger 醉漢	45ml Brandy 白蘭地 15ml White Crème de Menthe 白薄荷香甜酒	Brandy 白蘭地	Shake 搖盪法	Mint Sprig 薄荷枝	Old Fashioned Glass 古典酒杯	
C4-6 C10-6	CS11 Golden Dream 金色夢幻 （製作 3 杯）	30ml Galliano 義大利香草酒 15ml Triple Sec 白柑橘香甜酒 15ml Fresh Orange Juice 新鮮柳橙汁 10ml Cream 奶精（無糖液態）	香甜酒	Shake 搖盪法		Cocktail Glass 雞尾酒杯	
C5-4	CS09 Captain Collins 領航者可林	30ml Canadian Whisky 加拿大威士忌 30ml Fresh Lemon Juice 新鮮檸檬汁 10ml Sugar Syrup 果糖 Top with Soda Water 蘇打水 8 分滿	Whisky 威士忌	Shake 搖盪法	Lemon Slice 檸檬片 Cherry 櫻桃	Collins Glass 可林杯	
C5-6	CS13 Pink Lady 粉紅佳人 （製作 3 杯）	30ml Gin 琴酒 15ml Fresh Lemon Juice 新鮮檸檬汁 10ml Grenadine Syrup 紅石榴糖漿 15ml Egg White 蛋白	Gin 琴酒	Shake 搖盪法	Lemon Peel 檸檬皮	Cocktail Glass 雞尾酒杯	

（續下頁）

題序	飲料名稱 Drink name	成分 Ingredients	基酒	調製法 Method	裝飾物 Garnish	杯器皿 Glassware	成品圖
C6-1	CS14 Jack Frost 傑克佛洛斯特	45ml Bourbon Whisky 波本威士忌 15ml Drambuie 蜂蜜酒 30ml Fresh Orange Juice 新鮮柳橙汁 10ml Fresh Lemon Juice 新鮮檸檬汁 10ml Grenadine Syrup 紅石榴糖漿	Whisky 威士忌	Shake 搖盪法	Orange Peel 柳橙皮	Old Fashioned Glass 古典酒杯	
C6-3	CS15 Viennese Espresso 義式維也納咖啡	30ml Expresso Coffee 義式咖啡 (7g) 30ml White Chocolate Cream 白巧克力酒 30ml Macadamia Nut Syrup 夏威夷豆糖漿 120ml Milk 鮮奶	義式咖啡	Shake 搖盪法	Float Three Coffee Beans 3 粒咖啡豆	Collins Glass 可林杯	
C6-5	CS17 Silver Fizz 銀費士	45ml Gin 琴酒 15ml Fresh Lemon Juice 新鮮檸檬汁 15ml Sugar Syrup 果糖 15ml Egg White 蛋白 Top with Soda Water 蘇打水 8 分滿	Gin 琴酒	Shake 搖盪法	Lemon Slice 檸檬片	Highball Glass 高飛球杯	
C6-4	CS16 Kamikaze 神風特攻隊 （製作 3 杯）	45ml Vodka 伏特加 15ml Triple Sec 白柑橘香甜酒 15ml Fresh Lime Juice 新鮮萊姆汁	Vodka 伏特加	Shake 搖盪法	Lemon Wedge 檸檬角	Old Fashioned Glass 古典酒杯	
C7-2	CS18 Grasshopper 綠色蚱蜢 （製作 3 杯）	20ml Green Crème De Menthe 綠薄荷香甜酒 20ml White Crème de Cacao 白可可香甜酒 20ml Cream 無糖液態奶精	香甜酒	Shake 搖盪法		Cocktail Glass 雞尾酒杯	

（續下頁）

（承上頁）

題序	飲料名稱 Drink name	成分 Ingredients	基酒	調製法 Method	裝飾物 Garnish	杯器皿 Glassware	成品圖
C7-5	CS20 Sangria 聖基亞	30ml Brandy 　白蘭地 30ml Red Wine 　紅葡萄酒 15ml Grand Marnier 　香橙干邑香甜酒 60ml Fresh Orange 　Juice 　新鮮柳橙汁	Brandy 白蘭地	Shake 搖盪法	Orange Slice 柳橙片	Highball Glass 高飛球杯	
C8-1	CS21 Egg Nog 蛋酒	30ml Brandy 　白蘭地 15ml White Rum 　白色蘭姆酒 135ml Milk 　鮮奶 15ml Sugar Syrup 　果糖 1 Egg Yolk 　蛋黃	Brandy 白蘭地	Shake 搖盪法	Nutmeg Power 荳蔻粉	Highball Glass (300ml) 高飛球杯	
C8-5	CS22 Orange Blossom 橘花 （製作 3 杯）	30ml Gin 　琴酒 15ml Rosso Vermouth 　甜苦艾酒 30ml Fresh 　Orange Juice 　新鮮柳橙汁	Gin 琴酒	Shake 搖盪法	Sugar Rimmed 糖口杯	Cocktail Glass 雞尾酒杯	
C9-4	CS23 Sherry Flip 雪莉惠而浦	15ml Brandy 　白蘭地 45ml Sherry 　雪莉酒 15ml Egg White 　蛋白	Brandy 白蘭地	Shake 搖盪法		Cocktail Glass 雞尾酒杯	
C9-5	CS25 Blue Bird 藍鳥 （製作 3 杯）	30ml Gin 　琴酒 15ml Blue Curaçao 　Liqueur 　藍柑橘香甜酒 15ml Fresh Lemon 　Juice 　新鮮檸檬汁 10ml Almond Syrup 　杏仁糖漿	Gin 琴酒	Shake 搖盪法	Lemon Peel 檸檬皮	Cocktail Glass 雞尾酒杯	
C10-5	CS26 Vanilla Espresso Martini 義式香草 馬丁尼	30ml Vanilla Vodka 　香草伏特加 30ml Espresso Coffee 　義式咖啡 (7g) 15ml Kahlúa 　卡魯瓦咖啡香甜酒	Vodka 伏特加	Shake 搖盪法	Float Three Coffee Beans 3 粒咖啡豆	Cocktail Glass 雞尾酒杯	

（續下頁）

題序	飲料名稱 Drink name	成分 Ingredients	基酒	調製法 Method	裝飾物 Garnish	杯器皿 Glassware	成品圖
C11-3	CS30 Side Car 側車	30ml Brandy 白蘭地 15ml Triple Sec 白柑橘香甜酒 30ml Fresh Lime Juice 新鮮萊姆汁	Brandy 白蘭地	Shake 搖盪法	Lemon Slice 檸檬片 Cherry 櫻桃	Cocktail Glass 雞尾酒杯	
C12-1	CS31 Mai Tai 邁泰	30ml White Rum 白色蘭姆酒 15ml Orange Curaçao 柑橘香甜酒 10ml Sugar Syrup 果糖 10ml Fresh Lemon Juice 新鮮檸檬汁 30ml Dark Rum 深色蘭姆酒	Rum 蘭姆酒	Shake 搖盪法 Float 漂浮法 （深色蘭姆酒）	Fresh Pineapple Slice 新鮮鳳梨片 （去皮） Cherry 櫻桃	Old Fashioned Glass 古典酒杯	
C12-3	CS32 White Sangria 白色聖基亞	30ml Grand Marnier 香橙干邑香甜酒 60ml White Wine 白葡萄酒 Top with 7-Up 無色汽水8分滿	葡萄酒	Shake 搖盪法	1 Lemon Slice 1 Orange Slice 檸檬柳橙各1片	Collins Glass 可林杯	
C12-5	CS33 Vodka Espresso 義式伏特加	30ml Vodka 伏特加 30ml Espresso Coffee 義式咖啡 (7g) 15ml Crème de Café 咖啡香甜酒 10ml Sugar Syrup 果糖	義式咖啡	Shake 搖盪法	Float Three Coffee Beans 3粒咖啡豆	Old Fashioned Glass 古典酒杯	
C13-1	CS35 New York 紐約	45ml Bourbon Whiskey 波本威士忌 15ml Fresh Lime Juice 新鮮萊姆汁 10ml Sugar Syrup 果糖 10ml Grenadine Syrup 紅石榴糖漿	Whisky 威士忌	Shake 搖盪法	Orange Slice 柳橙片	Cocktail Glass 雞尾酒杯	
C13-3	CS36 Amaretto Sour (with ice) 杏仁酸酒 （含冰塊）	45ml Amaretto Liqueur 杏仁香甜酒 30ml Fresh Lemon Juice 新鮮檸檬汁 10ml Sugar Syrup 果糖	香甜酒	Shake 搖盪法	Orange Slice 柳橙片 Lemon Peel 檸檬皮	Old Fashioned Glass 古典酒杯	

（續下頁）

（承上頁）

題序	飲料名稱 Drink name	成分 Ingredients	基酒	調製法 Method	裝飾物 Garnish	杯器皿 Glassware	成品圖
C13-4	CS37 Brandy Alexander 白蘭地 亞歷山大 （製作 3 杯）	20ml Brandy 　白蘭地 20ml Brown Crème de Cacao 　深可可香甜酒 20ml Cream 　無糖液態奶精	Brandy 白蘭地	Shake 搖盪法	Nutmeg Power 荳蔻粉	Cocktail Glass 雞尾酒杯	
C13-6	CS38 Jalisco Expresso 墨西哥義式咖啡	30ml Tequila 　特吉拉 30ml Espresso Coffee 　義式咖啡 (7g) 30ml Kahlúa 　卡魯哇咖啡香甜酒	義式咖啡	Shake 搖盪法	Float Three Coffee Beans 3 粒咖啡豆	Old Fashioned Glass 古典酒杯	
C14-2	CS39 New Yorker 紐約客 （製作 3 杯）	45ml Bourbon Whisky 　波本威士忌 45ml Red Wine 　紅葡萄酒 15ml Fresh Lemon Juice 　新鮮檸檬汁 15ml Sugar Syrup 　果糖	Whisky 威士忌	Shake 搖盪法	Orange Peel 柳橙皮	Cocktail Glass 雞尾酒杯（大）	
C15-1	CS40 Porto Flip 波特惠而浦	10ml Brandy 　白蘭地 45ml Tawny Port 　波特酒 1 Egg Yolk 　蛋黃	Brandy 白蘭地	Shake 搖盪法	Nutmeg Powder 荳蔻粉	Cocktail Glass 雞尾酒杯	
C15-3	CS41 Cosmopolitan 四海一家 （製作 3 杯）	45ml Vodka 　伏特加 15ml Triple Sec 　白柑橘香甜酒 15ml Fresh Lime Juice 　新鮮萊姆汁 30ml Cranberry Juice 　蔓越莓汁	Vodka 伏特加	Shake 搖盪法	Lime Slice 萊姆片	Cocktail Glass 雞尾酒杯（大）	
C15-6	CS42 Jolt'ini 震撼	30ml Vodka 　伏特加 30ml Espresso Coffee 　義式咖啡 (7g) 15ml Crème de Café 　咖啡香甜酒	Vodka 伏特加	Shake 搖盪法	Float Three Coffee Beans 3 粒咖啡豆	Old Fashioned Glass 古典酒杯	

（續下頁）

題序	飲料名稱 Drink name	成分 Ingredients	基酒	調製法 Method	裝飾物 Garnish	杯器皿 Glassware	成品圖
C16-1	CS43 Singapore Sling 新加坡司令	30ml Gin 琴酒 15ml Cherry Brandy (Liqueur) 櫻桃白蘭地（香甜酒） 10ml Cointreau 君度橙酒 10ml Bénédictine 班尼狄克丁香甜酒 10ml Grenadine Syrup 紅石榴糖漿 90ml Pineapple Juice 鳳梨汁 15ml Fresh Lemon Juice 新鮮檸檬汁 Dash Angostura Bitters 安格式苦精（少許）	Gin 琴酒	Shake 搖盪法	Fresh Pineapple Slice 新鮮鳳梨片 （去皮） Cherry 櫻桃	Collins Glass 可林杯	
C16-5	CS44 Flying Grasshopper 飛天蚱蜢 （製作 3 杯）	30ml Vodka 伏特加 15ml Green Crème de Menthe 綠薄荷香甜酒 15ml White Crème de Cacao 白可可香甜酒 15ml Cream 奶精	Vodka 伏特加	Shake 搖盪法	CacaoPowder 可可粉 Mint Sprig 薄荷枝	Cocktail Glass 雞尾酒杯	
C17-2	CS44 Whiskey Sour 威士忌酸酒	45ml Bourbon Whisky 波本威士忌 30ml Fresh Lemon Juice 新鮮檸檬汁 30ml Sugar Syrup 果糖	Whisky 威士忌	Shake 搖盪法	1/2 Orange Slice 柳橙片 Cherry 櫻桃	Sour Glass 酸酒杯	
C18-2	CS47 Sex on the Beach 性感沙灘	45ml Vodka 伏特加 15ml Peach Liqueur 水蜜桃香甜酒 30ml Orange Juice 柳橙汁 30ml Cranberry Juice 蔓越莓汁	Vodka 伏特加	Shake 搖盪法	Orange Slice 柳橙片	Highball Glass 高飛球杯	

（續下頁）

（承上頁）

題序	飲料名稱 Drink name	成分 Ingredients	基酒	調製法 Method	裝飾物 Garnish	杯器皿 Glassware	成品圖
C18-3	CS48 Strawberry Night 草莓夜	20ml Vodka 　伏特加 20ml Passion Fruit 　Liqueur 　百香果香甜酒 20ml Sour Apple iqueur 　青蘋果香甜酒 40ml Strawberry Juice 　草莓汁 10ml Sugar Syrup 　果糖	Vodka 伏特加	Shake 搖盪法	Apple Tower 蘋果塔	Cocktail Glass 雞尾酒杯 （大）	
C18-5	CS49 Tropic 熱帶	30ml Benedictine 　班尼狄克香甜酒 60ml White Wine 　白葡萄酒 60ml Fresh Orange 　Juice 　新鮮葡萄柚汁	葡萄酒	Shake 搖盪法	Lemon Slice 檸檬片	Collins Glass 可林杯	

Blending/Frozen 電動攪拌法 / 霜凍法

題序	飲料名稱 Drink name	成分 Ingredients	基酒	調製法 Method	裝飾物 Garnish	杯器皿 Glassware	成品圖

C2-3	CB01
	Banana
	Batida
	香蕉巴迪達
		45ml Cachaca
		甘蔗酒
		30ml Crème de
		  Bananas
		香蕉香甜酒
		20ml Fresh Lemon
		  Juice
		新鮮檸檬汁
		1 Fresh Peeled Banana
		1 條新鮮香蕉
			甘蔗酒	Blend
				電動
				攪拌法
					Banana Slice
					香蕉片
						Hurricane
						Glass
						炫風杯	

C5-3	CB02 Coffee Batida 巴迪達咖啡	30ml Cachacs 甘蔗酒 30ml Expresso Coffee 義式咖啡 (7g) 30ml Crème de cafe 咖啡香甜酒 10ml Sugar Syrup 果糖	義式咖啡	Blend 電動 攪拌法	Float Three Coffee Beans 3 粒咖啡豆	Old Fashioned Glass 古典酒杯	
C8-4	CB03 Brazilian Coffee 巴西佬咖啡	30ml Cachaça 甘蔗酒 30ml Espresso Coffee 義式咖啡 (7g) 30ml Cream 無糖液態奶精 15ml Sugar Syrup 果糖	義式咖啡	Blend 電動 攪拌法	Float Three Coffee Beans 3 粒咖啡豆	Old Fashioned Glass 古典酒杯	
C9-6	CB04 Pina Colada 鳳梨可樂達	30ml White Rum 白色蘭姆酒 30ml Coconut Cream 椰漿 90ml Pineapple Juice 鳳梨汁	Rum 蘭姆酒	Blend 電動 攪拌法	Fresh Pineapple Slice 新鮮鳳梨片 （去皮） Cherry 櫻桃	Collins Glass 可林杯	

C11-6	CB05
	Blue
	Hawaiian
	藍色
	夏威夷佬
		45ml White Rum
		白色蘭姆酒
		30ml Blue Curaçao
		  Liqueur
		藍柑橘香甜酒
		45ml Coconut Cream
		椰漿
		120ml Pineapple Juice
		鳳梨汁
		15ml Fresh Lemon
		  Juice
		新鮮檸檬汁
			Rum
			蘭姆酒
				Blend
				電動
				攪拌法
					Fresh Pineapple
					Slice
					新鮮鳳梨片
					（去皮）
					Cherry
					櫻桃
						Hurricane
						Glass
						炫風杯	

（續下頁）

（承上頁）

題序	飲料名稱 Drink name	成分 Ingredients	基酒	調製法 Method	裝飾物 Garnish	杯器皿 Glassware	成品圖
C12-6	CS33 Margarita 霜凍 瑪格麗特 （製作3杯）	30ml Tequila 　特吉拉 15ml Triple Sec 　白柑橘香甜酒 15ml Fresh Lime Juice 　新鮮萊姆汁	Tequila 龍舌蘭	Frozen 霜凍法	Salt Rimmed 鹽口杯	Margarita Glass 瑪格麗特杯	
C14-3	CB06 Kiwi Batida 奇異果 巴迪達	60ml Cachaca 　甘蔗酒 30ml Sugar Syrup 　糖水 1 Fresh Kiwi 　奇異果	甘蔗酒	Blend 電動 攪拌法	Kiwi Slice 奇異果片	Collins Glass 可林杯	
C17-1	CB07 Banana Frozen Daiquiri 霜凍 香蕉戴吉利	30ml White Rum 　白色蘭姆酒 10ml Fresh Lime Juice 　新鮮萊姆汁 15ml Sugar Syrup 　果糖 1/2 Fresh Peeled Banana 　新鮮香蕉	Rum 蘭姆酒	Frozen 霜凍法	Banana Slice 香蕉片 Cherry 櫻桃	Cocktail Glass 雞尾酒 杯（大）	

Layering 分層法

題序	飲料名稱 Drink name	成分 Ingredients	基酒	調製法 Method	裝飾物 Garnish	杯器皿 Glassware	成品圖
C3-6	CL01 Pousse Café 普施咖啡	1/5 Grenadine Syrup 紅石榴糖漿 1/5 Brown Crème de Cacao 深可可香甜酒 1/5 Green Crème de Menthe 綠薄荷香甜酒 1/5 Triple Sec 白柑橘香甜酒 1/5 Brandy 白蘭地 （以杯皿容量9分滿為準）	香甜酒	Layer 分層法		Liqueur Glass 香甜酒杯	
C4-3	CL02 B-52 Shot B-52 轟炸機	1/3 Kahlúa 卡魯哇咖啡香甜酒 1/3 Bailey's Irish Cream 貝里斯奶酒 1/3 Grand Marnier 香橙干邑香甜酒 （以杯皿容量9分滿為準）	香甜酒	Layer 分層法		Shot Glass 烈酒杯	
C11-1	CL03 Rainbow 彩虹酒	1/7 Grenadine Syrup 紅石榴糖漿 1/7 Crème de Cassis 黑醋栗香甜酒 1/7 White Crème de Cacao 白可可香甜酒 1/7 Blue Curaçao Liqueur 藍柑橘香甜酒 1/7 Campari 金巴利酒 1/7 Galliano 香草酒 1/7 Brandy 白蘭地 （以器皿容量9分滿為主）	香甜酒	Layer 分層法		Liqueur Glass 香甜酒杯	
C14-6	CL04 Angel's Kiss 天使之吻	3/4 Brown Crème de Cacao 深可可香甜酒 1/4 Creme 奶精 （以器皿容量9分滿為準）	香甜酒	Layer 分層法	Cherry 櫻桃	Liqueur Glass 香甜酒杯	

術科試題實作示範

一、注入法 (Pouring)
CS02 Mint Frappe 薄荷芙萊蓓

題序	飲料名稱 Drink name	成分 Ingredients	調製法 Method	裝飾物 Garnish	杯器皿 Glassware
C1-5	CS02 Mint Frappe 薄荷芙萊蓓	45ml Green Crème de Menthe 　綠薄荷香甜酒 1 cup Crushed Ice 　1 杯碎冰	Pour 注入法	Mint Sprig 薄荷枝 Cherry 紅櫻桃 2 Short Straw 環保紙吸管 2 支	Cocktail Glass 大雞尾酒杯

前置作業（**4** 分鐘）

關鍵報告

注入法不可攪拌，否則會扣 100 分！

調製過程（**7**分鐘）

1 洗手

2 擦乾

3 用碎冰機打1杯碎冰塊

4 在雞尾酒杯內加滿碎冰，使之有冰山的感覺。

5 用量酒器量取45ml的綠薄荷香甜酒

6 倒入杯中

7 放上裝飾物，並附上紙吸管2支

8 成品置於杯墊即完成

善後處理（**4**分鐘）

見 p.62

CBU10 Mimosa 含羞草

題序	飲料名稱 Drink name	成分 Ingredients	調製法 Method	裝飾物 Garnish	杯器皿 Glassware
C6-6	CBU10 Mimosa 含羞草	1/2 Fresh Orange Juice 新鮮柳橙汁 1/2 Champagne or Sparkling Wine (Brut) 原味香檳或汽泡酒 （以杯皿容量 8 分滿計算）	Pour 注入法		Flute Glass 高腳香檳杯

前置作業（**4**分鐘）

關鍵報告

1. 注入法不可攪拌，會扣 100 分！
2. 汽泡酒要延著杯緣緩緩倒入杯中，或分段式倒入杯中。

注入法

直接注入法

攪拌法

搖盪法

電動攪拌法／霜凍法

分層法

義式咖啡機

調製過程（**7**分鐘）

洗手

擦乾

冰杯

柳橙去蒂對切榨汁

倒進公杯備用

將冰杯裡的冰塊倒掉

將1/2新鮮柳橙汁倒入杯內

再倒入1/2原味香檳氣泡酒至8分滿

成品置於杯墊即完成

善後處理（**4**分鐘）

見 p.62

114

CP01 Kir Royal 皇家基爾

題序	飲料名稱 Drink name	成分 Ingredients	調製法 Method	裝飾物 Garnish	杯器皿 Glassware
C9-1	CP01 Kir Royal 皇家基爾	15ml Crème de Cassis 黑醋栗香甜酒 Full up with Champagne or Sparkling Wine (Brut) 原味香檳或汽泡酒注至 8 分滿	Pour 注入法		Flute Glass 高腳香檳杯

前置作業（**4**分鐘）

關鍵報告

1. 注入法不可攪拌，會扣 100 分！
2. 汽泡酒要延著杯緣緩緩倒入
   杯中，或分段式倒入杯中。

注入法

直接注入法

攪拌法

搖盪法

電動攪拌法／霜凍法

分層法

義式咖啡機

調製過程（**7**分鐘）

1 洗手

2 擦乾

3 冰杯

4 將冰塊倒掉

5 用量酒器量取15ml的黑醋栗香甜酒

6 倒入杯中

7 再倒入原味香檳至8分滿

8 成品置於杯墊即完成

善後處理（**4**分鐘）

見 p.62

CBU21 Bellini 貝利尼

題序	飲料名稱 Drink name	成分 Ingredients	調製法 Method	裝飾物 Garnish	杯器皿 Glassware
C14-4	CBU21 Bellini 貝利尼	15ml Peach Liqueur 水蜜桃香甜酒 Full up with Champagne or Sparkling Wine (Brut) 原味香檳或汽泡酒注至 8 分滿	Pour 注入法		Flute Glass 高腳香檳杯

前置作業（**4**分鐘）

關鍵報告

1. 注入法不可攪拌，會扣 100 分！
2. 汽泡酒要延著杯緣緩緩倒入
   杯中，或分段式倒入杯中。

注入法

直接注入法

攪拌法

搖盪法

電動攪拌法／霜凍法

分層法

義式咖啡機

調製過程（**7**分鐘）

1 洗手

2 擦乾

3 冰杯

4 將冰塊倒掉

5 用量酒器量取15ml的水蜜桃香甜酒

6 倒入杯中

7 再倒入原味香檳或汽泡酒，注至8分滿

8 成品置於杯墊即完成

善後處理（**4**分鐘）

見 p.62

CP02 Kir 基爾

題序	飲料名稱 Drink name	成分 Ingredients	調製法 Method	裝飾物 Garnish	杯器皿 Glassware
C17-4	CP02 Kir 基爾	10ml Crème de Cassis 黑醋栗香甜酒 Full up with Dry White Wine 不甜白葡萄酒注至 8 分滿	Pour 注入法		White Wine Glass 白葡萄酒杯

注入法

直接注入法

攪拌法

搖盪法

電動攪拌法／霜凍法

分層法

義式咖啡機

前置作業（**4**分鐘）

關鍵報告

1. 注入法不可攪拌，會扣 100 分！
2. 不甜白酒要延著杯緣緩緩倒入杯中。

調製過程（**7**分鐘）

① 洗手

② 擦乾

③ 冰杯

④ 將冰杯裡的冰塊倒掉

⑤ 用量酒器量取10ml的黑醋栗香甜酒

⑥ 倒入杯中

⑦ 再倒入不甜白葡萄酒注至8分滿

⑧ 成品置於杯墊即完成

善後處理（**4**分鐘）

見 p.62

二、直接注入法 (Building)
CBU01 Hot Toddy 熱托地

題序	飲料名稱 Drink name	成分 Ingredients	調製法 Method	裝飾物 Garnish	杯器皿 Glassware
C1-4	CBU01 Hot Toddy 熱托地	45ml Brandy 白蘭地 15ml Fresh Lemon Juice 新鮮檸檬汁 15ml Sugar Syrup 果糖 Top with Boiling Water 熱開水 8 分滿	Build 直接注入法	Lemon Slice 檸檬片 Cinnamon Powder 肉桂粉	Toddy Glass 托地杯

前置作業（**4** 分鐘）

直接注入法

攪拌法

搖盪法

電動攪拌法／霜凍法

分層法

義式咖啡機

關鍵報告

1. 直接注入法是在玻璃杯加入 8 分滿冰塊後，再按照順序把各種材料倒入杯子，用吧叉匙稍微攪拌。
2. 須先溫杯。
3. 要記得使用吧叉匙攪拌！忘記使用會扣 100 分。

調製過程（**7**分鐘）

洗手

擦乾

檸檬去蒂

對切

檸檬榨汁

倒入公杯

托地杯溫杯

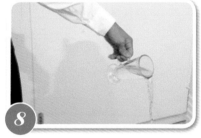
將杯中熱水倒掉

以Free pour或量酒器注入45ml
白蘭地

以量酒器量取15ml新鮮檸檬汁

倒入杯中

以量酒器量取15ml果糖

倒入杯中

熱開水注入至8分滿

以吧叉匙沿邊緣攪拌2~3下

16 灑上肉桂粉

17 以水果夾夾取檸檬片掛杯緣，放上裝飾物。

18 成品置於杯墊即完成

善後處理（**4**分鐘）

見 p.62

注入法

直接注入法

攪拌法

搖盪法

電動攪拌法／霜凍法

分層法

義式咖啡機

CBU03 Mojito 莫西多

題序	飲料名稱 Drink name	成分 Ingredients	調製法 Method	裝飾物 Garnish	杯器皿 Glassware
C2-6	CBU03 Mojito 莫西多	45ml White Rum 　白色蘭姆酒 15ml Fresh Lime Juice 　新鮮萊姆汁 1/2 Fresh Lime Cut Into 4 Wedges 　新鮮萊姆切成 4 塊 12 Fresh Mint Leaves 　新鮮薄荷葉 8g Sugar 　糖包 Top with Soda Water 　蘇打水 8 分滿 Crushed Ice 　適量碎冰	Muddle 壓榨法 Build 直接注入法	Mint Sprig 薄荷枝	Highball Glass 高飛球杯

前置作業（**4**分鐘）

關鍵報告

1. 直接注入法是在玻璃杯加入 8 分滿冰塊後，再按照順序把各種材料倒入杯子，用吧叉匙稍微攪拌。
2. 要記得使用吧叉匙攪拌！未使用會扣 100 分。
3. 未加碎冰扣 100 分。

調製過程（**7**分鐘）

洗手

擦乾

從冰鎮杯中取出薄荷葉備用

萊姆去蒂對切榨汁

倒入公杯

以水果夾夾取萊姆角放入杯中

薄荷葉放手中拍打

再將薄荷葉繞杯口後放入杯中

糖包拆開倒入

用量酒器量取15ml新鮮萊姆汁

倒入杯中

用搗碎棒將杯中材料擠壓搗碎
榨出汁液

把冰塊放入碎冰機

將冰塊攪碎

用吧叉匙將碎冰塊撥入杯中

16 以Free pour或量酒器注入45ml
白色蘭姆酒

17 再倒入蘇打水至8分滿

18 用吧叉匙攪拌2~3下

19 放上薄荷枝裝飾物

20 成品置於杯墊即完成

善後處理（**4**分鐘）

見 p.62

CBU04 Irish Coffee 愛爾蘭咖啡

題序	飲料名稱 Drink name	成分 Ingredients	調製法 Method	裝飾物 Garnish	杯器皿 Glassware
C3-3	CBU04 Irish Coffee 愛爾蘭咖啡	45ml Irish Whiskey 愛爾蘭威士忌 6~8g Sugar 糖包 30ml Espresso Coffee 義式咖啡 (7g) 120ml Boiling Water 熱開水 Top with Whipped Cream 加滿泡沫鮮奶油	義式咖啡機 Build 直接注入法	Cocoa Powder 可可粉	Irish Coffee Glass 愛爾蘭咖啡杯

前置作業（**4**分鐘）

關鍵報告

1. 要記得使用吧叉匙攪拌！忘記使用會扣 100 分。
2. 義式咖啡機操作前置請參考 P.62。

注入法

直接注入法

攪拌法

搖盪法

電動攪拌法／霜凍法

分層法

義式咖啡機

調製過程（**7**分鐘）

測試水壓

扣緊手把

溫杯

萃取咖啡

回操作臺

倒掉溫杯的水

拆開糖包倒入杯中

以Free pour或量酒器注入45ml
愛爾蘭威士忌

倒入30ml的義式咖啡

注入120ml熱水至愛爾蘭咖啡
杯第二條線

用吧叉匙攪拌

加滿泡沫鮮奶油

灑上可可粉

成品置於杯墊即完成

128　　**善後處理（4分鐘）**　　見 p.62

CBU05 Salty Dog 鹹狗

題序	飲料名稱 Drink name	成分 Ingredients	調製法 Method	裝飾物 Garnish	杯器皿 Glassware
C4-1	CBU05 Salty Dog 鹹狗	45ml Vodka 伏特加 Top with Fresh Grapefruit Juice 新鮮葡萄柚汁 8 分滿	Build 直接注入法	Salt Rimmed 鹽口杯	Highball Glass 高飛球杯

前置作業（**4**分鐘）

關鍵報告

1. 直接注入法是在玻璃杯加入 8 分滿冰塊後，再按照順序把各種材料倒入杯子，用吧叉匙稍微攪拌。
2. 要記得使用吧叉匙攪拌！未使用會扣 100 分。
3. 未做鹽口杯扣 100 分。

注入法

直接注入法

攪拌法

搖盪法

電動攪拌法／霜凍法

分層法

義式咖啡機

調製過程（**7**分鐘）

① 洗手

② 擦乾

③ 前置作業：先作好鹽口杯，以冰夾夾入冰塊8分滿。

④ 新鮮葡萄柚去蒂

⑤ 對切

⑥ 壓汁

⑦ 倒入公杯備用

⑧ 以Free pour或量酒器倒入45ml伏特加

⑨ 新鮮葡萄柚汁倒入8分滿

⑩ 吧叉匙沿杯緣攪拌2~3下

⑪ 放上調酒棒

⑫ 成品置於杯墊即完成

善後處理（**4**分鐘）

見 p.62

CS10 Ginger Mojito 薑味莫西多

題序	飲料名稱 Drink name	成分 Ingredients	調製法 Method	裝飾物 Garnish	杯器皿 Glassware
C4-4	CS10 Ginger Mojito 薑味莫西多	45ml White Rum 　白色蘭姆酒 3 Slices Fresh Root Ginger 　3 片嫩薑 12 Fresh Mint Leaves 　新鮮薄荷葉 15 Fresh Lime Juice 　新鮮萊姆汁 6~8g Sugar 　糖包 Top with Ginger Ale 　薑汁汽水 8 分滿 Crushed Ice 　適量碎冰	Muddle 壓榨法 Build 直接注入法	Mint Sprig 薄荷枝	Highball Glass 高飛球杯

前置作業（**4**分鐘）

關鍵報告

1. 直接注入法是在玻璃杯加入 8 分滿冰塊後，再按照順序把各種材料倒入杯子，用吧叉匙稍微攪拌。

2. 要記得使用吧叉匙攪拌！未使用會扣 100 分。

3. 未加碎冰扣 100 分。

注入法

直接注入法

攪拌法

搖盪法

電動攪拌法／霜凍法

分層法

義式咖啡機

調製過程（**7**分鐘）

1

洗手

2

擦乾

3

萊姆去蒂對切榨汁

4

進公杯

5

以水果夾夾取3片嫩薑，放入高飛球杯中。

6

薄荷葉放手中拍打

7

繞杯口後放入杯中

8

以量酒器量取15ml檸檬汁

9

倒入杯中

10

撕開糖包倒入杯中

11

以搗碎棒將材料擠壓出汁液

12

以碎冰機攪碎冰塊

13 以吧叉匙將碎冰塊刮進高飛球杯內

14 倒入45ml白色蘭姆酒

15 薑汁汽水倒至8分滿

16 吧叉匙攪拌

17 夾取薄荷枝放上裝飾物

18 成品置於杯墊上即完成

善後處理（**4**分鐘）

見 p.62

注入法

直接注入法

攪拌法

搖盪法

電動攪拌法／霜凍法

分層法

義式咖啡機

CBU07 Negus 尼加斯

題序	飲料名稱 Drink name	成分 Ingredients	調製法 Method	裝飾物 Garnish	杯器皿 Glassware
C4-5	CBU07 Negus 尼加斯	60ml Tawny Port 　波特酒 15ml Fresh Lemon Juice 　新鮮檸檬汁 15ml Sugar Syrup 　果糖 Top with Boiling Water 　熱開水 8 分滿	Build 直接注入法	Nutmeg Powder 荳蔻粉	Toddy Glass 托地杯

前置作業（**4**分鐘）

關鍵報告

要記得使用吧叉匙攪拌！未使用會扣
100 分。

調製過程（**7**分鐘）

① 洗手

② 擦乾

③ 溫杯

④ 檸檬去蒂對切榨汁

⑤ 檸檬汁倒進公杯

⑥ 將溫杯的熱水倒掉

⑦ 以量酒器量取60ml波特酒

⑧ 倒入杯中

⑨ 以量酒器量取15ml檸檬汁

⑩ 倒入杯中

⑪ 以量酒器量取15ml果糖後，倒入杯中。

⑫ 熱開水倒入8分滿

⑬ 用吧叉匙攪拌2~3下

⑭ 灑上荳蔻粉

⑮ 成品置於杯墊即完成

善後處理（**4**分鐘）

見 p.62

CBU08 Tequila Sunrise 特吉拉日出

題序	飲 料 名 稱 Drink name	成 分 Ingredients	調 製 法 Method	裝 飾 物 Garnish	杯 器 皿 Glassware
C5-1	CBU08 Tequila Sunrise 特吉拉日出	45ml Tequila 特吉拉 Top with Orange Juice 柳橙汁 8 分滿 10ml Grenadine Syrup 紅石榴糖漿	Build 直接注入法 Float 漂浮法	Orange Slice 柳橙片 Cherry 櫻桃	Highball Glass (240ml) 高飛球杯

前置作業（**4**分鐘）

關鍵報告

1. 直接注入法是在玻璃杯加入 8 分滿冰塊後，再按照順序把各種材料倒入杯子，用吧叉匙稍微攪拌。
2. 要記得使用吧叉匙攪拌！未使用會扣 100 分。
3. 飄浮紅石榴糖漿後，不可攪拌，否則扣 100 分。
4. 杯皿未取 240ml 高飛球杯，則會扣 100 分。
5. 柳橙汁取罐裝，否則扣 100 分。

調製過程（**7**分鐘）

1 洗手

2 擦乾

3 高飛球杯倒入冰塊8分滿

4 以Free pour或量酒器注入45ml
特吉拉

5 倒入柳橙汁至 8 分滿

6 以吧叉匙攪拌

7 以量酒器量取10ml紅石榴糖漿

8 吧叉匙朝上抵住杯緣，將紅石
榴糖漿緩緩倒入。

9 以水果夾夾取柳橙片串櫻桃，
放上裝飾物。

10 放上調酒棒

11 成品置於杯墊即完成

善後處理（**4**分鐘）

見 p.62

注入法

直接注入法

攪拌法

搖盪法

電動攪拌法／霜凍法

分層法

義式咖啡機

CBU09 Americano 美國佬

題序	飲料名稱 Drink name	成分 Ingredients	調製法 Method	裝飾物 Garnish	杯器皿 Glassware
C5-5	CBU09 Americano 美國佬	30ml Campari 金巴利 30ml Rosso Vermouth 甜味苦艾酒 Top with Soda Water 蘇打水 8 分滿	Build 直接 注入法	Orange Slice 柳橙片 Lemon Peel 檸檬皮	Highball Glass 高飛球杯

前置作業（**4**分鐘）

關鍵報告

1. 直接注入法是在玻璃杯加入 8 分滿冰塊後，再按照順序把各種材料倒入杯子，用吧叉匙稍微攪拌。
2. 要記得使用吧叉匙攪拌！未使用會扣 100 分。

調製過程（**7**分鐘）

1 洗手

2 擦乾

3 高飛球杯倒入冰塊8分滿

4 以量酒器量取30ml金巴利

5 倒入杯中

6 以量酒器量取30ml甜味苦艾酒

7 倒入杯中

8 倒入蘇打水至8分滿

9 吧叉匙沿邊緣攪拌2~3下

10 扭轉檸檬皮繞杯口，並放上裝飾物。

11 以水果夾夾取柳橙片，放上裝飾物。

12 放上調酒棒

13 成品置於杯墊即完成

善後處理（**4**分鐘）

見 p.62

注入法

直接注入法

攪拌法

搖盪法

電動攪拌法／霜凍法

分層法

義式咖啡機

CS19 Long Island Iced Tea 長島冰茶

題序	飲料名稱 Drink name	成分 Ingredients	調製法 Method	裝飾物 Garnish	杯器皿 Glassware
C7-4	CS19 Long Island Iced Tea 長島冰茶	15ml Gin 琴酒 15ml White Rum 白色蘭姆酒 15ml Vodka 伏特加 15ml Tequila 特吉拉 15ml Triple Sec 白柑橘香甜酒 15ml Fresh Lemon Juice 新鮮檸檬汁 Top with Cola 可樂 8 分滿	Build 直接注入法	Lemon Peel 檸檬皮	Collins Glass 可林杯

前置作業（**4**分鐘）

關鍵報告

1. 直接注入法是在玻璃杯加入 8 分滿冰塊後，再按照順序把各種材料倒入杯子，用吧叉匙稍微攪拌。
2. 要記得使用吧叉匙攪拌！未使用會扣 100 分。

調製過程（**7**分鐘）

洗手

擦乾

檸檬去蒂對切榨汁

倒進公杯

可林杯放入冰塊8分滿

以Free pour或量酒器注入15ml
琴酒

再以Free pour或量酒器注入
15ml Vodka

以Free pour或量酒器注入15ml
Rum

再以Free pour或量酒器注入
15ml特吉拉

量酒器量取15ml白柑橘香甜酒

倒入杯中

以量酒器量取15ml檸檬汁

13

倒入杯中

14

倒入可樂至8分滿

15

吧叉匙沿邊緣攪拌2~3下

16

以水果夾夾取檸檬皮扭轉繞杯緣，放上裝飾物。

17

成品置於杯墊即完成

善後處理（**4**分鐘）

見 p.62

CBU12 White Russian 白色俄羅斯

題序	飲料名稱 Drink name	成分 Ingredients	調製法 Method	裝飾物 Garnish	杯器皿 Glassware
C7-6	CBU12 White Russian 白色俄羅斯	45ml Vodka 伏特加 15ml Crème de Café 咖啡香甜酒 30ml Cream 無糖液態奶精	Build 直接注入法 Float 漂浮法		Old Fashioned Glass 古典酒杯

前置作業（**4**分鐘）

關鍵報告

1. 直接注入法是在玻璃杯加入 8 分滿冰塊後，再按照順序把各種材料倒入杯子，用吧叉匙稍微攪拌。
2. 要記得使用吧叉匙攪拌！未使用會扣 100 分。
3. 飄浮無糖液態奶精後不可再攪拌。

調製過程（**7**分鐘）

洗手

擦乾

古典酒杯倒入冰塊8分滿

以Free pour或量酒器注入45ml
伏特加

以量酒器量取15ml咖啡香甜酒

倒入杯中

以吧叉匙攪拌2~3下

以量酒器量取30ml無糖液態奶精

吧叉匙朝上抵住杯緣，將無糖
液態奶精緩緩倒入。

成品置於杯墊即完成

善後處理（**4**分鐘）

見 p.62

144

CBU13 Frenchman 法國佬

題序	飲料名稱 Drink name	成分 Ingredients	調製法 Method	裝飾物 Garnish	杯器皿 Glassware
C8-2	CBU13 Frenchman 法國佬	30ml Grand Marnier 香橙干邑香甜酒 60ml Red Wine 紅葡萄酒 15ml Fresh Orange Juice 新鮮柳橙汁 15ml Fresh Lemon Juice 新鮮檸檬汁 10ml Sugar Syrup 果糖 Top with Boiling Water 熱開水 8 分滿	Build 直接注入法	Orange Peel 柳橙皮	Toddy Glass 托地杯

注入法

直接注入法

攪拌法

搖盪法

電動攪拌法／霜凍法

分層法

義式咖啡機

前置作業（**4**分鐘）

關鍵報告

要記得使用吧叉匙攪拌！未使用會扣 100 分。

調製過程（**7**分鐘）

洗手

擦乾

溫杯

檸檬去蒂對切榨汁

倒入公杯

柳橙去蒂對切榨汁

進公杯

將托地杯熱水倒掉

以量酒器量取30ml香橙干邑香甜酒

倒入杯中

以量酒器量取60ml紅葡萄酒

倒入杯中

13 以量酒器量取15ml新鮮柳橙汁倒入杯中

14 倒入杯中

15 以量酒器量取15ml新鮮檸檬汁

16 倒入杯中

17 以量酒器量取10ml果糖

18 倒入杯中

19 倒入熱開水至8分滿

20 吧叉匙沿杯緣攪拌2~3下

21 扭轉柳橙皮繞杯口,再放上裝飾物。

22 成品置於杯墊即完成

善後處理(**4**分鐘)

見 p.62

注入法

直接注入法

攪拌法

搖盪法

電動攪拌法/霜凍法

分層法

義式咖啡機

CBU14 John Collins 約翰可林

題序	飲料名稱 Drink name	成分 Ingredients	調製法 Method	裝飾物 Garnish	杯器皿 Glassware
C8-6	CBU14 John Collins 約翰可林	45ml Bourbon Whiskey 　波本威士忌 30ml Fresh Lemon Juice 　新鮮檸檬汁 15ml Sugar Syrup 　果糖 Top with Soda Water 　蘇打汽水 8 分滿 Dash Angostura Bitters 　調勻後加入少許安格式苦精	Build 直接注入法	Lemon Slice 檸檬片 Cherry 櫻桃	Collins Glass 可林杯

前置作業（**4**分鐘）

關鍵報告

1. 直接注入法是在玻璃杯加入 8 分滿冰塊後，再按照順序把各種材料倒入杯子，用吧叉匙稍微攪拌。
2. 要記得使用吧叉匙攪拌！未使用會扣 100 分。

調製過程（**7**分鐘）

洗手

擦乾

檸檬去蒂對切榨汁

進公杯備用

可林杯倒入冰塊8分滿

以Free pour或量酒器注入45ml
波本威士忌

以量酒器量取30ml新鮮檸檬汁

倒入杯中

以量酒器量取15ml果糖

倒入杯中

倒入蘇打汽水至8分滿

吧叉匙沿杯緣攪拌2~3下

滴入少許安格式苦精

以水果夾夾取檸檬片串櫻桃，
放上裝飾物。

成品置於杯墊即完成

善後處理（**4**分鐘）

見 p.62

CBU15 Black Russian 黑色俄羅斯

題序	飲料名稱 Drink name	成分 Ingredients	調製法 Method	裝飾物 Garnish	杯器皿 Glassware
C9-2	CBU15 Black Russian 黑色俄羅斯	45ml Vodka 伏特加 15ml Crème de Café 咖啡香甜酒	Build 直接注入法		Old Fashioned Glass 古典酒杯

前置作業（**4**分鐘）

關鍵報告

1. 直接注入法是在玻璃杯加入 8 分滿冰塊後，再按照順序把各種材料倒入杯子，用吧叉匙稍微攪拌。

2. 要記得使用吧叉匙攪拌！未使用會扣 100 分。

調製過程（**7**分鐘）

1　洗手

2　擦乾

3　古典酒杯倒入冰塊8分滿

4　以Free pour或量酒器注入45ml伏特加

5　用量酒器量取15ml咖啡香甜酒

6　倒入杯中

7　吧叉匙沿杯緣攪拌2~3下

8　成品置於杯墊即完成

善後處理（**4**分鐘）

見 p.62

注入法　直接注入法　攪拌法　搖盪法　電動攪拌法／霜凍法　分層法　義式咖啡機

CBU16 Screw Driver 螺絲起子

題序	飲料名稱 Drink name	成分 Ingredients	調製法 Method	裝飾物 Garnish	杯器皿 Glassware
C10-1	CBU16 Screw driver 螺絲起子	45ml Vodka 伏特加 Top with Fresh Orange Juice 新鮮柳橙汁 8 分滿	Build 直接注入法	Orange Slice 柳橙片	Highball Glass 高飛球杯

前置作業（**4**分鐘）

關鍵報告

1. 直接注入法是在玻璃杯加入 8 分滿冰塊後，再按照順序把各種材料倒入杯子，用吧叉匙稍微攪拌。
2. 要記得使用吧叉匙攪拌！未使用會扣 100 分。
3. 要記得取新鮮柳澄汁，否則扣 100 分。

調製過程（**7**分鐘）

① 洗手

② 擦乾

③ 柳橙去蒂對切榨汁

④ 進公杯備用

⑤ 高飛球杯放入冰塊8分滿

⑥ 以Free pour或量酒器注入45ml Vodka

⑦ 新鮮柳橙汁倒至8分滿

⑧ 吧叉匙沿邊緣攪拌2~3下

⑨ 以水果夾夾取柳橙片掛杯緣，放上裝飾物。

⑩ 附上調酒棒

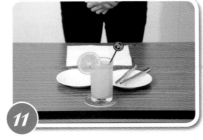
⑪ 成品置於杯墊上即完成

善後處理（**4**分鐘）

見 p.62

注入法

直接注入法

攪拌法

搖盪法

電動攪拌法／霜凍法

分層法

義式咖啡機

CS27 Classic Mojito 經典莫西多

題序	飲料名稱 Drink name	成分 Ingredients	調製法 Method	裝飾物 Garnish	杯器皿 Glassware
C10-3	CS27 Classic Mojito 經典莫西多	45ml Cachaça 甘蔗酒 30ml Fresh Lime Juice 新鮮萊姆汁 1/2 Fresh Lime Cut Into 4 Wedges 新鮮萊姆切成 4 塊 12 Fresh Mint Leaves 新鮮薄荷葉 6~8g Sugar 糖包 Top with Soda Water 蘇打水 8 分滿 Crushed Ice 適量碎冰	Muddle 壓榨法 Build 直接注入法	Mint Sprig 薄荷枝	Highball Glass 高飛球杯

前置作業（**4** 分鐘）

關鍵報告

1. 直接注入法是在玻璃杯加入 8 分滿冰塊後，再按照順序把各種材料倒入杯子，用吧叉匙稍微攪拌。
2. 要記得使用吧叉匙攪拌！未使用會扣 100 分。
3. 未加碎冰扣 100 分。

調製過程（**7**分鐘）

1 洗手

2 擦乾

3 萊姆去蒂對切榨汁

4 進公杯備用

5 將薄荷葉放手中拍打繞杯口，放入高飛球杯中。

6 萊姆角切4塊夾入杯中

7 糖包拆開倒入杯中

8 以量酒器量取30ml萊姆汁

9 倒入杯中

10 用搗碎棒將杯中材料搗碎

11 以碎冰機絞碎冰塊

12 以吧叉匙將碎冰刮入高飛球杯

注入法

直接注入法

攪拌法

搖盪法

電動攪拌法／霜凍法

分層法

義式咖啡機

155

倒入45ml甘蔗酒

倒入蘇打水至8分滿

吧叉匙攪拌

放上薄荷枝裝飾物

成品置於杯墊即完成

善後處理（**4**分鐘）

見 p.62

CBU17 God Father 教父

題序	飲 料 名 稱 Drink name	成 分 Ingredients	調 製 法 Method	裝 飾 物 Garnish	杯 器 皿 Glassware
C11-5	CBU17 God Father 教父	45ml Blended Scotch Whisky 蘇格蘭調和威士忌 15ml Amaretto 杏仁香甜酒	Build 直接注入法		Old Fashioned Glass 古典酒杯

前置作業（**4**分鐘）

關鍵報告

1. 直接注入法是在玻璃杯加入 8 分滿冰塊後，再按照順序把各種材料倒入杯子，用吧叉匙稍微攪拌。

2. 要記得使用吧叉匙攪拌！未使用會扣 100 分。

調製過程（**7**分鐘）

1 洗手

2 擦乾

3 古典酒杯倒入冰塊8分滿

4 以Free pour或量酒器注入45ml 蘇格蘭調和威士忌

5 用量酒器量取15ml杏仁香甜酒

6 倒入杯中

7 吧叉匙沿杯緣攪拌2~3下

8 成品置於杯墊即完成

善後處理（**4**分鐘）

見 p.62

CBU18 Bloody Mary 血腥瑪莉

題序	飲料名稱 Drink name	成分 Ingredients	調製法 Method	裝飾物 Garnish	杯器皿 Glassware
C12-2	CBU18 Bloody Mary 血腥瑪莉	45ml Vodka 　伏特加 15 ml Fresh Lemon Juice 　新鮮檸檬汁 Top with Tomato Juice 　番茄汁 8 分滿 Dash Tabasco 　少許酸辣油 Dash Worcestershire Sauce 　少許辣醬油 Proper amount of Salt and Pepper 　適量鹽跟胡椒	Build 直接注入法	Lemon Wedge 檸檬角 Celery Stick 芹菜棒	Highball Glass 高飛球杯

前置作業（**4**分鐘）

關鍵報告

1. 直接注入法是在玻璃杯加入 8 分滿冰塊後，再按照順序把各種材料倒入杯子，用吧叉匙稍微攪拌。
2. 要記得使用吧叉匙攪拌！未使用會扣 100 分。
3. 未用芹菜棒扣 100 分。

調製過程（**7**分鐘）

1
洗手

2
擦乾

3
檸檬去蒂對切榨汁

4
進公杯備用

5
高飛球杯加冰塊8分滿

6
以Free pour或量酒器注入45ml
伏特加

7
番茄汁倒入8分滿

8
以量酒器量取15 ml 新鮮檸檬汁

9
倒入杯中

10
加入少許辣醬油

11
加入適量胡椒

12
加入適量鹽

注入法

直接注入法

攪拌法

搖盪法

電動攪拌法／霜凍法

分層法

義式咖啡機

13 加入少許酸辣油

14 吧叉匙沿杯緣攪拌2~3下

15 以水果夾夾取芹菜棒，放上裝飾物。

16 檸檬角掛杯緣

17 成品置於杯墊即完成

善後處理（**4**分鐘）

見 p.62

CBU19 Cuba Libre 自由古巴

題序	飲料名稱 Drink name	成分 Ingredients	調製法 Method	裝飾物 Garnish	杯器皿 Glassware
C13-2	CBU19 Cuba Libre 自由古巴	45ml Drak Rum 深色蘭姆酒 15ml Fresh Lemon Juice 新鮮檸檬汁 Top with Cola 可樂 8 分滿	Build 直接注入法	Lemon Slice 檸檬片	Highball Glass 高飛球杯

前置作業（**4**分鐘）

關鍵報告

1. 直接注入法是在玻璃杯加入 8 分滿冰塊後，再按照順序把各種材料倒入杯子，用吧叉匙稍微攪拌。
2. 要記得使用吧叉匙攪拌！未使用會扣 100 分。

162

調製過程（**7**分鐘）

注入法

直接注入法

攪拌法

搖盪法

電動攪拌法／霜凍法

分層法

義式咖啡機

洗手

擦乾

檸檬去蒂對切榨汁

進公杯備用

高飛球杯放入冰塊8分滿

以Free pour或量酒器注入45ml
深色蘭姆酒

以量酒器量取15ml檸檬汁

倒入杯中

倒入可樂至8分滿

吧叉匙沿邊緣攪拌2~3下

以水果夾夾取檸檬片置於杯
緣，放上裝飾物。

附上調酒棒

成品置於杯墊上即完成

善後處理（**4**分鐘）

見 p.62

CBU20 Apple Mojito 蘋果莫西多

題序	飲料名稱 Drink name	成分 Ingredients	調製法 Method	裝飾物 Garnish	杯器皿 Glassware
C14-1	CBU20 Apple Mojito 蘋果莫西多	45ml White Rum 　白色蘭姆酒 30ml Fresh Lime Juice 　新鮮萊姆汁 15ml Sour Apple Liqueur 　青蘋果香甜酒 12 Fresh Mint Leaves 　新鮮薄荷葉 Top with Apple Juice 　蘋果汁 8 分滿 Crushed Ice 　適量碎冰	Muddle 壓榨法 Build 直接注入法	Mint Sprig 薄荷枝	Collins Glass 可林杯

前置作業（**4**分鐘）

關鍵報告

1. 直接注入法是在玻璃杯加入 8 分滿冰塊後，再按照順序把各種材料倒入杯子，用吧叉匙稍微攪拌。
2. 要記得使用吧叉匙攪拌！未使用會扣 100 分。
3. 未加碎冰扣 100 分。

調製過程（**7**分鐘）

洗手

擦乾

來姆去蒂對切榨汁

進公杯備用

將薄荷葉放手中拍打

薄荷葉繞杯口後放入杯中

以量酒器量取30ml萊姆汁

倒入杯中

用搗碎棒將薄荷葉搗碎

把冰塊放入碎冰機

將冰塊攪碎

用吧叉匙將碎冰塊撥入杯中

以Free pour或量酒器注入45ml
白色蘭姆酒

以量酒器量取15ml的青蘋果香
甜酒

倒入杯中

16 倒入蘋果汁至8分滿

17 用吧叉匙沿杯緣攪拌2~3下

18 放上薄荷枝

19 成品置於杯墊即完成

善後處理（**4**分鐘）

見 p.62

CBU23 Harvey Wallbanger 哈維撞牆
（直注漂浮法）

題序	飲料名稱 Drink name	成分 Ingredients	調製法 Method	裝飾物 Garnish	杯器皿 Glassware
C15-2	CBU23 Harvey Wallbanger 哈維撞牆	45ml Vodka 伏特加 90ml Orange Juice 柳橙汁 15ml Galliano 義大利香草酒	Build 直接注入法 Float 漂浮法	Orange Slice 柳橙片 Cherry 櫻桃	Highball Glass (240ml) 高飛球杯

前置作業（**4**分鐘）

關鍵報告

1. 直接注入法是在玻璃杯加入 8 分滿冰塊後，再按照順序把各種材料倒入杯子，用吧叉匙稍微攪拌。
2. 要記得使用吧叉匙攪拌！未使用會扣 100 分。
3. 未飄浮義大利香草酒扣 100 分。
4. 未取 High Ball 杯 (240ml) 扣 100 分。

調製過程（**7**分鐘）

洗手

擦乾

高飛球杯倒入冰塊8分滿

以Free pour或量酒器倒入45ml伏特加

以量酒器量取90ml柳橙汁

倒入杯中

吧叉匙攪拌2~3下

以量酒器量取15ml的義大利香草酒

吧叉匙朝上抵住杯緣，香草酒緩緩倒入。

以水果夾夾取柳橙片櫻桃串，放上裝飾物。

附上調酒棒

成品置於杯墊即完成

善後處理（**4**分鐘）

見 p.62

CBU24 Caipirinha 卡碧尼亞

注入法

直接注入法

攪拌法

搖盪法

電動攪拌法／霜凍法

分層法

義式咖啡機

題序	飲料名稱 Drink name	成分 Ingredients	調製法 Method	裝飾物 Garnish	杯器皿 Glassware
C16-2	CBU24 Caipirinha 卡碧尼亞	45ml Cachaça 甘蔗酒 15ml Fresh Lime Juice 新鮮萊姆汁 1/2 Fresh Lime Cut Into 4 Wedges 新鮮萊姆切成 4 塊 6~8g Sugar 糖包 Crushed Ice 適量碎冰	Muddle 壓榨法 Build 直接注入法		Old Fashioned Glass 古典酒杯

前置作業（**4**分鐘）

關鍵報告

1. 直接注入法是在玻璃杯加入 8 分滿冰塊後，再按照順序把各種材料倒入杯子，用吧叉匙稍微攪拌。
2. 要記得使用吧叉匙攪拌！未使用會扣 100 分。
3. 未加碎冰扣 100 分。

調製過程（**7**分鐘）

1. 洗手

2. 擦乾

3. 檸檬去蒂對切榨汁

4. 進公杯備用

5. 將萊姆角4塊放入杯中

6. 糖包拆開後倒入

7. 用量酒器量取15ml新鮮萊姆汁

8. 倒入杯中

9. 用搗碎棒將杯中材料擠壓搗碎榨出汁液

10. 把冰塊放入碎冰機

11. 將冰塊攪碎

12. 用吧叉匙將碎冰塊撥入杯中9分滿

13. 以Free pour或量酒器注入45ml甘蔗酒

14. 用吧叉匙沿杯緣攪拌2~3下

15. 成品置於杯墊即完成

善後處理（**4**分鐘）　見 p.62

參、術科試題實作示範

第三篇

注入法

直接注入法

攪拌法

搖盪法

電動攪拌法／霜凍法

分層法

義式咖啡機

CBU25 Caravan 車隊

題序	飲料名稱 Drink name	成分 Ingredients	調製法 Method	裝飾物 Garnish	杯器皿 Glassware
C16-3	CBU25 Caravan 車隊	90ml Red Wine 紅葡萄酒 15ml Grand Marnier 香橙干邑香甜酒 Top with Cola 可樂 8 分滿	Build 直接注入法	Cherry 櫻桃	Collins Glass 可林杯

前置作業（**4**分鐘）

關鍵報告

1. 直接注入法是在玻璃杯加入 8 分滿冰塊後，再按照順序把各種材料倒入杯子，用吧叉匙稍微攪拌。

2. 要記得使用吧叉匙攪拌！未使用會扣 100 分。

調製過程（**7**分鐘）

洗手

擦乾

可林杯加冰塊8分滿

以量酒器量取90ml紅葡萄酒

倒入杯中

用量酒器量取15ml香橙干邑香甜酒

倒入杯中

倒入可樂至8分滿

用吧叉匙延杯緣攪拌2~3下

用水果夾夾取櫻桃放上裝飾物

成品置於杯墊即完成

善後處理（**4**分鐘）

見 p.62

注入法

直接注入法

攪拌法

搖盪法

電動攪拌法／霜凍法

分層法

義式咖啡機

CBU27 Horse's Neck 馬頸

題序	飲料名稱 Drink name	成分 Ingredients	調製法 Method	裝飾物 Garnish	杯器皿 Glassware
C17-5	CBU27 Horse's Neck 馬頸	45ml Brandy 　白蘭地 Top with Ginger Ale 　薑汁汽水 8 分滿 Dash Angostura Bitters 　調勻後加入少許安格式苦精	Build 直接注入法	Lemon Spiral 螺旋狀檸檬皮	Highball Glass 高飛球杯

前置作業（**4**分鐘）

關鍵報告

1. 直接注入法是在玻璃杯加入 8 分滿冰塊後，再按照順序把各種材料倒入杯了，用吧叉匙稍微攪拌。
2. 要記得使用吧叉匙攪拌！未使用會扣 100 分。
3. 未做螺旋檸檬皮扣 100 分。

調製過程（**7**分鐘）

1. 洗手

2. 擦乾

3. 螺旋檸檬皮夾出備用

4. 高飛球杯加冰塊8分滿

5. 以Free pour或量酒器注入45ml
白蘭地

6. 倒入薑汁汽水至8分滿

7. 用吧叉匙沿杯緣攪拌2~3下

8. 滴入4~5滴的苦精

9. 以水果夾夾取螺旋狀檸檬皮，
放上裝飾物。

10. 附上調酒棒

11. 成品置於杯墊即完成

善後處理（**4**分鐘）

見 p.62

CBU29 Old Fashioned 古典酒

題序	飲料名稱 Drink name	成分 Ingredients	調製法 Method	裝飾物 Garnish	杯器皿 Glassware
C18-4	CBU29 Old Fashioned 古典酒	45ml Bourbon Whiskey 波本威士忌 2 Dashes Angostura Bitters 少許安格式苦精 1 Sugar Cube 方糖 Splash of Soda Water 蘇打水（少許）	Muddle 壓榨法 Build 直接注入法	Orange Slice 柳橙片 Lemon Peel 檸檬皮 2 Cherries 櫻桃	Old Fashioned Glass 古典酒杯

前置作業（**4**分鐘）

關鍵報告

1. 要記得使用吧叉匙攪拌！未使用會扣 100 分。
2. 古典酒作法與一般直接注入法不同，要注意調製過程順序。

注入法 直接注入法 攪拌法 搖盪法 電動攪拌法／霜凍法 分層法 義式咖啡機

調製過程（**7**分鐘）

洗手

擦乾

將方糖放入杯中

滴入4~5滴安格式苦精

倒入蘇打水少許

扭轉檸檬皮放入杯中

用搗碎棒壓榨均勻

古典酒杯加冰塊8分滿

以Free pour或量酒器注入45ml
波本威士忌

再用吧叉匙沿杯緣攪拌2~3下

先夾取1顆櫻桃放入

再夾第2顆櫻桃放入

最後夾取柳橙片，掛上杯口。

成品置於杯墊即完成

善後處理（**4**分鐘）

見 p.62

三、攪拌法 (Stirring)

CST01 Manhattan 曼哈頓（製作 3 杯）

題序	飲料名稱 Drink name	成分 Ingredients	調製法 Method	裝飾物 Garnish	杯器皿 Glassware
C1 3	CST01 Manhattan 曼哈頓 （製作 3 杯）	45ml Bourbon Whiskey 波本威士忌 15ml RossoVermouth 甜味苦艾酒 Dash Angostura Bitters 安格式苦精（少許）	Stir 攪拌法	Cherry 櫻桃	Martini Glass 馬丁尼杯

前置作業（**4** 分鐘）

關鍵報告

1. 攪拌法是爲了讓 2 種或 3 種材料組合成的液體，能完美結合達到平衡的技巧。重點用大姆指、食指、中指握著吧叉匙，快速與正確地攪拌 10 ～ 15 下，讓味道均衡。
2. 材料須準備 3 杯量。
3. 攪拌法吧叉匙須延著杯緣快速攪拌，才能讓味道均衡。

調製過程（**7**分鐘）

1. 洗手

2. 擦乾

3. 3杯馬丁尼杯都先冰杯

4. 在內杯（調酒杯）中加入冰塊8分滿

5. 以Free pour或量酒器注入45ml波本威士忌(45×3)

6. 以量酒器量取15ml甜味苦艾酒(15×3)

7. 倒入杯中

8. 滴入4~5滴安格式苦精

9. 吧叉匙匙背向外，沿杯緣快速攪拌。

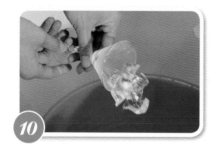

10. 將冰杯的冰塊倒掉

11. 隔冰器套在內杯（調酒杯）杯口，以食指和中指壓住，其他手指壓住調酒杯。

12. 將調勻的酒，平均濾入3杯馬丁尼杯中。

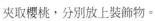

13　夾取櫻桃，分別放上裝飾物。

14　3杯成品置於杯墊上即完成

善後處理（**4**分鐘）

見 p.62

注入法

直接注入法

攪拌法

搖盪法

電動攪拌法／霜凍法

分層法

義式咖啡機

CST02 Dry Manhattan 不甜曼哈頓
（製作 3 杯）

題序	飲料名稱 Drink name	成分 Ingredients	調製法 Method	裝飾物 Garnish	杯器皿 Glassware
C3-2	CST02 Dry Manhattan 不甜曼哈頓 （製作 3 杯）	45ml Bourbon Whiskey 波本威士忌 15ml Dry Vermouth 不甜苦艾酒 Dash Angostura Bitters 安格式苦精（少許）	Stir 攪拌法	Lemon Peel 檸檬皮	Martini Glass 馬丁尼杯

前置作業（**4**分鐘）

關鍵報告

1. 攪拌法是為了讓 2 種或 3 種材料組合成的液體，能完美結合達到平衡的技巧。重點用大姆指、食指、中指握著吧叉匙，快速與正確地攪拌 10 ～ 15 下，讓味道均衡。
2. 材料須準備 3 杯量。
3. 攪拌法吧叉匙須延著杯緣快速攪拌，才能讓味道均衡。

調製過程（**7**分鐘）

1 洗手

2 擦乾

3 3杯馬丁尼杯都先冰杯

4 在內杯（調酒杯）中加入冰塊8分滿

5 以Free pour或量酒器注入45ml波本威士忌(45×3)

6 以量酒器量取15ml不甜苦艾酒(15×3)

7 倒入杯中

8 滴入4~5滴安格式苦精

9 吧叉匙匙背向外，沿杯緣繞圈攪拌15下。

10 將冰杯的冰塊倒掉

11 以隔冰器套在內杯（調酒杯）杯口，將調勻的酒平均濾入3杯馬丁尼杯中。

12 最後以水果夾扭轉檸檬皮，放上裝飾物。

13 3杯成品置於杯墊上即完成

善後處理（**4**分鐘）

見 p.62

注入法

直接注入法

攪拌法

搖盪法

電動攪拌法／霜凍法

分層法

義式咖啡機

CST03 Dry Martini 不甜馬丁尼

題序	飲料名稱 Drink name	成分 Ingredients	調製法 Method	裝飾物 Garnish	杯器皿 Glassware
C7-1	CST03 Dry Martini 不甜馬丁尼	45ml Gin 琴酒 15ml Dry Vermouth 不甜苦艾酒	Stir 攪拌法	Stuffed Olive 紅心橄欖	Martini Glass 馬丁尼杯

前置作業（**4**分鐘）

關鍵報告

1. 攪拌法是為了讓 2 種或 3 種材料組合成的液體，能完美結合達到平衡的技巧。重點用大姆指、食指、中指握著吧叉匙，快速與正確地攪拌 10 ～ 15 下，讓味道均衡。
2. 攪拌法吧叉匙須延著杯緣快速攪拌，才能讓味道均衡。

調製過程（**7**分鐘）

1 沖手

2 擦乾

3 冰杯

4 在內杯（調酒杯）中加入冰塊8分滿

5 以Free pour或量酒器直接注入45ml琴酒

6 以量酒器量取15ml不甜苦艾酒

7 倒入杯中

8 吧叉匙匙背向外，沿杯緣繞圈快速攪拌。

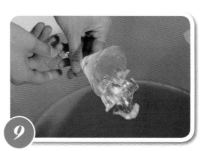

9 將冰杯的冰塊倒掉

10 以隔冰器套在內杯（調酒杯）杯口，以食指和中指壓住，將調勻的酒濾入馬丁尼杯中。

11 最後，以水果夾夾取紅心橄欖，並放上裝飾物。

12 成品置於杯墊上即完成

善後處理（**4**分鐘）

見 p.62

CST04 Gin & It 義式琴酒 （製作 3 杯）

題序	飲料名稱 Drink name	成分 Ingredients	調製法 Method	裝飾物 Garnish	杯器皿 Glassware
C10-2	CST04 Gin & It 義式琴酒 （製作 3 杯）	45ml Gin 琴酒 15ml Rosso Vermouth 甜苦艾酒	Stir 攪拌法	Lemon Peel 檸檬皮	Martini Glass 馬丁尼杯

前置作業（**4**分鐘）

關鍵報告

1. 攪拌法是為了讓 2 種或 3 種材料組合成的液體，能完美結合達到平衡的技巧。重點用大姆指、食指、中指握著吧叉匙，快速與正確地攪拌 10 ～ 15 下，讓味道均衡。
2. 材料須準備 3 杯量。
3. 攪拌法吧叉匙須延著杯緣快速攪拌，才能讓味道均衡。

調製過程（**7**分鐘）

1. 洗手

2. 擦乾

3. 冰杯

4. 在內杯（調酒杯）中加入冰塊8分滿

5. 以Free pour或量酒器注入45ml琴酒(45×3)

6. 以量酒器量取15ml甜苦艾酒(15×3)

7. 倒入杯中

8. 吧叉匙沿杯緣繞圈快速攪拌

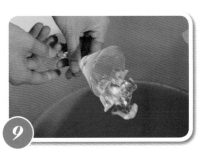

9. 將冰杯的冰塊倒掉

10. 以隔冰器套在內杯（調酒杯）杯口，將調勻的酒平均濾入3杯馬丁尼杯中。

11. 最後以水果夾扭轉檸檬皮，繞杯口，放上裝飾物。

12. 成品置於杯墊上即完成

善後處理（**4**分鐘）

見 p.62

注入法

直接注入法

攪拌法

搖盪法

電動攪拌法／霜凍法

分層法

義式咖啡機

CST05 Perfect Martini 完美馬丁尼
（製作 3 杯）

題序	飲料名稱 Drink name	成分 Ingredients	調製法 Method	裝飾物 Garnish	杯器皿 Glassware
C11-2	CST05 Perfect Martini 完美馬丁尼 （製作 3 杯）	45ml Gin 琴酒 10ml Rosso Vermouth 甜味苦艾酒 10ml Dry Vermouth 不甜苦艾酒	Stir 攪拌法	Lemon Peel 檸檬皮 Cherry 櫻桃	Martini Glass 馬丁尼杯

前置作業（**4** 分鐘）

關鍵報告

1. 攪拌法是為了讓 2 種或 3 種材料組合成的液體，能完美結合達到平衡的技巧。重點用大姆指、食指、中指握著吧叉匙，快速與正確地攪拌 10 ～ 15 下，讓味道均衡。
2. 材料須準備 3 杯量。

調製過程（**7**分鐘）

① 洗手

② 擦乾

③ 冰杯

④ 在內杯（調酒杯）中加入冰塊8分滿

⑤ 以Free pour或量酒器注入45ml琴酒(45×3)

⑥ 以量酒器量取10ml甜味苦艾酒(10×3)

⑦ 倒入杯中

⑧ 再以量酒器量取10ml不甜苦艾酒(10×3)，倒入杯中。

⑨ 吧叉匙沿杯緣繞圈快速攪拌

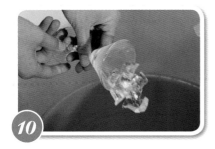
⑩ 將冰杯的冰塊倒掉

⑪ 以隔冰器套在內杯（調酒杯）杯口，將調勻的酒，平均濾入3杯馬丁尼杯中。

⑫ 以水果夾取檸檬皮扭轉繞杯緣，放上裝飾物。

⑬ 夾取櫻桃，放上裝飾物。

⑭ 成品置於杯墊上即完成

善後處理（**4**分鐘）

見 p.62

注入法

直接注入法

攪拌法

搖盪法

電動攪拌法／霜凍法

分層法

義式咖啡機

CST06 Apple Manhattan 蘋果曼哈頓

題序	飲料名稱 Drink name	成分 Ingredients	調製法 Method	裝飾物 Garnish	杯器皿 Glassware
C15-4	CST06 Apple Manhattan 蘋果曼哈頓	30ml Bourbon Whiskey 　波本威士忌 15ml Sour Apple Liqueur 　青蘋果香甜酒 15ml Triple Sec 　白柑橘香甜酒 15ml Rosso Vermouth 　甜苦艾酒	Stir 攪拌法	Apple Tower 蘋果塔	Cocktail Glass 雞尾酒杯

前置作業（**4**分鐘）

關鍵報告

1. 攪拌法是為了讓 2 種或 3 種材料組合成的液體，能完美結合達到平衡的技巧。重點用大姆指、食指、中指握著吧叉匙，快速與正確地攪拌 10 ～ 15 下，讓味道均衡。
2. 攪拌法吧叉匙須延著杯緣快速攪拌，才能讓味道均衡。

調製過程（**7**分鐘）

① 洗手

② 擦乾

③ 冰杯

④ 在內杯（調酒杯）中加入冰塊8分滿

⑤ 以Free pour或量酒器注入45ml波本威士忌

⑥ 以量酒器量取15ml的青蘋果香甜酒

⑦ 倒入杯中

⑧ 再以量酒器量取15ml白柑橘香甜酒

⑨ 倒入杯中

⑩ 以量酒器量取15ml甜苦艾酒

⑪ 倒入杯中

⑫ 吧叉匙沿杯緣繞圈快速攪拌

注入法

直接注入法

攪拌法

搖盪法

電動攪拌法／霜凍法

分層法

義式咖啡機

13

將冰杯的冰塊倒掉

14

以隔冰器套在內杯（調酒杯）杯口，將調勻的酒濾入雞尾酒杯中。

15

以水果夾取蘋果塔，再放上裝飾物。

16

成品置於杯墊上即完成

善後處理（**4**分鐘）

見 p.62

CST07 Gibson 吉普森

題序	飲料名稱 Drink name	成分 Ingredients	調製法 Method	裝飾物 Garnish	杯器皿 Glassware
C16-4	CST07 Gibson 吉普森	45ml Gin 琴酒 15ml Dry Vermouth 不甜苦艾酒	Stir 攪拌法	Onion 小洋蔥	Martini Glass 馬丁尼杯

注入法

直接注入法

攪拌法

搖盪法

電動攪拌法／霜凍法

分層法

義式咖啡機

前置作業（**4**分鐘）

關鍵報告

1. 攪拌法是為了讓 2 種或 3 種材料組合成的液體，能完美結合達到平衡的技巧。重點用大姆指、食指、中指握著吧叉匙，快速與正確地攪拌 10 ～ 15 下，讓味道均衡。
2. 攪拌法吧叉匙須延著杯緣快速攪拌，才能讓味道均衡。
3. 小洋蔥使用前必須浸泡於白開水中，再取出使用。

調製過程（**7**分鐘）

1 洗手

2 擦乾

3 冰杯

4 在內杯（調酒杯）中加入冰塊8分滿

5 以Free pour或量酒器注入45ml琴酒

6 以量酒器量取15ml不甜苦艾酒

7 倒入杯中

8 吧叉匙沿杯緣繞圈快速攪拌

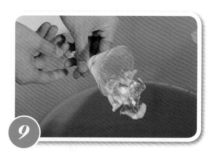

9 將冰杯的冰塊倒掉

10 以隔冰器套在內杯（調酒杯）杯口，將調勻的酒濾入馬丁尼杯中。

11 最後以水果夾夾取小洋蔥，放上裝飾物。

12 成品置於杯墊上即完成

善後處理（**4**分鐘）

見 p.62

CST08 Rob Roy 羅伯羅依 （製作 3 杯）

題序	飲料名稱 Drink name	成分 Ingredients	調製法 Method	裝飾物 Garnish	杯器皿 Glassware
C17-3	CST08 Rob Roy 羅伯羅依 （製作 3 杯）	45ml Blended Scotch Whisky 蘇格蘭調和威士忌 15ml Rosso Vermouth 甜味苦艾酒 Dash Angostura Bitters 安格式苦精（少許）	Stir 攪拌法	Cherry 櫻桃	Martini Glass 馬丁尼杯

前置作業（**4**分鐘）

關鍵報告

1. 攪拌法是為了讓兩種或 3 種材料組合成的液體，能完美結合達到平衡的技巧。重點用大姆指、食指、中指握著吧叉匙，快速與正確地攪拌 10 ～ 15 下，讓味道均衡。
2. 材料須準備 3 杯量。
3. 攪拌法吧叉匙須延著杯緣快速攪拌，才能讓味道均衡。

注入法

直接注入法

攪拌法

搖盪法

電動攪拌法／霜凍法

分層法

義式咖啡機

調製過程（**7**分鐘）

1

洗手

2

擦乾

3

冰杯

4

在內杯（調酒杯）中加入冰塊8分滿

5

以Free pour或量酒器注入45ml蘇格蘭調和威士忌(45×3)

6

以量酒器量取15ml甜味苦艾酒(15×3)

7

倒入杯中

8

滴入3~5滴安格式苦精(×3)

9

吧叉匙沿杯緣繞圈快速攪拌10~15下

10

將冰杯的冰塊倒掉

11

以隔冰器套在內杯（調酒杯）杯口，將調勻的酒平均濾入3杯馬丁尼杯中。

12

以水果夾夾取櫻桃，再放上裝飾物。

13

成品置於杯墊上即完成

善後處理（**4**分鐘）

見 p.62

CBU28 Rusty Nail 銹釘子 （製作 3 杯）

題序	飲料名稱 Drink name	成分 Ingredients	調製法 Method	裝飾物 Garnish	杯器皿 Glassware
C18-1	CBU28 Rusty Nail 銹釘子 （製作 3 杯）	45ml Blended Scotch Whisky 蘇格蘭調和威士忌 30ml Drambuie 蜂蜜香甜酒	Stir 攪拌法	Lemon Peel 檸檬皮	Cocktail Glass 雞尾酒杯

前置作業（**4**分鐘）

關鍵報告

1. 攪拌法是為了讓 2 種或 3 種材料組合成的液體，能完美結合達到平衡的技巧。重點用大姆指、食指、中指握著吧叉匙，快速與正確地攪拌 10 ～ 15 下，讓味道均衡。
2. 材料須準備 3 杯量。
3. 攪拌法吧叉匙須延著杯緣快速攪拌，才能讓味道均衡。

注入法

直接注入法

攪拌法

搖盪法

電動攪拌法／霜凍法

分層法

義式咖啡機

調製過程（**7**分鐘）

1 洗手

2 擦乾

3 冰杯

4 在內杯（調酒杯）中加入冰塊8分滿

5 以Free pour或量酒器注入45ml蘇格蘭調和威士忌(45×3)

6 以量酒器量取30ml蜂蜜香甜酒(30×3)

7 倒入杯中

8 吧叉匙沿杯緣繞圈快速攪拌

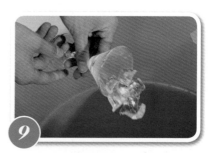

9 將冰杯的冰塊倒掉

10 以隔冰器套在內杯（調酒杯）杯口，將調勻的酒平均濾入3杯雞尾酒杯中。

11 以水果夾扭轉檸檬皮繞杯口，放上裝飾物。

12 成品置於杯墊上即完成

善後處理（**4**分鐘）

見 p.62

注入法

直接注入法

攪拌法

搖盪法

電動攪拌法／霜凍法

分層法

義式咖啡機

四、搖盪法 (Shaking)

CS01 Espresso Daiquiri 義式戴吉利

題序	飲料名稱 Drink name	成分 Ingredients	調製法 Method	裝飾物 Garnish	杯器皿 Glassware
C1-2	CS01 Espresso Daiquiri 義式戴吉利	30ml White Rum 白色蘭姆酒 30ml Espresso Coffee 義式咖啡 (7g) 15ml Sugar Syrup 果糖	Shake 搖盪法	Float Three Coffee Beans 3 粒咖啡豆	Cocktail Glass 雞尾酒杯

前置作業（**4**分鐘）

關鍵報告

1. 搖盪法是把冰塊跟內容物裝在搖酒器裡一起搖晃的技巧，採混合不易材料，用力搖盪至材料均勻融合。
2. 內杯調酒杯先加材料。
3. 鋼杯加入冰塊。
4. 咖啡拉花下一題，若是義式咖啡雞尾酒，則須取雙孔咖啡把手萃取 2 杯咖啡 (14g)，1 杯義式咖啡做咖啡拉花；1 杯用小鋼杯做義式咖啡雞尾酒。
5. 雞尾酒杯需先冰杯。

調製過程（**7**分鐘）

1 洗手

2 擦乾

3 冰杯

4 取內杯（調酒杯），以Free pour或量酒器倒入30ml白色蘭姆酒。

5 倒入30ml義式咖啡

6 以量酒器量取15ml果糖

7 倒入杯中

8 鋼杯加入半杯冰塊

9 將內杯（調酒杯）材料倒入鋼杯內

10 將內杯（調酒杯）套入鋼杯，拍打扣緊。

11 扣住成一直線

12 上下搖盪至結霜

13 鋼杯在下，以手掌下方輕敲瓶身，使鋼杯和玻璃杯分開

14 取下玻璃杯

15 倒掉冰杯裡的冰塊

16 將隔冰器置於鋼杯杯口上，並將搖盪均勻的成品濾入雞尾酒杯中。

17 放上3顆咖啡豆

18 置於杯墊上即完成

善後處理（**4**分鐘） 見 p.62

注入法

直接注入法

攪拌法

搖盪法

電動攪拌法／霜凍法

分層法

義式咖啡機

CS03 Planter's Punch 拓荒者賓治

題序	飲料名稱 Drink name	成分 Ingredients	調製法 Method	裝飾物 Garnish	杯器皿 Glassware
C1-6	CS03 Planter's Punch 拓荒者賓治	45ml Dark Rum 深色蘭姆酒 15ml Fresh Lemon Juice 新鮮檸檬汁 10ml Grenadine Syrup 紅石榴糖漿 Top with Soda Water 蘇打水 8 分滿 Dash Angostura Bitters 調勻後加入少許安格式苦精	Shake 搖盪法	Lemon Slice 檸檬片 Orange Slice 柳橙片	Collins Glass 可林杯

前置作業（**4**分鐘）

關鍵報告

1. 搖盪法是把冰塊跟內容物裝在搖酒器裡一起搖晃的技巧，採混合不易材料，用力搖盪至材料均勻融合。
2. 調酒杯先加材料。
3. 鋼杯加入冰塊。

調製過程（**7**分鐘）

1 洗手

2 擦乾

3 檸檬去蒂對切榨汁

4 進公杯備用

5 取內杯（調酒杯），以Free pour或量酒器注入45ml深色蘭姆酒。

6 以量酒器量取15ml檸檬汁

7 倒入杯中

8 以量酒器量取10ml紅石榴糖漿

9 倒入杯中

10 鋼杯加入半杯冰塊

11 將內杯（調酒杯）材料倒入鋼杯內

12 將內杯（調酒杯）套入鋼杯，拍打扣緊。

注入法

直接注入法

攪拌法

搖盪法

電動攪拌法／霜凍法

分層法

義式咖啡機

13 扣住成一直線

14 上下搖盪至結霜

15 鋼杯在下，以手掌下方輕敲瓶身，使鋼杯和內杯（調酒杯）分開。

16 取下內杯（調酒杯）

17 可林杯內加冰塊8分滿

18 將隔冰器置於鋼杯杯口上之後，再並將搖盪均勻的成品濾入可林杯中。

19 倒入蘇打水至8分滿

20 加入少許安格式苦精

21 夾取柳橙片放上裝飾物

22 再夾取檸檬片放上裝飾物

23 成品置於杯墊上即完成

善後處理（**4**分鐘）

見 p.62

CS05 Dandy Cocktail 至尊雞尾酒

題序	飲料名稱 Drink name	成分 Ingredients	調製法 Method	裝飾物 Garnish	杯器皿 Glassware
C2-2	CS05 Dandy Cocktail 至尊雞尾酒	30ml Gin 琴酒 30ml Dubonnet Red 紅多寶力酒 10ml Triple Sec 白柑橘香甜酒 Dash Angostura Bitters 安格式苦精（少許）	Shake 搖盪法	Lemon Peel 檸檬皮 Orange Peel 柳橙皮	Cocktail Glass 雞尾酒杯

前置作業（**4**分鐘）

關鍵報告

1. 搖盪法是把冰塊跟內容物裝在搖酒器裡一起搖晃的技巧，採混合不易材料，用力搖盪至材料均勻融合。
2. 調酒杯先加材料。
3. 鋼杯加入冰塊。
4. 雞尾酒杯需先冰杯。

注入法

直接注入法

攪拌法

搖盪法

電動攪拌法／霜凍法

分層法

義式咖啡機

調製過程（**7**分鐘）

洗手

擦乾

冰杯

取內杯（調酒杯），以Free pour或量酒器注入30ml琴酒。

以量酒器量取30ml紅多寶力酒

倒入杯中

以量酒器量取10ml白柑橘香甜酒

倒入杯中

滴入3~5滴安格式苦精

鋼杯加入半杯冰塊

將內杯（調酒杯）材料倒入鋼杯內

將內杯（調酒杯）套入鋼杯，拍打扣緊

扣住成一直線

上下搖盪至結霜

鋼杯在下，以手掌下方輕敲瓶身，使鋼杯和內杯（調酒杯）分開。

注入法

直接注入法

攪拌法

搖盪法

電動攪拌法／霜凍法

分層法

義式咖啡機

16 取下內杯（調酒杯）

17 將冰杯的冰塊倒掉

18 將隔冰器置於鋼杯杯口上，並將搖盪均勻的成品濾入杯中。

19 夾取柳橙皮扭轉繞杯口後，放入杯中。

20 再夾取檸檬皮扭轉繞杯口後，放入杯中。

21 成品置於杯墊上即完成

善後處理（**4**分鐘）

見 p.62

CS04 Cool Sweet Heart 冰涼甜心

題序	飲料名稱 Drink name	成分 Ingredients	調製法 Method	裝飾物 Garnish	杯器皿 Glassware
C2-4	CS04 Cool Sweet Heart 冰涼甜心	30ml White Rum 　白色蘭姆酒 30ml Mozart Dark Cocolate Liqueur 　莫札特黑色巧克力香甜酒 30ml Mojito Syrup 　莫西多糖漿 75ml Fresh Orange Juice 　新鮮柳橙汁 15ml Fresh Lemon Juice 　新鮮檸檬汁	Shake 搖盪法 Float 漂浮法	Lemon Peel 檸檬皮 Cherry 櫻桃	Collins Glass 可林杯

前置作業（**4**分鐘）

關鍵報告

1. 搖盪法是把冰塊跟內容物裝在搖酒器裡一起搖晃的技巧，採混合不易材料，用力搖盪至材料均勻融合。
2. 調酒杯先加材料。
3. 鋼杯加入冰塊。
4. 飄浮新鮮柳橙汁與新鮮檸檬汁。

調製過程（**7**分鐘）

1 洗手

2 擦乾

3 檸檬去蒂對切榨汁

4 進公杯備用

5 柳橙去蒂對切榨汁

6 倒入公杯

7 以Free pour或量酒器注入30ml白色蘭姆酒

8 以量酒器量取30ml莫札特黑色巧克力香甜酒

9 倒入杯中

10 以量酒器量取30ml莫西多糖漿

11 倒入杯中

12 鋼杯加入半杯冰塊

13 將內杯（調酒杯）材料倒入鋼杯內

14 將內杯（調酒杯）套入鋼杯，拍打扣緊。

15 扣住成一直線

16 上下搖盪至結霜

17 鋼杯在下，以手掌下方輕敲瓶身，使鋼杯和內杯（調酒杯）分開。

18 取下內杯（調酒杯）

19 可林杯內加冰塊8分滿

20 將隔冰器置於鋼杯杯口上之後，再將搖盪均勻的成品濾入可林杯中。

21 以量酒器分次量取，共取75ml的柳橙汁

22 吧叉匙朝上抵住杯緣，用量酒器量取75ml柳橙汁，沿杯緣緩緩倒入。

23 再以量酒器量取15ml檸檬汁，沿杯緣緩緩倒入。

24 夾取檸檬皮扭轉放入杯中

25 以水果夾夾取櫻桃放上裝飾物

26 成品置於杯墊上即完成

善後處理（**4**分鐘）

見 p.62

CS06 White Stinger 白醉漢 （製作 3 杯）

題序	飲料名稱 Drink name	成分 Ingredients	調製法 Method	裝飾物 Garnish	杯器皿 Glassware
C2-5	CS06 White Stinger 白醉漢 （製作 3 杯）	45ml Vodka 伏特加 15ml White Crème de Menthe 白薄荷香甜酒 15ml White Crème de Cacao 白可可香甜酒	Shake 搖盪法		Old Fashioned Glass 古典酒杯

前置作業（**4** 分鐘）

關鍵報告

1. 搖盪法是把冰塊跟內容物裝在搖酒器裡一起搖晃的技巧，採混合不易材料，用力搖盪至材料均勻融合。
2. 調酒杯先加材料。
3. 鋼杯加入冰塊。
4. 材料須準備 3 杯的量。

注入法

直接注入法

攪拌法

搖盪法

電動攪拌法／霜凍法

分層法

義式咖啡機

調製過程（**7**分鐘）

1

洗手

2

擦乾

3

取內杯（調酒杯），以Free pour或量酒器注入45ml伏特加 (45×3)

4

以量酒器量取15ml白薄荷香甜 酒(15×3)

5

倒入杯中

6

以量酒器量取15ml白可可香甜 酒(15×3)

7

倒入杯中

8

鋼杯加入半杯冰塊

9

將內杯（調酒杯）材料倒入鋼 杯內

10

將內杯（調酒杯）套入鋼杯， 拍打扣緊。

11

扣住成一直線

12

上下搖盪至結霜

13 鋼杯在下，以手掌下方輕敲瓶身，使鋼杯和內杯（調酒杯）分開。

14 取下內杯（調酒杯）

15 古典酒杯加入冰塊8分滿

16 將隔冰器置於鋼杯杯口上之後，再將搖盪均勻的成品平均濾入3杯杯中。

17 成品置於杯墊上即完成

善後處理（**4**分鐘）

見 p.62

注入法

直接注入法

攪拌法

搖盪法

電動攪拌法／霜凍法

分層法

義式咖啡機

CS07 Gin Fizz 琴費士

題序	飲料名稱 Drink name	成分 Ingredients	調製法 Method	裝飾物 Garnish	杯器皿 Glassware
C3-5	CS07 Gin Fizz 琴費士	45ml Gin 琴酒 30ml Fresh Lemon Juice 新鮮檸檬汁 15ml Sugar Syrup 果糖 Top with Soda Water 蘇打水 8 分滿	Shake 搖盪法		Highball Glass 高飛球杯

前置作業（**4**分鐘）

關鍵報告

1. 搖盪法是把冰塊跟內容物裝在搖酒器裡一起搖晃的技巧，採混合不易材料，用力搖盪至材料均勻融合。
2. 調酒杯先加材料。
3. 鋼杯加入冰塊。

調製過程（**7**分鐘）

注入法
直接注入法
攪拌法
搖盪法
電動攪拌法／霜凍法
分層法
義式咖啡機

洗手

擦乾

檸檬去蒂對切榨汁

進公杯備用

取內杯（調酒杯），以Free pour或量酒器注入45ml琴酒。

以量酒器量取30ml檸檬汁

倒入杯中

以量酒器量取15ml果糖

倒入杯中

鋼杯加入半杯冰塊

將內杯（調酒杯）材料倒入鋼杯內

將內杯（調酒杯）套入鋼杯，拍打扣緊。

扣住成一直線

上下搖盪至結霜

鋼杯在下，以手掌下方輕敲瓶身，使鋼杯和內杯（調酒杯）分開。

取下內杯（調酒杯）

高飛球杯加冰塊8分滿

將隔冰器置於鋼杯杯口上，並
將搖盪均勻的成品濾入杯內。

加入蘇打水至8分滿

附上調酒棒

成品置於杯墊上即完成

善後處理（**4**分鐘）

見 p.62

CS08 Stinger 醉漢

題序	飲料名稱 Drink name	成分 Ingredients	調製法 Method	裝飾物 Garnish	杯器皿 Glassware
C3-4	CS08 Stinger 醉漢	45ml Brandy 白蘭地 15ml White Crème de Menthe 白薄荷香甜酒	Shake 搖盪法	Mint Sprig 薄荷枝	Old Fashioned Glass 古典酒杯

前置作業（**4**分鐘）

關鍵報告

1. 搖盪法是把冰塊跟內容物裝在搖酒器裡一起搖晃的技巧，採混合不易材料，用力搖盪至材料均勻融合。
2. 調酒杯先加材料。
3. 鋼杯加入冰塊。

注入法

直接注入法

攪拌法

搖盪法

電動攪拌法／霜凍法

分層法

義式咖啡機

調製過程（**7**分鐘）

1. 洗手

2. 擦乾

3. 取內杯（調酒杯），以Free pour或量酒器注入45ml的白蘭地。

4. 以量酒器量取15ml的白薄荷香甜酒

5. 倒入杯中

6. 鋼杯加入半杯冰塊

7. 將內杯（調酒杯）內的材料，倒入鋼杯內。

8. 將內杯（調酒杯）套入鋼杯，拍打扣緊。

9. 扣住成一直線

10. 上下搖盪至結霜

11. 鋼杯在下，以手掌下方輕敲瓶身，使鋼杯和內杯（調酒杯）分開。

12. 取下內杯（調酒杯）

13 古典酒杯加冰塊8分滿

14 將隔冰器置於鋼杯杯口上,將搖盪均勻的成品,濾入杯內。

15 夾取薄荷枝放上裝飾物

16 成品置於杯墊上即完成

善後處理(**4**分鐘)

見 p.62

注入法

直接注入法

攪拌法

搖盪法

電動攪拌法／霜凍法

分層法

義式咖啡機

CS11 Golden Dream 金色夢幻（製作 3 杯）

題序	飲料名稱 Drink name	成分 Ingredients	調製法 Method	裝飾物 Garnish	杯器皿 Glassware
C4-6 C10-6	CS11 Golden Dream 金色夢幻 （製作 3 杯）	30ml Galliano 義大利香草酒 15ml Triple Sec 白柑橘香甜酒 15ml Fresh Orange Juice 新鮮柳橙汁 10ml Cream 無糖液態奶精	Shake 搖盪法		Cocktail Glass 雞尾酒杯

前置作業（**4**分鐘）

關鍵報告

1. 搖盪法是把冰塊跟內容物裝在搖酒器裡一起搖晃的技巧，採混合不易材料，用力搖盪至材料均勻融合。
2. 調酒杯先加材料。
3. 鋼杯加入冰塊。
4. 材料須準備 3 杯的量。
5. 雞尾酒杯需先冰杯。

調製過程（**7**分鐘）

注入法

直接注入法

攪拌法

搖盪法

電動攪拌法／霜凍法

分層法

義式咖啡機

1 洗手

2 擦乾

3 冰杯

4 柳橙去蒂對切榨汁

5 進公杯備用

6 取內杯（調酒杯），以量酒器量取30ml義大利香草酒(30×3)。

7 倒入杯中

8 以量酒器量取15ml白柑橘香甜酒(15×3)

9 倒入杯中

10 以量酒器量取15ml柳橙汁(15×3)

11 倒入杯中

12 以量酒器量取10ml無糖液態奶精(10×3)

倒入杯中

鋼杯加入半杯冰塊

將內杯（調酒杯）內的材料倒入鋼杯內

將內杯（調酒杯）套入鋼杯，拍打扣緊。

扣住成一直線

上下搖盪至結霜

鋼杯在下，以手掌下方輕敲瓶身，使鋼杯和內杯（調酒杯）分開。

取下內杯（調酒杯）

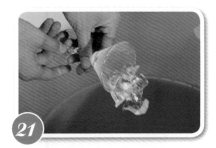

將冰杯的冰塊倒掉

將隔冰器置於鋼杯杯口上，將搖盪均勻的成品，平均濾入3杯杯內。

成品置於杯墊上即完成

善後處理（**4**分鐘）

見 p.62

CS09 Captain Collins 領航者可林

題序	飲料名稱 Drink name	成分 Ingredients	調製法 Method	裝飾物 Garnish	杯器皿 Glassware
C5-4	CS09 Captain Collins 領航者可林	30ml Canadian Whisky 加拿大威士忌 30ml Fresh Lemon Juice 新鮮檸檬汁 10ml Sugar Syrup 果糖 Top with Soda Water 蘇打水 8 分滿	Shake 搖盪法	Lemon Slice 檸檬片 Cherry 櫻桃	Collins Glass 可林杯

前置作業（**4**分鐘）

注入法

直接注入法

攪拌法

搖盪法

電動攪拌法／霜凍法

分層法

義式咖啡機

關鍵報告

1. 搖盪法是把冰塊跟內容物裝在搖酒器裡一起搖晃的技巧，採混合不易材料，用力搖盪至材料均勻融合。
2. 調酒杯先加材料。
3. 鋼杯加入冰塊。

調製過程（**7**分鐘）

洗手

擦乾

檸檬去蒂對切榨汁

進公杯備用

取內杯（調酒杯），以Free pour或量酒器注入30ml加拿大威士忌。

以量酒器量取30ml檸檬汁

倒入杯中

以量酒器量取10ml 果糖

倒入杯中

鋼杯加入半杯冰塊

將內杯（調酒杯）材料倒入鋼杯內

將內杯（調酒杯）套入鋼杯，拍打扣緊。

13 扣住成一直線

14 上下搖盪至結霜

15 鋼杯在下，以手掌下方輕敲瓶身，使鋼杯和內杯（調酒杯）分開。

16 取下內杯（調酒杯）

17 可林杯內加冰塊8分滿

18 再將搖盪均勻的成品，濾入杯內。

19 倒入蘇打水到8分滿

20 夾取檸檬片串櫻桃，並放上裝飾物。

21 成品置於杯墊上即完成

善後處理（**4**分鐘）

見 p.62

注入法

直接注入法

攪拌法

搖盪法

電動攪拌法／霜凍法

分層法

義式咖啡機

CS13 Pink Lady 粉紅佳人 （製作 3 杯）

題序	飲料名稱 Drink name	成分 Ingredients	調製法 Method	裝飾物 Garnish	杯器皿 Glassware
C5-6	CS13 Pink Lady 粉紅佳人 （製作 3 杯）	30ml Gin 琴酒 15ml Fresh Lemon Juice 新鮮檸檬汁 10ml Grenadine Syrup 紅石榴糖漿 15ml Egg White 蛋白	Shake 搖盪法	Lemon Peel 檸檬皮	Cocktail Glass 雞尾酒杯

前置作業（**4**分鐘）

關鍵報告

1. 搖盪法是把冰塊跟內容物裝在搖酒器裡一起搖晃的技巧，採混合不易材料，用力搖盪至材料均勻融合。
2. 調酒杯先加材料。
3. 鋼杯加入冰塊。
4. 材料須準備 3 杯的量。
5. 雞尾酒杯需先冰杯。

調製過程（**7**分鐘）

1 洗手

2 擦乾

3 冰杯

4 取蛋白

5 用吧叉匙將蛋白打勻

6 檸檬去蒂對切榨汁

7 進公杯備用

8 取內杯（調酒杯），以Free pour或量酒器注入30ml琴酒（30×3）。

9 以量酒器量取15ml檸檬汁（15×3）

10 倒入杯中

11 以量酒器量取10ml紅石榴糖漿（10×3）

12 倒入杯中

注入法

直接注入法

攪拌法

搖盪法

電動攪拌法／霜凍法

分層法

義式咖啡機

以量酒器量取15ml蛋白(15×3)

倒入杯中

鋼杯加入半杯冰塊

將內杯（調酒杯）內的材料倒入鋼杯內

將內杯（調酒杯）套入鋼杯，拍打扣緊。

扣住成一直線

上下搖盪至結霜

鋼杯在下，以手掌下方輕敲瓶身，使鋼杯和內杯（調酒杯）分開。

取下內杯（調酒杯）

將冰杯的冰塊倒掉

將搖盪均勻的成品，平均濾入3杯杯內。

夾取檸檬片扭轉繞杯口，放入裝飾物。

成品置於杯墊上即完成

善後處理（**4**分鐘）

見 p.62

CS14 Jack Frost 傑克佛洛斯特

題序	飲料名稱 Drink name	成分 Ingredients	調製法 Method	裝飾物 Garnish	杯器皿 Glassware
C6-1	CS14 Jack Frost 傑克佛洛斯特	45ml Bourbon Whiskey 波本威士忌 15ml Drambuie 蜂蜜酒 30ml Fresh Orange Juice 新鮮柳橙汁 10ml Fresh Lemon Juice 新鮮檸檬汁 10ml Grenadine Syrup 紅石榴糖漿	Shake 搖盪法	Orange Peel 柳橙皮	Old Fashioned Glass 古典酒杯

前置作業（**4**分鐘）

關鍵報告

1. 搖盪法是把冰塊跟內容物裝在搖酒器裡一起搖晃的技巧，採混合不易材料，用力搖盪至材料均勻融合。
2. 調酒杯先加材料。
3. 鋼杯加入冰塊。

注入法

直接注入法

攪拌法

搖盪法

電動攪拌法／霜凍法

分層法

義式咖啡機

調製過程（**7**分鐘）

1

洗手

2

擦乾

3

檸檬去蒂對切榨汁

4

進公杯備用

5

柳橙去蒂對切榨汁

6

倒入公杯

7

取內杯（調酒杯）以Free pour或
量酒器注入45ml波本威士忌

8

以量酒器量取15ml蜂蜜酒

9

倒入杯中

10

以量酒器量取30ml新鮮柳橙汁

11

倒入杯中

12

以量酒器量取10ml新鮮檸檬汁

13

倒入杯中

14

以量酒器量取15ml紅石榴糖漿

15

倒入杯中

鋼杯加入半杯冰塊

將內杯（調酒杯）內的材料倒入鋼杯內

將內杯（調酒杯）套入鋼杯，拍打扣緊

扣住成一直線

上下搖盪至結霜

鋼杯在下，以手掌下方輕敲瓶身，使鋼杯和內杯（調酒杯）分開。

取下內杯（調酒杯）

古典酒杯加冰塊8分滿

將隔冰器置於鋼杯杯口上，將搖盪均勻的成品濾入杯中。

柳橙皮扭轉繞杯口

成品置於杯墊上即完成

善後處理（**4**分鐘）

見 p.62

注入法

直接注入法

攪拌法

搖盪法

電動攪拌法／霜凍法

分層法

義式咖啡機

CS15 Viennese Espresso 義式維也納咖啡

題序	飲料名稱 Drink name	成分 Ingredients	調製法 Method	裝飾物 Garnish	杯器皿 Glassware
C6-3	CS15 Viennese Espresso 義式維也納咖啡	30ml Espresso Coffee 義式咖啡 (7g) 30ml White Chocolate Cream 白巧克力酒 30ml Macadamia Nut Syrup 夏威夷豆糖漿 120ml Milk 鮮奶	Shake 搖盪法	Float Three Coffee Beans 3 粒咖啡豆	Collins Glass 可林杯

前置作業（**4**分鐘）

關鍵報告

1. 搖盪法是把冰塊跟內容物裝在搖酒器裡一起搖晃的技巧，採混合不易材料，用力搖盪至材料均勻融合。
2. 調酒杯先加材料。
3. 鋼杯加入冰塊。
4. 義式咖啡雞尾酒前一題若為咖啡拉花，須萃取 2 杯 Espresso。
5. 1 杯做咖啡拉花，另 1 杯用小鋼杯做義式咖啡雞尾酒。

調製過程（**7**分鐘）

1 洗手

2 擦乾

3 將30ml義式咖啡倒入內杯（調酒杯）

4 以量酒器量取30ml白巧克力酒

5 倒入杯中

6 再以量酒器量取30ml 夏威夷豆糖漿

7 倒入杯中

8 再以量酒器量取120ml鮮奶

9 倒入杯中

10 鋼杯內加入半杯冰塊

11 將內杯（調酒杯）材料倒入鋼杯內

12 將內杯（調酒杯）套入鋼杯，拍打扣緊。

注入法

直接注入法

攪拌法

搖盪法

電動攪拌法／霜凍法

分層法

義式咖啡機

13 扣住成一直線

14 上下搖盪至結霜

15 鋼杯在下，以手掌下方輕敲瓶身，使鋼杯和內杯（調酒杯）分開。

16 取下內杯（調酒杯）

17 可林杯加冰塊8分滿

18 將隔冰器置於鋼杯杯口上，將搖盪均勻的成品濾入杯中。

19 放上3粒咖啡豆裝飾物

20 成品置於杯墊上即完成

善後處理（**4**分鐘）

見 p.62

CS17 Silver Fizz 銀費士

題序	飲料名稱 Drink name	成分 Ingredients	調製法 Method	裝飾物 Garnish	杯器皿 Glassware
C6-5	CS17 Silver Fizz 銀費士	45ml Gin 琴酒 15ml Fresh Lemon Juice 新鮮檸檬汁 15ml Sugar Syrup 果糖 15ml Egg White 蛋白 Top with Soda Water 蘇打水 8 分滿	Shake 搖盪法	Lemon Slice 檸檬片	Highball Glass 高飛球杯

前置作業（**4**分鐘）

關鍵報告

1. 搖盪法是把冰塊跟內容物裝在搖酒器裡一起搖晃的技巧，採混合不易材料，用力搖盪至材料均勻融合。
2. 調酒杯先加材料。
3. 鋼杯加入冰塊。
4. 材料加入蛋白須搖盪至有泡沫。

注入法

直接注入法

攪拌法

搖盪法

電動攪拌法／霜凍法

分層法

義式咖啡機

調製過程（**7**分鐘）

洗手

擦乾

取蛋白

用吧叉匙將蛋白打勻

檸檬去蒂對切榨汁

進公杯備用

取內杯（調酒杯），以Free pour
或量酒器注入30ml琴酒。

以量酒器量取15ml檸檬汁

倒入杯中

以量酒器量取15ml果糖

倒入杯中

以量酒器量取15ml蛋白

倒入杯中

鋼杯加入半杯冰塊

將內杯（調酒杯）材料倒入鋼
杯內

16 將內杯（調酒杯）套入鋼杯，拍打扣緊

17 扣住成一直線

18 上下搖盪至結霜

19 鋼杯在下，以手掌下方輕敲瓶身，使鋼杯和內杯（調酒杯）分開。

20 取下玻璃杯

21 高飛球杯加入冰塊8分滿

22 將隔冰器置於鋼杯杯口上，將搖盪均勻的成品濾入杯內。

23 倒入蘇打水至8分滿

24 夾取檸檬片掛杯口，並放上裝飾物。

25 附上調酒棒

26 成品置於杯墊上即完成

善後處理（**4**分鐘）

見 p.62

注入法

直接注入法

攪拌法

搖盪法

電動攪拌法／霜凍法

分層法

義式咖啡機

CS16 Kamikaze 神風特攻隊 （製作 3 杯）

題序	飲料名稱 Drink name	成分 Ingredients	調製法 Method	裝飾物 Garnish	杯器皿 Glassware
C6-4	CS16 Kamikaze 神風特攻隊 （製作 3 杯）	45ml Vodka 伏特加 15ml Triple Sec 白柑橘香甜酒 15ml Fresh Lime Juice 新鮮萊姆汁	Shake 搖盪法	Lemon Wedge 檸檬角	Old Fashioned Glass 古典酒杯

前置作業 （**4**分鐘）

關鍵報告

1. 搖盪法是把冰塊跟內容物裝在搖酒器裡一起搖晃的技巧，採混合不易材料，用力搖盪至材料均勻融合。
2. 調酒杯先加材料。
3. 鋼杯加入冰塊。
4. 材料須準備 3 杯的分量。

調製過程（**7**分鐘）

洗手

擦乾

萊姆去蒂對切榨汁

進公杯備用

取內杯（調酒杯），以Free pour或量酒器注入45ml伏特加（45×3）。

以量酒器量取15ml白柑橘酒（15×3）

倒入杯中

以量酒器量取15ml檸檬汁（15×3）

倒入杯中

鋼杯加入半杯冰塊

將內杯（調酒杯）材料倒入鋼杯內

將內杯（調酒杯）套入鋼杯，拍打扣緊。

注入法

直接注入法

攪拌法

搖盪法

電動攪拌法／霜凍法

分層法

義式咖啡機

扣住成一直線

上下搖盪至結霜

鋼杯在下，以手掌下方輕敲瓶身，使鋼杯和內杯（調酒杯）分開。

取下內杯（調酒杯）

古典酒杯加冰塊8分滿

將隔冰器置於鋼杯杯口上之後，將搖盪均勻的成品平均濾入3杯中。

夾取檸檬角掛杯口

成品置於杯墊上即完成

善後處理（**4**分鐘）

見 p.62

CS18 Grasshopper 綠色蚱蜢 （製作 3 杯）

題序	飲料名稱 Drink name	成分 Ingredients	調製法 Method	裝飾物 Garnish	杯器皿 Glassware
C7-2	CS18 Grasshopper 綠色蚱蜢 （製作 3 杯）	20ml Green Crème de Menthe 綠薄荷香甜酒 20ml White Crème de Cacao 白可可香甜酒 20ml Cream 無糖液態奶精	Shake 搖盪法		Cocktail Glass 雞尾酒杯

前置作業（**4**分鐘）

關鍵報告

1. 搖盪法是把冰塊跟內容物裝在搖酒器裡一起搖晃的技巧，採混合不易材料，用力搖盪至材料均勻融合。
2. 調酒杯先加材料。
3. 鋼杯加入冰塊。
4. 材料須準備 3 杯的量。
5. 雞尾酒杯需先冰杯。

注入法

直接注入法

攪拌法

搖盪法

電動攪拌法／霜凍法

分層法

義式咖啡機

調製過程 （**7**分鐘）

① 洗手

② 擦乾

③ 冰杯

④ 取內杯（調酒器），以量酒器量取20ml綠薄荷香甜酒(20×3)。

⑤ 倒入杯中

⑥ 以量酒器量取20ml白可可香甜酒(20×3)

⑦ 倒入杯中

⑧ 以量酒器量取20ml無糖液態奶精(20×3)

⑨ 倒入杯中

⑩ 鋼杯加入半杯冰塊

⑪ 將內杯（調酒杯）材料倒入鋼杯內

⑫ 將內杯（調酒杯）套入鋼杯，拍打扣緊。

13 扣住成一直線

14 上下搖盪至結霜

15 鋼杯在下，以手掌下方輕敲瓶身，使鋼杯和內杯（調酒杯）分開。

16 取下內杯（調酒杯）

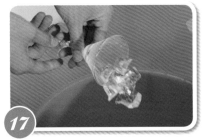

17 倒掉冰杯裡的冰塊

18 將隔冰器置於鋼杯杯口上之後，將搖盪均勻的成品平均濾入3杯杯內。

19 成品置於杯墊上即完成

善後處理（**4**分鐘）

見 p.62

注入法

直接注入法

攪拌法

搖盪法

電動攪拌法／霜凍法

分層法

義式咖啡機

CS20 Sangria 聖基亞

題序	飲料名稱 Drink name	成分 Ingredients	調製法 Method	裝飾物 Garnish	杯器皿 Glassware
C7-5	CS20 Sangria 聖基亞	30ml Brandy 　白蘭地 30ml Red Wine 　紅葡萄酒 15ml Grand Marnier 　香橙干邑香甜酒 60ml Fresh Orange Juice 　新鮮柳橙汁	Shake 搖盪法	Orange Slice 柳橙片	Highball Glass 高飛球杯

前置作業（**4**分鐘）

關鍵報告

1. 搖盪法是把冰塊跟內容物裝在搖酒器裡一起搖晃的技巧，採混合不易材料，用力搖盪至材料均勻融合。
2. 調酒杯先加材料。
3. 鋼杯加入冰塊。

調製過程（**7**分鐘）

1 洗手

2 擦乾

3 柳橙去蒂對切榨汁

4 進公杯備用

5 取內杯（調酒器），再以Free pour或量酒器倒入30ml的白蘭地。

6 以量酒器量取30ml紅葡萄酒

7 倒入杯中

8 以量酒器量取15ml香橙干邑香甜酒

9 倒入杯中

10 以量酒器量取15ml柳橙汁

11 倒入杯中

12 鋼杯加入半杯冰塊

13

將內杯（調酒杯）材料倒入鋼杯內

14

將內杯（調酒杯）套入鋼杯，拍打扣緊。

15

扣住成一直線

16

上下搖盪至結霜

17

鋼杯在下，以手掌下方輕敲瓶身，使鋼杯和內杯（調酒杯）分開。

18

取下內杯（調酒杯）

19

高飛球杯加入冰塊8分滿

20

將隔冰器置於鋼杯杯口上，將搖盪均勻的成品濾入杯內。

21

夾取柳橙片掛杯口，並放上裝飾物。

22

放上調酒棒

23

成品置於杯墊上即完成

善後處理（**4**分鐘）

見 p.62

CS21 Egg Nog 蛋酒

題序	飲料名稱 Drink name	成分 Ingredients	調製法 Method	裝飾物 Garnish	杯器皿 Glassware
C8-1	CS21 Egg Nog 蛋酒	30ml Brandy 白蘭地 15ml White Rum 白色蘭姆酒 135ml Milk 鮮奶 15ml Sugar Syrup 果糖 1 Egg Yolk 蛋黃	Shake 搖盪法	Nutmeg Powder 荳蔻粉	Highball Glass (300ml) 高飛球杯

注入法

直接注入法

攪拌法

搖盪法

電動攪拌法/霜凍法

分層法

義式咖啡機

前置作業（**4**分鐘）

關鍵報告

1. 搖盪法是把冰塊跟內容物裝在搖酒器裡一起搖晃的技巧，採混合不易材料，用力搖盪至材料均勻融合。
2. 調酒杯先加材料。
3. 鋼杯加入冰塊。
4. 冰杯成品不見冰。

調製過程（**7**分鐘）

洗手

擦乾

冰杯

敲開蛋將蛋白去掉

取出蛋黃

取內杯（調酒杯），再以Free pour或量酒器注入30ml的白蘭地。

以Free pour或量酒器再注入15ml白色蘭姆酒

以量酒器量取135ml鮮奶

倒入杯中

以量酒器量取15ml果糖

倒入杯中

將蛋黃倒入杯中

13 鋼杯加入半杯冰塊

14 將內杯（調酒杯）材料倒入鋼杯內

15 將內杯（調酒杯）套入鋼杯，拍打扣緊。

16 扣住成一直線

17 上下搖盪至結霜

18 鋼杯在下，以手掌下方輕敲瓶身，使鋼杯和內杯（調酒杯）分開。

19 取下內杯（調酒杯）

20 倒掉水杯的冰塊後，將隔冰器置於鋼杯杯口上，將搖盪均勻的成品濾入杯內。

21 灑上荳蔻粉

22 成品置於杯墊上即完成

善後處理（**4**分鐘）

見 p.62

注入法

直接注入法

攪拌法

搖盪法

電動攪拌法／霜凍法

分層法

義式咖啡機

CS22 Orange Blossom 橘花 （製作 3 杯）

題序	飲料名稱 Drink name	成分 Ingredients	調製法 Method	裝飾物 Garnish	杯器皿 Glassware
C8-5	CS22 Orange Blossom 橘花 （製作 3 杯）	30ml Gin 琴酒 15ml Rosso Vermouth 甜苦艾酒 30ml Fresh Orange Juice 新鮮柳橙汁	Shake 搖盪法	Sugar Rim 糖口杯	Cocktail Glass 雞尾酒杯

前置作業（**4**分鐘）

關鍵報告

1. 搖盪法是把冰塊跟內容物裝在搖酒器裡一起搖晃的技巧，採混合不易材料，用力搖盪至材料均勻融合。
2. 調酒杯先加材料。
3. 鋼杯加入冰塊。
4. 材料須準備 3 杯量。
5. 未做糖口杯扣 100 分。
6. 雞尾酒杯需先冰杯。

調製過程（**7**分鐘）

洗手

擦乾

做3個糖口杯並冰杯備用

柳橙去蒂對切榨汁

進公杯備用

取內杯（調酒杯），以Free pour或量酒器注入30ml琴酒（30×3）。

以量酒器量取15ml甜苦艾酒（15×3）

倒入杯中

以量酒器量取30ml新鮮柳橙汁（30×3）

倒入杯中

鋼杯加入半杯冰塊

將內杯（調酒杯）材料倒入鋼杯內

注入法

直接注入法

攪拌法

搖盪法

電動攪拌法／霜凍法

分層法

義式咖啡機

13 將內杯（調酒杯）套入鋼杯，拍打扣緊

14 扣住成一直線

15 上下搖盪至結霜

16 鋼杯在下，以手掌下方輕敲瓶身，使鋼杯和內杯（調酒杯）分開。

17 取下內杯（調酒杯）

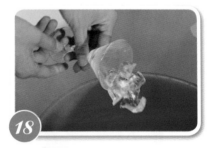

18 將雞尾酒杯冰塊倒掉

19 將隔冰器置於鋼杯杯口上之後，將搖盪均勻的成品平均濾入3杯杯內。

20 成品置於杯墊上即完成

善後處理（**4**分鐘）

見 p.62

CS23 Sherry Flip 雪莉惠而浦

題序	飲料名稱 Drink name	成分 Ingredients	調製法 Method	裝飾物 Garnish	杯器皿 Glassware
C9-4	CS23 Sherry Flip 雪莉惠而浦	15ml Brandy 白蘭地 45ml Sherry 雪莉酒 15ml Egg White 蛋白	Shake 搖盪法		Cocktail Glass 雞尾酒杯

前置作業（**4**分鐘）

關鍵報告

1. 搖盪法是把冰塊跟內容物裝在搖酒器裡一起搖晃的技巧，採混合不易材料，用力搖盪至材料均勻融合。
2. 調酒杯先加材料。
3. 鋼杯加入冰塊。
4. 雞尾酒杯須先冰杯。

注入法

直接注入法

攪拌法

搖盪法

電動攪拌法／霜凍法

分層法

義式咖啡機

調製過程（**7**分鐘）

洗手

擦乾

冰杯

取蛋白

用吧叉匙將蛋白打勻

取內杯（調酒杯），再以Free pour或量酒器注入15ml的白蘭地。

以量酒器量取45ml雪利酒

倒入杯中

以量酒器量取15ml蛋白

倒入杯中

鋼杯加入半杯冰塊

將內杯（調酒杯）材料倒入鋼杯中

13

將內杯（調酒杯）套入鋼杯，
拍打扣緊。

14

扣住成一直線

15

上下搖盪至結霜

16

鋼杯在下，以手掌下方輕敲瓶
身，使鋼杯和內杯（調酒杯）
分開。

17

取下內杯（調酒杯）

18

將雞尾酒杯冰塊倒掉

19

將隔冰器置於鋼杯杯口上，將
搖盪均勻的成品濾入杯內。

20

成品置於杯墊上即完成

善後處理（**4**分鐘）

見 p.62

第二篇

注入法

直接注入法

攪拌法

搖盪法

電動攪拌法／霜凍法

分層法

義式咖啡機

CS25 Blue Bird 藍鳥 （製作 3 杯）

題序	飲料名稱 Drink name	成分 Ingredients	調製法 Method	裝飾物 Garnish	杯器皿 Glassware
C9-5	CS25 Blue Bird 藍鳥 （製作 3 杯）	30ml Gin 琴酒 15ml Blue Curaçao Liqueur 藍柑橘香甜酒 15ml Fresh Lemon Juice 新鮮檸檬汁 10ml Almond Syrup 杏仁糖漿	Shake 搖盪法	Lemon Peel 檸檬皮	Cocktail Glass 雞尾酒杯

前置作業（**4**分鐘）

關鍵報告

1. 搖盪法是把冰塊跟內容物裝在搖酒器裡一起搖晃的技巧，採混合不易材料，用力搖盪至材料均勻融合。
2. 調酒杯先加材料。
3. 鋼杯加入冰塊。
4. 材料須準備 3 杯量。
5. 雞尾酒杯須先冰杯。

調製過程（**7**分鐘）

1. 洗手

2. 擦乾

3. 冰杯

4. 檸檬去蒂對切榨汁

5. 進公杯備用

6. 取內杯（調酒杯），以Free pour或量酒器注入30ml琴酒(30×3)。

7. 以量酒器量取15ml藍柑橘香甜酒(15×3)

8. 倒入杯中

9. 以量酒器量取15ml檸檬汁(15×3)

10. 倒入杯中

11. 以量酒器量取10ml杏仁糖漿(10×3)

12. 倒入杯中

注入法
直接注入法
攪拌法
搖盪法
電動攪拌法／霜凍法
分層法
義式咖啡機

13 鋼杯加入半杯冰塊

14 將內杯（調酒杯）材料倒入鋼杯內

15 將內杯（調酒杯）套入鋼杯，拍打扣緊。

16 扣住成一直線

17 上下搖盪至結霜

18 鋼杯在下，以手掌下方輕敲瓶身，使鋼杯和內杯（調酒杯）分開。

19 取下內杯（調酒杯）

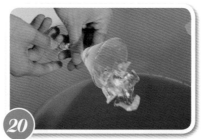

20 將雞尾酒杯冰塊倒掉

21 將隔冰器置於鋼杯杯口上之後，將搖盪均勻的成品平均濾入3杯杯內。

22 以水果夾夾取檸檬皮扭轉繞杯口，放上裝飾物。

23 成品置於杯墊上即完成

善後處理（**4**分鐘）

見 p.62

CS26 Vanilla Espresso Martini 義式香草馬丁尼

注入法

直接注入法

攪拌法

搖盪法

電動攪拌法／霜凍法

分層法

義式咖啡機

題序	飲料名稱 Drink name	成分 Ingredients	調製法 Method	裝飾物 Garnish	杯器皿 Glassware
C10-5	CS26 Vanilla Espresso Martini 義式香草馬丁尼	30ml Vanilla Vodka 香草伏特加 30ml Espresso Coffee 義式咖啡 (7g) 15ml Kahlúa 卡魯瓦咖啡香甜酒	Shake 搖盪法	Float Three Coffee Beans 3 粒咖啡豆	Cocktail Glass 雞尾酒杯

前置作業（**4**分鐘）

關鍵報告

1. 搖盪法是把冰塊跟內容物裝在搖酒器裡一起搖晃的技巧，採混合不易材料，用力搖盪至材料均勻融合。
2. 調酒杯先加材料。
3. 鋼杯加入冰塊。
4. 咖啡拉花下一題，若是義式咖啡雞尾酒，則須取雙孔咖啡把手萃取 2 杯咖啡 (14g)，1 杯義式咖啡做咖啡拉花；1 杯用小鋼杯做義式咖啡雞尾酒。
5. 雞尾酒杯需先冰杯。

調製過程（**7**分鐘）

洗手

擦乾

冰杯

取內杯（調酒杯），以Free pour或量酒器注入30ml香草伏特加。

倒入30ml義式咖啡

以量酒器量取15ml卡魯瓦咖啡香甜酒

倒入杯中

鋼杯加入半杯冰塊

將內杯（調酒杯）材料倒入鋼杯內

將內杯（調酒杯）套入鋼杯，拍打扣緊。

扣住成一直線

上下搖盪至結霜

13 鋼杯在下，以手掌下方輕敲瓶身，使鋼杯和內杯（調酒杯）分開。

14 取下內杯（調酒杯）

15 倒掉冰杯裡的冰塊

16 將隔冰器置於鋼杯杯口上，並將搖盪均勻的成品濾入雞尾酒杯中。

17 放上3顆咖啡豆

18 成品置於杯墊上即完成

善後處理（**4**分鐘）

見 p.62

注入法

直接注入法

攪拌法

搖盪法

電動攪拌法／霜凍法

分層法

義式咖啡機

CS30 Side Car 側車

題序	飲料名稱 Drink name	成分 Ingredients	調製法 Method	裝飾物 Garnish	杯器皿 Glassware
C11-3	CS30 Side Car 側車	30ml Brandy 白蘭地酒 15ml Triple Sec 白柑橘香甜酒 30ml Fresh Lime Juice 新鮮萊姆汁	Shake 搖盪法	Lemon Slice 檸檬片 Cherry 櫻桃	Cocktail Glass 雞尾酒杯

前置作業（**4**分鐘）

關鍵報告

1. 搖盪法是把冰塊跟內容物裝在搖酒器裡一起搖晃的技巧，採混合不易材料，用力搖盪至材料均勻融合。
2. 調酒杯先加材料。
3. 鋼杯加入冰塊。
4. 雞尾酒杯需先冰杯。

調製過程（**7**分鐘）

1. 洗手

2. 擦乾

3. 冰杯

4. 萊姆去蒂對切榨汁

5. 進公杯備用

6. 取內杯（調酒杯），再以Free pour或量酒器注入30ml的白蘭地。

7. 以量酒器量取15ml白柑橘香甜酒

8. 倒入杯中

9. 以量酒器量取30ml萊姆汁

10. 倒入杯中

11. 鋼杯加入半杯冰塊

12. 將內杯（調酒杯）內的材料，倒入鋼杯內。

注入法

直接注入法

攪拌法

搖盪法

電動攪拌法／霜凍法

分層法

義式咖啡機

13

將內杯（調酒杯）套入鋼杯，拍打扣緊。

14

扣住成一直線

15

上下搖盪至結霜

16

鋼杯在下，以手掌下方輕敲瓶身，使鋼杯和內杯（調酒杯）分開。

17

取下內杯（調酒杯）

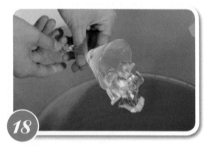

18

倒掉冰杯裡的冰塊

19

將隔冰器置於鋼杯杯口上，並將搖盪均勻的成品濾入雞尾酒杯中。

20

夾取檸檬串櫻桃，放上裝飾物。

21

成品置於杯墊上即完成

善後處理（**4**分鐘）

見 p.62

CS31 Mai Tai 邁泰

題序	飲料名稱 Drink name	成分 Ingredients	調製法 Method	裝飾物 Garnish	杯器皿 Glassware
C12-1	CS31 Mai Tai 邁泰	30ml White Rum 白色蘭姆酒 15ml Orange Curaçao 柑橘香甜酒 10ml Sugar Syrup 果糖 10ml Fresh Lemon Juice 新鮮檸檬汁 30ml Dark Rum 深色蘭姆酒	Shake 搖盪法 Float 漂浮法 (深色蘭姆酒)	Fresh Pineapple slice 新鮮鳳梨片（去皮） Cherry 櫻桃	Old Fashioned Glass 古典酒杯

前置作業（**4**分鐘）

關鍵報告

1. 搖盪法是把冰塊跟內容物裝在搖酒器裡一起搖晃的技巧，採混合不易材料，用力搖盪至材料均勻融合。
2. 調酒杯先加材料。
3. 鋼杯加入冰塊。
4. 飄浮深色蘭姆酒。

調製過程（**7**分鐘）

洗手

擦乾

檸檬去蒂對切榨汁

進公杯備用

取內杯（調酒杯），以Free pour或量酒器倒入30ml白色蘭姆酒。

以量酒器量取15ml柑橘香甜酒

倒入杯中

以量酒器量取10ml果糖

倒入杯中

以量酒器量取10ml檸檬汁

倒入杯中

鋼杯加入半杯冰塊

13

將內杯（調酒杯）內的材料，倒入鋼杯內。

14

將內杯（調酒杯）套入鋼杯，拍打扣緊。

15

扣住成一直線

16

上下搖盪至結霜

17

鋼杯在下，以手掌下方輕敲瓶身，使鋼杯和內杯（調酒杯）分開。

18

取下玻璃杯

19

古典酒杯內加入冰塊8分滿

20

將隔冰器置於鋼杯杯口上，並將搖盪均勻的成品濾入古典酒杯中。

21

將吧叉匙朝上抵住杯緣，倒入30ml深色蘭姆酒。

22

古典酒杯內加入冰塊8分滿

23

成品置於杯墊上即完成

善後處理（**4**分鐘）

見 p.62

注入法

直接注入法

攪拌法

搖盪法

電動攪拌法／霜凍法

分層法

義式咖啡機

CS32 White Sangria 白色聖基亞

題序	飲料名稱 Drink name	成分 Ingredients	調製法 Method	裝飾物 Garnish	杯器皿 Glassware
C12-3	CS32 White Sangria 白色聖基亞	30ml Grand Marnier 香橙干邑香甜酒 60ml White Wine 白葡萄酒 Top with 7-Up 無色汽水 8 分滿	Shake 搖盪法	1 Lemon Slice 1 Orange Slice 檸檬、柳橙 各 1 片	Collins Glass 可林杯

前置作業（**4**分鐘）

關鍵報告

1. 搖盪法是把冰塊跟內容物裝在搖酒器裡一起搖晃的技巧，採混合不易材料，用力搖盪至材料均勻融合。
2. 調酒杯先加材料。
3. 鋼杯加入冰塊。

調製過程（**7**分鐘）

1 洗手

2 擦乾

3 以量酒器量取30ml香橙干邑香甜酒

4 倒入玻璃杯中

5 以量酒器量取60ml白酒

6 倒入杯中

7 鋼杯加入半杯冰塊

8 將內杯（調酒杯）內的材料，倒入鋼杯內。

9 將內杯（調酒杯）套入鋼杯，拍打扣緊。

10 扣住成一直線

11 上下搖盪至結霜

12 鋼杯在下，以手掌下方輕敲瓶身，使鋼杯和內杯（調酒杯）分開。

注入法

直接注入法

攪拌法

搖盪法

電動攪拌法／霜凍法

分層法

義式咖啡機

13 取下內杯（調酒杯）

14 在可林杯內加入冰塊8分滿

15 將隔冰器置於鋼杯杯口上之後，再將搖盪均勻的成品濾入可林杯中。

16 倒入無色汽水至8分滿

17 先夾取柳橙，放上裝飾物。

18 再夾取檸檬，放上裝飾物。

19 成品置於杯墊上即完成

善後處理（**4**分鐘）

見 p.62

CS33 Vodka Espresso 義式伏特加

題序	飲料名稱 Drink name	成分 Ingredients	調製法 Method	裝飾物 Garnish	杯器皿 Glassware
C12-5	CS33 Vodka Espresso 義式伏特加	30ml Vodka 伏特加 30ml Espresso Coffee 義式咖啡 (7g) 15ml Crème de Café 咖啡香甜酒 10ml Sugar Syrup 果糖	Shake 搖盪法	Float Three Coffee Beans 3 粒咖啡豆	Old Fashioned Glass 古典酒杯

前置作業（**4**分鐘）

注入法

直接注入法

攪拌法

搖盪法

電動攪拌法／霜凍法

分層法

義式咖啡機

關鍵報告

1. 搖盪法是把冰塊跟內容物裝在搖酒器裡一起搖晃的技巧，採混合不易材料，用力搖盪至材料均勻融合。
2. 調酒杯先加材料。
3. 鋼杯加入冰塊。
4. 咖啡拉花下一題，若是義式咖啡雞尾酒，則須取雙孔咖啡把手萃取 2 杯咖啡 (14g)，1 杯義式咖啡做咖啡拉花；1 杯用小鋼杯做義式咖啡雞尾酒。

調製過程（**7**分鐘）

1

洗手

2

擦乾

3

取內杯（調酒杯），再以Free pour或量酒器注入30ml的伏特加。

4

倒入30ml義式咖啡

5

以量酒器量取15ml咖啡香甜酒

6

倒入杯中

7

以量酒器量取10ml果糖

8

倒入杯中

9

鋼杯加入半杯冰塊

10

將內杯（調酒杯）內的材料倒入鋼杯內

11

將內杯（調酒杯）套入鋼杯，拍打扣緊。

12

扣住成一直線

13　上下搖盪至結霜

14　鋼杯在下，以手掌下方輕敲瓶身，使鋼杯和內杯（調酒杯）分開。

15　取下內杯（調酒杯）

16　古典酒杯加入半杯冰塊

17　將隔冰器置於鋼杯杯口上，並將搖盪均勻的成品濾入古典酒杯中。

18　放上3顆咖啡豆

19　成品置於杯墊即完成

善後處理（**4**分鐘）

見 p.62

注入法

直接注入法

攪拌法

搖盪法

電動攪拌法／霜凍法

分層法

義式咖啡機

271

CS35 New York 紐約

題序	飲料名稱 Drink name	成分 Ingredients	調製法 Method	裝飾物 Garnish	杯器皿 Glassware
C13-1	CS35 New York 紐約	45ml Bourbon Whiskey 波本威士忌 15ml Fresh Lime Juice 新鮮萊姆汁 10ml Sugar Syrup 果糖 10ml Grenadine Syrup 紅石榴糖漿	Shake 搖盪法	Orange Slice 柳橙片	Cocktail Glass 雞尾酒杯

前置作業（**4**分鐘）

關鍵報告

1. 搖盪法是把冰塊跟內容物裝在搖酒器裡一起搖晃的技巧，採混合不易材料，用力搖盪至材料均勻融合。
2. 調酒杯先加材料。
3. 鋼杯加入冰塊。
4. 雞尾酒杯需先冰杯。

調製過程（**7**分鐘）

洗手

擦乾

冰杯

萊姆去蒂對切榨汁

進公杯備用

取內杯（調酒杯），以Free pour或量酒器注入45ml波本威士忌。

以量酒器量取15ml萊姆汁

倒入杯中

以量酒器量取10ml紅石榴糖漿

倒入杯中

以量酒器量取10ml果糖

倒入杯中

注入法

直接注入法

攪拌法

搖盪法

電動攪拌法／霜凍法

分層法

義式咖啡機

13

鋼杯加入半杯冰塊

14

將內杯（調酒杯）內的材料，倒入鋼杯內。

15

將內杯（調酒杯）套入鋼杯，拍打扣緊。

16

扣住成一直線

17

上下搖盪至結霜

18

鋼杯在下，以手掌下方輕敲瓶身，使鋼杯和內杯（調酒杯）分開。

19

取下內杯（調酒杯）

20

倒掉冰杯裡的冰塊

21

將隔冰器置於鋼杯杯口上，並將搖盪均勻的成品濾入雞尾酒杯中。

22

夾取柳橙片掛杯口，再放上裝飾物。

23

成品置於杯墊上即完成

善後處理（**4**分鐘）

見 p.62

CS36 Amaretto Sour(with ice) 杏仁酸酒
（含冰塊）

題序	飲料名稱 Drink name	成分 Ingredients	調製法 Method	裝飾物 Garnish	杯器皿 Glassware
C13-3	CS36 Amaretto Sour (with ice) 杏仁酸酒 （含冰塊）	45ml Amaretto 　杏仁香甜酒 30ml Fresh Lemon Juice 　新鮮檸檬汁 10ml Sugar Syrup 　果糖	Shake 搖盪法	Orange Slice 柳橙片 Lemon Peel 檸檬皮	Old Fashioned Glass 古典酒杯

前置作業（**4**分鐘）

關鍵報告

1. 搖盪法是把冰塊跟內容物裝在搖酒器裡一起搖晃的技巧，採混合不易材料，用力搖盪至材料均勻融合。
2. 調酒杯先加材料。
3. 鋼杯加入冰塊。

調製過程（**7**分鐘）

洗手

擦乾

檸檬去蒂對切榨汁

進公杯備用

以量酒器量取45ml杏仁香甜酒

倒入調酒杯中

以量酒器量取30ml檸檬汁

倒入杯中

以量酒器量取10ml果糖

倒入杯中

鋼杯加入半杯冰塊

將內杯（調酒杯）內的材料，
倒入鋼杯內。

將內杯（調酒杯）套入鋼杯，拍
打扣緊。

扣住成一直線

上下搖盪至結霜

16 鋼杯在下，以手掌下方輕敲瓶身，使鋼杯和內杯（調酒杯）分開。

17 取下內杯（調酒杯）

18 在古典酒杯內加入杯冰塊8分滿

19 將隔冰器置於鋼杯杯口上，並將搖盪均勻的成品濾入古典酒杯中。

20 扭轉檸檬皮繞杯口後，再丟入杯中。

21 夾取柳橙片掛杯口，再放上裝飾物。

22 成品置於杯墊上即完成

善後處理（**4**分鐘）

見 p.62

注入法

直接注入法

攪拌法

搖盪法

電動攪拌法／霜凍法

分層法

義式咖啡機

CS37 Brandy Alexander 白蘭地亞歷山大
（製作 3 杯）

題序	飲料名稱 Drink name	成分 Ingredients	調製法 Method	裝飾物 Garnish	杯器皿 Glassware
C13-4	CS37 Brandy Alexander 白蘭地亞歷山大 （製作 3 杯）	20ml Brandy 白蘭地 20ml Brown Crème de Cacao 深可可香甜酒 20ml Cream 無糖液態奶精	Shake 搖盪法	Nutmeg Powder 荳蔻粉	Cocktail Glass 雞尾酒杯

前置作業（**4** 分鐘）

關鍵報告

1. 搖盪法是把冰塊跟內容物裝在搖酒器裡一起搖晃的技巧，採混合不易材料，用力搖盪至材料均勻融合。
2. 調酒杯先加材料。
3. 鋼杯加入冰塊。
4. 材料須準備 3 杯量。
5. 加入奶精須搖盪至有泡沫產生。
6. 雞尾酒杯需先冰杯。

調製過程（**7**分鐘）

①

洗手

②

擦乾

③

冰杯

④

取內杯（調酒杯），以Free pour或量酒器注入20ml白蘭地（20×3）。

⑤

以量酒器量取20ml深可可香甜酒(20×3)

⑥

倒入杯中

⑦

以量酒器量取20ml 無糖液態奶精(20×3)

⑧

倒入杯中

⑨

鋼杯加入半杯冰塊

⑩

將調酒內的材料倒入鋼杯內

⑪

將內杯（調酒杯）套入鋼杯，拍打扣緊。

⑫

扣住成一直線

注入法

直接注入法

攪拌法

搖盪法

電動攪拌法／霜凍法

分層法

義式咖啡機

13 上下搖盪至結霜

14 鋼杯在下，以手掌下方輕敲瓶身，使鋼杯和內杯（調酒杯）分開。

15 取下內杯（調酒杯）

16 倒掉冰杯裡的冰塊

17 將隔冰器置於鋼杯杯口上，將搖盪均勻的成品濾入3杯雞尾酒杯中。

18 灑入荳蔻粉

19 成品置於杯墊上即完成

善後處理（**4**分鐘）

見 p.62

CS38 Jalisco Espresso 墨西哥義式咖啡

題序	飲料名稱 Drink name	成分 Ingredients	調製法 Method	裝飾物 Garnish	杯器皿 Glassware
C13-6	CS38 Jalisco Espresso 墨西哥義式咖啡	30ml Tequila 特吉拉 30ml Espresso Coffee 義式咖啡 (7g) 30ml Kahlúa 卡魯哇咖啡香甜酒	Shake 搖盪法	Float Three Coffee Beans 3 粒咖啡豆	Old Fashioned Glass 古典酒杯

前置作業（**4**分鐘）

關鍵報告

1. 搖盪法是把冰塊跟內容物裝在搖酒器裡一起搖晃的技巧，採混合不易材料，用力搖盪至材料均勻融合。
2. 調酒杯先加材料。
3. 鋼杯加入冰塊。
4. 咖啡拉花下一題，若是義式咖啡雞尾酒，則須取雙孔咖啡把手萃取 2 杯咖啡 (14g)，1 杯義式咖啡做咖啡拉花；1 杯用小鋼杯做義式咖啡雞尾酒。

注入法

直接注入法

攪拌法

搖盪法

電動攪拌法／霜凍法

分層法

義式咖啡機

調製過程（**7**分鐘）

1

洗手

2

擦乾

3

取內杯（調酒杯），再以Free pour或量酒器注入30ml的特吉拉。

4

倒入30ml義式咖啡

5

以量酒器量取30ml卡魯哇咖啡香甜酒

6

倒入杯中

7

鋼杯加入半杯冰塊

8

將內杯（調酒杯）內的材料，倒入鋼杯內。

9

將內杯（調酒杯）套入鋼杯，拍打扣緊

10

扣住成一直線

11

上下搖盪至結霜

12

鋼杯在下，以手掌下方輕敲瓶身，使鋼杯和內杯（調酒杯）分開。

13 取下玻璃杯

14 古典酒杯加入冰塊8分滿

15 將隔冰器置於鋼杯杯口上，並將搖盪均勻的成品濾入古典酒杯中。

16 放上3粒咖啡豆裝飾物

17 成品置於杯墊即完成

善後處理（**4**分鐘）

見 p.62

注入法

直接注入法

攪拌法

搖盪法

電動攪拌法／霜凍法

分層法

義式咖啡機

CS39 New Yorker 紐約客 （製作 3 杯）

題序	飲料名稱 Drink name	成分 Ingredients	調製法 Method	裝飾物 Garnish	杯器皿 Glassware
C14-2	CS39 New Yorker 紐約客 （製作 3 杯）	45ml Bourbon Whiskey 波本威士忌 45ml Red Wine 紅葡萄酒 15ml Fresh Lemon Juice 新鮮檸檬汁 15ml Sugar Syrup 果糖	Shake 搖盪法	Orange Peel 柳橙皮	Cocktail Glass 雞尾酒杯（大）

前置作業（**4**分鐘）

關鍵報告

1. 搖盪法是把冰塊跟內容物裝在搖酒器裡一起搖晃的技巧，採混合不易材料，用力搖盪至材料均勻融合。
2. 調酒杯先加材料。
3. 鋼杯加入冰塊。
4. 材料須準備 3 杯量。
5. 大雞尾酒杯須先冰杯。
6. 這一題製作 3 杯大雞尾酒杯的分量較多，搖盪時要小心溢出，以免被扣分。

調製過程（**7**分鐘）

注入法

直接注入法

攪拌法

搖盪法

電動攪拌法／霜凍法

分層法

義式咖啡機

洗手

擦乾

冰杯

檸檬去蒂對切榨汁

倒進公杯備用

取內杯（調酒杯），以Free pour或量酒器注入45ml波本威士忌(45×3)。

以量酒器量取45ml的紅葡萄酒 (45×3)

倒入杯中

以量酒器量取15ml的檸檬汁 (15×3)

倒入杯中

以量酒器量取15ml果糖(15×3)

倒入杯中

13

鋼杯加入半杯冰塊

14

將內杯（調酒杯）內的材料，
倒入鋼杯內。

15

將內杯（調酒杯）套入鋼杯，
拍打扣緊。

16

扣住成一直線

17

上下搖盪至結霜

18

鋼杯在下，以手掌下方輕敲瓶
身，使鋼杯和內杯（調酒杯）
分開。

19

取下內杯（調酒杯）

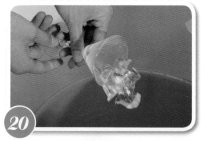

20

倒掉冰杯裡的冰塊

21

將隔冰器置於鋼杯杯口上，將
搖盪均勻的成品濾入3杯大雞尾
酒杯中。

22

夾取柳橙片繞杯口，再放上裝
飾物。

23

成品置於杯墊上即完成

善後處理（**4**分鐘）

見 p.62

CS40 Porto Flip 波特惠而浦

題序	飲料名稱 Drink name	成分 Ingredients	調製法 Method	裝飾物 Garnish	杯器皿 Glassware
C15-1	CS40 Porto Flip 波特惠而浦	10ml Brandy 白蘭地 45ml Tawny Port 波特酒 1 Egg Yolk 蛋黃	Shake 搖盪法	Nutmeg Powder 荳蔻粉	Cocktail Glass 雞尾酒杯

前置作業（**4**分鐘）

注入法

直接注入法

攪拌法

搖盪法

電動攪拌法／霜凍法

分層法

義式咖啡機

關鍵報告

1. 搖盪法是把冰塊跟內容物裝在搖酒器裡一起搖晃的技巧，採混合不易材料，用力搖盪至材料均勻融合。
2. 調酒杯先加材料。
3. 鋼杯加入冰塊。
4. 加入蛋黃須搖盪至有泡沫產生。
5. 雞尾酒杯需先冰杯。

調製過程（**7**分鐘）

洗手

擦乾

冰杯

敲開蛋將蛋白去掉

取出蛋黃

取內杯（調酒杯），以Free pour或量酒器注入10ml的白蘭地。

以量酒器量取45ml波特酒

倒入杯中

倒入蛋黃

鋼杯加入半杯冰塊

將內杯（調酒杯）內的材料，倒入鋼杯內。

將內杯（調酒杯）套入鋼杯，拍打扣緊。

扣住成一直線

上下搖盪至結霜

鋼杯在下，以手掌下方輕敲瓶身，使鋼杯和內杯（調酒杯）分開。

取下內杯（調酒杯）

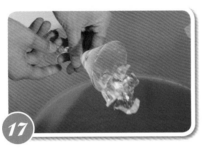

倒掉冰杯裡的冰塊

將隔冰器置於鋼杯杯口上，並將搖盪均勻的成品濾入雞尾酒杯中。

灑上荳蔻粉

成品置於杯墊上即完成

善後處理（**4**分鐘）

見 p.62

注入法

直接注入法

攪拌法

搖盪法

電動攪拌法／霜凍法

分層法

義式咖啡機

CS41 Cosmopolitan 四海一家 （製作 3 杯）

題序	飲料名稱 Drink name	成分 Ingredients	調製法 Method	裝飾物 Garnish	杯器皿 Glassware
C15-3	CS41 Cosmopolitan 四海一家 （製作 3 杯）	45ml Vodka 伏特加 15ml Triple Sec 白柑橘香甜酒 15ml Fresh Lime Juice 新鮮萊姆汁 30ml Cranberry Juice 蔓越莓汁	Shake 搖盪法	Lime Slice 萊姆片	Cocktail Glass 雞尾酒杯 （大）

前置作業 （**4**分鐘）

關鍵報告

1. 搖盪法是把冰塊跟內容物裝在搖酒器裡一起搖晃的技巧，採混合不易材料，用力搖盪至材料均勻融合。
2. 調酒杯先加材料。
3. 鋼杯加入冰塊。
4. 材料須準備 3 杯量。
5. 大雞尾酒杯須先冰杯。
6. 這一題製作 3 杯大雞尾酒杯的分量較多，搖盪時要小心溢出，以免被扣分。

調製過程（**7**分鐘）

1. 洗手

2. 擦乾

3. 冰杯

4. 萊姆去蒂對切榨汁

5. 倒進公杯備用

6. 取內杯（調酒杯），以Free pour或量酒器注入45ml伏特加 (45×3)。

7. 以量酒器量取15ml白柑橘香甜酒 (15×3)

8. 倒入杯中

9. 以量酒器量取15ml萊姆汁 (15×3)

10. 倒入杯中

11. 以量酒器量取30ml蔓越莓汁 (30×3)

12. 倒入杯中

注入法

直接注入法

攪拌法

搖盪法

電動攪拌法／霜凍法

分層法

義式咖啡機

13

鋼杯加入半杯冰塊

14

將內杯（調酒杯）內的材料倒入鋼杯內

15

將內杯（調酒杯）套入鋼杯，拍打扣緊。

16

扣住成一直線

17

上下搖盪至結霜

18

鋼杯在下，以手掌下方輕敲瓶身，使鋼杯和內杯（調酒杯）分開。

19

取下內杯（調酒杯）

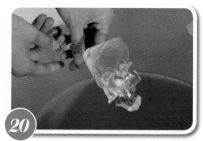

20

倒掉冰杯裡的冰塊

21

將隔冰器置於鋼杯杯口上，將搖盪均勻的成品濾入3杯大雞尾酒杯中。

22

夾取萊姆片掛杯口，再放上裝飾物。

23

成品置於杯墊上即完成

善後處理（4分鐘）

見 p.62

CS42 Jolt'ini 震憾

題序	飲料名稱 Drink name	成分 Ingredients	調製法 Method	裝飾物 Garnish	杯器皿 Glassware
C15-6	CS42 Jolt'ini 震憾	30ml Vodka 伏特加 30ml Espresso Coffee 義式咖啡 (7g) 15ml Crème de Café 咖啡香甜酒	Shake 搖盪法	Float Three Coffee Beans 3 粒咖啡豆	Old Fashioned Glass 古典酒杯

前置作業（**4**分鐘）

關鍵報告

1. 搖盪法是把冰塊跟內容物裝在搖酒器裡一起搖晃的技巧，採混合不易材料，用力搖盪至材料均勻融合。
2. 調酒杯先加材料。
3. 鋼杯加入冰塊。
4. 咖啡拉花下一題，若是義式咖啡雞尾酒，則須取雙孔咖啡把手萃取 2 杯咖啡 (14g)，1 杯義式咖啡做咖啡拉花；1 杯用小鋼杯做義式咖啡雞尾酒。

注入法

直接注入法

攪拌法

搖盪法

電動攪拌法/霜凍法

分層法

義式咖啡機

調製過程（**7**分鐘）

1

洗手

2

擦乾

3

取內杯（調酒杯），以Free pour或量酒器倒入30ml的伏特加。

4

倒入30ml義式咖啡

5

以量酒器量取15ml咖啡香甜酒

6

倒入杯中

7

鋼杯加入半杯冰塊

8

將內杯（調酒杯）內的材料，倒入鋼杯內。

9

將內杯（調酒杯）套入鋼杯，拍打扣緊。

10

扣住成一直線

11

上下搖盪至結霜

12

鋼杯在下，以手掌下方輕敲瓶身，使鋼杯和內杯（調酒杯）分開。

13

取下內杯（調酒杯）

14

古典酒杯加入冰塊8分滿

15

將隔冰器置於鋼杯杯口上，並將搖盪均勻的成品濾入古典酒杯中。

16

放上3顆咖啡豆

17

置於杯墊上即完成

善後處理（**4**分鐘）

見 p.62

注入法

直接注入法

攪拌法

搖盪法

電動攪拌法／霜凍法

分層法

義式咖啡機

CS43 Singapore Sling 新加坡司令

題序	飲料名稱 Drink name	成分 Ingredients	調製法 Method	裝飾物 Garnish	杯器皿 Glassware
C16-1	CS43 Singapore Sling 新加坡司令	30ml Gin 琴酒 15ml Cherry Brandy (Liqueur) 櫻桃白蘭地 (香甜酒) 10ml Cointreau 君度橙酒 10ml Bénédictine 班尼狄克丁香甜酒 10ml Grenadine Syrup 紅石榴糖漿 90ml Pineapple Juice 鳳梨汁 15ml Fresh Lemon Juice 新鮮檸檬汁 Dash Angostura Bitters 安格式苦精（少許）	Shake 搖盪法	Fresh Pineapple slice 新鮮鳳梨片（去皮） Cherry 櫻桃	Collins Glass 可林杯

前置作業（**4**分鐘）

關鍵報告

1. 搖盪法是把冰塊跟內容物裝在搖酒器裡一起搖晃的技巧，採混合不易材料，用力搖盪至材料均勻融合。
2. 調酒杯先加材料。
3. 鋼杯加入冰塊。

調製過程（**7**分鐘）

1 洗手

2 擦乾

3 檸檬去蒂對切榨汁

4 進公杯備用

5 取內杯（調酒杯），以Free pour 或量酒器直接注入30ml琴酒。

6 以量酒器量取15ml櫻桃白蘭地（香甜酒）

7 倒入杯中

8 以量酒器量取15ml君度橙酒

9 倒入杯中

10 以量酒器量取10ml班尼狄克丁香甜酒

11 倒入杯中

12 以量酒器量取10m紅石榴糖漿

13 倒入杯中

14 以量酒器量取90ml鳳梨汁

15 倒入杯中

注入法

直接注入法

攪拌法

搖盪法

電動攪拌法／霜凍法

分層法

義式咖啡機

以量酒器量取15ml新鮮檸檬汁

倒入杯中

加入4~5滴苦精

鋼杯加入半杯冰塊

將內杯（調酒杯）內的材料倒入鋼杯內

將內杯（調酒杯）套入鋼杯，拍打扣緊

扣住成一直線

上下搖盪至結霜

鋼杯在下，以手掌下方輕敲瓶身，使鋼杯和內杯（調酒杯）分開。

取下內杯（調酒杯）

可林杯加入冰塊8分滿

將隔冰器置於鋼杯杯口上，將搖盪均勻的成品濾入杯內。

以水果夾夾取鳳梨串櫻桃，放上裝飾物。

成品置於杯墊上即完成。

善後處理（**4**分鐘）

見 p.62

298

CS44 Flying Grasshopper 飛天蚱蜢（製作 3 杯）

題序	飲料名稱 Drink name	成分 Ingredients	調製法 Method	裝飾物 Garnish	杯器皿 Glassware
C16-5	CS44 Flying Grasshopper 飛天蚱蜢 （製作 3 杯）	30ml Vodka 　伏特加 15ml Green Crème de Menthe 　綠薄荷香甜酒 15ml White Crème de Cacao 　白可可香甜酒 15ml Cream 　無糖液態奶精	Shake 搖盪法	Cocoa Powder 可可粉 Mint Sprig 薄荷枝	Cocktail Glass 雞尾酒杯

前置作業（**4** 分鐘）

關鍵報告

1. 搖盪法是把冰塊跟內容物裝在搖酒器裡一起搖晃的技巧，採混合不易材料，用力搖盪至材料均勻融合。
2. 調酒杯先加材料。
3. 鋼杯加入冰塊。
4. 材料須準備 3 杯量。
5. 雞尾酒杯須先冰杯。
6. 加入奶精搖盪至泡沫產生。

注入法

直接注入法

攪拌法

搖盪法

電動攪拌法／霜凍法

分層法

義式咖啡機

調製過程（**7**分鐘）

洗手

擦乾

冰杯

取內杯（調酒杯）以Free pour
或量酒器注入30ml伏特加
(30×3)

以量酒器量取15ml綠薄荷香甜
酒(15×3)

倒入杯中

以量酒器量15ml的白可可香甜酒
(15×3)

倒入杯中

以量酒器量取15ml無糖液態奶
精(15×3)

倒入杯中

鋼杯加入半杯冰塊

將內杯（調酒杯）內的材料倒
入鋼杯內

13 將內杯（調酒杯）套入鋼杯，拍打扣緊。

14 扣住成一直線

15 上下搖盪至結霜

16 鋼杯在下，以手掌下方輕敲瓶身，使鋼杯和內杯（調酒杯）分開。

17 取下內杯（調酒杯）

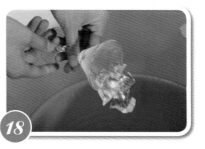

18 倒掉冰杯裡的冰塊

19 將隔冰器置於鋼杯杯口上之後，將搖盪均勻的成品平均濾入3杯杯內。

20 灑上少許可可粉

21 以水果夾放上薄荷枝

22 成品置於杯墊上即完成

善後處理（**4**分鐘）

見 p.62

CS45 Whiskey Sour 威士忌酸酒

題序	飲料名稱 Drink name	成分 Ingredients	調製法 Method	裝飾物 Garnish	杯器皿 Glassware
C17-2	CS45 Whiskey Sour 威士忌酸酒	45ml Bourbon Whiskey 波本威士忌 30ml Fresh Lemon Juice 新鮮檸檬汁 30ml Sugar Syrup 果糖	Shake 搖盪法	1/2 Orange Slice 1/2 柳橙片 Cherry 櫻桃	Sour Glass 酸酒杯

前置作業（**4**分鐘）

關鍵報告

1. 搖盪法是把冰塊跟內容物裝在搖酒器裡一起搖晃的技巧，採混合不易材料，用力搖盪至材料均勻融合。
2. 調酒杯先加材料。
3. 鋼杯加入冰塊。
4. 酸酒杯要冰杯。
5. 柳橙片裝飾物為 1/2 片。

調製過程（**7**分鐘）

1 洗手

2 擦乾

3 冰杯

4 檸檬去蒂對切榨汁

5 進公杯備用

6 取內杯（調酒杯）以Free pour或量酒器注入45ml波本威士忌

7 以量酒器量取30ml檸檬汁

8 倒入杯中

9 以量酒器量30ml果糖

10 倒入杯中

11 鋼杯加入半杯冰塊

12 將內杯（調酒杯）內的材料，倒入鋼杯內。

注入法

直接注入法

攪拌法

搖盪法

電動攪拌法／霜凍法

分層法

義式咖啡機

13 將內杯（調酒杯）套入鋼杯，拍打扣緊。

14 扣住成一直線

15 上下搖盪至結霜

16 鋼杯在下，以手掌下方輕敲瓶身，使鋼杯和內杯（調酒杯）分開。

17 取下內杯（調酒杯）

18 倒掉冰杯中的冰塊

19 將隔冰器置於鋼杯杯口上，將搖盪均勻的成品濾入杯內。

20 以水果夾夾取柳橙片串櫻桃，放上裝飾物。

21 成品置於杯墊上即完成

善後處理（**4**分鐘）

見 p.62

CS47 Sex on the Beach 性感沙灘

題序	飲料名稱 Drink name	成分 Ingredients	調製法 Method	裝飾物 Garnish	杯器皿 Glassware
C18-2	CS47 Sex on the Beach 性感沙灘	45ml Vodka 伏特加 15ml Peach Liqueur 水蜜桃香甜酒 30ml Orange Juice 柳橙汁 30ml Cranberry Juice 蔓越莓汁	Shake 搖盪法	Orange Slice 柳橙片	Highball Glass 高飛球杯

前置作業（**4**分鐘）

關鍵報告

1. 搖盪法是把冰塊跟內容物裝在搖酒器裡一起搖晃的技巧，採混合不易材料，用力搖盪至材料均勻融合。
2. 調酒杯先加材料。
3. 鋼杯加入冰塊。
4. 柳橙汁取瓶裝。

注入法

直接注入法

攪拌法

搖盪法

電動攪拌法／霜凍法

分層法

義式咖啡機

調製過程（**7**分鐘）

1 洗手

2 擦乾

3 取內杯（調酒杯），以Free pour 或量酒器注入45ml伏特加。

4 以量酒器量取15ml的水蜜桃香甜酒

5 倒入杯中

6 以量酒器量取30ml柳橙汁

7 倒入杯中

8 以量酒器量取30ml蔓越莓汁

9 倒入杯中

10 鋼杯加入半杯冰塊

11 將內杯（調酒杯）內的材料倒入鋼杯內。

12 將內杯（調酒杯）套入鋼杯，拍打扣緊。

13

扣住成一直線

14

上下搖盪至結霜

15

鋼杯在下，以手掌下方輕敲瓶身，使鋼杯和內杯（調酒杯）分開。

16

取下內杯（調酒杯）

17

高飛球杯加入冰塊8分滿

18

將隔冰器置於鋼杯杯口上，將搖盪均勻的成品濾入杯內。

19

以水果夾夾取柳橙片，放上裝飾物。

20

附上調酒棒

21

成品置於杯墊上即完成

善後處理（**4**分鐘）

見 p.62

注入法

直接注入法

攪拌法

搖盪法

電動攪拌法／霜凍法

分層法

義式咖啡機

CS48 Strawberry Night 草莓夜

題序	飲料名稱 Drink name	成分 Ingredients	調製法 Method	裝飾物 Garnish	杯器皿 Glassware
C18-3	CS48 Strawberry Night 草莓夜	20ml Vodka 伏特加 20ml Passion Fruit Liqueur 百香果香甜酒 20ml Sour Apple Liqueur 青蘋果香甜酒 40ml Strawberry Juice 草莓汁 10ml Sugar Syrup 果糖	Shake 搖盪法	Apple Tower 蘋果塔	Cocktail Glass 雞尾酒杯 （大）

前置作業（**4**分鐘）

關鍵報告

1. 搖盪法是把冰塊跟內容物裝在搖酒器裡一起搖晃的技巧，採混合不易材料，用力搖盪至材料均勻融合。
2. 調酒杯先加材料。
3. 鋼杯加入冰塊。
4. 大雞尾酒杯需先冰杯。

調製過程（**7**分鐘）

1 洗手

2 擦乾

3 冰杯

4 取內杯（調酒杯）以Free pour 或量酒器注入20ml伏特加

5 以量酒器量取20ml的白杏果杏甜酒

6 倒入杯中

7 以量酒器量取20ml青蘋果香甜酒

8 倒入杯中

9 以量酒器量取40ml草莓汁

10 倒入杯中

11 以量酒器量取10ml果糖

12 倒入杯中

注入法

直接注入法

攪拌法

搖盪法

電動攪拌法／霜凍法

分層法

義式咖啡機

13 鋼杯加入半杯冰塊

14 將內杯（調酒杯）內材料倒入鋼杯中

15 將內杯（調酒杯）套入鋼杯，拍打扣緊。

16 扣住成一直線

17 上下搖盪至結霜

18 鋼杯在下，以手掌下方輕敲瓶身，使鋼杯和內杯（調酒杯）分開。

19 取下內杯（調酒杯）

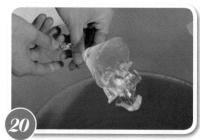

20 將雞尾酒杯冰塊倒掉

21 將隔冰器置於鋼杯杯口上，將搖盪均勻的成品濾入杯內。

22 夾取蘋果塔，放上裝飾物。

23 成品置於杯墊上即完成

善後處理（**4**分鐘）

見 p.62

CS49 Tropic 熱帶

題序	飲料名稱 Drink name	成分 Ingredients	調製法 Method	裝飾物 Garnish	杯器皿 Glassware
C18-5	CS49 Tropic 熱帶	30ml Bénédictine 　班尼狄克丁香甜酒 60ml White Wine 　白葡萄酒 60ml Fresh Grapefruit Juice 　新鮮葡萄柚汁	Shake 搖盪法	Lemon Slice 檸檬片	Collins Glass 可林杯

前置作業（**4**分鐘）

關鍵報告

1. 搖盪法是把冰塊跟內容物裝在搖酒器裡一起搖晃的技巧，採混合不易材料，用力搖盪至材料均勻融合。
2. 調酒杯先加材料。
3. 鋼杯加入冰塊。

注入法

直接注入法

攪拌法

搖盪法

電動攪拌法／霜凍法

分層法

義式咖啡機

調製過程（**7**分鐘）

洗手

擦乾

葡萄柚去蒂對切榨汁

進公杯備用

以量酒器量取30ml班尼狄克丁香甜酒

倒入杯中

以量酒器量取60ml白葡萄酒

倒入杯中

以量酒器量取60ml的新鮮葡萄柚汁。

倒入杯中

鋼杯加入半杯冰塊

將內杯（調酒杯）內的材料，倒入鋼杯內。

13　將內杯（調酒杯）套入鋼杯，拍打扣緊。

14　扣住成一直線

15　上下搖盪至結霜

16　鋼杯在下，以手掌下方輕敲瓶身，使鋼杯和內杯（調酒杯）分開。

17　取下內杯（調酒杯）

18　可林杯加入冰塊8分滿

19　將隔冰器置於鋼杯杯口上，將搖盪均勻的成品濾入杯內。

20　以水果夾夾取，放上裝飾物。

21　成品置於杯墊上即完成

善後處理（**4**分鐘）

見 p.62

注入法

直接注入法

攪拌法

搖盪法

電動攪拌法／霜凍法

分層法

義式咖啡機

五、電動攪拌法 / 霜凍法 (Blending /Frozen)
CB01 Banana Batida 香蕉巴迪達

題序	飲料名稱 Drink name	成分 Ingredients	調製法 Method	裝飾物 Garnish	杯器皿 Glassware
C2-3	CB01 Banana Batida 香蕉巴迪達	45ml Cachaça 　甘蔗酒 30ml Crème de Bananes 　香蕉香甜酒 20ml Fresh Lemon Juice 　新鮮檸檬汁 1 Fresh Peeled Banana 　1 條新鮮香蕉	Blend 電動攪拌法	Banana Slice 香蕉片	Hurricane Glass 炫風杯

前置作業（**4**分鐘）

關鍵報告

1. 電動攪拌法是把水果跟液態類材料加在一起，再跟冰塊混合攪拌均勻的技巧。
2. 先加材料後加冰塊。
3. 將果汁機速度設在低速，按瞬轉鍵將材料打碎後，再把速度調到高速直到飲料成霜狀。

調製過程（**7**分鐘）

1 洗手

2 擦乾

3 檸檬洗淨對切榨汁

4 倒入公杯備用

5 以Free poue或量酒器注入45ml
甘蔗酒到果汁機內

6 以量酒器量取30ml杳焦杳甜酒

7 倒入果汁機

8 以量酒器量取20ml檸檬汁

9 倒入果汁機內

10 將1條香蕉撥開香蕉皮

11 將香蕉放入果汁機中

12 炫風杯加入冰塊8分滿

注入法

直接注入法

攪拌法

搖盪法

電動攪拌法／霜凍法

分層法

義式咖啡機

13 倒入果汁機內

14 蓋緊上蓋，將上座卡緊在底座上，啟動果汁機開關，將材料打成霜狀，直到聽不到冰塊聲。

15 取下上座，並將霜狀的酒倒入杯中。

16 以水果夾夾起香蕉片，放上裝飾物。

17 成品置於杯墊上即完成

善後處理（**4**分鐘）

見 p.62

CB02 Coffee Batida 巴迪達咖啡

題序	飲料名稱 Drink name	成分 Ingredients	調製法 Method	裝飾物 Garnish	杯器皿 Glassware
C5-3	CB02 Coffee Batida 巴迪達咖啡	30ml Cachaça 甘蔗酒 30ml Espresso Coffee 義式咖啡 (7g) 30ml Crème de Café 咖啡香甜酒 10ml Sugar Syrup 果糖	Blend 電動攪拌法	Float Three Coffee Beans 3 粒咖啡豆	Old Fashioned Glass 古典酒杯

前置作業（**4**分鐘）

關鍵報告

1. 電動攪拌法是把水果跟液態類材料加在一起，再跟冰塊混合攪拌均勻的技巧。
2. 先加材料後加冰塊。
3. 將果汁機速度設在低速，按瞬轉鍵將材料打碎後，再把速度調到高速直到飲料成霜狀。
4. 咖啡拉花下一題，若是義式咖啡雞尾酒，則須取雙孔咖啡把手萃取 2 杯咖啡 (14g)，1 杯義式咖啡做咖啡拉花；1 杯用小鋼杯做義式咖啡雞尾酒。

注入法

直接注入法

攪拌法

搖盪法

電動攪拌法／霜凍法

分層法

義式咖啡機

調製過程（**7**分鐘）

1 洗手

2 擦乾

3 以Free poue或量酒器注入30ml 甘蔗酒

4 倒入30ml義式咖啡

5 以量酒器量取30ml咖啡香甜酒

6 倒入果汁機內

7 以量酒器量取10ml果糖

8 倒入果汁機內

9 古典酒杯加入冰塊8分滿

10 將冰塊倒入果汁機內

11 蓋緊上蓋，將上座卡緊在底座上 啓動果汁機開關，將材料打成霜 凍狀，直到聽不到冰塊聲。

12 取下上座，將霜狀的雞尾酒倒 入古典杯中

13 放上3粒咖啡豆裝飾物

14 成品置於杯墊上即完成

善後處理（**4**分鐘）

見 p.62

CB03 Brazilian Coffee 巴西佬咖啡

題序	飲料名稱 Drink name	成分 Ingredients	調製法 Method	裝飾物 Garnish	杯器皿 Glassware
C8-4	CB03 Brazilian Coffee 巴西佬咖啡	30ml Cachaça 　甘蔗酒 30ml Espresso Coffee 　義式咖啡 (7g) 30ml Cream 　無糖液態奶精 15ml Sugar Syrup 　果糖	Blend 電動攪拌法	Float Three Coffee Beans 3 粒咖啡豆	Old Fashioned Glass 古典酒杯

前置作業（**4**分鐘）

關鍵報告

1. 電動攪拌法是把水果跟液態類材料加在一起，再跟冰塊混合攪拌均勻的技巧。
2. 先加材料後加冰塊。
3. 將果汁機速度設在低速，按瞬轉鍵將材料打碎後，再把速度調到高速直到飲料成霜狀。
4. 咖啡拉花下一題，若是義式咖啡雞尾酒，則須取雙孔咖啡把手萃取 2 杯咖啡 (14g)，1 杯義式咖啡做咖啡拉花；1 杯用小鋼杯做義式咖啡雞尾酒。

注入法

直接注入法

攪拌法

搖盪法

電動攪拌法／霜凍法

分層法

義式咖啡機

1. 洗手

2. 擦乾

3. 以Free poue或量酒器注入30ml甘蔗酒

4. 倒入30ml義式咖啡

5. 以量酒器量取30ml的無糖液態奶精

6. 倒入果汁機內

7. 以量酒器量取15ml果糖

8. 倒入果汁機內

9. 古典酒杯加入冰塊8分滿

10. 將冰塊倒入果汁機內

11. 蓋緊上蓋，將上座卡緊在底座上啟動果汁機開關，將材料打成霜凍狀，直到聽不到冰塊聲。

12. 取下上座，將霜狀的雞尾酒倒入古典杯中

13. 放上3粒咖啡豆裝飾物

14. 成品置於杯墊上即完成

善後處理（**4**分鐘）

見 p.62

CB04 Piña Colada 鳳梨可樂達

題序	飲料名稱 Drink name	成分 Ingredients	調製法 Method	裝飾物 Garnish	杯器皿 Glassware
C9-6	CB04 Piña Colada 鳳梨可樂達	30ml White Rum 白色蘭姆酒 30ml Coconut Cream 椰漿 90ml Pineapple Juice 鳳梨汁	Blend 電動攪拌法	Fresh Pineapple slice 新鮮鳳梨片（去皮） Cherry 櫻桃	Collins Glass 可林杯

前置作業（**4**分鐘）

注入法

直接注入法

攪拌法

搖盪法

電動攪拌法／霜凍法

分層法

義式咖啡機

關鍵報告

1. 電動攪拌法是把水果跟液態類材料加在一起，再跟冰塊混合攪拌均勻的技巧。
2. 先加材料後加冰塊。
3. 將果汁機速度設在低速，按瞬轉鍵將材料打碎後，再把速度調到高速直到飲料成霜狀。

調製過程（**7**分鐘）

1 洗手

2 擦乾

3 以Free pour或量酒器注入30ml白色蘭姆酒到果汁機內

4 以量酒器量取30ml椰漿

5 倒入果汁機

6 以量酒器量取90ml鳳梨汁倒入果汁機

7 倒入果汁機

8 可林杯加入冰塊8分滿

9 倒入果汁機內

10 蓋緊上蓋，將上座卡緊在底座上，啟動果汁機開關，將材料打成霜凍狀，直到聽不到冰塊聲。

11 取下上座，將霜狀的雞尾酒倒入杯中。

12 以水果夾夾起鳳梨串櫻桃,加入裝飾物

善後處理（**4**分鐘）

見 p.62

13 成品置於杯墊上即完成

CB05 Blue Hawaiian 藍色夏威夷佬

題序	飲料名稱 Drink name	成分 Ingredients	調製法 Method	裝飾物 Garnish	杯器皿 Glassware
C11-6	CB05 Blue Hawaiian 藍色夏威夷佬	45ml White Rum 　白色蘭姆酒 30ml Blue Curaçao Liqueur 　藍柑橘香甜酒 45ml Coconut Cream 　椰漿 120ml Pineapple Juice 　鳳梨汁 15ml Fresh Lemon Juice 　新鮮檸檬汁	Blend 電動攪拌法	Fresh Pineapple slice 新鮮鳳梨片（去皮） Cherry 櫻桃	Hurricane Glass 炫風杯

注入法

直接注入法

攪拌法

搖盪法

電動攪拌法／霜凍法

分層法

義式咖啡機

前置作業（**4**分鐘）

關鍵報告

1. 電動攪拌法是把水果跟液態類材料加在一起，再跟冰塊混合攪拌均勻的技巧。
2. 先加材料後加冰塊。
3. 將果汁機速度設在低速，按瞬轉鍵將材料打碎後，再把速度調到高速直到飲料成霜狀。

調製過程（**7**分鐘）

洗手

擦乾

檸檬洗淨對切榨汁

倒入公杯備用

以Free poue或量酒器注入30ml
白色蘭姆酒

以量酒器量取30ml的藍柑橘香
甜酒

倒入果汁機

以量酒器量取45ml椰漿

倒入果汁機內

以量酒器量取120ml鳳梨汁

倒入果汁機中

以量酒器量取15ml新鮮檸檬汁

倒入果汁機內

炫風杯加入冰塊8分滿

倒入果汁機內

16 蓋緊上蓋，並將上座卡緊在底座上，啓動果汁機開關，將材料打成霜狀，直到聽不到冰塊聲爲止。

17 取下上座，以吧叉匙將霜凍狀的酒撥入杯中。

18 以水果夾夾取鳳梨櫻桃串,放上裝飾物

19 成品置於杯墊上即完成

善後處理（**4**分鐘）

見 p.62

注入法

直接注入法

攪拌法

搖盪法

電動攪拌法／霜凍法

分層法

義式咖啡機

CS34 Frozen Margarita 霜凍瑪格麗特
（製作 3 杯）

題序	飲料名稱 Drink name	成分 Ingredients	調製法 Method	裝飾物 Garnish	杯器皿 Glassware
C12-6	CS34 Frozen Margarita 霜凍瑪格麗特 （製作 3 杯）	30ml Tequila 特吉拉 15ml Triple Sec 白柑橘香甜酒 15ml Fresh Lime Juice 新鮮萊姆汁	Frozen 霜凍法	Salt Rimmed 鹽口杯	Margarita Glass 瑪格麗特杯

前置作業（**4** 分鐘）

關鍵報告

1. 電動攪拌法是把水果跟液態類材料加在一起，再跟冰塊混合攪拌均勻的技巧。
2. 先加材料後加冰塊。
3. 將果汁機速度設在低速，按瞬轉鍵將材料打碎後，再把速度調到高速直到飲料成霜狀。
4. 材料要準備 3 杯的分量。
5. 先做好 3 個鹽口杯，未做鹽口杯扣 100 分。
6. 必須打成冰沙狀。

調製過程（**7**分鐘）

1 洗手

2 擦乾

3 萊姆洗淨對切榨汁

4 倒入公杯備用

5 以Free pour或量酒器注入果汁機30ml特吉拉(30×3)

6 以量酒器量取15ml白柑橘香甜酒(15×3)

7 倒入果汁機內

8 以量酒器量取15ml的萊姆汁(15×3)

9 倒入果汁機中

10 裝3滿杯的冰塊倒入果汁機內

11 蓋緊上蓋，將上座卡緊在底座上，啟動果汁機開關，將材料打成霜狀，直到聽不到冰塊聲。

12 取下上座，以吧叉匙將霜凍狀的酒平均撥入3杯杯中。

13 成品置於杯墊上即完成

善後處理（**4**分鐘）

見 p.62

CB06 Kiwi Batida 奇異果巴迪達

題序	飲料名稱 Drink name	成分 Ingredients	調製法 Method	裝飾物 Garnish	杯器皿 Glassware
C14-3	CB06 Kiwi Batida 奇異果巴迪達	60ml Cachaça 甘蔗酒 30ml Sugar Syrup 果糖 1 Fresh Kiwi 1 顆奇異果	Blend 電動攪拌法	Kiwi Slice 奇異果片	Collins Glass 可林杯

前置作業（**4**分鐘）

關鍵報告

1. 電動攪拌法是把水果跟液態類材料加在一起，再跟冰塊混合攪拌均勻的技巧。
2. 先加材料後加冰塊。
3. 將果汁機速度設在低速，按瞬轉鍵將材料打碎後，再把速度調到高速直到飲料成霜狀。

調製過程（**7**分鐘）

1. 洗手

2. 擦乾

3. 以Free pour或量酒器注入60ml甘蔗酒

4. 以量酒器量取30ml果糖

5. 倒入果汁機內

6. 以吧叉匙挖取1顆奇異果倒入果汁機中

7. 可林杯裝滿冰塊8分滿

8. 將冰塊倒入果汁機中

9. 蓋緊上蓋，將上座卡緊在底座上啟動果汁機開關，將材料打成霜狀，直到聽不到冰塊聲。

10. 取下上座，將霜凍狀的雞尾酒倒入可林杯中。

11. 以水果夾夾取奇異果片掛杯口

12. 成品置於杯墊上即完成

善後處理（**4**分鐘）

見 p.62

注入法

直接注入法

攪拌法

搖盪法

電動攪拌法／霜凍法

分層法

義式咖啡機

CB07 Banana Frozen Daiquiri
霜凍香蕉戴吉利

題序	飲料名稱 Drink name	成分 Ingredients	調製法 Method	裝飾物 Garnish	杯器皿 Glassware
C17-1	CB07 Banana Frozen Daiquiri 霜凍香蕉戴吉利	30ml White Rum 白色蘭姆酒 10ml Fresh Lime Juice 新鮮萊姆汁 15ml Sugar Syrup 果糖 1/2 Fresh Peeled Banana 1/2 條新鮮香蕉	Frozen 霜凍法	Banana Slice 香蕉片 Cherry 櫻桃	Cocktail Glass 雞尾酒杯（大）

前置作業（**4**分鐘）

關鍵報告

1. 電動攪拌法是把水果跟液態類材料加在一起，再跟冰塊混合攪拌均勻的技巧。
2. 先加材料後加冰塊。
3. 將果汁機速度設在低速，按瞬轉鍵將材料打碎後，再把速度調到高速直到飲料成冰沙狀。
4. 未取大雞尾酒杯扣 100 分。

調製過程（**7**分鐘）

1 洗手

2 擦乾

3 萊姆洗淨對切榨汁

4 倒入公杯備用

5 以Free poue或量酒器注入30ml
白色蘭姆酒

6 以量酒器量取10ml新鮮萊姆汁

7 倒入果汁機

8 以量酒器量取15ml果糖

9 倒入果汁機內

10 撥開1/2根香蕉的皮

11 將1/2根香蕉放入果汁機中

12 大雞尾酒杯加入1杯半的冰塊

注入法

直接注入法

攪拌法

搖盪法

電動攪拌法／霜凍法

分層法

義式咖啡機

13 倒入果汁機中

14 蓋緊上蓋，並將上座卡緊在底座上，啓動果汁機開關，將材料打成霜狀，直到聽不到冰塊聲爲止。

15 取下上座，以吧叉匙將霜凍狀的酒撥入杯中。

16 以水果夾夾取香蕉片，放上裝飾物。

17 再夾取櫻桃掛杯口

18 成品置於杯墊上即完成

善後處理（**4**分鐘）

見 p.62

七、分層法 (Layering)
CL01 Pousse Café 普施咖啡

題序	飲料名稱 Drink name	成分 Ingredients	調製法 Method	裝飾物 Garnish	杯器皿 Glassware
C3-6	CL01 Pousse Café 普施咖啡	1/5 Grenadine Syrup 紅石榴糖漿 1/5 Brown Crème de Cacao 深可可香甜酒 1/5 Green Crème de Menthe 綠薄荷香甜酒 1/5 Triple Sec 白柑橘香甜酒 1/5 Brandy 白蘭地 (以杯皿容量 9 分滿為準)	Layer 分層法		Liqueur Glass 香甜酒杯

前置作業（**4** 分鐘）

關鍵報告

1. 分層法是利用液體的密度來做出層次，使杯中各色液體分層堆積起來的技巧。密度愈低愈會浮在上面，甜度高密度就越高。沿著杯壁往下流，以呈現出清楚的分界。
2. 分層的技巧，切忌攪拌，在倒每一層酒時，吧叉匙朝上抵住杯緣，酒沿著杯壁往下滑，如此才能讓界線層次分明。
3. 量酒器和吧叉匙每一次倒完酒，一定要洗淨並擦乾，分層效果才會乾淨。

注入法　直接注入法　攪拌法　搖盪法　電動攪拌法／霜凍法　分層法　義式咖啡機

調製過程（**7**分鐘）

洗手

擦乾

以量酒器量取1/5紅石榴糖漿。

倒入杯底

將量酒器和吧叉匙洗淨之後，再以量酒器量取1/5的深可可香甜酒。

以吧叉匙朝上抵住杯面，讓酒沿匙面倒入杯內緣，慢慢流至第1種酒上方，造成分層。

量酒器和吧叉匙洗淨擦乾後，再以量酒器量取1/5綠薄荷香甜酒。

吧叉匙朝上抵住杯面，讓酒沿匙面倒入杯內緣，慢慢流至第2種酒上方。

量酒器和吧叉匙洗淨後，再以量酒器量取1/5白柑橘香甜酒。

以吧叉匙朝上抵住杯面，讓酒沿匙面流入杯內緣，慢慢流至第3種酒上方。

最後，以吧叉匙抵住杯面，Free pour或量酒器注入1/5白蘭地，讓酒沿匙面流入杯內緣，慢慢流至第4種酒上方。

成品放置杯墊上即完成

善後處理（**4**分鐘）

見 p.62

CL02 B-52 Shot B-52 轟炸機

題序	飲料名稱 Drink name	成分 Ingredients	調製法 Method	裝飾物 Garnish	杯器皿 Glassware
C4-3	CL02 B-52 Shot B-52 轟炸機	1/3 Kahlúa 　卡魯哇咖啡香甜酒 1/3 Bailey's Irish Cream 　貝里斯奶酒 1/3 Grand Marnier 　香橙干邑香甜酒 （以杯皿容量 9 分滿為準）	Layer 分層法		Shot Glass 烈酒杯

前置作業（**4**分鐘）

關鍵報告

1. 分層法是利用液體的密度來做出層次，使杯中各色液體分層堆積起來的技巧。密度愈低愈會浮在上面，甜度高密度就越高。延著杯壁往下流，以呈現出清楚的分界。

2. 量酒器和吧叉匙每一次倒完酒，一定要洗淨並擦乾，分層效果才會乾淨。

調製過程（**7**分鐘）

1　洗手

2　擦乾

3　以量酒器量取1/3的卡魯哇咖啡香甜酒

4　倒入杯中

5　量酒器洗淨擦乾後，再量取1/3的貝里斯奶酒。

6　以吧叉匙朝上抵住杯面，酒沿匙面倒入杯內緣，慢慢流至第1種酒上方。

7　將量酒器和吧叉匙洗淨擦乾後，再以量酒器量取1/3的香橙干邑白蘭地。

8　以吧叉匙朝上抵住杯面，將酒沿匙面倒入杯內緣，慢慢流至第2種酒的上方，以造成分層的效果。

9　成品放置杯墊上即完成

善後處理（**4**分鐘）

見 p.62

CL03 Rainbow 彩虹酒

題序	飲料名稱 Drink name	成分 Ingredients	調製法 Method	裝飾物 Garnish	杯器皿 Glassware
C11-1	CL03 Rainbow 彩虹酒	1/7 Grenadine Syrup 　紅石榴糖漿 1/7 Crème de Cassis 　黑醋栗香甜酒 1/7 White Crème de Cacao 　白可可香甜酒 1/7 Blue Curaçao Liqueur 　藍柑橘香甜酒 1/7 Campari 　金巴利酒 1/7 Galliano 　義大利香草酒 1/7 Brandy 　白蘭地酒 （以器皿容器 9 分滿為準）	Layer 分層法		Liqueur Glass 香甜酒杯

前置作業（**4**分鐘）

關鍵報告

1. 分層法是利用液體的密度來做出層次，使杯中各色液體分層堆積起來的技巧。密度愈低愈會浮在上面，甜度高密度就越高。
2. 分層的技巧，切忌攪拌，在倒每一層酒時，吧叉匙朝上抵住杯緣，酒沿著杯壁往下滑，如此才能讓界線層次分明。
3. 量酒器和吧叉匙每一次倒完酒，一定要洗淨並擦乾，分層效果才會乾淨。

注入法

直接注入法

攪拌法

搖盪法

電動攪拌法／霜凍法

分層法

義式咖啡機

調製過程（**7**分鐘）

洗手

擦乾

以量酒器量取1/7紅石榴糖漿

倒入杯內

量酒器洗淨擦乾後，再量取1/7的黑醋栗香甜酒。

以吧叉匙朝上抵住杯面，酒沿匙面倒入杯內緣，慢慢流至第1種酒上方。

將量酒器與吧叉匙洗淨擦乾之後，再以量酒器量取1/7的白可可香甜酒。

以吧叉匙朝上抵住杯面，酒沿匙面倒入杯內緣，慢慢流至第2種酒上方。

量酒器與吧叉匙洗淨擦乾後，再以量酒器量取1/7的藍柑橘香甜酒。

以吧叉匙朝上抵住杯面，酒沿匙面倒入杯內緣，慢慢流至第3種酒上方。

將量酒器與吧叉匙洗淨擦乾後，再以量酒器量取1/7的金巴利酒。

以吧叉匙朝上抵住杯面，酒沿匙面倒入杯內緣，慢慢流至第4種酒上方。

13 量酒器與吧叉匙洗淨擦乾後，再以量酒器量取1/7的義大利香草酒。

14 以吧叉匙朝上抵住杯面，酒沿匙面倒入杯內緣，慢慢流至第5種酒上方。

15 量酒器與吧叉匙洗淨擦乾後，最後以吧叉匙朝上抵住杯面，以Free pour或量酒器注入1/7白蘭地。

16 成品放置杯墊上即完成

善後處理（**4**分鐘）

見 p.62

注入法

直接注入法

攪拌法

搖盪法

電動攪拌法／霜凍法

分層法

義式咖啡機

CL04 Angel's Kiss 天使之吻

題序	飲料名稱 Drink name	成分 Ingredients	調製法 Method	裝飾物 Garnish	杯器皿 Glassware
C14-6	CL04 Angel's Kiss 天使之吻	3/4 Brown Crème de Cacao 深可可香甜酒 1/4 Cream 無糖液態奶精 （以杯皿容量 9 分滿為準）	Layer 分層法	Cherry 櫻桃	Liqueur Glass 香甜酒杯

前置作業（**4**分鐘）

關鍵報告

1. 分層法是利用液體的密度來做出層次，使杯中各色液體分層堆積起來的技巧。密度愈低愈會浮在上面，甜度高密度就越高。延著杯壁往下流，以呈現出清楚的分界。
2. 量酒器和吧叉匙每一次倒完酒，一定要洗淨並擦乾，分層效果才會乾淨。
2. 紅櫻桃必須接觸到奶精。

調製過程（**7**分鐘）

1. 洗手

2. 擦乾

3. 再以量酒器量取3/4的深可可香甜酒。

4. 倒入杯內

5. 量酒器洗淨擦乾後，再以量酒器量取1/4的無糖液態奶精。

6. 以吧叉匙朝上抵住杯面，奶精沿匙面倒入杯內緣，慢慢流至酒上方，造成分層效果。

7. 以水果夾夾取櫻桃串，並放上裝飾物。

8. 成品放置杯墊上即完成

善後處理（**4**分鐘）

見 p.62

注入法

直接注入法

攪拌法

搖盪法

電動攪拌法／霜凍法

分層法

義式咖啡機

七、義式咖啡機 (Espresso Machine)

DC01 Latte Art Heart 咖啡拉花 - 心形奶泡

飲料名稱 Drink name	成分 Ingredients	調製法 Method	裝飾物 Garnish	杯器皿 Glassware
DC01 Latte Art Heart 咖啡拉花 - 心形奶泡 （圖案須超過杯面 1/3）	30ml Espresso Coffee 義式咖啡 (7g) Top with Foaming Milk 加滿奶泡	義式咖啡機 Pour 注入法		寬口咖啡杯

關鍵報告

1. 由當日評審長調整後，應檢人不可自行調整刻度。

2. 咖啡拉花若下一題為義式咖啡雞尾酒，須取雙孔把手萃取兩杯濃咖啡，1 杯進行該題咖啡拉花，另 1 杯用小鋼杯盛裝製作下一題之義式咖啡雞尾酒（未萃取 2 杯扣 100 分）。

前置作業（**4**分鐘）

1 於工作檯洗手後至材料區，以拉花鋼杯拿取200ml之鮮奶站立於咖啡機前。

2 鋪設紙巾

3 研磨咖啡粉（手不可離開啟動開關）

4 填充咖啡粉

5 刮去多餘的咖啡粉

6 將填壓器置於填壓墊上，把手置於紙巾上，並填壓咖啡粉

調製過程（**7**分鐘）

1 測試水壓

2 再扣緊手把

3 放置咖啡杯，萃取咖啡。

4 打奶泡前，須先排放蒸氣管中之水分。

5 打奶泡

6 打發奶泡後，立即以咖啡機旁之抹布，擦拭蒸氣管。

注入法

直接注入法

攪拌法

搖盪法

電動攪拌法／霜凍法

分層法

義式咖啡機

並排放蒸氣

進行咖啡拉花，拉出心形奶泡，圖案須超過1/3杯面。

於咖啡機旁的工作檯完成咖啡拉花的試題、並以托盤運送回工作檯評分。

善後處理（**4**分鐘）

清洗咖啡杯組及其他器皿（拉花鋼杯，若仍有鮮奶須倒回鮮奶收集器）。

清洗擦拭蒸氣管之抹布後，送回咖啡機上方及物料區歸位。

取下手把

去除咖啡渣，以廚房紙巾擦拭填壓器與填壓墊，填壓器放置於填壓墊

排出水量進行沖洗

以工作檯之抹布，清潔咖啡機及工作區。以咖啡機旁之抹布擦拭乾淨之後，再放於咖啡機上方。

清理磨豆機上鋪設的紙巾

將紙巾上咖啡渣倒掉

DC07 Latte Art Rosetta 咖啡拉花 - 葉形奶泡

飲料名稱 Drink name	成分 Ingredients	調製法 Method	裝飾物 Garnish	杯器皿 Glassware
DC07 Latte Art Rosetta 咖啡拉花 - 葉形奶泡 （圖案之葉片須左右對稱至少各 5 葉以上）	30ml Espresso Coffee 　義式咖啡 (7g) Top with Foaming Milk 　加滿奶泡	義式咖啡機 Pour 注入法		寬口咖啡杯

關鍵報告

1. 由當日評審長調整後，應檢人不可自行調整刻度
2. 咖啡拉花若下一題為義式咖啡雞尾酒，須取雙孔把手萃取兩杯濃咖啡，1 杯進行該題咖啡拉花，另 1 杯用小鋼杯盛，裝製作下一題之義式咖啡雞尾酒（未萃取 2 杯扣 100 分）。

第三篇

注入法

直接注入法

攪拌法

搖盪法

電動攪拌法／霜凍法

分層法

義式咖啡機

前置作業（**4**分鐘）

1 於工作檯洗手後至材料區，以拉花鋼杯拿取200ml鮮奶站立於咖啡機前。

2 鋪設紙巾

3 研磨咖啡粉（手不可離開啟動開關）

4 填充咖啡粉

5 刮去多餘的咖啡粉

6 將填壓器置於填壓墊上，把手置於紙巾上，並填壓咖啡粉

調製過程（**7**分鐘）

1 測試水壓

2 再扣緊手把

3 放置咖啡杯，萃取咖啡。

4 打奶泡前，須先排放蒸氣管中之水分。

5 打奶泡

6 打發奶泡後，立即以咖啡機旁之抹布，擦拭蒸氣管。

7

並排放蒸氣

8

進行咖啡拉花，拉出葉形奶泡，圖案之葉片需左右對稱至少各5葉以上。

9

於咖啡機旁的工作檯完成咖啡拉花的試題、再以托盤運送回工作檯評分。

善後處理（**4**分鐘）

1

清洗咖啡杯組及其他器皿（拉花鋼杯，若仍有鮮奶須倒回鮮奶收集器）。

2

清洗擦拭蒸氣管之抹布後，送回咖啡機上方及物料區歸位。

3

取下手把

4

去除咖啡渣，以廚房紙巾擦拭填壓器與填壓墊，填壓器置於填壓墊上

5

排出水量進行沖洗

6

以工作檯之抹布，清潔咖啡機及工作區。以咖啡機旁之抹布擦拭乾淨之後，再放於咖啡機上方。

7

清理磨豆機上鋪設的紙巾

8

將紙巾上咖啡渣倒掉

注入法

直接注入法

攪拌法

搖盪法

電動攪拌法／霜凍法

分層法

義式咖啡機

第四篇 酒譜分類快速背誦技巧

壹 以基酒分類背誦法

一、以琴酒為基酒的雞尾酒（12 道）

題序	飲料名稱	成分	調製法	裝飾物	杯器皿	成品圖
C2-2	CS05 Dandy Cocktail 至尊雞尾酒	30ml Gin 琴酒 30ml Dubonnet Red 紅多寶力酒 10ml Triple Sec 白柑橘香甜酒 Dash Angostura 安格式苦精（少許）	Shake 搖盪法	Lemon Peel 檸檬皮 Orange Peel 柳橙皮	Cocktail Glass 雞尾酒杯	
C3-5	CS07 Gin Fizz 琴費士	45ml Gin 琴酒 30ml Fresh Lemon Juice 新鮮檸檬汁 15ml Sugar Syrup 果糖 Top with Soda Water 蘇打水 8 分滿	Shake 搖盪法		Highball Glass 高飛球杯	
C5-6	CS13 Pink Lady 粉紅佳人 （製作 3 杯）	30ml Gin 琴酒 15ml Fresh Lemon Juice 新鮮檸檬汁 10ml Grenadine Syrup 紅石榴糖漿 15ml Egg White 蛋白	Shake 搖盪法	Lemon Peel 檸檬皮	Cocktail Glass 雞尾酒杯	
C6-5	CS17 Silver Fizz 銀費士	45ml Gin 琴酒 15ml Fresh Lemon Juice 新鮮檸檬汁 15ml Sugar Syrup 果糖 15ml Egg White 蛋白 Top with Soda Water 蘇打水 8 分滿	Shake 搖盪法	Lemon Slice 檸檬片	Highball Glass 高飛球杯	

（續下頁）

（承上頁）

題序	飲料名稱	成分	調製法	裝飾物	杯器皿	成品圖
C-7-1	CST03 Dry Martini 不甜馬丁尼	45ml Gin 琴酒 15ml Dry Vermouth 不甜苦艾酒	Stir 攪拌法	Stuffed Olive 紅心橄欖	Martini Glass 馬丁尼酒杯	
C7-4	CS19 Long Island Iced Tea 長島冰茶	15ml Gin 琴酒 15ml White Rum 白色蘭姆酒 15ml Vodka 伏特加 15ml Tequila 特吉拉 15ml Triple Sec 白柑橘香甜酒 15ml Fresh Lemon Juice 新鮮檸檬汁 Top with Cola 可樂 8 分滿	Build 直接 注入法	Lemon Peel 檸檬皮	Collins Glass 可林杯	
C8-5	CS22 Orange Blossom 橘花 （製作 3 杯）	30ml Gin 琴酒 15ml Rosso Vermouth 甜苦艾酒 30ml Fresh Orange Juice 新鮮柳橙汁	Shake 搖盪法	Sugar Rim 糖口杯	Cocktail Glass 雞尾酒杯	
C9-5	CS25 Blue Bird 藍鳥 （製作 3 杯）	30ml Gin 琴酒 15ml Blue Curaçao Liqueur 藍柑橘香甜酒 15ml Fresh Lemon Juice 新鮮檸檬汁 10ml Almond Syrup 杏仁糖漿	Shake 搖盪法	Lemon Peel 檸檬皮	Cocktail Glass 雞尾酒杯	
C10-2	CST04 Gin & It 義式琴酒 （製作 3 杯）	45ml Gin 琴酒 15ml Rosso Vermouth 甜苦艾酒	Stir 攪拌法	Lemon Peel 檸檬皮	Martini Glass 馬丁尼酒杯	
C11-2	CST05 Perfect Martini 完美馬丁尼 （製作 3 杯）	45ml Gin 琴酒 10ml Rosso Vermouth 甜味苦艾酒 10ml Dry Vermouth 不甜苦艾酒	Stir 攪拌法	Lemon Peel 檸檬皮 Cherry 櫻桃	Martini Glass 馬丁尼酒杯	

（續下頁）

琴酒
伏特加
蘭姆酒
威士忌
白蘭地
龍舌蘭
香甜酒
甘蔗酒
葡萄酒
義式咖啡

題序	飲料名稱	成分	調製法	裝飾物	杯器皿	成品圖
C16-1	CS43 Singapore Sling 新加坡司令	30ml Gin 　琴酒 15ml Cherry Brandy 　(Liqueur) 　櫻桃白蘭地（香甜酒） 10ml Cointreau 　君度橙酒 10ml Bénédictine 　班尼狄克丁香甜酒 10ml Grenadine Syrup 　紅石榴糖漿 90ml Pineapple Juice 　鳳梨汁 15ml Fresh Lemon Juice 　新鮮檸檬汁 Dash Angostura Bitters 　安格式苦精（少許）	Shake 搖盪法	Fresh Pineapple Slice 新鮮鳳梨片 （去皮） Cherry 櫻桃	Collins Glass 可林杯	
C16-4	CST07 Gibson 吉普森	45ml Gin 　琴酒 15ml Dry Vermouth 　不甜苦艾酒	Stir 攪拌法	Onion 小洋蔥	Martini Glass 馬丁尼杯	

二、以伏特加為基酒的雞尾酒 (14 道)

題序	飲料名稱	成分	調製法	裝飾物	杯器皿	成品圖
C2-5	CS06 White Stinger 白醉漢 （製作 3 杯）	45ml Vodka 伏特加 15ml White Crème de Menthe 白薄荷香甜酒 15ml White Crème de Cacao 白可可香甜酒	Shake 搖盪法		Old fashioned Glass 古典酒杯	
C4-1	CBU05 Salty Dog 鹹狗	45ml Vodka 伏特加 Top with Fresh Grapefruit Juice 新鮮葡萄柚汁 8 分滿	Build 直接 注入法	Salt Rimmed 鹽口杯	Highball Glass 高飛球杯	
C6-4	CS16 Kamikaze 神風特攻隊 （製作 3 杯）	45ml Vodka 伏特加 15ml Triple Sec 白柑橘香甜酒 15ml Fresh Lime Juice 新鮮萊姆汁	Shake 搖盪法	Lemon Wedge 檸檬角	Old fashioned Glass 古典酒杯	
C7-6	CBU12 White Russian 白色俄羅斯	45ml Vodka 伏特加 15ml Crème de Café 咖啡香甜酒 30ml Cream 無糖液態奶精	Build 直接 注入法 Float 漂浮法		Old fashioned Glass 古典酒杯	
C9-2	CBU15 Black Russian 黑色俄羅斯	45ml Vodka 伏特加 15ml Crème de Café 咖啡香甜酒	Build 直接 注入法		Old fashioned Glass 古典酒杯	
C10-1	CBU16 Screw Driver 螺絲起子	45ml Vodka 伏特加 Top with Fresh Orange Juice 新鮮柳橙汁 8 分滿	Build 直接 注入法	Orange Slice 柳橙片	Highball Glass 高飛球杯	

（續下頁）

琴酒

伏特加

蘭姆酒

威士忌

白蘭地

龍舌蘭

香甜酒

甘蔗酒

葡萄酒

義式咖啡

題序	飲料名稱	成分	調製法	裝飾物	杯器皿	成品圖
C10-5	CS26 Vanilla Espresso Martini 義式香草馬丁尼	30ml Vanilla Vodka 香草伏特加 30ml Espresso Coffee 義式咖啡 (7g) 15ml Kahlúa 卡魯瓦咖啡香甜酒	Shake 搖盪法	Float Three Coffee Beans 3 粒咖啡豆	Cocktail Glass 雞尾酒杯	
C12-2	CBU18 Bloody Mary 血腥瑪莉	45ml Vodka 伏特加 15ml Fresh Lemon Juice 新鮮檸檬汁 Top with Tomato Juice 番茄汁 8 分滿 Dash Tabasco 酸辣油（少許） Dash Worcestershire Sauce 辣醬油（少許） Proper amount of Salt and Pepper 鹽與胡椒（適量）	Build 直接 注入法	Lemon Wedge 檸檬角 Celery Stick 芹菜棒	Highball Glass 高飛球杯	
C15-2	CBU23 Harvey Wall banger 哈維撞牆	45ml Vodka 伏特加 90ml Orange Juice 柳橙汁 15ml Galliano 義大利香草酒	Build 直接 注入法 Float 漂浮法	Orange Slice 柳橙片 Cherry 櫻桃	Highball Glass 高飛球杯 (240ml)	
C15-3	CS41 Cosmopolitan 四海一家 （製作 3 杯）	45ml Vodka 伏特加 15ml Triple Sec 白柑橘香甜酒 15ml Fresh Lime Juice 新鮮萊姆汁 30ml Cranberry Juice 蔓越莓汁	Shake 搖盪法	Lime Stick 萊姆片	Cocktail Glass 雞尾酒杯（大）	
C15-6	CS42 Jolt'ini 震撼	30ml Vodka 伏特加 30ml Espresso Coffee 義式咖啡 (7g) 15ml Crème de Café 咖啡香甜酒	Shake 搖盪法	Float Three Coffee Beans 3 粒咖啡豆	Old fashioned Glass 古典酒杯	

（續下頁）

（承上頁）

題序	飲料名稱	成分	調製法	裝飾物	杯器皿	成品圖
C16-5	CS44 Flying Grasshopper 飛天蚱蜢 （製作 3 杯）	30ml Vodka 伏特加 15ml Green Crème de Menthe 綠薄荷香甜酒 15ml White Crème de Cacao 白可可香甜酒 15ml Cream 無糖液態奶精	Shake 搖盪法	Cocoa Powder 可可粉 Mint Sprig 薄荷葉	Cocktail Glass 雞尾酒杯	
C18-2	CS47 Sex on the Beach 性感沙灘	45ml Vodka 伏特加 15ml Peach Liqueur 水蜜桃香甜酒 30ml Orange Juice 柳橙汁 30ml Cranberry Juice 蔓越莓汁	Shake 搖盪法	Orange Slice 柳橙片	Highball Glass 高飛球杯	
C18-3	CS48 Strawberry Night 草莓夜	20ml Vodka 伏特加 20ml Passion Fruit Liqueur 百香果香甜酒 20ml Sour Apple Liqueur 青蘋果香甜酒 40ml Strawberry Juice 草莓汁 10ml Sugar Syrup 果糖	Shake 搖盪法	Apple Tower 蘋果塔	Cocktail Glass 雞尾酒杯（大）	

琴酒

伏特加

蘭姆酒

威士忌

白蘭地

龍舌蘭

香甜酒

甘蔗酒

葡萄酒

義式咖啡

三、以蘭姆酒為基酒的雞尾酒（10 道）

題序	飲料名稱	成分	調製法	裝飾物	杯器皿	成品圖
C1-6	CS03 Planter's Punch 拓荒者賓治	45ml Dark Rum 深色蘭姆酒 15ml Fresh Lemon Juice 新鮮檸檬汁 10ml Grenadine Syrup 紅石榴糖漿 Top with Soda Water 蘇打水 8 分滿 Dash Angostura Bitters 安格式苦精（少許）	Shake 搖盪法	Lemon Slice 檸檬片 Orange Slice 柳橙片	Collins Glass 可林杯	
C2-4	CS04 Cool Sweet Heart 冰涼甜心	30ml White Rum 白色蘭姆酒 30ml Mozart Dark Chocolate Liqueur 莫札特黑巧克力香甜酒 30ml Mojito Syrup 莫西多糖漿 75ml Fresh Orange Juice 新鮮柳橙汁 15ml Fresh Lemon Juice 新鮮檸檬汁	Shake 搖盪法 Float 漂浮法	Lemon Peel 檸檬皮 Cherry 櫻桃	Collins Glass 可林杯	
C2-6	CBU03 Mojito 莫西多	45ml White Rum 白蘭姆酒 15ml Fresh Lime Juice 新鮮萊姆汁 1/2 Fresh Lime Cut Into 4 Wedges 新鮮萊姆切成 4 塊 12 Fresh Mint Leaves 新鮮薄荷葉 6~8g Sugar 糖包 Top with Soda Water 蘇打水 8 分滿 Crushed Ice 適量碎冰	Muddle 壓榨法 Build 直接 注入法	Mint Sprig 薄荷枝	Highball Glass 高飛球杯	

（續下頁）

（承上頁）

題序	飲料名稱	成分	調製法	裝飾物	杯器皿	成品圖
C4-4	CS10 Ginger Mojito 薑味莫西多	45ml White Rum 白蘭姆酒 3 Slices Fresh 　Root Ginger 3 片嫩薑 12 Fresh Mint Leaves 新鮮薄荷葉 15ml Fresh Lime Juice 新鮮萊姆汁 6~8g Sugar 糖包 Top with Ginger Ale 薑汁汽水 8 分滿 Crushed Ice 適量碎冰	Muddle 壓榨法 Build 直接 注入法	Mint Sprig 薄荷枝	Highball Glass 高飛球杯	
C9-6	CB04 Pina Colada 鳳梨可樂達	30ml White Rum 白色蘭姆酒 30ml Coconut Cream 椰漿 90ml Pineapple Juice 鳳梨汁	Blend 電動 攪拌法	Fresh Pineapple Slice 新鮮鳳梨片 （去皮） Cherry 櫻桃	Collins Glass 可林杯	
C11-6	CB05 Blue Hawaiian 藍色夏威夷佬	45ml White Rum 白色蘭姆酒 30ml Blue Curaçao 　Liqueur 藍柑橘香甜酒 45ml Coconut Cream 椰漿 120ml Pineapple Juice 鳳梨汁 15ml Fresh Lemon Juice 新鮮檸檬汁	Blend 電動 攪拌法	Fresh Pineapple Slice 新鮮鳳梨片 （去皮） Cherry 櫻桃	Hurricane Glass 炫風杯	
C12-1	CS31 Mai Tai 邁泰	30ml White Rum 白色蘭姆酒 15ml Orange Curaçao 柑橘香甜酒 10ml Sugar Syrup 果糖 10ml Fresh Lemon Juice 新鮮檸檬汁 30ml Dark Rum 深色蘭姆酒	Shake 搖盪法 Float 漂浮法 （深色蘭姆酒）	Fresh Pineapple slice 新鮮鳳梨片 （去皮） Cherry 櫻桃	Old fashioned Glass 古典酒杯	
C13-2	CBU19 Cuba Libre 自由古巴	45ml Dark Rum 深色蘭姆酒 15ml Fresh Lemon Juice 新鮮檸檬汁 Top with Cola 可樂 8 分滿	Build 直接 注入法	Lemon Slice 檸檬片	Highball Glass 高飛球杯	

（續下頁）

琴酒
伏特加
蘭姆酒
威士忌
白蘭地
龍舌蘭
香甜酒
甘蔗酒
葡萄酒
義式咖啡

題序	飲料名稱	成分	調製法	裝飾物	杯器皿	成品圖
C14-1	CBU20 Apple Mojito 蘋果莫西多	45ml White Rum 　白色蘭姆酒 30ml Fresh Lime Juice 　新鮮萊姆汁 15ml Sour Apple Liqueur 　青蘋果香甜酒 12 Fresh Mint Leaves 　新鮮薄荷葉 Top with Apple Juice 　蘋果汁 8 分滿 Crushed Ice 　適量碎冰	Muddle 壓榨法 Build 直接 注入法	Mint Sprig 薄荷枝	Collins Glass 可林杯	
C17-1	CB07 Banana Frozen Daiquiri 霜凍香蕉戴吉利	30ml White Rum 　白色蘭姆酒 10ml Fresh Lime Juice 　新鮮萊姆汁 15ml Sugar Syrup 　果糖 1/2 Fresh Peeled Banana 1/2 條新鮮香蕉	Frozen 霜凍法	Banana Slice 香蕉片 Cherry 櫻桃	Cocktail Glass 雞尾酒杯（大）	

四、以威士忌酒為基酒的雞尾酒（13 道）

題序	飲料名稱	成分	調製法	裝飾物	杯器皿	成品圖
C1-3	CST01 Manhattan 曼哈頓 （製作 3 杯）	45ml Bourbon Whiskey 波本威士忌 15ml Rosso Vermouth 甜味苦艾酒 Dash Angostura Bitters 安格式苦精（少許）	Stir 攪拌法	Cherry 櫻桃	Martini Glass 馬丁尼酒杯	
C3-2	CST02 Dry Manhattan 不甜曼哈頓 （製作 3 杯）	45ml Bourbon Whiskey 波本威士忌 15ml Dry Vermouth 不甜苦艾酒 Dash Angostura Bitters 安格式苦精（少許）	Stir 攪拌法	Lemon Peel 檸檬皮	Martini Glass 馬丁尼酒杯	
C6-1	CS14 Jack Frost 傑克佛洛斯特	45ml Bourbon Whisky 波本威士忌 15ml Drambuie 蜂蜜酒 30ml Fresh Orange Juice 新鮮柳橙汁 10ml Fresh Lemon Juice 新鮮檸檬汁 10ml Grenadine Syrup 紅石榴糖漿	Shake 搖盪法	Orange Peel 柳橙皮	Old fashioned Glass 古典酒杯	
C11-5	CBU17 God Father 教父	45ml Blended Scotch Whisky 蘇格蘭調和威士忌 15ml Amaretto 杏仁香甜酒	Build 直接 注入法		Old fashioned Glass 古典酒杯	
C13-1	CS35 New York 紐約	45ml Bourbon Whiskey 波本威士忌 15ml Fresh Lime Juice 新鮮萊姆汁 10ml Sugar Syrup 果糖 10ml Grenadine Syrup 紅石榴糖漿	Shake 搖盪法	Orange Slice 柳橙片	Cocktail Glass 雞尾酒杯	
C5-4	CS09 Captain Collins 領航者可林	30ml Canadian Whisky 加拿大威士忌 30ml Fresh Lemon Juice 新鮮檸檬汁 10ml Sugar Syrup 果糖 Top with Soda Water 蘇打水 8 分滿	Shake 搖盪法	Lemon Slice 檸檬片 Cherry 櫻桃	Collins Glass 可林杯	

（續下頁）

題序	飲料名稱	成分	調製法	裝飾物	杯器皿	成品圖
C8-6	CBU14 John Collins 約翰可林	45ml Bourbon Whiskey 　波本威士忌 30ml Fresh Lemon Juice 　新鮮檸檬汁 15ml Sugar Syrup 　果糖 Top with Soda Water 　蘇打汽水 8 分滿 Dash Angostura Bitters 　調勻後加入少許安格式 　苦精	Build 直接注 入法	Lemon Slice 檸檬片 Cherry 櫻桃	Collins Glass 可林杯	
C14-2	CS39 New Yorker 紐約客 （製作 3 杯）	45ml Bourbon Whisky 　波本威士忌 45ml Red Wine 　紅葡萄酒 15ml Fresh Lemon Juice 　新鮮檸檬汁 15ml Sugar Syrup 　果糖	Shake 搖盪法	Orange Peel 柳橙皮	Cocktail Glass 雞尾酒杯（大）	
C15-4	CST06 Apple Manhattan 蘋果曼哈頓	30ml Bourbon Whiskey 　波本威士忌 15ml Sour Apple Liqueur 　青蘋果香甜酒 15ml Triple Sec 　白柑橘香甜酒 15ml Rosso Vermouth 　甜苦艾酒	Stir 攪拌法	Apple Tower 蘋果塔	Cocktail Glass 雞尾酒杯	
C17-2	CS45 Whiskey Sour 威士忌酸酒	45ml Bourbon Whisky 　波本威士忌 30ml Fresh Lemon Juice 　新鮮檸檬汁 30ml Sugar Syrup 　果糖	Shake 搖盪法	1/2 Orange Slice 1/2 柳橙片 Cherry 櫻桃	Sour Glass 酸酒杯	
C17-3	CST08 Rob Roy 羅伯羅依 （製作 3 杯）	45ml Blended 　Scotch Whisky 　蘇格蘭調和威士忌 15ml Rosso Vermouth 　甜味苦艾酒 Dash Angostura Bitters 　安格式苦精（少許）	Stir 攪拌法	Cherry 櫻桃	Martini Glass 馬丁尼酒杯	
C18-1	CBU28 Rusty Nail 銹釘子	45ml Blended 　Scotch Whisky 　蘇格蘭調和威士忌 30ml Drambuie 　蜂蜜香甜酒	Stir 攪拌法	Lemon Peel 檸檬皮	Cocktail Glass 雞尾酒杯	
C18-4	CBU29 Old Fashioned 古典酒	45ml Bourbon Whisky 　波本威士忌 2 Dashes Angostura 　Bitters 　安格式苦精（少許） 1 Sugar Cube 　方糖 Splash of Soda Water 　蘇打水（少許）	Muddle 壓榨法 Build 直接 注入法	Orange Slice 柳橙片 Lemon Peel 檸檬皮 2 Cherries 2 粒櫻桃	Old fashioned Glass 古典酒杯	

琴酒

伏特加

蘭姆酒

威士忌

白蘭地

龍舌蘭

香甜酒

甘蔗酒

葡萄酒

義式咖啡

五、以白蘭地酒為基酒的雞尾酒（9 道）

題序	飲料名稱	成分	調製法	裝飾物	杯器皿	成品圖
C1-4	CBU01 Hot Toddy 熱托地	45ml Brandy 白蘭地 15ml Fresh Lemon Juice 新鮮檸檬汁 15ml Sugar Syrup 果糖 Top with Boiling Water 熱開水 8 分滿	Build 直接 注入法	Lemon Slice 檸檬片 Cinnamon Powder 肉桂粉	Toddy Glass 托地杯	
C3-4	CS08 Stinger 醉漢	45ml Brandy 白蘭地 15ml White Crème de Menthe 白薄荷香甜酒	Shake 搖盪法	Mint Sprig 薄荷枝	Old fashioned Glass 古典酒杯	
C7-5	CS20 Sangria 聖基亞	30ml Brandy 白蘭地 30ml Red Wine 紅葡萄酒 15ml Grand Marnier 香橙干邑香甜酒 60ml Fresh Orange Juice 新鮮柳橙汁	Shake 搖盪法	Orange Slice 柳橙片	Highball Glass 高飛球杯	
C8-1	CS21 Egg Nog 蛋酒	30ml Brandy 白蘭地 15ml White Rum 白色蘭姆酒 135ml Milk 鮮奶 15ml Sugar Syrup 果糖 1 Egg Yolk 蛋黃	Shake 搖盪法	Nutmeg Power 荳蔻粉	Highball Glass 高飛球杯 (300ml)	
C9-4	CS23 Sherry Flip 雪莉惠而浦	15ml Brandy 白蘭地 45ml Sherry 雪莉酒 15ml Egg White 蛋白	Shake 搖盪法		Cocktail Glass 雞尾酒杯	

（續下頁）

題序	飲料名稱	成分	調製法	裝飾物	杯器皿	成品圖
C11-3	CS30 Side Car 側車	30ml Brandy 白蘭地 15ml Triple Sec 白柑橘香甜酒 30ml Fresh Lime Juice 新鮮萊姆汁	Shake 搖盪法	Lemon Slice 檸檬片 Cherry 櫻桃	Cocktail Glass 雞尾酒杯	
C13-4	CS37 Brandy Alexander 白蘭地亞歷山大 （製作 3 杯）	20ml Brandy 白蘭地 20ml Brown Crème de Cacao 深可可香甜酒 20ml Cream 奶精	Shake 搖盪法	Nutmeg Power 荳蔻粉	Cocktail Glass 雞尾酒杯	
C15-1	CS40 Porto Flip 波特惠而浦	10ml Brandy 白蘭地 45ml Tawny Porto 波特酒 1Egg Yolk 蛋黃	Shake 搖盪法	Nutmeg Power 荳蔻粉	Cocktail Glass 雞尾酒杯	
C17-5	CBU27 Horse's Neck 馬頸	45ml Brandy 白蘭地 Top with Ginger Ale 薑汁汽水 8 分滿 Dash Angostura Bitters 安格式苦精（少許）	Build 直接 注入法	Lemon Spiral 螺旋狀 檸檬皮	Highball Glass 高飛球杯	

六、以龍舌蘭酒為基酒的雞尾酒（2 道）

題序	飲料名稱	成分	調製法	裝飾物	杯器皿	成品圖
C5-1	CBU08 Tequila Sunrise 特吉拉日出	45ml Tequila 特吉拉 Top with Orange Juice 柳橙汁 8 分滿 10ml Grenadine Syrup 紅石榴糖漿	Build 直接 注入法 Float 漂浮法	Orange Slice 柳橙片 Cherry 櫻桃	Highball Glass 高飛球杯 (240ml)	
C12-6	CS34 Frozen Margarita 霜凍瑪格麗特 （製作 3 杯）	30ml Tequila 特吉拉 15ml Triple Sec 白柑橘香甜酒 15ml Fresh Lime Juice 新鮮萊姆汁	Frozen 霜凍法	Salt Rimmed 鹽口杯	Margarita Glass 瑪格麗特杯	

七、以香甜酒為基酒的雞尾酒（9 道）

題序	飲料名稱	成分	調製法	裝飾物	杯器皿	成品圖
C1-5	CS02 Mint Frappe 薄荷芙萊蓓	45ml Green Crème de Menth 綠薄荷香甜酒 1 Cup Crush Ice 碎冰（1 杯）	Pour 注入法	Mint Leaves 薄荷枝 Cherry 紅櫻桃 2 Short Straw 紙吸管 2 支	Cocktail Glass 雞尾酒杯（大）	
C3-6	CL01 Pousse Café 普施咖啡	1/5 Grenadine Syrup 紅石榴糖漿 1/5 Brown Crème de Cacao 深可可香甜酒 1/5 Green Crème de Menthe 綠薄荷香甜酒 1/5 Triple Sec 白柑橘香甜酒 1/5 Brandy 白蘭地 （以杯皿容量 9 分滿為準）	Layer 分層法		Liqueur Glass 香甜酒杯	
C4-3	CL02 B-52 Shot B-52 轟炸機	1/3 Kahlúa 卡魯哇咖啡香甜酒 1/3 Bailey's Irish Cream 貝里斯奶酒 1/3 Grand Marnier 香橙干邑香甜酒 （以杯皿容量 9 分滿為準）	Layer 分層法		Shot Glass 烈酒杯	
C4-6 C10-6	CS11 Golden Dream 金色夢幻 （製作 3 杯）	30ml Galliano 義大利香草酒 15ml Triple Sec 白柑橘香甜酒 15ml Fresh Orange Juice 新鮮柳橙汁 10ml Cream 無糖液態奶精	Shake 搖盪法		Cocktail Glass 雞尾酒杯	
C5-5	CBU09 Americano 美國佬	30ml Campari 金巴利 30ml Rosso Vermouth 甜味苦艾酒 Top with Soda Water 蘇打水 8 分滿	Build 直接注入法	Orange Slice 柳橙片 Lemon Peel 檸檬皮	Highball Glass 高飛球杯	

題序	飲料名稱	成分	調製法	裝飾物	杯器皿	成品圖
C7-2	CS18 Grasshopper 綠色蚱蜢 （製作 3 杯）	20ml Green Crème de Menthe 綠薄荷香甜酒 20ml White Crème de Cacao 白可可香甜酒 20ml Cream 無糖液態奶精	Shake 搖盪法		Cocktail Glass 雞尾酒杯	
C11-1	CL03 Rainbow 彩虹酒	1/7 Grenadine Syrup 紅石榴糖漿 1/7 Crème de Cassis 黑醋栗香甜酒 1/7 White Crème de Cacao 白可可香甜酒 1/7 Blue Curaçao Liqueur 藍柑橘香甜酒 1/7 Campari 金巴利酒 1/7 Galliano 義大利香草酒 1/7 Brandy 白蘭地 （以器皿容量 9 分滿為主）	Layer 分層法		Liqueur Glass 香甜酒杯	
C13-3	CS36 Amaretto Sour (with ice) 杏仁酸酒 （含冰塊）	45ml Amaretto 杏仁香甜酒 30ml Fresh Lemon Juice 新鮮檸檬汁 10ml Sugar Syrup 果糖	Shake 搖盪法	Orange Slice 柳橙片 Lemon Peel 檸檬皮	Old fashioned Glass 古典酒杯	
C14-6	CL04 Angel's Kiss 天使之吻	3/4 Brown Crème de Cacao 深可可香甜酒 1/4 Creme 無糖液態奶精 （以器皿容量 9 分滿為準）	Layer 分層法	Cherry 櫻桃	Liqueur Glass 香甜酒杯	

（續下頁）

（承上頁）

八、以甘蔗酒為基酒的雞尾酒（4 道）

題序	飲料名稱	成分	調製法	裝飾物	杯器皿	成品圖
C2-3	CB01 Banana Batida 香蕉巴迪達	45ml Cachaça 甘蔗酒 30ml Crème de Bananas 香蕉香甜酒 20ml Fresh Lemon Juice 新鮮檸檬汁 1 Fresh Peeled Banana 1 條新鮮香蕉	Blend 電動 攪拌法	Banana Slice 香蕉片	Hurricane Glass 炫風杯	
C10-3	CS27 Classic Mojito 經典莫西多	45ml Cachaça 甘蔗酒 30ml Fresh Lime Juice 新鮮萊姆汁 1/2 Fresh Lime Cut Into 4 Wedges 新鮮萊姆切成 4 塊 12 Fresh Mint Leaves 新鮮薄荷葉 6~8g Sugar 糖包 Top with Soda Water 蘇打水 8 分滿 Crushed Ice 適量碎冰	Muddle 壓榨法 Build 直接 注入法	Mint Sprig 薄荷枝	Highball Glass 高飛球杯	
C14-3	CB06 Kiwi Batida 奇異果巴迪達	60ml Cachaça 甘蔗酒 30ml Sugar Syrup 果糖 1 Fresh Kiwi 1 顆奇異果	Blend 電動 攪拌法	Kiwi Slice 奇異果片	Collins Glass 可林杯	
C16-2	CBU24 Caipirinha 卡碧尼亞	45ml Cachaça 甘蔗酒 15ml Fresh Lime Juice 新鮮萊姆汁 1/2 Fresh Lime Cut Into 4 Wedges 新鮮萊姆切成 4 塊 6~8g Sugar 糖包 Crushed Ice 適量碎冰	Muddle 壓榨法 Build 直接 注入法		Old fashioned Glass 古典酒杯	

九、以葡萄酒為基酒的雞尾酒（10道）

題序	飲料名稱	成分	調製法	裝飾物	杯器皿	成品圖
C4-5	CBU07 Negus 尼加斯	60ml Tawny Port 　波特酒 15ml Fresh Lemon Juice 　新鮮檸檬汁 15ml Sugar Syrup 　果糖 Top with Boiling Water 　熱開水 8 分滿	Build 直接 注入法	Nutmeg Power 荳蔻粉	Toddy Glass 托地杯	
C6-6	CBU10 Mimosa 含羞草	1/2 Fresh Orange Juice 　新鮮柳橙汁 1/2Champagne or Sparkling Wine (Brut) 　原味香檳或汽泡酒 (以杯皿容量 8 分滿計算)	Pour 注入法		Flute Glass 高腳香檳杯	
C7-5	CS20 Sangria 聖基亞	30ml Brandy 　白蘭地 30ml Red Wine 　紅葡萄酒 15ml Grand Marnier 　香橙干邑香甜酒 60ml Fresh Orange Juice 　新鮮柳橙汁	Shake 搖盪法	Orange Slice 柳橙片	Highball Glass 高飛球杯	
C8-2	CBU13 Frenchman 法國佬	30ml Grand Marnier 　香橙干邑香甜酒 60ml Red Wine 　紅葡萄酒 15ml Fresh Orange Juice 　新鮮柳橙汁 15ml Fresh Lemon Juice 　新鮮檸檬汁 10ml Sugar Syrup 　果糖 Top with Boiling Water 　熱開水 8 分滿	Build 直接 注入法	Orange Peel 柳橙皮	Toddy Glass 托地杯	
C9-1	CP01 Kir Royale 皇家基爾	15ml Crème de Cassis 　黑醋栗香甜酒 Full up with Champagne or Sparkling Wine (Brut) 　原味香檳或汽泡酒注至 　8 分滿	Pour 注入法		Flute Glass 高腳香檳杯	

題序	飲料名稱	成分	調製法	裝飾物	杯器皿	成品圖
C12-3	CS32 White Sangria 白色聖基亞	30ml Grand Martini 香橙干邑香甜酒 60ml White Wine 白葡萄酒 Top with 7-Up 無色汽水 8 分滿	Shake 搖盪法	1 Lemon Slire 1 Orange Slice 檸檬柳橙 各 1 片	Collins Glass 可林杯	
C14-4	CBU21 Bellini 貝利尼	15ml Peach Liqueur 水蜜桃香甜酒 Full up with 　Champagne or 　Sparkling Wine (Brut) 　原味香檳或汽泡酒注至 　8 分滿	Pour 注入法		Flute Glass 高腳香檳杯	
C16-3	CBU25 Caravan 車隊	90ml Red Wine 紅葡萄酒 15ml Grand Marnier 香橙干邑香甜酒 Top with Cola 可樂 8 分滿	Build 直接 注入法	Cherry 櫻桃	Collins Glass 可林杯	
C17-4	CP02 Kir 基爾	10ml Crème de Cassis 黑醋栗香甜酒 Full up with Dry 　White Wine 　不甜白葡萄酒注至 　8 分滿	Pour 注入法		White Wine Glass 白葡萄酒杯	
C18-5	CS49 Tropic 熱帶	30ml Bénédictine 班尼狄克丁香甜酒 60ml White Wine 白葡萄酒 60ml Fresh Orange Juice 新鮮葡萄柚汁	Shake 搖盪法	Lemon Slice 檸檬片	Collins Glass 可林杯	

琴酒　伏特加　蘭姆酒　威士忌　白蘭地　龍舌蘭　香甜酒　甘蔗酒　葡萄酒　義式咖啡

（續下頁）

十、以義式咖啡為為基底的雞尾酒（9 道）

題序	飲料名稱	成分	調製法	裝飾物	杯器皿	成 品 圖
C1-2	CS01 Expresso Daiquiri 義式戴吉利	30ml White Rum 　白色蘭姆酒 30ml Expresso Coffee 　義式咖啡 (7g) 15ml Sugar Syrup 　果糖	Shake 搖盪法	Float Three Coffee Beans 3 粒咖啡豆	Cocktail Glass 雞尾酒杯	
C3-3	CBU04 Irish Coffee 愛爾蘭咖啡	45ml Irish Whiskey 　愛爾蘭威士忌 6~8g Sugar 　糖包 30ml Espresso Coffee 　義式咖啡 (7g) 120ml Boiling Water 　熱開水 Top with Whipped Cream 　加滿泡沫鮮奶油	義式 咖啡機 Build 直接 注入法	Cocoa Powder 可可粉	Irish Coffee Glass 愛爾蘭咖啡杯	
C5-3	CB02 Coffee Batida 巴迪達咖啡	30ml Cachaça 　甘蔗酒 30ml Espresso Coffee 　義式咖啡 (7g) 30ml Crème de Café 　咖啡香甜酒 10ml Sugar Syrup 　果糖	Blend 電動 攪拌法	Float Three Coffee Beans 3 粒咖啡豆	Old fashioned Glass 古典酒杯	
C6-3	CS15 Viennese Espresso 義式維也納咖啡	30ml Expresso Coffee 　義式咖啡 (7g) 30ml White Chocolate Cream 　白巧克力酒 30ml Macadamia Nut Syrup 　夏威夷豆糖漿 120ml Milk 　鮮奶	Shake 搖盪法	Float Three Coffee Beans 3 粒咖啡豆	Collins Glass 可林杯	
C8-4	CB03 Brazilian Coffee 巴西佬咖啡	30ml Cachaça 　甘蔗酒 30ml Espresso Coffee 　義式咖啡 (7g) 30ml Cream 　無糖液態奶精 15ml Sugar Syrup 　果糖	Blend 電動 攪拌法	Float Three Coffee Beans 3 粒咖啡豆	Old fashioned Glass 古典酒杯	

題序	飲料名稱	成分	調製法	裝飾物	杯器皿	成品圖
C10-5	CS26 Vanilla Espresso Martini 義式香草馬丁尼	30ml Vanilla Vodka 香草伏特加 30ml Espresso Coffee 義式咖啡 (7g) 15ml Kahlúa 卡魯哇咖啡香甜酒	Shake 搖盪法	Float Three Coffee Beans 3 粒咖啡豆	Cocktail Glass 雞尾酒杯	
C12-5	CS33 Vodka Espresso 義式伏特加	30ml Vodka 伏特加 30ml Espresso Coffee 義式咖啡 (7g) 15ml Crème de Café 咖啡香甜酒 10ml Sugar Syrup 果糖	Shake 搖盪法	Float Three Coffee Beans 3 粒咖啡豆	Old fashioned Glass 古典酒杯	
C13-6	CS38 Jalisco Expresso 墨西哥義式咖啡	30ml Tequila 特吉拉 30ml Espresso Coffee 義式咖啡 (7g) 30ml Kahlúa 卡魯哇咖啡香甜酒	Shake 搖盪法	Float Three Coffee Beans 3 粒咖啡豆	Old fashioned Glass 古典酒杯	
C15-6	CS42 Jolt'ini 震撼	30ml Vodka 伏特加 30ml Espresso Coffee 義式咖啡 (7g) 15ml Crème de Café 咖啡香甜酒	Shake 搖盪法	Float Three Coffee Beans 3 粒咖啡豆	Old fashioned Glass 古典酒杯	

琴酒

伏特加

蘭姆酒

威士忌

白蘭地

龍舌蘭

香甜酒

甘蔗酒

葡萄酒

義式咖啡

（續下頁）

（承上頁）

貳 以杯器皿分類背誦法

一、重要背誦口訣

1. 冰杯成品不見冰（6種）

馬丁尼杯 (Martini) 90ml	雞尾酒杯 (Cocktail) 125ml（±10ml）	大雞尾酒杯 (Cocktail) 180ml	酸酒杯 (Sour) 140ml（±10ml）
高腳香檳杯 (Flute) 150m l（±10ml）	白酒杯 (White Wine Glass) 130ml（±10ml）		

2. 成品加冰塊（6種）

可林杯 (Collins) 360ml（±5ml）	高飛球杯 (High Ball) 300ml（±5ml）	高飛球杯 (High Ball) 240ml（±5ml）	古典酒杯 (Old Fashioned) 240ml（±5ml）
瑪格麗特杯 (Margarita) 200ml（±10ml） （霜凍冰沙）	炫風杯 (Hurricane) 430ml（±10ml） （液態霜狀）		

3. 純飲

香甜酒杯 (Liqueur) 30ml (±2ml)	烈酒杯 (Shot) 60ml (±2ml)
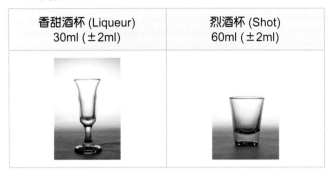	

4. 熱杯

托地杯 (Toddy) 240ml	愛爾蘭咖啡杯 (Irish Coffee Glass)

5. 最易犯錯的酒杯（對照組）

A. 高飛球杯 (High Ball)	B. 大雞尾酒杯 (Cocktail)、雞尾酒杯 (Cocktail)、馬丁尼杯 (Martini)
高飛球杯有 300ml 和 240ml 兩種，稍一不慎很容易拿錯，須特別注意！	從左到右容量分別為 180ml、125ml、90ml。

C. 白酒杯 (White Wine) 與酸酒杯 (Sour)	D. 高腳香檳杯 (Flute) 與白酒杯 (White Wine Glass)

E. 由左至右為馬丁尼杯、雞尾酒杯、大雞尾酒杯、酸酒杯、白酒杯、香檳杯	F. 由左至右為炫風杯、瑪格莉特杯、可林杯、高飛球杯 (300ml)、高飛球杯 (240ml)、古典酒杯

G. 香甜酒杯 (Liqueur) 與烈酒杯 (Shot)	H. 托地杯 (Toddy) 與愛爾蘭咖啡杯 (Irish Coffee Glass)

（續下頁）

372

（承上頁）

二、以杯器皿分類的調酒

器皿	飲品			
可林杯 (Collins) 360ml (±5ml)	Long Island Iced Tea 長島冰茶	John Collins 約翰可林	Apple Mojito 蘋果莫西多	Caravan 車隊
	Planter's Punch 拓荒者賓治	Cool Sweet Heart 冰涼甜心	Captain Collins 領航者可林	Viennese Espresso 義式維也納咖啡
	White Sangria 白色聖基亞	Singapore Sling 新加坡司令	Tropic 熱帶	Piña Colada 鳳梨可樂達
	Kiwi Batida 奇異果巴迪達			
香甜酒杯 (Liqueur) 30ml (±2ml)	Pousse Café 普施咖啡	Rainbow 彩虹酒	Angel's Kiss 天使之吻	
器皿	飲品			

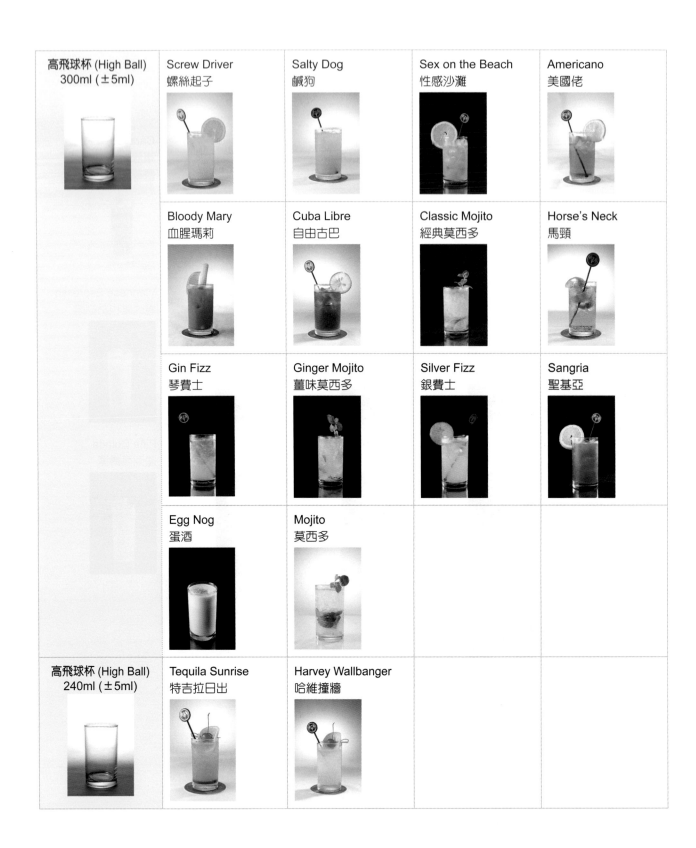

高飛球杯 (High Ball) 300ml（±5ml）	Screw Driver 螺絲起子	Salty Dog 鹹狗	Sex on the Beach 性感沙灘	Americano 美國佬
	Bloody Mary 血腥瑪莉	Cuba Libre 自由古巴	Classic Mojito 經典莫西多	Horse's Neck 馬頸
	Gin Fizz 琴費士	Ginger Mojito 薑味莫西多	Silver Fizz 銀費士	Sangria 聖基亞
	Egg Nog 蛋酒	Mojito 莫西多		
高飛球杯 (High Ball) 240ml（±5ml）	Tequila Sunrise 特吉拉日出	Harvey Wallbanger 哈維撞牆		

（續下頁）

（承上頁）

器皿	飲品			
古典酒杯 (Old Fashioned) 240ml（±5ml）) 	White Russian 白色俄羅斯 	Black Russian 黑色俄羅斯 	God Father 教父 	Caipirinha 卡碧尼亞 
	Old Fashioned 古典酒 	White Stinger 白醉漢（製作3杯） 	Stinger 醉漢 	Jack Frost 傑克佛洛斯特 
	Kamikaze 神風特攻隊 	Mai Tai 邁泰 	Vodka Espresso 義式伏特加 	Amaretto Sour 杏仁酸酒 
	Jalisco Expresso 墨西哥義式咖啡 	Jolt'ini 震撼 	Coffee Batida 巴迪達咖啡 (Blend) 	Brazilian Coffee 巴西佬咖啡 (Blend) 
酸酒杯 (Sour) 140ml（±10ml） 	Whiskey Sour 威士忌酸酒 			

（續下頁）

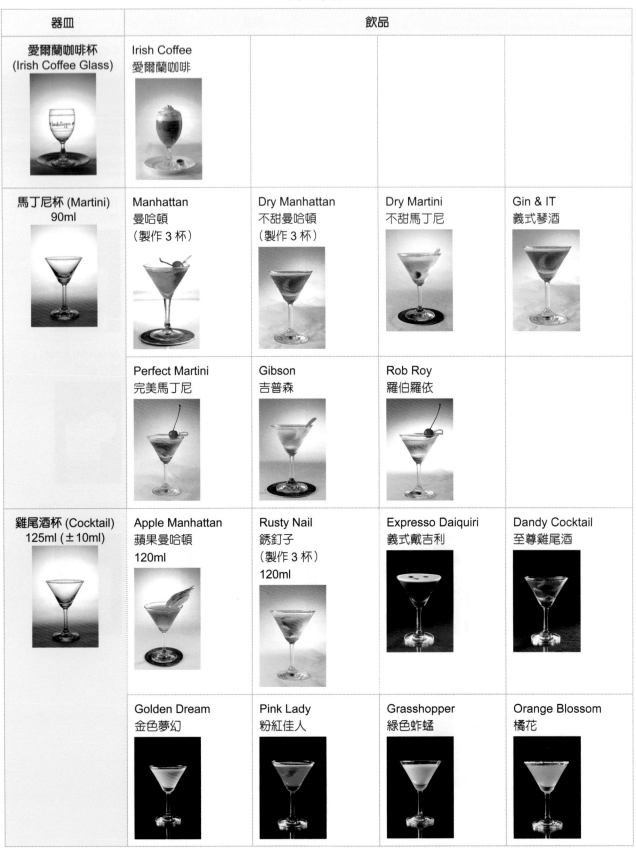

器皿	飲品			
愛爾蘭咖啡杯 (Irish Coffee Glass)	Irish Coffee 愛爾蘭咖啡			
馬丁尼杯 (Martini) 90ml	Manhattan 曼哈頓 （製作 3 杯）	Dry Manhattan 不甜曼哈頓 （製作 3 杯）	Dry Martini 不甜馬丁尼	Gin & IT 義式琴酒
	Perfect Martini 完美馬丁尼	Gibson 吉普森	Rob Roy 羅伯羅依	
雞尾酒杯 (Cocktail) 125ml (±10ml)	Apple Manhattan 蘋果曼哈頓 120ml	Rusty Nail 銹釘子 （製作 3 杯） 120ml	Expresso Daiquiri 義式戴吉利	Dandy Cocktail 至尊雞尾酒
	Golden Dream 金色夢幻	Pink Lady 粉紅佳人	Grasshopper 綠色蚱蜢	Orange Blossom 橘花

（續下頁）

（承上頁）

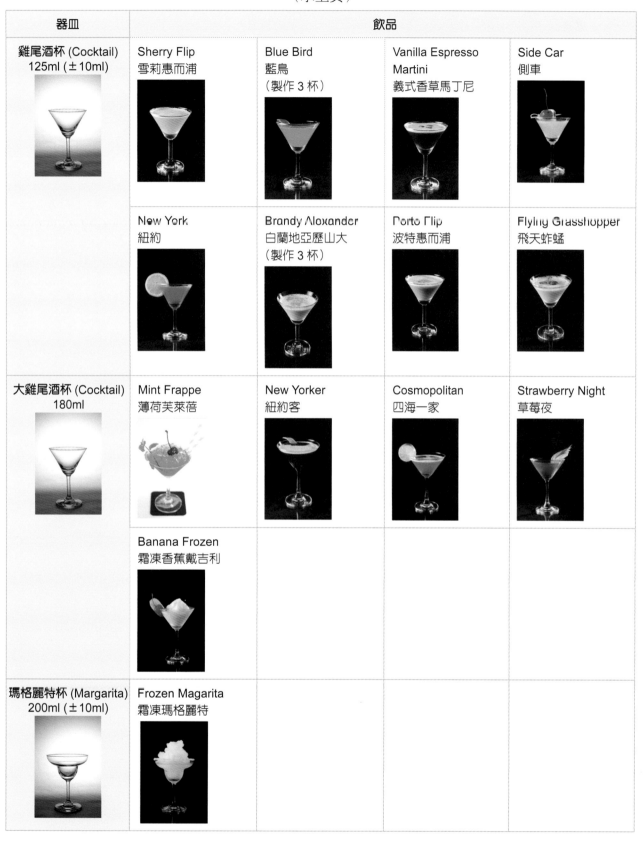

器皿	飲品			
雞尾酒杯 (Cocktail) 125ml（±10ml）	Sherry Flip 雪莉惠而浦	Blue Bird 藍鳥 （製作 3 杯）	Vanilla Espresso Martini 義式香草馬丁尼	Side Car 側車
	New York 紐約	Brandy Alexander 白蘭地亞歷山大 （製作 3 杯）	Porto Flip 波特惠而浦	Flying Grasshopper 飛天蚱蜢
大雞尾酒杯 (Cocktail) 180ml	Mint Frappe 薄荷芙萊蓓	New Yorker 紐約客	Cosmopolitan 四海一家	Strawberry Night 草莓夜
	Banana Frozen 霜凍香蕉戴吉利			
瑪格麗特杯 (Margarita) 200ml（±10ml）	Frozen Magarita 霜凍瑪格麗特			

（續下頁）

（承上頁）

器皿	飲品			
托地杯 (Toddy) 240ml (±10ml) 	Hot Toddy 熱托地	Negus 尼加斯	Frenchman 法國佬	
炫風杯 (Hurricane) 430ml (±10ml)	Banana Batida 香蕉巴迪達	Blue Hawaiian 藍色夏威夷佬		
烈酒杯 (Shot) 60ml (±2ml)	B-52 Shot B-52 轟炸機			
高腳香檳杯 (Flute) 150ml (±10ml)	Mimosa 含羞草	Bellini 貝利尼	Kir Royal 皇家基爾	
白酒杯 (White Wine Glass)	Kir 基爾			

（續下頁）

（承上頁）

以裝飾物分類背誦法

裝飾物	飲品			
檸檬片 Lemon Slice	Hot Toddy 熱托地	Cuba Libre 自由古巴	Silver Fizz 銀費士	Tropic 熱帶
檸檬角 Lemon Wedge	Kamikaze 神風特攻隊 （製作 3 杯）			
柳橙片 Orange Slice	Sex on the Beach 性感沙灘	New York 紐約	Screw Driver 螺絲起子	Sanger 聖基亞
柳橙片 + 檸檬片 Orange Slice+ Lemon Slice	Planter's Punch 拓荒者賓治	White Sangria 白色聖基亞		
萊姆片 Lime Slice	Cosmopolitan 四海一家			

裝飾物	飲品			
芹菜棒 + 檸檬角 Celery Stick+ Lemon Wedge 	Bloody Mary 血腥瑪麗 			
扭轉檸檬皮 Lemon Peel 	Long Island Iced Tea 長島冰茶 	Dry Manhattan 不甜曼哈頓 	Blue Bird 藍鳥 	Rusty Nail 銹釘子
柳橙皮 Orange Peel 	Jack Frost 傑克佛洛斯特 	New Yorker 紐約客 		
扭轉檸檬皮 + 柳橙皮 Lemon Peel+ Orange Peel 	Dandy Cocktail 至尊雞尾酒 			
扭轉檸檬皮 + 柳橙片 Lemon Peel+ Orange Peel 	Americano 美國佬 	Amaretto Sour 杏仁酸酒 		
檸檬螺旋皮 	Horse's Neck 馬頸 			

（續下頁）

（承上頁）

裝飾物	飲品			
櫻桃 cherry 	Manhattan 曼哈頓 （製作 3 杯） 	Rob Roy 羅伯羅依 	Angel's Kiss 天使之吻 	Caravan 車隊 
檸檬串櫻桃 	Side Car 側車 	Captain Collins 領航者可林 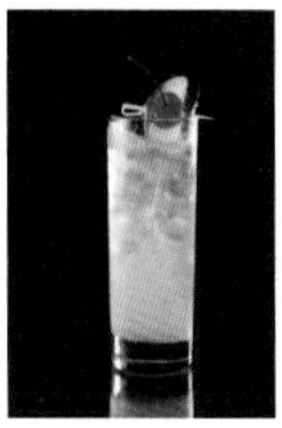	John Collins 約翰可林 	
柳橙串櫻桃 	Tequila Sunrise 特吉拉日出 	Harvey Wallbanger 哈維撞牆 		
1/2 柳橙片串櫻桃 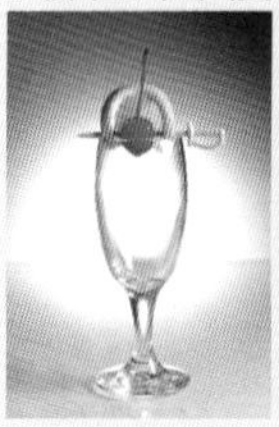	Whiskey Sour 威士忌酸酒 			
鳳梨串櫻桃 	Pina Colada 鳳梨可樂達 	Singapore Sling 新加坡司令 	Blue Hawaiian 藍色夏威夷佬 (Blend) 	Mai Tai 邁泰 
香蕉串櫻桃 	Banana Frozen 霜凍香蕉戴吉利 			

（續下頁）

裝飾物	飲品			
櫻桃 + 扭轉檸檬皮 cherry+Lemon Peel	Cool Sweet Heart 冰涼甜心	Perfect Martini 完美馬丁尼		
櫻桃 + 薄荷枝 cherry+Mint Sprig	Mint Frappe 薄荷芙萊蓓			
柳橙片 + 櫻桃 + 檸檬皮	Old Fashioned 古典酒			
薄荷枝 Mint Sprig	Mojito 莫西多	Stinger 醉漢	Ginger Mojito 薑味莫西多	Classic Mojito 經典莫西多
	Apple Mojito 蘋果莫西多	Flying Grasshopper 飛天蚱蜢		

（續下頁）

（承上頁）

裝飾物	飲品			
手搖碎冰 	Mojito 莫西多  	Caipirinha 卡碧尼亞  	Ginger Mojito 薑味莫西多  	Classic Mojito 經典莫西多 
	Apple Mojito 蘋果莫西多 			
蘋果塔 Apple Tower 	Apple Manhattan 蘋果曼哈頓  	Strawberry Night 草莓夜  		
紅心橄欖 Stuffed Olive 	Dry Martini 不甜馬丁尼  			
小洋蔥 Onion 	Gibson 吉普森  			
香蕉 Banana 	Banana Batida 香蕉巴迪達 (Blend)  	Banana Frozen 霜凍香蕉戴吉利  		

（續下頁）

（承上頁）

裝飾物	飲品			
奇異果 Kiwi Slice 	Kiwi Batida 奇異果巴迪達 			
糖口杯 Sugar Rimmed 	Orange Blossom 橘花 （製作 3 杯） 			
鹽口杯 Salt Rimmed 	Frozen Magarita 霜凍瑪格麗特 (frozen) 	Salty Dog 鹹狗 		
3 粒咖啡豆 Float Three Coffee Beans 	Brazilian Coffee 巴西佬咖啡 	Vodka Espresso 義式伏特加 	Coffee Batida 巴迪達咖啡 	Expresso Daiquiri 義式戴吉利 
	Jalisco Expresso 墨西哥義式咖啡 	Viennese Espresso 義式維也納咖啡 	Vanilla Espresso Martini 義式香草馬丁尼 	Jolt'ini 震撼 

（續下頁）

（承上頁）

裝飾物	飲品			
肉桂粉 Cinnamon Powder 	Hot Toddy 熱托地 			
荳蔻粉 Nutmog Power 	Brandy Alexander 白蘭地亞歷山大 （製作 3 杯） 	Egg Nog 蛋酒 	Negus 尼加斯 	Porto Flip 波特惠而浦
可可粉 CacaoPowder 	Flying Grasshopper 飛天蚱蜢 （製作 3 杯） 	Irish Coffee 愛爾蘭咖啡 		

（續下頁）

肆 相似題

一、曼哈頓系列

題序	飲料名稱	成分	調製法	裝飾物	杯器皿	成品圖
C1-3	CST01 Manhattan 曼哈頓 （製作 3 杯）	45ml Bourbon Whiskey 　波本威士忌 15ml Rosso Vermouth 　甜味苦艾酒 Dash Angostura Bitters 　安格式苦精（少許）	Stir 攪拌法	Cherry 櫻桃	Martini Glass 馬丁尼杯	
C3-2	CST02 Dry Manhattan 不甜曼哈頓 （製作 3 杯）	45ml Bourbon Whiskey 　波本威士忌 15ml Dry Vermouth 　不甜苦艾酒 Dash Angostura Bitters 　安格式苦精（少許）	Stir 攪拌法	Lemon Peel 檸檬皮	Martini Glass 馬丁尼杯	
C15-4	CST06 Apple Manhattan 蘋果曼哈頓	30ml Bourbon Whiskey 　波本威士忌 15ml Sour Apple Liqueur 　青蘋果香甜酒 15ml Triple Sec 　白柑橘香甜酒 15ml Rosso Vermouth 　甜苦艾酒	Stir 攪拌法	Apple Tower 蘋果塔	Cocktail Glass 雞尾酒杯	

二、紐約系列

題序	飲料名稱	成分	調製法	裝飾物	杯器皿	成品圖
C13-1	CS35 New York 紐約	45ml Bourbon Whiskey 　波本威士忌 15ml Fresh Lime Juice 　新鮮萊姆汁 10ml Sugar Syrup 　果糖 10ml Grenadine Syrup 　紅石榴糖漿	Shake 搖盪法	Orange Slice 柳橙片	Cocktail Glass 雞尾酒杯	
C14-2	CS39 New Yorker 紐約客 （製作 3 杯）	45ml Bourbon Whisky 　波本威士忌 45ml Red Wine 　紅葡萄酒 15ml Fresh Lemon Juice 　新鮮檸檬汁 15ml Sugar Syrup 　果糖	Shake 搖盪法	Orange Peel 柳橙皮	Cocktail Glass 雞尾酒杯（大）	

三、Mojito 莫西多系列

題序	飲料名稱	成分	調製法	裝飾物	杯器皿	成 品 圖
C2-6	CBU03 Mojito 莫西多	45ml White Rum 白蘭姆酒 15ml Fresh Lime Juice 新鮮萊姆汁 1/2 Fresh Lime Cut Into 　4 Wedges 新鮮萊姆切成 4 塊 12 Fresh Mint Leaves 新鮮薄荷葉 8g Sugar 糖包 Top with Soda Water 蘇打水 8 分滿 Crushed Ice 適量碎冰	Muddle 壓榨法 Build 直接 注入法	Mint Sprig 薄荷枝	Highball Glass 高飛球杯	
C14-1	CBU20 Apple Mojito 蘋果莫西多	45ml White Rum 白色蘭姆酒 30ml Fresh Lime Juice 新鮮萊姆汁 15ml Sour Apple Liqueur 青蘋果香甜酒 12 Fresh Mint Leaves 新鮮薄荷葉 Top with Apple Juice 蘋果汁 8 分滿 Crushed Ice 適量碎冰	Muddle 壓榨法 Build 直接 注入法	Mint Sprig 薄荷枝	Collins Glass 可林杯	
C4-4	CS10 Ginger Mojito 薑味莫西多	45ml White Rum 白蘭姆酒 3 Slices Fresh Root Ginger 嫩薑 12 Fresh Mint Leaves 新鮮薄荷葉 15ml Fresh Lime Juice 新鮮萊姆汁 8g Sugar 糖包 Top with Ginger Ale 薑汁汽水 8 分滿 Crushed Ice 適量碎冰	Muddle 壓榨法 Build 直接 注入法	Mint Sprig 薄荷枝	Highball Glass 高飛球杯	
C10-3	CS27 Classic Mojito 經典莫西多	45ml Cachaça 甘蔗酒 30ml Fresh Lime Juice 新鮮萊姆汁 1/2 Fresh Lime Cut Into 4 　Wedges 新鮮萊姆切成 4 塊 12 Fresh Mint Leaves 新鮮薄荷葉 8g Sugar 糖包 Top with Soda Water 蘇打水 8 分滿 Crushed Ice 適量碎冰	Muddle 壓榨法 Build 直接 注入法	Mint Sprig 薄荷枝	Highball Glass 高飛球杯	

四、電動攪拌咖啡系列

題序	飲料名稱	成分	調製法	裝飾物	杯器皿	成品圖
C5-3	CB02 Coffee Batida 巴迪達咖啡	30ml Cachacs 甘蔗酒 30ml Expresso Coffee 義式咖啡 (7g) 30ml Crème de cafe 咖啡香甜酒 10ml Sugar Syrup 果糖	Blend 電動 攪拌法	Float Three Coffee Beans 3 粒咖啡豆	Old Fashioned Glass 古典酒杯	
C8-4	CB03 Brazilian Coffee 巴西佬咖啡	30ml Cachaça 甘蔗酒 30ml Espresso Coffee 義式咖啡 (7g) 30ml Cream 奶精 15ml Sugar Syrup 果糖	Blend 電動 攪拌法	Float Three Coffee Beans 3 粒咖啡豆	Old Fashioned Glass 古典酒杯	

五、可林系列

題序	飲料名稱	成分	調製法	裝飾物	杯器皿	成品圖
C5-4	CS09 Captain Collins 領航者可林	30ml Canadian Whisky 加拿大威士忌 30ml Fresh Lemon Juice 新鮮檸檬汁 10ml Sugar Syrup 果糖 Top with Soda Water 蘇打水 8 分滿	Shake 搖盪法	Lemon Slice 檸檬片 Cherry 櫻桃	Collins Glass 可林杯	
C8-6	CBU14 John Collins 約翰可林	45ml Bourbon Whiskey 波本威士忌 30ml Fresh Lemon Juice 新鮮檸檬汁 15ml Sugar Syrup 果糖 Top with Soda Water 蘇打汽水 8 分滿 Dash Angostura Bitters 安格式苦精（少許）	Build 直接注 入法	Lemon Slice 檸檬片 Cherry 櫻桃	Collins Glass 可林杯	

第五篇 學科試題解答

20600　飲料調製乙級

工作項目 01：飲務作業

(③) 1. 美式酒吧度量衡中 One Jigger 指的是　① 3 cl　② 3.5 cl　③ 4.5 cl　④ 5 cl。
解析 4.5cl = 45ml。

(③) 2. 顧客點了一杯 Double Vodka Lime On the Rocks，調製時　① Vodka & Lime Juice Double Shot　② Lime Juice Double Shot　③ Vodka Double Shot　④ Ice Cube Double Up。
解析 Double Vodka Lime On the Rocks：雙倍伏特加萊姆汁正常。

(①) 3. 每杯 Vodka 單價 $160，二位顧客各點一杯 Triple Vodka Martini，結帳時不含服務費合計應付　① 960 元　② 860 元　③ 640 元　④ 320 元。
解析 163x3=480，480x2=960。

(③) 4. 以下哪一種雞尾酒屬於 Layer Drink ？　① White Russian　② Singapore Sling　③ B-52　④ Angels Tip。
解析 Layer Drink：分層法，① Build 直注法② Shake 搖盪法③ Layer ④ Layer

(②) 5. 標準 Boston Shaker 其內杯容量多為？　① 50 ml　② 50 cl　③ 30 ml　④ 30cl。
解析 50cl=500ml。

(③) 6. Fizz 類的雞尾酒，最後須加入的 Carbonated Water 為　① Lemonade　② Root Beer　③ Club Soda　④ Ginger Ale。
解析 Carbonated Water：碳酸飲料，① 檸檬水② 沙士③ Club Soda：蘇打水④ 薑汁水

(③) 7. 吧檯的 Set up 作業時，無法預先準備的裝飾物是　① Sliced Lime　② Lime Wedge　③ Lime Twist　④ Paper Umbrella。
解析 檸檬皮須當場切割做 Twist 將皮油噴灑。

(③) 8. 職業檢定中，吧檯作業切裝飾物的小刀長度應為　① 5-8 公分　② 9-10.5 公分　③ 12-15 公分　④ 16-20 公分。

(①) 9. 酒吧中的裝飾物，何者宜使用原來瓶內的汁液浸漬在 Garnish Box 中，以保持其色澤亮麗？　① Maraschino Cherry　② Lime Wedge　③ Lime Twist　④ Lime Peel。
解析 ① 櫻桃② 萊姆③ 扭轉萊姆皮④ 萊姆皮

(③) 10. Frozen 會用到的調酒工具為　① Boston Shaker　② Ice Crusher　③ Blender　④ Stirrer。
解析 ③ 電動攪拌器

(②) 11. Hot Cocktail 會用到的酒杯是　① Shot Glass　② Toddy Glass　③ Hurricane　④ Beer Mug。
解析 ① 純飲杯② 托地杯③ 颶風杯④ 啤酒杯

(①) 12. Last Call 之後，應先要做　① 整理帳單準備結帳　② 提醒顧客打烊時間　③ 關冷氣、關音樂、亮燈　④ 收拾桌面。
解析 Last Call：最後點單。

(②) 13. 調酒中用於搗碎水果的攪拌棒英文為　① Bar Spoon　② Muddler　③ Zester　④ Straw。
解析 ① 吧叉匙③ 刮皮刀④ 吸管

(③) 14. 特濃義式濃縮咖啡的原文為　① Espresso Solo　② Espresso Doppio　③ Espresso Ristretto

④ Epresso Lungo。

(①) 15. 下列哪一種咖啡香甜酒產源自於牙買加？ ① Tia Maria ② Kahula ③ Creme de Cafe ④ Creme de Cacao。

解析 ②墨西哥③法國④法國

(②) 16. 龍舌蘭酒在橡木桶中存放一年以上，稱爲陳年龍舌蘭，原文標示爲 ① Blanco ② Añejo ③ Reposado ④ Joven。

解析 ①半年③一年④無年份

(④) 17. 以蜂蜜、柳橙皮、香草等原料和愛爾蘭威士忌混合而成的蜂蜜香甜酒，爲下列何者？ ① Drambuie ② Grand Marnier ③ Southern Comfort ④ Irish Mist。

解析 ①蜂蜜酒②香橙干邑香甜酒③南方安逸香甜酒

(④) 18. 關於酒精飲料的敘述，下列何者錯誤？ ① 啤酒中所加入的啤酒花，具有凝結蛋白質以及增加香氣等功能 ② 琴酒中的杜松子具有利尿、解熱等功能 ③ 蘇格蘭威士忌用的麥芽常以泥煤 (Peat) 烘乾，故酒中帶有煙燻泥煤味 ④ 俄羅斯所生產的 Grappa 是以葡萄渣爲原料。

解析 ④義大利

(②) 19. 酒吧檯內的工作檯高度，一般多爲幾公分？ ① 50 ② 75 ③ 100 ④ 125。

(③) 20. 酒吧調酒員每天上班後，營業前首要任務是 ① 檢視採購報表 ② 檢視營業月報表 ③ 檢視營業日報表 ④ 檢視庫存月報表。

(④) 21. 大廳酒廊今天的營業額爲 90,750 元（其中餐食收入 30,000 元，酒水收入 52,500 元，服務費收入 8,250 元），假設酒水成本爲 10,000 元，目前政府加值營業稅 5%，請問大廳酒廊真正的酒水成本率爲多少？ ① 11.02% ② 17.4% ③ 19.05% ④ 20%。

(④) 22. Cocktail Lounge 今天的酒水營業額收入 60,000 元，服務費收入 6,000 元，雜項收入 4,000 元，政府加值營業稅 5%，假設酒水成本爲 10,286 元，請問 Cocktail Lounge 真正的酒水成本率爲多少？ ① 14.69% ② 15.58% ③ 17.14 % ④ 18%。

(③) 23. 下列有關 Open Bar 的正確作業程式爲何？ ① 按開單→點酒→調製→結帳 ② 按密碼→開單→調製→結帳 ③ 按點酒→開單→調製→結帳 ④ 按帳號→開單→調製→結帳。

解析 Open Bar：開放或開業中酒吧。

(②) 24. 下列有關酒吧檯調酒操作步驟何者最佳？ ① 準備材料→量取用酒→取用冰塊→準備杯皿 ② 認識配方→準備杯皿→準備裝飾→準備材料 ③ 準備杯皿→認識配方→量取用酒→取用冰塊 ④ 認識配方→準備裝飾→取用冰塊→量取用酒。

(②) 25. Maraschino 是一種 ① 柑橘酒 ② 櫻桃酒 ③ 草莓酒 ④ 水蜜桃酒。

解析 Maraschino 是以櫻桃白蘭地經過陳年，稀釋加糖再製而成的香甜酒。

(①) 26. Pastis 是生產於法國的哪一種香甜酒？ ① 茴香酒 ② 覆盆子酒 ③ 柑橘酒 ④ 李子酒。

(②) 27. 瑞典最有名的蒸餾酒是 ① Vodka ② Akvavit ③ Cachaca ④ Rum。

解析 ①伏特加②阿誇維特酒③甘蔗酒④蘭姆酒

(④) 28. 啤酒的釀造方法並沒有採用下列哪一種方法？ ① 上醱酵法 ② 下醱酵法 ③ 瓶中醱酵法 ④ 後醱酵法。

(①) 29. Barbado 以生產下列何種蒸餾酒聞名？ ① Rum ② Vodka ③ Gin ④ Cachaca。

(④) 30. 威士忌的風味與特色，主要是由下列哪個因素所建立的？ ①原料 ②酵母菌 ③蒸餾方式 ④橡木桶陳年過程。

(②) 31. 大麥種子中的澱粉量愈多，釀造 Whisky 時就會 ①使口感更柔順 ②產生更多的酒精 ③增加色澤的濃度 ④口感較為辛辣。

(②) 32. Scotch Whisky 在裝桶陳年之前的新酒，必須 ①直接裝桶陳年 ②加水稀釋至 63.5% Alc 後裝桶陳年 ③加水稀釋至 75.5% Alc 後裝桶陳年 ④加水稀釋至 85.5% Alc 後裝桶陳年。

(①) 33. Grappa 的主要生產國家是 ①義大利 ②西班牙 ③法國 ④德國。

(③) 34. 美國於何時開始實施禁酒令？ ①西元 1900 年 ②西元 1910 年 ③西元 1920 年 ④西元 1930 年。

(①) 35. Scotch Whisky 的發酵時間若太長，除有滋生細菌的隱憂，並會產生哪種酸，影響到最後的風味？ ①乳酸 ②檸檬酸 ③蘋果酸 ④酒石酸。

(②) 36. Bourbon Whiskey 發酵過程前，一般酵母菌會事先培養多久，再加到發酵槽中？ ①12 小時 ②24 小時 ③36 小時 ④48 小時。

(①) 37. 下列哪一種 Tequila 在釀造時，可以加入 1% 以內的焦糖著色？ ①Joven ②Reposado ③Añejo ④Blanco。

(③) 38. Cognac 必須在何時蒸餾完畢？ ①第二年的 1 月底 ②第二年的 2 月底 ③第二年的 3 月底 ④第二年的 4 月底。

(②) 39. 法文的 Alcohol Blanc 意思是指 ①白色的蒸餾酒 ②無色透明的白蘭地 ③白色的威士忌 ④無色透明的伏特加。

(①) 40. 在國內銷售量最少的 Scotch Whisky 是 ①Single Grain Scotch Whisky ②Single Malt Scotch Whisky ③Pure Malt Scotch Whisky ④Blended Scotch Whisky。

(④) 41. Scotch Whisky 中以三角形酒瓶聞名的是下列哪一個品牌？ ①Dewars ②Cutty Sark ③Long John ④Dimple。

(①) 42. Scotch Whisky 中的 Swing 是屬於何種品牌的系列產品？ ①Johnnie Walker ②Chivas Regal ③J&B ④Langs。

(④) 43. Bunnahabhain 以生產 Single Malt 聞名，請問其產地位於 ①Highland ②Lowland ③Speyside ④Islay。

(②) 44. 下列哪一個廠牌的酒不是生產於 Cognac？ ①A.E. DoR ②Napoleon ③Courvoisier ④Otard。

(①) 45. 自西元 1830 年就使用倫敦市郊的地下泉水釀造的 Gin 是哪一個廠牌？ ①Tanqueray ②Beefeater ③Gordons ④Old Tom。

(③) 46. 北歐最有名的 Aquavit 是一種藥草蒸餾酒，其主要原料是 ①葡萄 ②大麥 ③馬鈴薯 ④稞麥。

(④) 47. 下列哪一瓶是墨西哥的 Mezcal 酒？ ①Sauza ②Two Fingers ③Ole ④Monte Alban。

(①②③) 48. 關於法國葡萄酒的標籤，下列敘述何者是正確的？ ①「Château」會出現在 Burgundy 的酒標上 ② 一般而言，標示 Médoc 比標示 Bordeaux 等級爲高 ③ AOP 是指法定產區的品質標示 ④ 頂級葡萄園 Grand Cru 不會出現在 Bordeaux 的酒標上。

(①③) 49. 下列何者是西班牙所生產的酒？ ① Rioja ② Grappa ③ Sherry ④ port。
解析 ② 義大利④ 葡萄牙

(①②③) 50. 下列何者屬於茴香酒？ ① 法國的 Ricard ② 土耳其的 Raki ③ 希臘的 Ouzo ④ 義大利的 Galliano。

(①②③) 51. 下列何者屬於柑橘類香甜酒？ ① Curacao ② Grand Marnier ③ Mandarine ④ Maraschino。

(①③) 52. 下列何者是無色透明的酒？ ① Grappa ② Tequila Reposado ③ Aquavit ④ Absinthe。

(②④) 53. 關於波特酒的敘述，下列何者正確？ ① Ruby Port 比 Tawny Port 的酒齡爲長 ② White Port 是以白葡萄釀製而成，多爲不甜的波特酒，可當飯前酒 ③ 較晚裝瓶的 LBV Port 是指在橡木桶陳年的時間較短 ④ Port 源自 Porto、Oporto 是出口港的名稱。

(①③④) 54. 下列哪些雞尾酒是以 Cachaca 做爲基酒？ ① Caipirinha ② Mojito ③ Banana Batida ④ Classic Mojito。
解析 Cachaca：甘蔗酒，① 卡碧尼亞② 莫西多，White Rum 白測蘭姆酒爲基酒。③ 香蕉巴迪達④ 經典莫西多

(①③) 55. 下列哪些雞尾酒是使用 Flute Glass？ ① Kir Royal ② Golden Rico ③ Mimosa ④ Kir。

(①③) 56. 下列哪些雞尾酒是屬於 shot drinks？ ① Pousse-cafe ② margarita ③ B-52 ④ Porto Flip。
解析 ① 普施咖啡② 瑪格莉特③ B52 轟炸機④ 波特惠而普

(①②③) 57. 下列哪些雞尾酒是以搖盪法 (shake) 調製？ ① Side Car ② Tropic ③ Gin Fizz ④ Gibson。

(①②④) 58. 下列哪些雞尾酒適合當做餐前酒？ ① Martini ② Mimosa ③ Rust Nail ④ Americano。

(②③) 59. 下列何者是法國波爾多地區的葡萄品種？ ① Gamay ② Cabernet Sauvignon ③ Merlot ④ Syrah。
解析 ② 卡本岡蘇維翁③ 美洛④ 希哈

(①②④) 60. 下列哪些村莊 (Sub-regions) 是位於法國波爾多的 Médoc 地區？ ① Margaux ② Pauillac ③ Graves ④ st-Julien。

(②④) 61. 法國葡萄酒的標籤上，產區標示分別爲 Bordeaux、Médoc、Margaux，試問一般而言，何者的等級爲高？ ① Bordeaux 高於 Médoc ② Margaux 高於 Médoc ③ Médoc 高於 Margaux ④ Margaux 高於 Bordeaux。

(①②③) 62. 下列何種酒是產於義大利？ ① Asti Spumante ② Chianti ③ Grappa ④ Aquavit。

(①③④) 63. 關於美國威士忌，下列敘述何者是正確的？ ① Bourbon Whiskey 的原料中必須含 51% 以上的玉米 ② Corn Whiskey 的原料中必須含 70% 以上的玉米 ③ Rye Whiskey 的原料中必須含 51% 以上的裸麥 ④ Light Whiskey 蒸餾出的酒精濃度需 80% 以上。

(①②④) 64. 下列哪些酒適合飯後飲用？ ① Sauternes ② Cream Sherry ③ Campari ④ Ruby Port。
解析 ① 蘇玳甜白酒② 甜雪莉③ 金巴利屬餐前酒④ 波特酒

(①③④) 65. 關於德國葡萄酒，下列敘述何者是正確的？ ① 主要品種爲 Riesling ② 酒標上若出現品種名稱，表示該酒至少使用該品種 75% 以上 ③ 等級分類是依據葡萄的糖度 ④ 葡萄

酒瓶多屬球棒型，又稱之爲削肩型酒瓶。

(①②④) 66. 關於雞尾酒的基酒，下列何者正確？ ① Golden Rico-Vodka ② Stinger -Brandy ③ Kamikaze-Light Rum ④ Blue Bird-Gin。

解析 ① 金色黎各 - 伏特加 ② 醉漢 - 白蘭地 ③ 神風特攻隊 - 伏特加 ④ 藍鳥 - 琴酒

(③④) 67. 關於雞尾酒與杯子的搭配，下列何者正確？ ① Mojito-Collins ② New York-Old Fashioned ③ Blue Hawaii-Hurrican ④ Bellini-Flute。

(①③) 68. 下列何者屬於 Floating Drink？ ① Mai Tai ② Rainbow ③ White Russian ④ Porto Flip。

(①③④) 69. 下列何者屬於台灣菸酒公司玉山系列的高粱酒類？ ① 茅臺酒 ② 玉露酒 ③ 大武醇 ④ 二鍋頭。

(②③④) 70. 下列哪些雞尾酒，其基酒與調製方法的對應是錯誤的？ ① Black Russian-Vodka-Build ② Daiquiri-White Rum-stir ③ Horses's Neck-Gin-Build ④ Americano-Brandy-Build。

(①②③) 71. 下列哪些雞尾酒的 Garnish 是 Nutmeg Powder？ ① Egg Nog ② Porto Flip ③ Negus ④ Caipirinha。

工作項目 02：酒單設計

(①) 1. 下列何者爲酒單規劃的主要目的 ① 滿足顧客、達成營運目標 ② 謹守傳統調酒方式不需創新 ③ 依調酒員手藝與個人理念規劃 ④ 配合酒商規劃酒單。

(④) 2. 酒單設計時，應優先考慮 ① 堅守專業，謹守傳統 ② 堅守調酒員手藝與個人理念 ③ 品味取向、高價爲主 ④ 名符其實、物有所值。

(③) 3. 實體酒單設計時，依菸害防制法，頁尾須加註 ① 10% 服務費 ② 公司理念 ③ 應明顯標示「飲酒過量，有害健康」或其他警語 ④ 公司地址。

(①) 4. 下列哪一種酒不應歸類於開胃酒 ① Cognac ② Rosso Vermouth ③ Dubonnet ④ Campari。

解析 ① 餐後酒 ② 甜艾酒 ③ 多寶力 ④ 金巴利

(①) 5. 以下何種飲料應列於 Mocktail？ ① Virgin Pina Coloda ② Mojito ③ Around the World ④ Sangria。

解析 Mocktail：無酒精雞尾酒，① 純眞鳳梨可樂達 ② 莫西多 ③ 環遊世界 ④ 桑格莉亞

(②) 6. 酒精度由強到弱歸類酒單，以下排序何者正確？ 甲：Wild Turkey Manhattan 乙：Kamikaze Straight Up 丙：Frozen Daiquiri 丁：Mimosa ① 丁＞甲＞丙＞乙 ② 甲＞乙＞丙＞丁 ③ 乙＞甲＞丙＞丁 ④ 丁＞乙＞丙＞甲。

(③) 7. 以下何者不是酒單中整瓶酒常見的歸類方式？ ① 以區域排列 ② 以價位排列 ③ 按字母從 A~Z 依序排列 ④ 以國家排列。

解析 ③ 只適用於雞尾酒

(③) 8. 以下何者不是雞尾酒單歸類常見的方式？ ① 以杯形分類 ② 以價位排列 ③ 以原產國分類 ④ 以調酒方式排列。

(②) 9. 酒單中以下何者不應歸類爲 Collins 雞尾酒？ ① Singapore Sling ② Cosmopolitan ③ Long Island Iced Tea ④ Boston Cooler。

(①) 10. 傳統雞尾酒，以下何者不會用 Cocktail Glass 盛裝？ ① Layer Drinks ② Martini ③ Side car ④ Bacardi Cocktail。

解析 ① 分層飲料② 馬丁尼③ 側車④ 百佳得雞尾酒

(③) 11. 酒單中以下何者**不應**歸類為 High Ball 雞尾酒？ ① Gin Rickey ② Cuba Liberty ③ Martini on the Rocks ④ Mizuwari。

解析 High Ball 屬長飲，③ 屬短飲。

(③) 12. 酒單中以下何者**不應**歸類為 High Ball 雞尾酒？ ① Apricot Fizz ② Moscow Mule ③ Fifty Fifty Cocktail ④ Harvey Wall Banger。

(②) 13. 酒單中以下何者**不應**歸類為 High Ball 雞尾酒？ ① Tequila Sun Rise ② Vodka Gimlet ③ Irish Rickey ④ Zombie。

(①) 14. 酒單中，以下何者**不應**歸類為 Shooter？ ① Long Island Iced Tea ② Angels Kiss ③ Tequila on ④ B-52。

解析 Shooter：即飲、純飲，① 長島冰茶為長飲

(①) 15. 顧客點一杯 Gin Tonic，調酒員在沒有特殊促銷條件下，應使用 ① House Brand ② Beefeater ③ Bombay ④ Tanqueray。

(④) 16. 飲務經理在沒有特殊促銷條件下，整瓶 Gin 的訂價何者應為最高？ ① Gilbey ② Beefeater ③ Gordon ④ Tanqueray。

(④) 17. 飲務經理在沒有特殊促銷條件下，整瓶 Vodka 的訂價何者應為最高？ ① Skyy ② Absolut ③ Smirnoff ④ Belvedere。

(②) 18. 飲務經理在沒有特殊促銷條件下，整瓶龍舌蘭酒的訂價何者最高？ ① Jose Cuervo ② Don Julio ③ Sauza ④ Mezcal Del Maguey with Worm。

(①) 19. 酒瓶陳列也是酒單設計中的一環，Display 以何種方式成本最低？ ① Liqueur 種類多 ② Cognac 品牌多 ③ Premier Blended Scotch 多 ④ Single Malt Scotch 多。

解析 ① 利口酒② 干邑④ 單一麥芽威士忌

(②) 20. 酒瓶陳列也是酒單設計中的一環，Display 以何種方式成本最高？ ① Liqueur 種類多 ② Cognac XO 品牌多 ③ Blended Scotch 多 ④ Bourbon 多。

解析 Display：陳列，① 利口酒② XO 為頂級干邑③ 調和蘇格蘭④ 波本

(④) 21. 酒瓶陳列也是酒單設計中的一環，Display 以何種方式成本最高？ ① Liqueur 種類多 ② Bourbon 品牌多 ③ Well Blended Scotch 多 ④ Vintage Single Malt Scotch 多。

(①) 22. 酒單中 Whisky 應以哪個產地占多數，以迎合市場需求？ ① Scotch ② Bourbon ③ Canadian ④ Japanese。

解析 ① 蘇格蘭② 波本③ 加拿大④ 日本

(①) 23. 以下酒單中，哪個品牌**不是** Scotch？ ① I.W.Harper ② Famous Grouse ③ Black & White ④ 1801。

解析 ① 美國威培② 威雀③ 黑牌與白牌④ 起瓦士

(②) 24. 以下酒單中，哪個品牌**不是** Scotch？ ① Chivas Regal ② Heaven Hill ③ Johnnie Walker ④ White Horse。

(③) 25. 以下酒單中，哪個品牌**不是** Scotch？ ① Royal Salute Ruby ② Dimple ③ Jameson ④ Old Parr。

(③) 26. 以下酒單中，哪個品牌**不是** Scotch？ ① White Label ② Dimple ③ Royal Crown ④ Grants。

（　②　）27. 以下酒單中，哪個品牌不是 Scotch Single Malt？　① Glenlivet　② Johnnie Walker Green Label　③ Glenfiddich　④ Glenmorangie。

解析 Single Melt：單一麥芽，①格蘭利威純麥②約翰走路綠牌為調和威士忌③格蘭菲迪④格蘭傑

（　①　）28. 以下酒單中，哪個品牌不是 Scotch Single Malt？　① Famous Grouse　② Bowmore　③ Balvenie　④ Macallan。

（　③　）29. 以下酒單中，哪個品牌不是 Cognac？　① Hennessy　② Remy Martin　③ Chabot　④ Otard。

（　③　）30. 以下酒單中，哪個品牌不是 Cognac？　① Courvoisier　② Camus　③ Samalens　④ Martell。

（　②　）31. 以下酒單中，以 Scotch 產區來區分由北（高緯度）到南（低緯度）排列何者正確？甲：Islay 乙：Glasgow 丙：Speyside 丁：North Highland　① 甲丁乙丙　② 丁丙乙甲　③ 丙甲丁乙　④ 乙丁甲丙。

解析 甲：愛雷島、乙：格拉斯哥、丙：詩貝塞區、丁：北高地

（　③　）32. 以下哪一瓶酒比較適合單杯賣 (Sale By Glass)？　① Macallan 18 Double Oak　② Hennessy Paradis　③ Famous Grouse Pure Malt　④ Louis XIII。

（　①　）33. 以下哪一瓶酒是 American Blended Whiskey？　① Seagrams 7 Crown　② Jack Daniel　③ Jim Beam　④ Old Grand Dad。

（　④　）34. 以下哪一瓶酒是不屬於飯後酒？　① Irish Mist　② Midori　③ Baileys　④ Chablis。

（　④　）35. 以下哪一杯雞尾酒不適合當飯後酒？　① Rainbow　② B-52　③ Russian Bear　④ Black Velvet。

解析 ①彩虹酒②B52 轟炸機③俄羅斯熊④紅絲絨，①②③屬飯後酒。

（　③　）36. 全球出口之 Champagne，目前占有率最高的品牌是　① Bell Epque　② Bollinger　③ Moet & Chandon　④ Lanson。

（　②　）37. 全球市占率最高的 Champagne 其糖度類別為　① Doux　② Brut　③ Demi-Sec　④ Sec。

（　②　）38. Champagne 中含有糖分 1% 稱為　① Doux　② Brut　③ Demi-Sec　④ Sec。

（　②　）39. 以下何種葡萄酒不是 Dessert Wine？　① Malaga　② Don Fino　③ Twany Port　④ Eiswein。

（　①　）40. 玉泉紅葡萄酒是採用下列哪一種葡萄釀造而成？　① Cabernet Sauvignon　② Pinot Noir　③ Zinfandel　④ Gamay。

解析 ①卡本內蘇維翁②黑皮諾③金芬黛④嘉美

（　①　）41. 俗稱 The Heart of Cocktail 的基酒是　① Gin　② Vodka　③ Whisky　④ Tequila。

解析 琴酒別稱為「雞尾酒的心臟」。

（　④　）42. Sloe Gin 於酒單中應歸類為　① Dutch Gin　② London Dry Gin　③ Plymouth Gin　④ Liqueur。

解析 Sloe Gin：黑醋栗杜松子酒屬利口酒，①荷蘭琴酒②倫敦琴酒③普利萊斯琴酒④利口酒

（　③　）43. 主要的產地為 Jamaica、Cuba、Porto Rico 等西印度群島的烈酒是　① Tequila　② Pulque　③ Rum　④ Lime。

（　①　）44. 下列哪一種 Tequila 在釀造時，可以加入檸檬、甘蔗等其他材料加以調味？　① Joven　② Reposado　③ Añejo　④ Blanco。

（　②　）45. 一般市售 Cognac 的酒精度約為　① 36%　② 40%　③ 47%　④ 43%。

解析 干邑白蘭地屬蒸餾酒。

(③) 46. 以下何種烈酒屬於一種飯後長飲型，適合純飲且細細品味的酒？ ① Vodka ② Tequila ③ Cognac ④ Gin。

(①) 47. Pernod 或 Ricard 主要的香氣來源是 ① Anisette ② Vanilla ③ Basil ④ Ginger。
解析 Pernod、Ricard 均屬法國茴香酒，① 茴香② 香草③ 羅勒④ 薑

(①) 48. Pernod 或 Ricard 一般適合於何時飲用？ ① 餐前 ② 餐中 ③ 餐後 ④ 搭配甜點。
解析 Pernod、Ricard 屬茴香酒，屬開胃酒。

(③) 49. 法國香檳最常見的糖度爲每公升含糖量少於 15 公克，原文標示 ① Sec ② Semi-Sec ③ Brut ④ Doux。

(③) 50. 葡萄酒中的異味如軟木塞味，其標示爲下列何者？ ① Pomme Blette ② Cheval ③ Bouchonné ④ Chou-Fleur。
解析 ① 甜蘋果味② 馬騷味③ 瓶塞④ 花椰菜

(③) 51. 西班牙著名的波特酒 (Port) 是屬於何種葡萄酒？ ① Fermented Wine ② Distilled Wine ③ Fortified Wine ④ Still Wine。

(④) 52. 下列何種葡萄品種非用於釀製香檳？ ① Pinot Noir ② Chardonnay ③ Pinot Meunier ④ Riesling。
解析 ④ 爲德國品種。

(④) 53. 形容葡萄酒味清新，可用以下哪一個形容詞？ ① Cool ② Mild ③ Dry ④ Crispy。

(①) 54. 下列何種紅葡萄酒是屬於 Full-Body？ ① Cabernet Sauvignon ② Chardonnay ③ Riesling ④ Cabernet Blanc。
解析 Full-body：豐富飽滿，對紅葡萄酒的形容，②③④ 均爲白葡萄酒品種。

(①) 55. 法國葡萄酒最高等級爲 ① A.O.P. ② V.D.Q.S. ③ X.O. ④ V.S.O.P.。
解析 ③④ 爲 Cognac（干邑）等級。

(④) 56. 法國 Burgundy 葡萄酒 A.O.P. 等級本身也有優劣之分，則在所有貯存條件相同下，依下列葡萄酒標示，哪一瓶等級較高？ ① 只標示村莊名 ② 只標示國家名 ③ 標示村莊名＋葡萄園名 ④ 只標示葡萄園名。

(②) 57. 下列何者不是常用以釀製白酒的葡萄品種？ ① Riesling ② Gamay ③ Pinot Blanc ④ Chardonnay。

(③) 58. 以下有關葡萄酒產區敘述何者正確？ ① 法國 Sauternes 地區以甜紅酒著稱，乃因其氣候適合貴腐霉生長 ② Napa Valley 爲智利著名葡萄酒產區 ③ 法國的 Chablis 主要是以生產不甜白酒爲主 ④ Alsace 是德國白酒的著名產區。
解析 ① 蘇玳② 美國著名葡萄酒產區④ 是法國白酒的著名產區

(③) 59. 德國葡萄酒分級中，依品質、價格、糖度由低至高排列爲 ① Beerenauslese → Spatlese → Auslese → Kabinett ② Kabinet → Auslese → Spatlese → Beerenauslese ③ Kabinett → Spatlese → Auslese → Beerenauslese ④ Beerenauslese → Kabinett → Auslese → Spatlese。

(①) 60. 以下有關 Bordeaux 及 Burgundy 的葡萄酒敘述何者錯誤？ ① Chardonnay 爲 Bordeaux 地區釀造上好白酒的品種 ② Burgundy 地區紅酒多數以單一葡萄品種釀製 ③ Bordeaux 地區的紅酒以數種葡萄調配釀製 ④ 除了薄酒萊 (Beaujolais) 地區，所有 Burgundy 紅酒均

須用 Pinot Noir 葡萄釀製。

解析 Bordeaux：波蘭多，Burgandy：勃根地，① 波蘭多以紅酒為主

(④) 61. 以下葡萄酒名或產區之配對何者錯誤？ ① Chianti →義大利 ② Rioja →西班牙 ③ Tokaji →匈牙利 ④ Sherry →葡萄牙。

解析 ④ 西班牙

(④) 62. 葡萄酒標示中，Château 之意為 ① 市中心 ② 裝瓶 ③ 葡萄品種 ④ 城堡／酒莊。

(③) 63. "Still Wine" 的意思是指 ① 氣泡葡萄酒 ② 強化的葡萄酒 ③ 不起泡的葡萄酒 ④ 起泡之香檳酒。

解析 Still Wine：靜態酒，① Sparkling Wine ② Fortify Wine ④ Champagne 或 Sparkling Wine

(③) 64. 以下法國葡萄酒標字彙何者錯誤？ ① Sec 不甜 ② Mis-en-bouteille-au-Domaine 在酒莊內完成裝瓶 ③ Cru 年份 ④ Negociant 葡萄酒之中盤商。

解析 ③ Cru 釀酒

(③) 65. 關於葡萄酒的飲用原則，下列敘述何者正確？甲、先喝紅酒、再喝白酒；乙、先喝年輕、再喝陳年；丙、先喝甜的、再喝不甜的；丁、先喝低酒精濃度、再喝高酒精濃度 ① 甲、乙 ② 甲、丙 ③ 乙、丁 ④ 丙、丁。

(③) 66. 下列哪一種酒精飲料，飲用的適宜溫度最低？ ① 甜的雪莉酒 (Sweet Sherry) ② 波爾多紅酒 (Bordeaux Red Wine) ③ 氣泡葡萄酒 (Sparkling Wine) ④ 夏伯力白酒 (Chablis)。

(②) 67. 美國的葡萄酒規定商標上標示的葡萄品種使用比率最少要含 ① 65% ② 75% ③ 85% ④ 95%。

(③) 68. 法國的 Syrah 紅葡萄品種，傳到新世界後，由哪個國家首先將之稱為 Shiraz？ ① 智利 ② 阿根廷 ③ 澳洲 ④ 南非。

(①) 69. Alsace 並沒有生產下列哪一種葡萄品種？ ① Sauvignon Blanc ② Silvaner ③ Gewurztraminer ④ Traminer。

(④) 70. Tafelwein 是指哪一個國家的佐餐酒？ ① 葡萄牙 ② 西班牙 ③ 義大利 ④ 德國。

(③) 71. 西班牙的氣泡酒瓶上，標示 Bruto 是指每公升的糖份必須低於 ① 6 公克 ② 10 公克 ③ 15 公克 ④ 20 公克。

(④) 72. 法國 Bourgogne 的 Chassagne-Montrachet 所生產的葡萄酒是 ① 白葡萄酒 ② 紅葡萄酒 ③ 淡粉紅葡萄酒 ④ 紅葡萄酒和白葡萄酒。

解析 Bourgogne：勃根地，Chassagne-Montrachet：沙拉尼蒙特拉歇，兩地紅葡萄酒與白葡萄酒均有生產。

(②) 73. 法國的 Bordeaux 生產的 A.O.P. 在哪一個地方不再分級？ ① Graves ② Pomerol ③ Medoc ④ Saint-Emilion。

解析 ① 葛拉維斯 ② 波美洛 ③ 美多克區 ④ 聖埃米翁

(④) 74. 下列哪一個酒莊的標示錯誤？ ① Château Dauzac ② Château La Tour-Carnet ③ Château Palmer ④ Château Musigny。

(①) 75. 下列哪一個酒莊只生產 Blanc de Blancs 的香檳？ ① Salon ② Dom Perignon ③ Krug ④ Bollinger。

(③) 76. 下列哪一種紅葡萄酒有混合白葡萄釀造？ ① Château de Chevalier ② Château La Tour Figeac ③ Châteauneuf-du-Pape ④ Château Laroze。

(④) 77. Chianti 主要生產於 ① 法國 ② 德國 ③ 西班牙 ④ 義大利。

（ ① ） 78. Opus One 是由美國的 Robert Mondavi 和法國的哪一個酒莊所合作生產？ ① Château Mouton Rothschild ② Château Latour ③ Château Lafite Rothschild ④ Château Margaux。

解析 ① 木桐酒莊② 拉圖酒莊③ 拉斐酒莊④ 瑪哥酒莊

（ ① ） 79. Dominus 是由美國的 Napanook 和法國的哪一個酒莊所合作生產？ ① Château Petrus ② Château Lafleur ③ Château Trotanoy ④ Château Latour。

（ ① ） 80. 以 95% Merlot 和 5% Cabernet Franc 混合調配的世界名酒是 ① Château Petrus ② Clos de Tart ③ Musigny ④ La Romanee Saint-Vivant。

解析 Merlot：美洛 Cabernet Franc：卡本內弗朗，① 彼得綠寶是一支完整性相當高、幾近完美的酒。

（ ④ ） 81. 法國 Bordeaux 的法定紅葡萄業無下列哪一種？ ① Malbec ② Petit Verdot ③ Cabernet Franc ④ Grenache。

（ ② ） 82. Chablis 以生產哪一種葡萄品種為主？ ① Silvaner ② Chardonnay ③ Sauvignon Blanc ④ Riesling。

（ ③ ） 83. 下列哪一種葡萄品種，為法國香檳區三種法定葡萄品種之一？ ① Pinot Gris ② Pinot Liebault ③ Pinot Meunier ④ Pinot Blanc。

解析 還有兩種為 Chardonnay 和 Pinot Noir。

（ ③ ） 84. The Wines of the Beaujolais 除了使用 Gamay 葡萄品種外，並無使用下列哪一種葡萄品種？ ① Melon de Bourgogne ② Pinot Noir ③ Cot ④ Aligote。

解析 Beaujolais：薄酒萊，Gamay：佳美，① 勃根第② 黑皮諾④ 阿利哥蝶

（ ② ） 85. Château Ausone 生產於法國 Bordeaux 的 ① Medoc ② Saint-Emilon ③ Pomerol ④ Graves。

解析 ① 美多克② 聖埃米翁③ 波美侯④ 葛拉夫

（ ① ） 86. Chablis Grand Cru 共有幾個酒莊？ ① 7 個 ② 9 個 ③ 11 個 ④ 13 個。

（ ③ ） 87. 哪一種葡萄樹種，在葡萄成熟期會吸引蜜蜂環繞在四周？ ① Riesling ② Gewurztraminer ③ Muscat ④ Chardonnay。

（ ① ） 88. 西班牙的 Sherry 酒，會使用哪一種葡萄品種釀造？ ① Moscatel ② Grodo Blanco ③ Tempranillo ④ Cot。

（ ③ ） 89. 西班牙的 Sherry 酒，在以 Soleras 儲存培養時，橡木桶的高度最多可達幾層？ ① 10 層 ② 12 層 ③ 14 層 ④ 16 層。

（ ④ ） 90. 西班牙的 Sherry 酒中，以哪一種的甘油成份含量最多？ ① Fino ② Fino-Amontillado ③ Amontillado ④ Oloroso。

（ ③ ） 91. Oloroso 等級的 Sherry 酒，最少須於 Soleras 中培養多久，才能裝瓶上市？ ① 3 年 ② 5 年 ③ 7 年 ④ 9 年。

（ ③ ） 92. Fine 這個字，若標示在義大利 Marsala 的商標上是指 ① 好的 ② 白蘭地 ③ 在橡木桶中熟成一年以上 ④ 在橡木桶中熟成三年以上。

（ ④ ） 93. 葡萄酒的儲存若溫度太低，會使下列哪種成分產生結晶狀的沈澱物？ ① 糖份 ② 丹寧酸 ③ 甘油 ④ 酒石酸。

（ ② ） 94. 義大利 ASTI 是以哪一種葡萄品種釀造？ ① Ugni-Blanc ② Moscato ③ Chenin Blanc ④ Pinot Blanc。

解析 ② 屬於蜂蜜味之白葡萄品種

(　①　) 95. 對於法國 A.O.P. 級，下列敘述何者錯誤？　① 很便宜的葡萄酒　② 法國最高等級　③ Bourgogne 都是這種等級　④ A.O.P. 級又可再分等級。

(　②　) 96. 法國哪一個產區的葡萄酒，瓶身最細長？　① Bordeaux　② Alsace　③ Chablis　④ Savoie。

(　①　) 97. 西元 1961 年在法國生產的哪一種酒品質最好？　① Bordeaux Rouge　② Bordeaux Blanc　③ Bourgogne Rouge　④ Bourgogne Blanc。

(　③　) 98. 法國 Bordeaux 的分級制度，哪一個產區最晚才制定？　① Medoc　② Graves　③ Saint-Emilion　④ Sauternes。

(①②③) 99. 下列何者為飲料單設計需要掌握之原則？　① 印刷清晰、版面整齊　② 設計精美、凸顯特色　③ 標價合理確實　④ 詳細的敘述與說明。

(①②)100. 下列何者屬於飲料單？　① Full Wine Menu　② Bar Menu　③ Function Menu　④ Restaurant Menu。

(②③④)101. 下列何者為常見的飲料單內容分類方式？　① 依飲用包裝　② 依飲用溫度　③ 依飲用時機　④ 依有無酒精成分。

(①②③)102. 飲料單的內容設計需要考慮？　① 吧檯設備　② 成本與售價　③ 員工技術　④ 飲料單材質。

(①③④)103. 下列何者屬於 Hard Drinks？　① Vanilla Vodka　② Lemon Squash　③ Bailey's Irish Cream　④ Coffee Batida。

(③④)104. 下列何者不屬於 Mocktail？　① Virgin Mary　② Shirley Temple　③ Pink Lady　④ Jalisco Espresso。

解析 ① 純真瑪莉② 雪莉登波③ 紅粉佳人，基酒為琴酒。④ 墨西哥義式咖啡，基酒為特吉拉。

(②③)105. 當餐廳吧檯只有一台義式咖啡機時，其飲料單無法販售下列何者產品？　① Cappuccino　② Dutch Coffee　③ Filter Coffee　④ Ice Coffee。

(①②)106. 下列何者不屬於 Lager Beers？　① LondonPorter　② Boddingtons　③ Heineken　④ Budweiser。

(②③)107. 關於啤酒的敘述，下列何者正確？　① 添加啤酒花的目的是為了增加氣泡　② 啤酒花又稱為蛇麻草　③ 台灣啤酒屬於 Lager Beers　④ 生啤酒需經過殺菌處理。

(③④)108. 下列何者不屬於 Fortified Wine？　① Sherry　② Port　③ Dubonnet　④ Campari。

(②④)109. 關於 Wine List 分類，下列何者不適合歸類在 Aperitif Wine？　① Dry Sherry　② Rosé Wine　③ Campari　④ Ruby Port。

解析 Aperitif Wine：開味餐前酒，① 不甜雪莉酒② 粉紅酒，屬佐餐酒③ 金巴利酒④ 波特酒，屬餐後酒

(①④)110. 下列何者不是法國葡萄酒分級的縮寫？　① Q.m.P.　② A.O.P.　③ I.G.P.　④ D.O.C.。

解析 ① 德國

(②④)111. 關於葡萄酒分級的縮寫，下列何者錯誤？　① 德國：Q.m.P.　② 葡萄牙：D.O.C.G.　③ 法國：I.G.P.　④ 義大利：D.O.I.C.。

(①③)112. 下列何者不屬於 Red Wine 的品種？　① Muscat　② Gamay　③ Riesling　④ Merlot。

(①③)113. 下列何者屬於 White Wine 的品種？　① Ugni Blanc　② Zinfandel　③ Chardonnay　④ Syrah。

(②③)114. 關於世界各國葡萄酒的說法，下列何者正確？　① 法國：Vino　② 英文：Wine　③ 德國：

Wein ④ 西班牙：Vin。

解析 ① du Vin ③ Wein ④ Vinas

(③④)115. 關於 Champagne 的敘述，下列何者錯誤？ ① 標籤印製 Doux 表示是 Sweet ② 屬於 Sparkling Wine ③ 適合飲用溫度 12~15℃ ④ 只採用紅葡萄爲製作原料。

(③④)116. 下列何者**不屬於** Long Drinks？ ① Planter's Punch ② Singapore Sling ③ Gibson ④ Pink Lady。

(①②)117. 下列何者**不屬於** Short Drinks？ ① Screw Driver ② Long Island Iced Tea ③ Fin French ④ Perfect Martini。

(①②)118. 下列何者屬於 Long Drinks？ ① White Sangria ② Apple Mojito ③ Bellini ④ Whiskey Sour。

(②③)119. 下列何者屬於 Short Drinks？ ① Caravan ② Rob Roy ③ Manhattan ④ Tropic。

(①②③)120. 下列何者是 Gin 的品牌？ ① Old Tom ② Beefeater ③ Gordon's ④ Smirnoff。

(③④)121. 下列何者**不是** Vodka 的品牌？ ① Stolichnaya ② Absolut ③ Bacardi ④ Lamb's。

解析 Vodka：伏特加，③ White Rum ④ Rum

(①②)122. 下列何者**不屬於** Cognac？ ① Samalens ② Chabot ③ Remy Martin ④ Louis Royer。

解析 Cognac：干邑，① 雅邑區 ② 雅邑區 Armognac

(②③)123. 下列何者屬於法國白蘭地分類之一？ ① Grappa ② Calvados ③ Marc ④ Apple Jack。

解析 ① 義大利 ② 法國 ③ 法國 ④ 美國

(①②③)124. 客人點了威士忌，Bartender 可以建議提供何種的服務？ ① Straight Up ② On the Rocks ③ Scotch Mizuwali ④ Chill a Glass。

(①③)125. 下列何者**不應該**列在 Condiments 項目中？ ① Orgeat Syrup ② Cinnamon ③ Lime Juice ④ Nutmeg Powder。

(①②④)126. 關於雞尾酒的酒精濃度含量計算，需考慮因素？ ① 成分酒精含量 ② 酒杯容量大小 ③ 成分進價 ④ 冰塊使用量。

(①④)127. 雞尾酒的成本計算，下列何者**不需**考慮？ ① 酒精濃度高低 ② 酒杯容量大小 ③ 成分進價 ④ 冰塊大小。

(②③)128. 當客人點了一杯 1.5 盎司的 Bourbon Whiskey，每瓶容量爲 700cc、售價爲 550 元，下列何者正確？ ① 每杯成本價爲 45.83 元 ② 每杯成本價爲 35.36 元 ③ 每瓶可販售 15 杯 ④ 每瓶可販售 12 杯。

(①②③④)129. 關於酒單的設計與製作，下列述敘何者正確？ ① 酒單的內容主要由名稱、數量、價格及描述所組成 ② 酒單可謂酒類飲品的菜單 ③ 酒單裡所提供的項目，分量應有明確說明 ④ 酒單內容應就飲品特色明確描述。

(①③)130. 一份內容含有 Cognac 名稱的酒單，應屬於下列哪種酒單？ ① 葡萄酒酒單 ② 雞尾酒酒單 ③ 飲料酒單 ④ 啤酒酒單。

(②③)131. 下列何者**不是** Spirits List 內容，在進行歸類時常見的方式？ ① 以價位排列 ② 調酒方式排列 ③ 以杯形分類 ④ 以原產國分類。

解析 調製方法與杯型較不會出現在烈酒單上。

(①②③)132. 下列何者是雞尾酒酒單內容，在進行歸類時常見的方式？ ① 以價位排列 ② 以調製方式排列 ③ 以杯形分類 ④ 以產區分類。

(①②④)133. 下列何者是葡萄酒酒單內容常見的歸類方式？ ① 以產區分類 ② 以品種分類

③ 以顏色分類 　④ 按有無氣泡酒、強化酒或甜酒分類。

(①③)134. 酒單中出現 Irish Mist 字眼的內容，根據判斷應屬於下列哪一種？ 　① 混合飲料酒單　② 烈酒酒單　③ 餐後酒單　④ 啤酒酒單。

解析 愛爾蘭迷霧是威士忌香甜酒。

(②③)135. 在飲料單或酒單中，通常<u>不會</u>列出下列何種項目？ 　① 價格　② 成本　③ 利潤　④ 成分。

(①③④)136. 下列英文名詞，何者屬於酒單的一種？ 　① Cocktail list　② Mocktail list　③ Wine list　④ Mixed drink list。

解析 ① 雞尾酒單② 無酒精雞尾酒單③ 葡萄酒單④ 混合飲料單

(①③④)137. Wine List 的設計內容裡，可有下列何種飲料種類？ 　① 波特酒　② 雞尾酒　③ 香檳酒　④ 葡萄酒。

(①②③)138. 下列何者是設計飲料單時應考量的因素？ 　① 顧客的需求　② 製作成本　③ 分類與排列　④ 業者的喜好。

(③④)139. 關於酒單設計，以下敘述，何者<u>錯誤</u>？ 　① 酒單＝ List of alcoholic beverages　② 酒單可設計為飲料單裡的一部分　③ 酒單＝ Wine List　④ 酒單不可視為飲料單。

(①②③)140. 下列何者是酒單設計內容裡常見的分類？ 　① Beer　② Red Wine & White Wine　③ Sparking Wine　④ Mocktail。

(①②③④)141. 下列何者是飲料單設計內容裡常見的分類？ 　① Beer & liqueurs　② Red Wine & White Wine　③ Mineral Water　④ Non-Alcoholic Beverages。

(①②)142. 如果酒單內容純粹以名稱、產區、年份及葡萄品種去進行分類編排，請問此酒單應為？ 　① 葡萄酒單　② Wine List　③ 烈酒酒單　④ Spirit List。

(①②)143. 關於酒單裡的價格標示，下列敘述何者正確？ 　① 應有以杯計價的價格　② 應有以瓶計價的價格　③ 價格宜由高至低編排　④ 價格應標準化。

(②④)144. 關於葡萄酒單的設計，下列敘述何者<u>錯誤</u>？ 　① 價格宜列出以杯及以瓶計兩種價格　② 內容應標準化，不宜隨季節更換　③ 具有發揮宣傳行銷的功能　④ 酒款應排列有序，但不宜介紹口感。

(①②③)145. Wine List 單獨設計成一本或一張的優點有哪些？ 　① 使用目的限於點購葡萄酒，可配合西餐出菜順序來編排　② 可以編列更多的內容說明，如年份、產區、葡萄品種、香氣、口味等　③ 基於採購因素必須撤掉一些款項時，可以單獨重新印製　④ 可搭配開胃酒、飯後酒、再製酒等作為內容架構。

(③④)146. 關於酒單，下列敘述何者<u>錯誤</u>？ 　① 依經營型態區分有酒吧酒單與餐廳酒單　② 依供應目的區分有客房酒單、宴會酒單、葡萄酒酒單、促銷酒單等　③ 英文可直接譯為「Wine List」　④ 酒吧內所供應的酒單概以雞尾酒為主要項目。

(①②③)147. 關於酒吧酒單的設計，下列敘述何者正確？ 　① 編排順序可為雞尾酒→葡萄酒→烈酒　② 價格由低至高　③ 盡量在每款酒的說明內，標示酒精度數　④ 最好每年更新一次，以反應季節變化。

(①②)148. 一份酒單內提供了 House Wine、Champagne & Sparkling、White Wine/Blanc、Red Wine/Rouge、Dessert Wine、Digestif 等歸類的架構，依判斷應屬於何種酒單？ 　① 餐廳酒單　② 綜合性酒單　③ 特殊酒單　④ 主題產區酒單。

(②③④)149. 關於酒單，下列敘述何者正確？ 　① 英文直譯為 Spirit List　② 係指餐飲業者提供各種酒精性飲料產品的目錄與價目表　③ 全系列酒單係指綜合性酒單，將業者所提供的酒精性飲料彙整於內　④ 可視為一種飲料單 (Beverage List)。

(①③)150. 關於宴會酒單，下列敘述何者正確？ ① 可視為一種功能性酒單 (Function Menu) ② 可視為一種季節性酒單 (Seasonal Menu) ③ 依據各類型宴會之不同需求而設定的酒單 ④ 依據各類型宴會之不同場景而設定的酒單。

(①②④)151. 針對雞尾酒酒單的設計內容，下列敘述何者正確？ ① 一般英譯為 Cocktail List ② 內容架構可以基酒及酒精濃度來歸類 ③ 內容架構可以產地、年份與品種來歸類 ④ Screwdriver、Chi-Chi、Salty Dog 及 Bloody Mary 應編排在以伏特加為基酒的歸類。

解析 ③ 葡萄酒單的設計方式

(①②④)152. 關於 MixedDrinks List 的設計內容，下列敘述何者正確？ ① 內容架構可依基酒、調製方法及酒精濃度來歸類 ② 內容架構可依 Alcoholic Drink 與 Non-Alcoholic Drink 來分類 ③ 內容架構可依雞尾酒、混合調製酒、香甜酒、加烈葡萄酒來歸類 ④ 係指混合調製飲料單。

(①④)153. 酒單內容設計宜先掌握的資訊，下列敘述何者錯誤？ ① 不需注意市場酒類相關的流行趨勢 ② 依業者經營風格、特色及定價策略，選擇自家品牌酒 (House Wine) ③ 依業者經營定位與客源屬性，選擇指定品牌酒 (Brand Wine) ④ 儘量列出所有能掌握到的各式類酒資料。

(①②④)154. 關於酒單設計的原則，下列敘述何者正確？ ① 內頁印刷清晰、文字易讀、編排美觀 ② 封面的呈現與設計，代表業者的風格與等級 ③ 不需標示價格，避免讓買單的客人產生不禮貌 ④ 掌握印刷色彩的運用與品質，體現業者的形象。

(①③)155. 關於酒單的設計，下列敘述何者錯誤？ ① 若為雞尾酒酒單，設計時宜以產區分類 ② 一張或一本設計優美、具有特色的酒單，可提高客人購酒的消費力 ③ 特殊酒單如季節性酒單，宜設計成精裝本 ④ 經過規劃與設計的酒單，是促進酒類銷售的最佳工具。

(①②③④)156. Wine List 所列的葡萄酒，依製造方法之不同，可有哪些分類？ ① Still Wine ② Sparking Wine ③ Fortified Wine ④ Aromatized / Flavored Wine。

(①②④)157. 關於酒單的敘述，下列何者正確？ ① 酒單中的內容亦可為飲料單內容裡的一部分 ② 目錄中含任何酒精與非酒精性飲料者，可視為飲料單 ③ 酒單設計應注意字體印刷，並應以產地原文說明 ④ 酒單設計宜印有店家簡介、地址、電話號碼、營業時間等，以發揮廣告宣傳作用。

(②③④)158. 酒單製作內容應包含下列哪些？ ① 英文代號 ② 酒的名稱 ③ 價格與計價方式 ④ 簡介與描述。

(②③④)159. 一份設計優良的葡萄酒酒單應包含下列哪些必要元素？ ① 應標示酒類包裝容器 ② 顯示年分與產區、品種及便於瀏覽的版面設計 ③ 有與佳餚的搭配建議 ④ 分別提供高價酒與平價酒、名牌酒與自家品牌酒。

(①②③)160. 下列何者為酒單製定的重要依據？ ① 進口成本與銷售價格 ② 採購供應情況與銷售史 ③ 考量目標客群的需求及消費能力 ④ 酒的製作方式與生產過程。

(①②)161. 下列何者不是雞尾酒單常見的歸類方式？ ① 以顏色、口味分類 ② 以原產國分類 ③ 以價位排列 ④ 以調酒方式分類。

(②③④)162. 下列何者應歸類在葡萄酒酒單的內容裡？ ① 啤酒 ② 香檳酒 ③ 葡萄酒 ④ 波特酒。

解析 ① 啤酒屬麥茶酒

(①③④)163. 下列何者應歸類在雞尾酒酒單的內容裡？ ① Manhattan ② Vodka Straight Up ③ Frozen Daiquiri ④ Mimosa。

工作項目 03：現場管理

(①) 1. 營業前調酒員要做的第一件事是 ① 檢查 Inventory Form & Par Stock ② Vacuum Floor ③ Moping Freezer ④ 布置 Under Bar。

(④) 2. 以下何者是調酒員執行 Opening Side Work 的內容？ ① 檢視 Log Book ② 確認 Daily Function Order ③ 組裝 Draft Beer Dispenser ④ 準備 Mixture。

解析 Opening Side Work：開業準備工作，④ 混合物（裝飾物等）

(③) 3. 吧檯 Setup 時，Well Brand 通常都放在 ① Sink ② Freezer ③ Speed Rail ④ Display Cabinet 裡。

(①) 4. 以下何者不是調酒員的工作？ ① Food Presentation ② Wash Bar Glasses ③ Draw Draft Beer ④ Prepare Alcoholic Beverage。

(①) 5. 顧客坐在吧檯前，調酒員與顧客 Greeting 之後，所做的第一件事是指下列哪一項？ ① Place Coaster ② Present Beverage List ③ Check Ids Of Guest ④ Prepare Drinks。

解析 Greeting：問候，① 先放杯墊

(②) 6. 吧檯坐了三個顧客，其中一個人點啤酒，另一個人點 Scotch on the Rocks，另一位點 Cognac，最適宜的 Up Selling 方式是 ① One More Drink, Sir？ ② Another Round ,Sir？ ③ Macallan ,Sir？ ④ X.O Sir？。

(③) 7. 顧客點了一杯 Tequila Neat，調酒員最有可能推薦的飲用方法為下列何者？ ① Splash of Soda ② Glass of Water on The Side ③ Prepare Salt Shaker & Sliced Lime For Guest ④ Add Dash Syrup。

(②) 8. Opening Side Work 完成後，準備製作雞尾酒應先 ① 取用杯皿 ② 洗淨雙手 ③ 取酒 ④ 取裝飾物。

(②) 9. 對待疑似酒醉的外籍顧客，宜說 ① You are drunk! ② Excuse me ,would you like to have a lemonade or a cup of Tea. ③ You have drink too much. ④ I will call the security.

解析 ① 你醉了。② 抱歉，你需要來一杯檸檬水或茶嗎③ 你喝太多了。④ 我要叫安管。

(①) 10. 顧客結帳離開吧檯時，調酒員道謝後應立即 ① 收拾吧檯杯皿 ② 檢查是否有留下小費 ③ 擦拭桌面 ④ 有空再收拾。

(②) 11. 結帳時應與顧客核對 ① 服務費是否正確 ② 帳單上的品項與金額是否正確 ③ 流水單號是否正確 ④ 解釋雞尾酒的作法。

(③) 12. 清潔杯器皿的最佳溫度是攝氏 ① 20 度 ② 30 度 ③ 40 度 ④ 50 度。

(③) 13. 服務啤酒時，所使用的杯皿下列何者不適合？ ① Pilsner Glass ② Beer Mug ③ Snifter ④ HighBall。

(③) 14. 外國顧客點生啤酒時，應詢問大杯與小杯，試問如何問會較得體？ ① Large or Small ② Thousand cc or Five Hundred cc ③ Pint or Half Pint ④ Liter or Half Liter。

(①) 15. 服務 Draft Beer 給顧客時，若無泡沫應 ① 立刻重倒一杯 ② 換個杯子沖出泡沫 ③ 顧客沒說甚麼就沒關係 ④ 本店請客。

(③) 16. 發現生啤酒機無泡沫時，應先檢查 ① Beer Mug ② Beer Keg ③ CO_2 Tank ④ Pourer。

解析 ① 啤酒杯② 啤酒桶③ 二氧化碳桶④ 酒嘴

(①) 17. 碰觸客用食物或杯口裝飾，應使用 ① Tongs ② Scoop ③ Fork ④ Bare Hand。

解析 ① 夾子② 勺子③ 叉子④ 手抓

(④) 18. 以下哪項工作<u>不是</u>調酒員工作？　① 注意顧客飲酒速度　② 控制顧客酒醉風險　③ 每次都能維持一貫的調酒份量與品質　④ 服務順序後到先出。

(④) 19. 以下哪項工作<u>不是</u>調酒員工作？　① 控制酒吧成本　② 維持工作檯清潔衛生　③ 尊重個別顧客於酒類上的特殊選擇　④ 管理外場服務人員。

(③) 20. 以下哪項工作<u>不</u>是飲務經理的主要工作？　① 制定標準酒譜　② 填寫工作交接本 Log Book　③ 飲料調製　④ 管理調酒員與外場服務人員。

(③) 21. 以下哪項工作<u>不是</u>飲務經理的主要工作？　① 制定酒單價格與營運目標　② 製作年度預算報告　③ 資源回收與分類　④ 培訓調酒員與服務人員。

(②) 22. 如果顧客跌倒，應即刻過去關心，下列何者處理<u>錯誤</u>？　① 如果顧客可以呼吸、講話、咳嗽，就不需要予以急救措施　② 如果顧客可以呼吸、講話、咳嗽，無論如何都要予以急救　③ 如果顧客呼吸困難、無法講話、咳嗽，就要即刻告知上司並通知救護車　④ 如果顧客昏厥、呼吸困難、無法講話與身體沒有反應，立刻找有受過急救訓練的人員先給予心肺復甦急救，並通知救護車。

(②) 23. 用於酸味雞尾酒之酸酒杯之英文為　① Soda Glass　② Sour Glass　③ Sherry Glass　④ Sowa Glass。

(④) 24. 下列何者<u>不適合</u>為搭配餐後甜點的酒類？　① Ice Wine　② Sauternes　③ Port　④ Beaujolais。

(②) 25. 下列適合搭配德國著名料理 Choucroute garni（酸白菜燉醃肉）的葡萄酒為　① Cabernet Sauvignon　② Pinot Blanc　③ Pinot Noir　④ Sauternes。

解析 ① 卡本內蘇維濃② 白皮諾③ 黑皮諾④ 蘇玳

(③) 26. 下列較適合搭配法國名料理 Coq au Vin（紅酒燉雞）的葡萄酒為　① Alsace Wine　② Beaujolais　③ Chambertin　④ Chablis。

解析 ① 阿爾薩斯白酒② 薄酒萊新酒④ 夏布利白酒

(④) 27. 餐廳的酒侍常用的隨身開瓶器為　①Ah-So　② Bar Knife　③ Screw Driver　④ Cork Screw。

解析 ② 吧檯刀③ 螺絲起子

(②) 28. 下列何者用於吧檯做為儲冰之機具？　① Ice Maker　② Ice Chest　③ Inlet Chiller　④ Ice Crusher。

(①) 29. 如果開瓶時，不慎將葡萄酒瓶塞掉入酒內，可使用何種器具將瓶塞取出？　① Cork Retriever　② Jack Knife　③ Ah-So　④ Funnel。

解析 ① 軟木塞取回器② 傑克刀④ 漏斗

(③) 30. 法國薄酒萊新酒 (Beaujolais Nouveau) 於每年 11 月的第幾個星期四全球同步銷售？　① 第 1 週　② 第 2 週　③ 第 3 週　④ 第 4 週。

(②) 31. 下列哪一種酒的適飲溫度最低？　① 紅酒　② 甜白酒　③ 淡粉紅酒　④ 不甜的白酒。

(②) 32. 西餐中同時喝多種酒時，必須　① 先喝甜的，再喝不甜的　② 先喝白酒，再喝紅酒　③ 先喝陳年的酒，再喝年輕的酒　④ 先喝酒精濃度高的酒，再喝酒精濃度低的酒。

(④) 33. 下列何字與 Wine Steward 一樣，均為葡萄酒侍酒師之意？　① Captain　② Bartender　③ Decanter　④ Sommelier。

解析 Wine Steward：葡萄酒管家（英語），① 領班② 調酒師③ 醒酒器④ 侍酒師（法語）

(①) 34. 品酒三步驟為　① Look → Smell → Taste　② Smell → Look → Taste　③ Taste → Smell → Look　④ Taste → Look → Smell。

(④) 35. 將葡萄酒倒入醒酒器，以便沈澱物和酒液分離的過程稱之為 ① Distilling ② Filling ③ Dividing ④ Decanting。

解析 ①蒸餾②填充③分裝④醒酒

(④) 36. 葡萄本身哪一部分沒有含單寧酸？ ① 籽 ② 皮 ③ 梗 ④ 果肉。

(①) 37. 下列何者是舌尖對葡萄酒的 Body 品飲時最敏感的味覺？ ① 甜度 ② 酸度 ③ 澀度 ④ 苦度。

解析 ②舌邊緣③舌坡④舌根

(②) 38. 紅酒的顏色是來自 ① 葡萄籽 ② 葡萄皮 ③ 可食用色素 ④ 葡萄葉。

(③) 39. 下列法國香檳酒甜度最高者為何？ ① Brut ② Demi-Sec ③ Doux ④ Sec。

(①) 40. 各式酒類的安全庫存設定量是依據 ① 物料使用周轉率 ② 營業面積使用率 ③ 座位使用周轉率 ④ 來客數。

(②) 41. 酒吧所使用的酒精性飲料成本是屬於 ① 半變動成本 ② 變動成本 ③ 固定成本 ④ 不可控成本。

(①) 42. 下列何者不是酒類飲料盤存的目的？ ① 了解常用酒類的特性 ② 確定酒類存貨出入的流動率 ③ 防止酒類的失竊 ④ 查明銷售流量不高的酒類及飲料以便做適當的處理。

(③) 43. 西式餐廳的酒類銷售員，最適合在下列哪一個時機，呈遞葡萄酒單給顧客？ ① 顧客入座之後立即呈上 ② 顧客入座並服務茶水之後呈上 ③ 顧客點完菜之後隨即呈上 ④ 與菜單同時呈上。

(④) 44. 下列飲料調製之度量標準，由多到少的排列順序，何者正確？甲、1 Teaspoon；乙、1 Dash；丙、1 Ounce ① 甲、乙、丙 ② 乙、丙、甲 ③ 丙、乙、甲 ④ 丙、甲、乙。

(①) 45. 酒吧設在飯店的客房內，現場並不需要人員服務，此種酒吧稱為 ① Mini-Bar ② Cocktail Lounge ③ Mobile Bar ④ Night Club。

解析 ①迷你吧，為自己調的小酒吧②雞尾酒吧③移動吧④夜總會

(①) 46. 人的舌頭味覺分佈是 ① 舌尖甜兩邊酸、澀，舌根苦 ② 舌尖甜兩邊苦舌根酸 ③ 舌尖苦兩邊甜舌根酸 ④ 舌尖酸兩邊甜舌根苦。

解析 ①舌根苦、舌尖甜、舌邊酸澀

(③) 47. 下列有關成本的計算方式何者為正確？ ① 成本×售價＝成本率 ② 售價／成本＝成本率 ③ 售價×成本率＝成本 ④ 成本／售價＝進貨成本。

(①) 48. 下列有關盤存的程序何者為正確？ ① 今日進貨＋前日存貨－今日銷售＝今日盤存 ② 今日進貨－今日存貨＝今日盤存 ③ 今日銷售＋前日存貨＝今日盤存 ④ 今日進貨＋前日存貨＋今日銷售＝今日盤存。

(④) 49. 酒吧檯作業準備時，不需要磨利的是哪種刀？ ① 30cm 的大刀 ② 21cm 的中刀 ③ 12cm 的小刀 ④ 刮皮刀。

(③) 50. 吧檯作業準備研磨刀子時，要求刀尖要鋒利的是 ① 30cm 的大刀 ② 21cm 的中刀 ③ 12cm 的小刀 ④ 刮皮刀。

(③) 51. 正式宴席前，賓客使用酒會之時間較其他型式酒會時間短，通常在宴席前多久時間舉行較為恰當？ ① 10 分鐘 ② 20 分鐘 ③ 半小時至一小時 ④ 2 小時。

(①) 52. 品嚐葡萄酒的第一個動作是 ① 看酒的顏色或外觀 ② 聞酒的香氣 ③ 品嚐酒的味道 ④ 看酒瓶的形狀。

解析 品酒步驟：觀色→聞香→品味

(①) 53. 下列何者**不是**盤存的主要目的？ ① 簡化採購程序 ② 確實掌握現有之庫存量 ③ 了解酒類飲料的流動率 ④ 了解銷售量不高的酒類以便處理。

(④) 54. 每月月底酒類盤存作業應由 ① 成本控制人員執行 ② 外場經理執行 ③ 酒吧調酒員執行 ④ 成本控制人會同酒吧人員執行。

(④) 55. 驗收的基本原則下列敘述何者**錯誤**？ ① 訂定標準化規格 ② 招標單及合約條款應確切訂明 ③ 設置健全的驗收組織，以專責成 ④ 採購與驗收工作必須合為一，以減少人力的浪費。

(③) 56. 一瓶 750ml 的威士忌，成本 1,200 元，如毛利六成，請問每杯 (30ml) 的售價是多少？ ① 80 元 ② 100 元 ③ 120 元 ④ 160 元。

(②) 57. 在同一年份及相同儲存環境中，下列哪一瓶酒的儲存期限較長？ ① Beaujolais Nouveau ② Beaujolais Villages ③ Beaujolais Villages Nouveau ④ Beaujolais Primeur。

解析 ① 薄酒萊新酒② 博文萊村莊③ 薄酒萊村莊新④ 薄酒萊早期

(③) 58. Scotch Whisky 目前在世界上銷售的主流以下列哪一種的銷售量最多？ ① Single Malt Scotch Whisky ② Single Grain Scotch Whisky ③ Blended Scotch Whisky ④ Blended Malt Scotch Whisky。

(④) 59. 下列哪一種的酒類並**無**生產陳年酒款？ ① Cognac ② Scotch Whisky ③ Rum ④ Gin。

解析 ① 干邑② 蘇格蘭威士忌③ 蘭姆④ 琴酒無年份

(②) 60. 製作橡木桶的橡木，並不使用下列哪個國家或地區的橡木？ ① 美洲地區 ② 德國 ③ 法國 ④ 斯洛維尼亞。

(③) 61. 餐廳的門口若寫上 B.Y.O 三個英文字是表示 ① 禁止攜帶外食 ② 禁止在本餐廳喝酒 ③ 本餐廳不賣酒，歡迎自己帶酒 ④ 歡迎攜帶外食。

解析 Buy Your Own

(①) 62. 「Pulque」是一種龍舌蘭植物的莖，所釀造出來的發酵酒，請問古墨西哥時代「Pulque」除了用龍舌蘭植物之外，還用了哪些原料？ ① 人體的唾液 ② 人體的尿液 ③ 人體的淚液 ④ 糖渣。

(②) 63. 下列對於龍舌蘭的敘述，何者**錯誤**？ ① 種植在墨西哥乾旱的中央高地，Maguey、Agave、Taquila 都屬之 ② 當地人民稱它為 "El Arbol de las Maravillas" 意指「特別之樹」 ③ 目前只有墨國哈利斯科州境內的 Tequila 地區所種植的 Tequilanablue Agave 為法定位優質的龍舌蘭植物 ④ 全世界約有 300 多種龍舌蘭屬的植物。

(③) 64. 以下對於蘭姆酒的敘述，何者**錯誤**？ ① 蘭姆酒種類：Light/Dark/Golden ② 蘭姆酒早期是蔗糖的副產品「糖渣」發酵並蒸餾製成的酒 ③ 菲律賓是傳統蘭姆酒產區 ④ 常使用於製作點心。

解析 ③ 西印度群島牙買加

(①) 65. 下列有關酒精濃度的敘述，何者**正確**？ ① 2Proof ＝ 1%Alc ② 酒精濃度是指在 20℃ 的條件下，每 50 毫升酒液中含有多少毫升的酒精 ③ Vol. 是一種酒精濃度的表示法 ④ 酒精濃度可用百分比 (%) 表示。

解析 例：80proof÷2=40%Alc

(④) 66. 「由農作物製造的酒精，通過活性碳過濾，去除官能刺激特性蒸餾烈酒」。請問上述是歐

盟對何種烈酒的定義？　①威士忌　②琴酒　③白蘭地　④伏特加。

(①②③) 67. 以下何者為營造 Pub 氣氛的要素？　①燈光　②音樂　③裝潢　④酒單。

(①②) 68. Pub 裡的空調設備可依　①顧客要求　②現場客數多寡　③員工的感受　④老闆的決策，調整溫度高低。

(①④) 69. 較適合 Piano Bar 的音樂形態為　① Piano Performance　② Rock & Roll Band　③ Orchestra　④ Jazz Saxophone。

(①②③) 70. 下列何者與酒吧營業額 Revenue 高低有關？　①營業時間 Time of Business　②來客數 Covers　③客單價高低 Average Check　④座位大小 Seat Size。

(①④) 71. 有關酒吧營運應負哪些社會責任？　①不接待未滿十八歲　②要在醒目處寫上酒駕警語　③要了解酒類的酒精濃度　④已經酒醉的客人不再提供酒品。

(②④) 72. Average Check 是指　①營收 Revenue - 接待客數 Covers　②營收 Revenue / 接待客數 Covers　③營收 Revenue+ 接待客數 Covers　④月營收 month Revenue / 月來客數 Month Customers。

解析 Average Check：平均營收。

(①②) 73. 下列雞尾酒何者適合於夏天推出？　① Mojito　② Frozen Daiquiri　③ Maxim's Coffee　④ Rainbow。

解析 ①莫西多②霜凍黛吉利③調和咖啡酒④彩虹酒

(①②) 74. 酒單中以同價位的基酒調製雞尾酒，以下標示哪二杯酒成本率會比較高？　① 1.5 ounces per serving　② per bottleserve 15 drinks　③ per drinks base on 1 ounce　④ per bottle serve 20 Drinks。

(②③④) 75. 關於酒吧經營，下列敘述何者錯誤？　①凡列入酒單的項目必須保證供應　②以顧客滿意為導向，不須太在意成本　③銷售明細不列單　④雞尾酒四季通用不必調整。

(②④) 76. 下列何者不是調酒員的主要工作？　①計算本班酒水　②關燈檢查清潔工具　③對 Pub 的存貨進行盤點　④控制音響與冷氣調節。

解析 ②外場工作④外場工作

(②③) 77. 以 8 oz HighBall 杯調製的雞尾酒扣除冰塊容積，下列哪二者酒精度較高？冰塊以杯皿總容量 50% 計算，1 shot = 45 cc　① Double Scotch Whisky 40%ABV 蘇格蘭威士忌加水至八分滿 without ice　② Single Scotch Whisky 43.7%ABV 蘇格蘭威士忌加水至八分滿 with ice　③ Single Tanqueray 47.3%ABV 加 Tonic Water 至八分滿 with ice　④ Single Absolute Screw Driver with ice。

(①②) 78. 以 8 oz Old Fashioned Glass 杯調製的雞尾酒扣除冰塊容積（八分滿），下列哪二者酒精度較高？（冰塊以杯皿總容量 50% 計算）　① White Stinger / Building：45 ml Vodka 40% ABV，15ml White Crème de Menthe 23% ABV，15 ml White Crème de Cacao 24%　② Manhattan/Building：45ml Bourbon Whiskey 40% ABV，15ml Sweet Vermouth 15% ABV，Dash Angostura Bitters 苦精不計酒精與容積　③ Stinger / Building：45ml Brandy 40% ABV，15ml White Crème de Menthe 23% ABV　④ Jack Frost / Shaking：45ml Bourbon Whiskey 40 % ABV，15ml Drambuie 40% ABV，30ml Fresh Orange Juice，10ml Fresh Lemon Juice，10ml Grenadine Syrup。

(③④) 79. 關於酒的保存期限，下列敘述何者正確？　① Taiwan Draft Beer 比 Belgium Floris

Strawberry 保存期限長　②Belgium Floris Strawberry 比 Glenlivet Single Malt 保存期限長　③Glenlivet Single Malt 比 Japanese Sake 保存期限長　④Japanese Sake 比 Taiwan Draft Beer 保存期限長。

（①③）80. 關於酒吧 House Wine 的敘述，下列何者正確？　①與酒商搭配所挑出的熱門葡萄酒款　②即期的葡萄酒　③酒吧中存放很久未賣出的葡萄酒　④開過而賣不完的葡萄酒。

（②③）81. 關於酒的主要原料，下列何者正確？　①Tequila 與 Gin 相同　②Gin 與 Scotch 相同　③Cognac 與 Wine 相同　④Scotch 與 Tequila 相同。

解析　①Tequila 特吉拉原料爲龍舌蘭，Gin 琴酒原料爲杜松子及穀物。②Scotch 蘇格蘭威士忌原料爲穀物。③Cogmac 蒸餾葡萄酒。

（③④）82. 下列何者屬於 Spirit？　①韓國燒酒 Soju　②日本清酒 Sake　③生命之水 Spirytus Rektyfikowany Vodka　④金門高粱 Sorghum Wine。

解析　Spirit：烈酒，①釀造酒②釀造酒③蒸餾酒④蒸餾酒

（②④）83. 下列何者屬於水果釀造酒？　①Calvados　②Apple Jack　③日本梅酒　④Beaujolais Nouveau。

（①③）84. 下列何者屬於水果蒸餾酒？　①Calvados　②Apple Jack　③Kirsch　④Beaujolais Nouveau。

（①②）85. 關於酒類的甜度比較，下列敘述何者正確？　①Kaluha 高於 Cointreau　②Cointreau 高於 Fino Sherry　③Fino Sherry 高於 Cream Sherry　④Absolute Mango Vodka 高於 Triple Sec。

（①③）86. 以下何者爲酒單的定價原則？　①價格要反映酒品價值　②價格要高於市場行情　③必須要考慮市場的供需定律　④調酒員的技術是定價的重要標準。

（②③④）87. 酒吧制定的毛利率爲 75%，一杯 Kamikaze 雞尾酒成本爲 30 元，以下哪些售價高於毛利率？　①120 元　②130 元　③140 元　④150 元。

解析　30×4 = 120

（①②③）88. 酒吧制定的成本率爲 20%，一杯 Tequila Sunrise 雞尾酒成本爲 25 元，以下哪些售價低於成本率？　①120 元　②122 元　③124 元　④126 元。

（①②③）89. 酒吧制定的毛利率爲 70%，一杯 Kir Royal 雞尾酒成本爲 120 元，以下哪些售價低於毛利率？　①200 元　②300 元　③350 元　④400 元。

（①②③）90. 酒吧制定的成本率爲 18%，一杯 Margarita 雞尾酒成本爲 40 元，以下哪些售價低於成本率？　①200 元　②210 元　③220 元　④230 元。

（③④）91. 一瓶 12 年的威士忌成本爲 850 元，若酒吧制定的毛利率爲 65%，則下列何者售價高於此毛利率？　①2300 元　②2400 元　③2500 元　④2600 元。

（①②③）92. 酒吧制定的成本率爲 28%，一杯 Mojito 雞尾酒成本爲 45 元，以下哪些售價低於成本率？　①140 元　②150 元　③160 元　④170 元。

解析　①140×0.28 = 39.2 ②150×0.28 = 42 ③160×0.28 = 44.8 ④170×0.28 = 47.6

（②③④）93. 關於吧檯作業的敘述，下列何者錯誤？　①調酒員應該要能記住顧客的喜好與特徵　②客人沒用完的爆米花與花生可以回收再用　③Mixing Glass 爲客用杯器皿　④調酒員喊 Last Call 意思爲請顧客離席。

解析　③Mixing Glass 爲刻度調酒杯。④Last Call 是最後點酒之意。

（①③）94. 酒吧服務好壞可依據顧客投訴率高低來評斷，下列何者投訴率低於 5%？　①來客數

323、投訴數 12　②來客數 200、投訴數 13　③來客數 350、投訴數 15　④來客數 220、投訴數 13。

(①②)95. 一般而言，可以創造酒吧營業額的節日有哪些？　① Valentine 情人節　② New year's Eve 跨年　③ Easter 復活節　④ Moon Festival 中秋節。

(①③)96. 顧客要求調酒員介紹香氣比較濃，酒精比較低的雞尾酒，以下何者較為適合？　① Singapore Sling　② Vodka Martini　③ Orange Blossom　④ Manhattan on the Rocks。

解析 ① 新加坡司令，香氣濃。② 伏特加馬丁尼，酒味重。③ 橘花，香氣濃。④ 曼哈頓加冰塊，酒味重。

(②③)97. 酒吧工作人力的配置，下列何者適當？　① 調酒員若不足可以請工讀生代替　② 領檯要親切接待顧客，引導顧客至座位並遞上酒單　③ 當來客不如預期時應該協調閒置人員執行清潔工作　④ 調酒員不需負責洗滌杯器皿。

(②④)98. 酒吧每月盤點時，以下滯銷酒類 Dead Stock，哪兩瓶所積壓的成本較高？　① Remy Martin VSOP　② Johnnie Walker Blue Label　③ Macallan 12 Years fine Oak　④ Dom Pérignon 1999。

解析 ① 人頭馬 V.S.O.P 約 1500 元 ② 約翰走路藍牌約 5000 元 ③ 麥卡倫 12 年約 1500 元 ④ 香檳王約 6000 元

(②③)99. 在不增加酒吧人事成本，且提高酒吧營收及提升工作效率，下列何者為適當之作法？　① 增聘調酒員以加速出酒效率　② 安裝 POS 系統　③ 安裝生啤酒機 Draft Beer Dispenser　④ 管制顧客入場人數。

(①④)100. 在酒吧的日常營運中，快速提升業績的方式有　① 推銷整瓶烈酒　② 推銷大杯的生啤酒　③ 推銷整本餐券　④ 推銷整瓶紅酒。

90006 職業安全衛生

(②) 1. 對於核計勞工所得有無低於基本工資，下列敘述何者有誤？ ①僅計入在正常工時內之報酬 ②應計入加班費 ③不計入休假日出勤加給之工資 ④不計入競賽獎金。

(③) 2. 下列何者之工資日數得列入計算平均工資？ ①請事假期間 ②職災醫療期間 ③發生計算事由之當日前 6 個月 ④放無薪假期間。

(④) 3. 有關「例假」之敘述，下列何者有誤？ ①每 7 日應有例假 1 日 ②工資照給 ③天災出勤時，工資加倍及補休 ④得由勞雇雙方另行約定。

(④) 4. 勞動基準法第 84 條之 1 規定之工作者，因工作性質特殊，就其工作時間，下列何者正確？ ①完全不受限制 ②無例假與休假 ③不另給予延時工資 ④勞雇間應有合理協商彈性。

(③) 5. 依勞動基準法規定，雇主應置備勞工工資清冊並應保存幾年？ ①1 年 ②2 年 ③5 年 ④10 年。

(①) 6. 事業單位僱用勞工多少人以上者，應依勞動基準法規定訂立工作規則？ ①30 人 ②50 人 ③100 人 ④200 人。

(③) 7. 依勞動基準法規定，雇主延長勞工之工作時間連同正常工作時間，每日不得超過多少小時？ ①10 ②11 ③12 ④15。

(④) 8. 依勞動基準法規定，下列何者屬不定期契約？ ①臨時性或短期性的工作 ②季節性的工作 ③特定性的工作 ④有繼續性的工作。

(①) 9. 依職業安全衛生法規定，事業單位勞動場所發生死亡職業災害時，雇主應於多少小時內通報勞動檢查機構？ ①8 ②12 ③24 ④48。

(①) 10. 事業單位之勞工代表如何產生？ ①由企業工會推派之 ②由產業工會推派之 ③由勞資雙方協議推派之 ④由勞工輪流擔任之。

(④) 11. 職業安全衛生法所稱有母性健康危害之虞之工作，不包括下列何種工作型態？ ①長時間站立姿勢作業 ②人力提舉、搬運及推拉重物 ③輪班及工作負荷 ④駕駛運輸車輛。

(③) 12. 依職業安全衛生法施行細則規定，下列何者非屬特別危害健康之作業？ ①噪音作業 ②游離輻射作業 ③會計作業 ④粉塵作業。

(③) 13. 從事於易踏穿材料構築之屋頂修繕作業時，應有何種作業主管在場執行主管業務？ ①施工架組配 ②擋土支撐組配 ③屋頂 ④模板支撐。

(④) 14. 有關「工讀生」之敘述，下列何者正確？ ①工資不得低於基本工資之 80% ②屬短期工作者，加班只能補休 ③每日正常工作時間得超過 8 小時 ④國定假日出勤，工資加倍發給。

(③) 15. 勞工工作時手部嚴重受傷，住院醫療期間公司應按下列何者給予職業災害補償？ ①前 6 個月平均工資 ②前 1 年平均工資 ③原領工資 ④基本工資。

(②) 16. 勞工在何種情況下，雇主得不經預告終止勞動契約？ ①確定被法院判刑 6 個月以內並諭知緩刑超過 1 年以上者 ②不服指揮對雇主暴力相向者 ③經常遲到早退者 ④非連續曠工但 1 個月內累計 3 日者。

(③) 17. 對於吹哨者保護規定，下列敘述何者有誤？ ①事業單位不得對勞工申訴人終止勞動契約 ②勞動檢查機構受理勞工申訴必須保密 ③為實施勞動檢查，必要時得告知事業單位有關勞工申訴人身分 ④任何情況下，事業單位都不得有不利勞工申訴人之處分。

(④) 18. 職業安全衛生法所稱有母性健康危害之虞之工作，係指對於具生育能力之女性勞工從事工作，可能會導致的一些影響。下列何者除外？ ①胚胎發育 ②妊娠期間之母體健康 ③哺乳期間之幼兒健康 ④經期紊亂。

(③) 19. 下列何者非屬職業安全衛生法規定之勞工法定義務？ ①定期接受健康檢查 ②參加安全衛生教育訓練 ③實施自動檢查 ④遵守安全衛生工作守則。

(②) 20. 下列何者非屬應對在職勞工施行之健康檢查？ ①一般健康檢查 ②體格檢查 ③特殊健康檢查 ④特定對象及特定項目之檢查。

(④) 21. 下列何者非爲防範有害物食入之方法？ ①有害物與食物隔離 ②不在工作場所進食或飲水③常洗手、漱口 ④穿工作服。

(①) 22. 原事業單位如有違反職業安全衛生法或有關安全衛生規定，致承攬人所僱勞工發生職業災害時，有關承攬管理責任，下列敘述何者正確？ ①原事業單位應與承攬人負連帶賠償責任 ②原事業單位交付承攬，不需負連帶補償責任 ③承攬廠商應自負職業災害之賠償責任 ④勞工投保單位即爲職業災害之賠償單位。

(④) 23. 依勞動基準法規定，主管機關或檢查機構於接獲勞工申訴事業單位違反本法及其他勞工法令規定後，應爲必要之調查，並於幾日內將處理情形，以書面通知勞工？ ① 14 ② 20 ③ 30 ④ 60。

(③) 24. 我國中央勞動業務主管機關爲下列何者？ ①內政部 ②勞工保險局 ③勞動部 ④經濟部。

(④) 25. 對於勞動部公告列入應實施型式驗證之機械、設備或器具，下列何種情形不得免驗證？ ①依其他法律規定實施驗證者 ②供國防軍事用途使用者 ③輸入僅供科技研發之專用機 ④輸入僅供收藏使用之限量品。

(④) 26. 對於墜落危險之預防措施，下列敘述何者較爲妥適？ ①在外牆施工架等高處作業應盡量使用繫腰式安全帶 ②安全帶應確實配掛在低於足下之堅固點 ③高度 2m 以上之邊緣開口部分處應圍起警示帶 ④高度 2m 以上之開口處應設護欄或安全網。

(③) 27. 下列對於感電電流流過人體可能呈現的症狀，下列敘述何者有誤？ ①痛覺 ②強烈痙攣 ③血壓降低、呼吸急促、精神亢奮 ④造成組織灼傷。

(②) 28. 下列何者非屬於容易發生墜落災害的作業場所？ ①施工架 ②廚房 ③屋頂 ④梯子、合梯。

(①) 29. 下列何者非屬危險物儲存場所應採取之火災爆炸預防措施？ ①使用工業用電風扇 ②裝設可燃性氣體偵測裝置 ③使用防爆電氣設備 ④標示「嚴禁煙火」。

(③) 30. 雇主於臨時用電設備加裝漏電斷路器，可減少下列何種災害發生？ ①墜落 ②物體倒塌；崩塌 ③感電 ④被撞。

(③) 31. 雇主要求確實管制人員不得進入吊舉物下方，可避免下列何種災害發生？ ①感電 ②墜落 ③物體飛落 ④缺氧。

(①) 32. 職業上危害因子所引起的勞工疾病，稱爲何種疾病？ ①職業疾病 ②法定傳染病 ③流行性疾病 ④遺傳性疾病。

(④) 33. 事業招人承攬時，其承攬人就承攬部分負雇主之責任，原事業單位就職業災害補償部分之責任爲何？ ①視職業災害原因判定是否補償 ②依工程性質決定責任 ③依承攬契約決定責任 ④仍應與承攬人負連帶責任。

(②) 34. 預防職業病最根本的措施爲何？ ①實施特殊健康檢查 ②實施作業環境改善 ③實施定期健康檢查 ④實施僱用前體格檢查。

(①) 35. 在地下室作業，當通風換氣充分時，則不易發生一氧化碳中毒或缺氧危害或火災爆炸危

險。請問「通風換氣充分」係指下列何種描述？ ①風險控制方法 ②發生機率 ③危害源 ④風險。

(①) 36. 勞工爲節省時間，在未斷電情況下清理機臺，易發生危害爲何？ ①捲夾感電 ②缺氧 ③墜落 ④崩塌。

(②) 37. 工作場所化學性有害物進入人體最常見路徑爲下列何者？ ①口腔 ②呼吸道 ③皮膚 ④眼睛。

(③) 38. 活線作業勞工應佩戴何種防護手套？ ①棉紗手套 ②耐熱手套 ③絕緣手套 ④防振手套。

(④) 39. 下列何者非屬電氣災害類型？ ①電弧灼傷 ②電氣火災 ③靜電危害 ④雷電閃爍。

(③) 40. 下列何者非屬於工作場所作業曾發生墜落災害的潛在危害因子？ ①開口未設置護欄 ②未設置安全之上下設備 ③未確實配戴耳罩 ④屋頂開口下方未張掛安全網。

(②) 41. 在噪音防治之對策中，從下列何者著手最爲有效？ ①偵測儀器 ②噪音源 ③傳播途徑 ④個人防護具。

(④) 42. 勞工於室外高氣溫作業環境工作，可能對身體產生之熱危害，下列何者非屬熱危害之症狀？ ①熱衰竭 ②中暑 ③熱痙攣 ④痛風。

(③) 43. 以下何者是消除職業病發生率之源頭管理對策？ ①使用個人防護具 ②健康檢查 ③改善作業環境 ④多運動。

(①) 44. 下列何者非爲職業病預防之危害因子？ ①遺傳性疾病 ②物理性危害 ③人因工程危害 ④化學性危害。

(③) 45. 依職業安全衛生設施規則規定，下列何者非屬使用合梯，應符合之規定？ ①合梯應具有堅固之構造 ②合梯材質不得有顯著之損傷、腐蝕等 ③梯腳與地面之角度應在80度以上 ④有安全之防滑梯面。

(④) 46. 下列何者非屬勞工從事電氣工作，應符合之規定？ ①使其使用電工安全帽 ②穿戴絕緣防護具 ③停電作業應斷開、檢電、接地及掛牌 ④穿戴棉質手套絕緣。

(③) 47. 爲防止勞工感電，下列何者爲非？ ①使用防水插頭 ②避免不當延長接線 ③設備有金屬外殼保護即可免接地 ④電線架高或加以防護。

(②) 48. 不當抬舉導致肌肉骨骼傷害或肌肉疲勞之現象，可歸類爲下列何者？ ①感電事件 ②不當動作 ③不安全環境 ④被撞事件。

(③) 49. 使用鑽孔機時，不應使用下列何護具？ ①耳塞 ②防塵口罩 ③棉紗手套 ④護目鏡。

(①) 50. 腕道症候群常發生於下列何種作業？ ①電腦鍵盤作業 ②潛水作業 ③堆高機作業 ④第一種壓力容器作業。

(①) 51. 對於化學燒傷傷患的一般處理原則，下列何者正確？ ①立即用大量清水沖洗 ②傷患必須臥下，而且頭、胸部須高於身體其他部位 ③於燒傷處塗抹油膏、油脂或發酵粉 ④使用酸鹼中和。

(④) 52. 下列何者非屬防止搬運事故之一般原則？ ①以機械代替人力 ②以機動車輛搬運 ③採取適當之搬運方法 ④儘量增加搬運距離。

(③) 53. 對於脊柱或頸部受傷患者，下列何者不是適當的處理原則？ ①不輕易移動傷患 ②速請醫師 ③如無合用的器材，需2人作徒手搬運 ④向急救中心聯絡。

(③) 54. 防止噪音危害之治本對策爲下列何者？ ①使用耳塞、耳罩 ②實施職業安全衛生教育訓練 ③消除發生源 ④實施特殊健康檢查。

(①) 55. 安全帽承受巨大外力衝擊後，雖外觀良好，應採下列何種處理方式？ ①廢棄 ②繼續

使用 ③送修 ④油漆保護。

(②) 56. 因舉重而扭腰係由於身體動作不自然姿勢，動作之反彈，引起扭筋、扭腰及形成類似狀態造成職業災害，其災害類型為下列何者？ ①不當狀態 ②不當動作 ③不當方針 ④不當設備。

(③) 57. 下列有關工作場所安全衛生之敘述何者有誤？ ①對於勞工從事其身體或衣著有被污染之虞之特殊作業時，應備置該勞工洗眼、洗澡、漱口、更衣、洗濯等設備 ②事業單位應備置足夠急救藥品及器材 ③事業單位應備置足夠的零食自動販賣機 ④勞工應定期接受健康檢查。

(②) 58. 毒性物質進入人體的途徑，經由那個途徑影響人體健康最快且中毒效應最高？ ①吸入 ②食入 ③皮膚接觸 ④手指觸摸。

(③) 59. 安全門或緊急出口平時應維持何狀態？ ①門可上鎖但不可封死 ②保持開門狀態以保持逃生路徑暢通 ③門應關上但不可上鎖 ④與一般進出門相同，視各樓層規定可開可關。

(③) 60. 下列何種防護具較能消減噪音對聽力的危害？ ①棉花球 ②耳塞 ③耳罩 ④碎布球。

(②) 61. 勞工若面臨長期工作負荷壓力及工作疲勞累積，沒有獲得適當休息及充足睡眠，便可能影響體能及精神狀態，甚而較易促發下列何種疾病？ ①皮膚癌 ②腦心血管疾病 ③多發性神經病變 ④肺水腫。

(②) 62. 「勞工腦心血管疾病發病的風險與年齡、吸菸、總膽固醇數值、家族病史、生活型態、心臟方面疾病」之相關性為何？ ①無 ②正 ③負 ④可正可負。

(③) 63. 下列何者不屬於職場暴力？ ①肢體暴力 ②語言暴力 ③家庭暴力 ④性騷擾。

(④) 64. 職場內部常見之身體或精神不法侵害不包含下列何者？ ①脅迫、名譽損毀、侮辱、嚴重辱罵勞工 ②強求勞工執行業務上明顯不必要或不可能之工作 ③過度介入勞工私人事宜 ④使勞工執行與能力、經驗相符的工作。

(③) 65. 下列何種措施較可避免工作單調重複或負荷過重？ ①連續夜班 ②工時過長 ③排班保有規律性 ④經常性加班。

(①) 66. 減輕皮膚燒傷程度之最重要步驟為何？ ①儘速用清水沖洗 ②立即刺破水泡 ③立即在燒傷處塗抹油脂 ④在燒傷處塗抹麵粉。

(③) 67. 眼內噴入化學物或其他異物，應立即使用下列何者沖洗眼睛？ ①牛奶 ②蘇打水 ③清水 ④稀釋的醋。

(③) 68. 石綿最可能引起下列何種疾病？ ①白指症 ②心臟病 ③間皮細胞瘤 ④巴金森氏症。

(②) 69. 作業場所高頻率噪音較易導致下列何種症狀？ ①失眠 ②聽力損失 ③肺部疾病 ④腕道症候群。

(②) 70. 廚房設置之排油煙機為下列何者？ ①整體換氣裝置 ②局部排氣裝置 ③吹吸型換氣裝置 ④排氣煙囪。

(④) 71. 下列何者為選用防塵口罩時，最不重要之考量因素？ ①捕集效率愈高愈好 ②吸氣阻抗愈低愈好 ③重量愈輕愈好 ④視野愈小愈好。

(②) 72. 若勞工工作性質需與陌生人接觸、工作中需處理不可預期的突發事件或工作場所治安狀況較差，較容易遭遇下列何種危害？ ①組織內部不法侵害 ②組織外部不法侵害 ③多發性神經病變 ④潛涵症。

(③) 73. 下列何者不是發生電氣火災的主要原因？ ①電器接點短路 ②電氣火花 ③電纜線置於地上 ④漏電。

(②) 74. 依勞工職業災害保險及保護法規定，職業災害保險之保險效力，自何時開始起算，至離

職當日停止？　①通知當日　②到職當日　③雇主訂定當日　④勞雇雙方合意之日。

（　④　）75. 依勞工職業災害保險及保護法規定，勞工職業災害保險以下列何者為保險人，辦理保險業務？　①財團法人職業災害預防及重建中心　②勞動部職業安全衛生署　③勞動部勞動基金運用局　④勞動部勞工保險局。

（　①　）76. 有關「童工」之敘述，下列何者正確？　①每日工作時間不得超過 8 小時　②不得於午後 8 時至翌晨 8 時之時間內工作　③例假日得在監視下工作　④工資不得低於基本工資之 70%。

（　④　）77. 依勞動檢查法施行細則規定，事業單位如不服勞動檢查結果，可於檢查結果通知書送達之次日起 10 日內，以書面敘明理由向勞動檢查機構提出？　①訴願　②陳情　③抗議　④異議。

（　②　）78. 工作者若因雇主違反職業安全衛生法規定而發生職業災害、疑似罹患職業病或身體、精神遭受不法侵害所提起之訴訟，得向勞動部委託之民間團體提出下列何者？　①災害理賠　②申請扶助　③精神補償　④國家賠償。

（　④　）79. 計算平日加班費須按平日每小時工資額加給計算，下列敘述何者有誤？　①前 2 小時至少加給 1/3 倍　②超過 2 小時部分至少加給 2/3 倍　③經勞資協商同意後，一律加給 0.5 倍　④未經雇主同意給加班費者，一律補休。

（　②　）80. 下列工作場所何者非屬勞動檢查法所定之危險性工作場所？　①農藥製造　②金屬表面處理　③火藥類製造　④從事石油裂解之石化工業之工作場所。

（　①　）81. 有關電氣安全，下列敘述何者錯誤？　① 110 伏特之電壓不致造成人員死亡　②電氣室應禁止非工作人員進入　③不可以濕手操作電氣開關，且切斷開關應迅速　④ 220 伏特為低壓電。

（　②　）82. 依職業安全衛生設施規則規定，下列何者非屬於車輛系營建機械？　①平土機　②堆高機　③推土機　④鏟土機。

（　②　）83. 下列何者非為事業單位勞動場所發生職業災害者，雇主應於 8 小時內通報勞動檢查機構？　①發生死亡災害　②勞工受傷無須住院治療　③發生災害之罹災人數在 3 人以上　④發生災害之罹災人數在 1 人以上，且需住院治療。

（　④　）84. 依職業安全衛生管理辦法規定，下列何者非屬「自動檢查」之內容？　①機械之定期檢查　②機械、設備之重點檢查　③機械、設備之作業檢點　④勞工健康檢查。

（　①　）85. 下列何者係針對於機械操作點的捲夾危害特性可以採用之防護裝置？　①設置護圍、護罩　②穿戴棉紗手套　③穿戴防護衣　④強化教育訓練。

（　④　）86. 下列何者非屬從事起重吊掛作業導致物體飛落災害之可能原因？　①吊鉤未設防滑舌片致吊掛鋼索鬆脫　②鋼索斷裂　③超過額定荷重作業　④過捲揚警報裝置過度靈敏。

（　②　）87. 勞工不遵守安全衛生工作守則規定，屬於下列何者？　①不安全設備　②不安全行為　③不安全環境　④管理缺陷。

（　③　）88. 下列何者不屬於局限空間內作業場所應採取之缺氧、中毒等危害預防措施？　①實施通風換氣　②進入作業許可程序　③使用柴油內燃機發電提供照明　④測定氧氣、危險物、有害物濃度。

（　①　）89. 下列何者非通風換氣之目的？　①防止游離輻射　②防止火災爆炸　③稀釋空氣中有害物　④補充新鮮空氣。

（　②　）90. 已在職之勞工，首次從事特別危害健康作業，應實施下列何種檢查？　①一般體格檢查

共同 90006

②特殊體格檢查　③一般體格檢查及特殊健康檢查　④特殊健康檢查。

(④) 91. 依職業安全衛生設施規則規定，噪音超過多少分貝之工作場所，應標示並公告噪音危害之預防事項，使勞工周知？　①75　②80　③85　④90。

(③) 92. 下列何者非屬工作安全分析的目的？　①發現並杜絕工作危害　②確立工作安全所需工具與設備　③懲罰犯錯的員工　④作為員工在職訓練的參考。

(③) 93. 可能對勞工之心理或精神狀況造成負面影響的狀態，如異常工作壓力、超時工作、語言脅迫或恐嚇等，可歸屬於下列何者管理不當？　①職業安全　②職業衛生　③職業健康　④環保。

(③) 94. 有流產病史之孕婦，宜避免相關作業，下列何者為非？　①避免砷或鉛的暴露　②避免每班站立 7 小時以上之作業　③避免提舉 3 公斤重物的職務　④避免重體力勞動的職務。

(③) 95. 熱中暑時，易發生下列何現象？　①體溫下降　②體溫正常　③體溫上升　④體溫忽高忽低。

(④) 96. 下列何者不會使電路發生過電流？　①電氣設備過載　②電路短路　③電路漏電　④電路斷路。

(④) 97. 下列何者較屬安全、尊嚴的職場組織文化？　①不斷責備勞工　②公開在眾人面前長時間責罵勞工　③強求勞工執行業務上明顯不必要或不可能之工作　④不過度介入勞工私人事宜。

(④) 98. 下列何者與職場母性健康保護較不相關？　①職業安全衛生法　②妊娠與分娩後女性及未滿十八歲勞工禁止從事危險性或有害性工作認定標準　③性別平等工作法　④動力堆高機型式驗證。

(③) 99. 油漆塗裝工程應注意防火防爆事項，下列何者為非？　①確實通風　②注意電氣火花　③緊密門窗以減少溶劑擴散揮發　④嚴禁煙火。

(③)100. 依職業安全衛生設施規則規定，雇主對於物料儲存，為防止氣候變化或自然發火發生危險者，下列何者為最佳之採取措施？　①保持自然通風　②密閉　③與外界隔離及溫濕控制　④靜置於倉儲區，避免陽光直射。

90007 工作倫理與職業道德

工作項目 01：工作倫理與職業道德

(④) 1. 下列何者「違反」個人資料保護法？ ①公司基於人事管理之特定目的，張貼榮譽榜揭示績優員工姓名 ②縣市政府提供村里長轄區內符合資格之老人名冊供發放敬老金 ③網路購物公司為辦理退貨，將客戶之住家地址提供予宅配公司 ④學校將應屆畢業生之住家地址提供補習班招生使用

(①) 2. 非公務機關利用個人資料進行行銷時，下列敘述何者「錯誤」？ ①若已取得當事人書面同意，當事人即不得拒絕利用其個人資料行銷 ②於首次行銷時，應提供當事人表示拒絕行銷之方式 ③當事人表示拒絕接受行銷時，應停止利用其個人資料 ④倘非公務機關違反「應即停止利用其個人資料行銷」之義務，未於限期內改正者，按次處新臺幣2萬元以上20萬元以下罰鍰。

(④) 3. 個人資料保護法法規為當事人權益，多少位以上的當事人提出告訴，就可以進行團體訴訟： ①5人 ②10人 ③15人 ④20人。

(②) 4. 關於個人資料保護法之敘述，下列何者「錯誤」？ ①公務機關執行法定職務必要範圍內，可以蒐集、處理或利用一般性個人資料 ②間接蒐集之個人資料，於處理或利用前，不必告知當事人個人資料來源 ③非公務機關亦應維護個人資料之正確，並主動或依當事人之請求更正或補充 ④外國學生在臺灣短期進修或留學，也受到我國個人資料保護法的保障。

(②) 5. 下列關於個人資料保護法的敘述，下列敘述何者錯誤？ ①不管是否使用電腦處理的個人資料，都受個人資料保護法保護 ②公務機關依法執行公權力，不受個人資料保護法規範 ③身分證字號、婚姻、指紋都是個人資料 ④我的病歷資料雖然是由醫生所撰寫，但也屬於是我的個人資料範圍。

(③) 6. 對於依照個人資料保護法應告知之事項，下列何者不在法定應告知的事項內？ ①個人資料利用之期間、地區、對象及方式 ②蒐集之目的 ③蒐集機關的負責人姓名 ④如拒絕提供或提供不正確個人資料將造成之影響。

(②) 7. 請問下列何者非為個人資料保護法第3條所規範之當事人權利？ ①查詢或請求閱覽 ②請求刪除他人之資料 ③請求補充或更正 ④請求停止蒐集、處理或利用。

(④) 8. 下列何者非安全使用電腦內的個人資料檔案的做法？ ①利用帳號與密碼登入機制來管理可以存取個資者的人 ②規範不同人員可讀取的個人資料檔案範圍 ③個人資料檔案使用完畢後立即退出應用程式，不得留置於電腦中 ④為確保重要的個人資料可即時取得，將登入密碼標示在螢幕下方。

(①) 9. 下列何者行為非屬個人資料保護法所稱之國際傳輸？ ①將個人資料傳送給經濟部 ②將個人資料傳送給美國的分公司 ③將個人資料傳送給法國的人事部門 ④將個人資料傳送給日本的委託公司。

(①) 10. 下列有關智慧財產權行為之敘述，何者有誤？ ①製造、販售仿冒註冊商標的商品不屬於公訴罪之範疇，但已侵害商標權之行為 ②以101大樓、美麗華百貨公司做為拍攝電影的背景，屬於合理使用的範圍 ③原作者自行創作某音樂作品後，即可宣稱擁有該作品之著作權 ④著作權是為促進文化發展為目的，所保護的財產權之一。

(②) 11. 專利權又可區分爲發明、新型與設計三種專利權,其中發明專利權是否有保護期限?期限爲何? ①有,5 年 ②有,20 年 ③有,50 年 ④無期限,只要申請後就永久歸申請人所有。

(②) 12. 受僱人於職務上所完成之著作,如果沒有特別以契約約定,其著作人爲下列何者? ①僱用人 ②受僱人 ③僱用公司或機關法人代表 ④由僱用人指定之自然人或法人。

(①) 13. 任職於某公司的程式設計工程師,因職務所編寫之電腦程式,如果沒有特別以契約約定,則該電腦程式重製之權利歸屬下列何者? ①公司 ②編寫程式之工程師 ③公司全體股東共有 ④公司與編寫程式之工程師共有。

(③) 14. 某公司員工因執行業務,擅自以重製之方法侵害他人之著作財產權,若被害人提起告訴,下列對於處罰對象的敘述,何者正確? ①僅處罰侵犯他人著作財產權之員工 ②僅處罰僱用該名員工的公司 ③該名員工及其雇主皆須受罰 ④員工只要在從事侵犯他人著作財產權之行爲前請示雇主並獲同意,便可以不受處罰。

(①) 15. 受僱人於職務上所完成之發明、新型或設計,其專利申請權及專利權如未特別約定屬於下列何者? ①僱用人 ②受僱人 ③僱用人所指定之自然人或法人 ④僱用人與受僱人共有。

(④) 16. 任職大發公司的郝聰明,專門從事技術研發,有關研發技術的專利申請權及專利權歸屬,下列敘述何者錯誤? ①職務上所完成的發明,除契約另有約定外,專利申請權及專利權屬於大發公司 ②職務上所完成的發明,雖然專利申請權及專利權屬於大發公司,但是郝聰明享有姓名表示權 ③郝聰明完成非職務上的發明,應即以書面通知大發公司 ④大發公司與郝聰明之雇傭契約約定,郝聰明非職務上的發明,全部屬於公司,約定有效。

(③) 17. 有關著作權的下列敘述何者不正確? ①我們到表演場所觀看表演時,不可隨便錄音或錄影 ②到攝影展上,拿相機拍攝展示的作品,分贈給朋友,是侵害著作權的行爲 ③網路上供人下載的免費軟體,都不受著作權法保護,所以我可以燒成大補帖光碟,再去賣給別人 ④高普考試題,不受著作權法保護。

(③) 18. 有關著作權的下列敘述何者錯誤? ①撰寫碩博士論文時,在合理範圍內引用他人的著作,只要註明出處,不會構成侵害著作權 ②在網路散布盜版光碟,不管有沒有營利,會構成侵害著作權 ③在網路的部落格看到一篇文章很棒,只要註明出處,就可以把文章複製在自己的部落格 ④將補習班老師的上課內容錄音檔,放到網路上拍賣,會構成侵害著作權。

(④) 19. 有關商標權的下列敘述何者錯誤? ①要取得商標權一定要申請商標註冊 ②商標註冊後可取得 10 年商標權 ③商標註冊後,3 年不使用,會被廢止商標權 ④在夜市買的仿冒品,品質不好,上網拍賣,不會構成侵權。

(①) 20. 下列關於營業秘密的敘述,何者不正確? ①受僱人於非職務上研究或開發之營業秘密,仍歸僱用人所有 ②營業秘密不得爲質權及強制執行之標的 ③營業秘密所有人得授權他人使用其營業秘密 ④營業秘密得全部或部分讓與他人或與他人共有。

(①) 21. 甲公司將其新開發受營業秘密法保護之技術,授權乙公司使用,下列何者不得爲之? ①乙公司已獲授權,所以可以未經甲公司同意,再授權丙公司使用 ②約定授權使用限於一定之地域、時間 ③約定授權使用限於特定之內容、一定之使用方法 ④要求被授權人乙公司在一定期間負有保密義務。

(③) 22. 甲公司嚴格保密之最新配方產品大賣,下列何者侵害甲公司之營業秘密? ①鑑定人 A 因司法審理而知悉配方 ②甲公司授權乙公司使用其配方 ③甲公司之 B 員工擅自將配方盜賣給乙公司 ④甲公司與乙公司協議共有配方。

(③) 23. 故意侵害他人之營業秘密，法院因被害人之請求，最高得酌定損害額幾倍之賠償？ ① 1 倍 ② 2 倍 ③ 3 倍 ④ 4 倍。

(④) 24. 受雇者因承辦業務而知悉營業秘密，在離職後對於該營業秘密的處理方式，下列敘述何者正確？ ①聘雇關係解除後便不再負有保障營業秘密之責 ②僅能自用而不得販售獲取利益 ③自離職日起 3 年後便不再負有保障營業秘密之責 ④離職後仍不得洩漏該營業秘密。

(③) 25. 按照現行法律規定，侵害他人營業秘密，其法律責任為： ①僅需負刑事責任 ②僅需負民事損害賠償責任 ③刑事責任與民事損害賠償責任皆須負擔 ④刑事責任與民事損害賠償責任皆不須負擔。

(③) 26. 企業內部之營業秘密，可以概分為「商業性營業秘密」及「技術性營業秘密」二大類型，請問下列何者屬於「技術性營業秘密」？ ①人事管理 ②經銷據點 ③產品配方 ④客戶名單。

(③) 27. 某離職同事請求在職員工將離職前所製作之某份文件傳送給他，請問下列回應方式何者正確？ ①由於該項文件係由該離職員工製作，因此可以傳送文件 ②若其目的僅為保留檔案備份，便可以傳送文件 ③可能構成對於營業秘密之侵害，應予拒絕並請他直接向公司提出請求 ④視彼此交情決定是否傳送文件。

(①) 28. 行為人以竊取等不正當方法取得營業秘密，下列敘述何者正確？ ①已構成犯罪 ②只要後續沒有洩漏便不構成犯罪 ③只要後續沒有出現使用之行為便不構成犯罪 ④只要後續沒有造成所有人之損害便不構成犯罪。

(③) 29. 針對在我國境內竊取營業秘密後，意圖在外國、中國大陸或港澳地區使用者，營業秘密法是否可以適用？ ①無法適用 ②可以適用，但若屬未遂犯則不罰 ③可以適用並加重其刑 ④能否適用需視該國家或地區與我國是否簽訂相互保護營業秘密之條約或協定。

(④) 30. 所謂營業秘密，係指方法、技術、製程、配方、程式、設計或其他可用於生產、銷售或經營之資訊，但其保障所需符合的要件不包括下列何者？ ①因其秘密性而具有實際之經濟價值者 ②所有人已採取合理之保密措施者 ③因其秘密性而具有潛在之經濟價值者 ④一般涉及該類資訊之人所知者。

(①) 31. 因故意或過失而不法侵害他人之營業秘密者，負損害賠償責任。該損害賠償之請求權，自請求權人知有行為及賠償義務人時起，幾年間不行使就會消滅？ ① 2 年 ② 5 年 ③ 7 年 ④ 10 年。

(①) 32. 公司負責人為了要節省開銷，將員工薪資以高報低來投保全民健保及勞保，是觸犯了刑法上之何種罪刑？ ①詐欺罪 ②侵占罪 ③背信罪 ④工商秘密罪。

(②) 33. A 受雇於公司擔任會計，因自己的財務陷入危機，多次將公司帳款轉入妻兒戶頭，是觸犯了刑法上之何種罪刑？ ①洩漏工商秘密罪 ②侵占罪 ③詐欺罪 ④偽造文書罪。

(③) 34. 某甲於公司擔任業務經理時，未依規定經董事會同意，私自與自己親友之公司訂定生意合約，會觸犯下列何種罪刑？ ①侵占罪 ②貪污罪 ③背信罪 ④詐欺罪。

(①) 35. 如果你擔任公司採購的職務，親朋好友們會向你推銷自家的產品，希望你要採購時，你應該 ①適時地婉拒，說明利益需要迴避的考量，請他們見諒 ②既然是親朋好友，就應該互相幫忙 ③建議親朋好友將產品折扣，折扣部分歸於自己，就會採購 ④可以暗中地幫忙親朋好友，進行採購，不要被發現有親友關係便可。

(③) 36. 小美是公司的業務經理，有一天巧遇國中同班的死黨小林，發現他是公司的下游廠商老闆。最近小美處理一件公司的招標案件，小林的公司也在其中，私下約小美見面，請求她提供這次招標案的底標，並馬上要給予幾十萬元的前謝金，請問小美該怎麼辦？　①退回錢，並告訴小林都是老朋友，一定會全力幫忙　②收下錢，將錢拿出來給單位同事們分紅　③應該堅決拒絕，並避免每次見面都與小林談論相關業務問題　④朋友一場，給他一個比較接近底標的金額，反正又不是正確的，所以沒關係。

(③) 37. 公司發給每人一台平板電腦提供業務上使用，但是發現根本很少在使用，為了讓它有效的利用，所以將它拿回家給親人使用，這樣的行為是　①可以的，這樣就不用花錢買　②可以的，反正放在那裡不用它，也是浪費資源　③不可以的，因為這是公司的財產，不能私用　④不可以的，因為使用年限未到，如果年限到報廢了，便可以拿回家。

(③) 38. 公司的車子，假日又沒人使用，你是鑰匙保管者，請問假日可以開出去嗎？　①可以，只要付費加油即可　②可以，反正假日不影響公務　③不可，因為是公司的，並非私人擁有　④不可以，應該是讓公司想要使用的員工，輪流使用才可。

(④) 39. 阿哲是財經線的新聞記者，某次採訪中得知 A 公司在一個月內將有一個大的併購案，這個併購案顯示公司的財力，且能讓 A 公司股價往上飆升。請問阿哲得知此消息後，可以立刻購買該公司的股票嗎？　①可以，有錢大家賺　②可以，這是我努力獲得的消息　③可以，不賺白不賺　④不可以，屬於內線消息，必須保持記者之操守，不得洩漏。

(④) 40. 與公務機關接洽業務時，下列敘述何者「正確」？　①沒有要求公務員違背職務，花錢疏通而已，並不違法　②唆使公務機關承辦採購人員配合浮報價額，僅屬偽造文書行為　③口頭允諾行賄金額但還沒送錢，尚不構成犯罪　④與公務員同謀之共犯，即便不具公務員身分，仍可依據貪污治罪條例處刑。

(①) 41. 與公務機關有業務往來構成職務利害關係者，下列敘述何者「正確」？　①將餽贈之財物請公務員父母代轉，該公務員亦已違反規定　②與公務機關承辦人飲宴應酬為增進基本關係的必要方法　③高級茶葉低價售予有利害關係之承辦公務員，有價購行為就不算違反法規　④機關公務員藉子女婚宴廣邀業務往來廠商之行為，並無不妥。

(④) 42. 廠商某甲承攬公共工程，工程進行期間，甲與其工程人員經常招待該公共工程委辦機關之監工及驗收之公務員喝花酒或招待出國旅遊，下列敘述何者為正確？　①公務員若沒有收現金，就沒有罪　②只要工程沒有問題，某甲與監工及驗收等相關公務員就沒有犯罪　③因為不是送錢，所以都沒有犯罪　④某甲與相關公務員均已涉嫌觸犯貪污治罪條例。

(①) 43. 行（受）賄罪成立要素之一為具有對價關係，而作為公務員職務之對價有「賄賂」或「不正利益」，下列何者「不」屬於「賄賂」或「不正利益」？　①開工邀請公務員觀禮　②送百貨公司大額禮券　③免除債務　④招待吃米其林等級之高檔大餐。

(④) 44. 下列有關貪腐的敘述何者錯誤？　①貪腐會危害永續發展和法治　②貪腐會破壞民主體制及價值觀　③貪腐會破壞倫理道德與正義　④貪腐有助降低企業的經營成本。

(④) 45. 下列何者不是設置反貪腐專責機構須具備的必要條件？　①賦予該機構必要的獨立性　②使該機構的工作人員行使職權不會受到不當干預　③提供該機構必要的資源、專職工作人員及必要培訓　④賦予該機構的工作人員有權力可隨時逮捕貪汙嫌疑人。

(②) 46. 檢舉人向有偵查權機關或政風機構檢舉貪污瀆職，必須於何時為之始可能給與獎金？　①犯罪未起訴前　②犯罪未發覺前　③犯罪未遂前　④預備犯罪前。

(③) 47. 檢舉人應以何種方式檢舉貪污瀆職始能核給獎金？　①匿名　②委託他人檢舉　③以真實姓名檢舉　④以他人名義檢舉。

(④) 48. 我國制定何種法律以保護刑事案件之證人，使其勇於出面作證，俾利犯罪之偵查、審判？ ①貪污治罪條例 ②刑事訴訟法 ③行政程序法 ④證人保護法。

(①) 49. 下列何者「非」屬公司對於企業社會責任實踐之原則？ ①加強個人資料揭露 ②維護社會公益 ③發展永續環境 ④落實公司治理。

(①) 50. 下列何者「不」屬於職業素養的範疇？ ①獲利能力 ②正確的職業價值觀 ③職業知識技能 ④良好的職業行為習慣。

(④) 51. 下列何者符合專業人員的職業道德？ ①未經雇主同意，於上班時間從事私人事務 ②利用雇主的機具設備私自接單生產 ③未經顧客同意，任意散佈或利用顧客資料 ④盡力維護雇主及客戶的權益。

(④) 52. 身為公司員工必須維護公司利益，下列何者是正確的工作態度或行為？ ①將公司逾期的產品更改標籤 ②施工時以省時、省料為獲利首要考量，不顧品質 ③服務時首先考慮公司的利益，然後再考量顧客權益 ④工作時謹守本分，以積極態度解決問題。

(③) 53. 身為專業技術工作人士，應以何種認知及態度服務客戶？ ①若客戶不瞭解，就儘量減少成本支出，抬高報價 ②遇到維修問題，儘量拖過保固期 ③主動告知可能碰到問題及預防方法 ④隨著個人心情來提供服務的內容及品質。

(②) 54. 因為工作本身需要高度專業技術及知識，所以在對客戶服務時應如何？ ①不用理會顧客的意見 ②保持親切、真誠、客戶至上的態度 ③若價錢較低，就敷衍了事 ④以專業機密為由，不用對客戶說明及解釋。

(②) 55. 從事專業性工作，在與客戶約定時間應 ①保持彈性，任意調整 ②儘可能準時，依約定時間完成工作 ③能拖就拖，能改就改 ④自己方便就好，不必理會客戶的要求。

(①) 56. 從事專業性工作，在服務顧客時應有的態度為何？ ①選擇最安全、經濟及有效的方法完成工作 ②選擇工時較長、獲利較多的方法服務客戶 ③為了降低成本，可以降低安全標準 ④不必顧及雇主和顧客的立場。

(④) 57. 以下哪一項員工的作為符合敬業精神？ ①利用正常工作時間從事私人事務 ②運用雇主的資源，從事個人工作 ③未經雇主同意擅離工作崗位 ④謹守職場紀律及禮節，尊重客戶隱私。

(③) 58. 小張獲選為小孩學校的家長會長，這個月要召開會議，沒時間準備資料，所以，利用上班期間有空檔非休息時間來完成，請問是否可以？ ①可以，因為不耽誤他的工作 ②可以，因為他能力好，能夠同時完成很多事 ③不可以，因為這是私事，不可以利用上班時間完成 ④可以，只要不要被發現。

(②) 59. 小吳是公司的專用司機，為了能夠隨時用車，經過公司同意，每晚都將公司的車開回家，然而，他發現反正每天上班路線，都要經過女兒學校，就順便載女兒上學，請問可以嗎？ ①可以，反正順路 ②不可以，這是公司的車不能私用 ③可以，只要不被公司發現即可 ④可以，要資源須有效使用。

(④) 60. 彥江是職場上的新鮮人，剛進公司不久，他應該具備怎樣的態度。 ①上班、下班，管好自己便可 ②仔細觀察公司生態，加入某些小團體，以做為後盾 ③只要做好人脈關係，這樣以後就好辦事 ④努力做好自己職掌的業務，樂於工作，與同事之間有良好的互動，相互協助。

(④) 61. 在公司內部行使商務禮儀的過程，主要以參與者在公司中的何種條件來訂定順序？ ①年齡 ②性別 ③社會地位 ④職位。

(①) 62. 一位職場新鮮人剛進公司時，良好的工作態度是　①多觀察、多學習，了解企業文化和價值觀　②多打聽哪一個部門比較輕鬆，升遷機會較多　③多探聽哪一個公司在找人，隨時準備跳槽走人　④多遊走各部門認識同事，建立自己的小圈圈。

(①) 63. 根據消除對婦女一切形式歧視公約（CEDAW），下列何者正確？　①對婦女的歧視指基於性別而作的任何區別、排斥或限制　②只關心女性在政治方面的人權和基本自由　③未要求政府需消除個人或企業對女性的歧視　④傳統習俗應予保護及傳承，即使含有歧視女性的部分，也不可以改變。

(①) 64. 某規範明定地政機關進用女性測量助理名額，不得超過該機關測量助理名額總數二分之一，根據消除對婦女一切形式歧視公約（CEDAW），下列何者正確？　①限制女性測量助理人數比例，屬於直接歧視　②土地測量經常在戶外工作，基於保護女性所作的限制，不屬性別歧視　③此項二分之一規定是為促進男女比例平衡　④此限制是為確保機關業務順暢推動，並未歧視女性。

(④) 65. 根據消除對婦女一切形式歧視公約（CEDAW）之間接歧視意涵，下列何者錯誤？　①一項法律、政策、方案或措施表面上對男性和女性無任何歧視，但實際上卻產生歧視女性的效果　②察覺間接歧視的一個方法，是善加利用性別統計與性別分析　③如果未正視歧視之結構和歷史模式，及忽略男女權力關係之不平等，可能使現有不平等狀況更為惡化　④不論在任何情況下，只要以相同方式對待男性和女性，就能避免間接歧視之產生。

(④) 66. 下列何者「不是」菸害防制法之立法目的？　①防制菸害　②保護未成年免於菸害　③保護孕婦免於菸害　④促進菸品的使用。

(①) 67. 按菸害防制法規定，對於在禁菸場所吸菸會被罰多少錢？　①新臺幣 2 千元至 1 萬元罰鍰　②新臺幣 1 千元至 5 千元罰鍰　③新臺幣 1 萬元至 5 萬元罰鍰　④新臺幣 2 萬元至 10 萬元罰鍰。

(③) 68. 請問下列何者「不是」個人資料保護法所定義的個人資料？　①身分證號碼　②最高學歷　③職稱　④護照號碼。

(①) 69. 有關專利權的敘述，何者正確？　①專利有規定保護年限，當某商品、技術的專利保護年限屆滿，任何人皆可免費運用該項專利　②我發明了某項商品，卻被他人率先申請專利權，我仍可主張擁有這項商品的專利權　③製造方法可以申請新型專利權　④在本國申請專利之商品進軍國外，不需向他國申請專利權。

(④) 70. 下列何者行為會有侵害著作權的問題？　①將報導事件事實的新聞文字轉貼於自己的社群網站　②直接轉貼高普考考古題在 FACEBOOK　③以分享網址的方式轉貼資訊分享於社群網站　④將講師的授課內容錄音，複製多份分贈友人。

(①) 71. 下列有關著作權之概念，何者正確？　①國外學者之著作，可受我國著作權法的保護　②公務機關所函頒之公文，受我國著作權法的保護　③著作權要待向智慧財產權申請通過後才可主張　④以傳達事實之新聞報導的語文著作，依然受著作權之保障。

(①) 72. 廠商之商標在我國已經獲准註冊，請問若希望將商品行銷販賣到國外，請問是否需在當地申請註冊才能主張商標權？　①是，因為商標權註冊採取屬地保護原則　②否，因為我國申請註冊之商標權在國外也會受到承認　③不一定，需視我國是否與商品希望行銷販賣的國家訂有相互商標承認之協定　④不一定，需視商品希望行銷販賣的國家是否為 WTO 會員國。

(①) 73. 下列何者「非」屬於營業秘密？　①具廣告性質的不動產交易底價　②須授權取得之產品設計或開發流程圖示　③公司內部管制的各種計畫方案　④不是公開可查知的客戶名單分析資料。

(③) 74. 營業秘密可分為「技術機密」與「商業機密」，下何者屬於「商業機密」？ ①程式 ②設計圖 ③商業策略 ④生產製程。

(③) 75. 某甲在公務機關擔任首長，其弟弟乙是某協會的理事長，乙為舉辦協會活動，決定向甲服務的機關申請經費補助，下列有關利益衝突迴避之敘述，何者正確？ ①協會是舉辦慈善活動，甲認為是好事，所以指示機關承辦人補助活動經費 ②機關未經公開公平方式，私下直接對協會補助活動經費新臺幣 10 萬元 ③甲應自行迴避該案審查，避免瓜田李下，防止利益衝突 ④乙為順利取得補助，應該隱瞞是機關首長甲之弟弟的身分。

(③) 76. 依公職人員利益衝突迴避法規定，公職人員甲與其小舅子乙（二親等以內的關係人）間，下列何種行為不違反該法？ ①甲要求受其監督之機關聘用小舅子乙 ②小舅子乙以請託關說之方式，請求甲之服務機關通過其名下農地變更使用申請案 ③關係人乙經政府採購法公開招標程序，並主動在投標文件表明與甲的身分關係，取得甲服務機關之年度採購標案 ④甲、乙兩人均自認為人公正，處事坦蕩，任何往來都是清者自清，不需擔心任何問題。

(③) 77. 大雄擔任公司部門主管，代表公司向公務機關投標，為使公司順利取得標案，可以向公務機關的採購人員為以下何種行為？ ①為社交禮俗需要，贈送價值昂貴的名牌手錶作為見面禮 ②為與公務機關間有良好互動，招待至有女陪侍場所飲宴 ③為了解招標文件內容，提出招標文件疑義並請說明 ④為避免報價錯誤，要求提供底價作為參考。

(①) 78. 下列關於政府採購人員之敘述，何者未違反相關規定？ ①非主動向廠商求取，是偶發地收到廠商致贈價值在新臺幣 500 元以下之廣告物、促銷品、紀念品 ②要求廠商提供與採購無關之額外服務 ③利用職務關係向廠商借貸 ④利用職務關係媒介親友至廠商處所任職。

(④) 79. 下列何者有誤？ ①憲法保障言論自由，但散布假新聞、假消息仍須面對法律責任 ②在網路或 Line 社群網站收到假訊息，可以敘明案情並附加截圖檔，向法務部調查局檢舉 ③對新聞媒體報導有意見，向國家通訊傳播委員會申訴 ④自己或他人捏造、扭曲、竄改或虛構的訊息，只要一小部分能證明是真的，就不會構成假訊息。

(④) 80. 下列敘述何者正確？ ①公務機關委託的代檢（代驗）業者，不是公務員，不會觸犯到刑法的罪責 ②賄賂或不正利益，只限於法定貨幣，給予網路遊戲幣沒有違法的問題 ③在靠北公務員社群網站，覺得可受公評且匿名發文，就可以謾罵公務機關對特定案件的檢查情形 ④受公務機關委託辦理案件，除履行採購契約應辦事項外，對於蒐集到的個人資料，也要遵守相關保護及保密規定。

(①) 81. 下列有關促進參與及預防貪腐的敘述何者錯誤？ ①我國非聯合國會員國，無須落實聯合國反貪腐公約規定 ②推動政府部門以外之個人及團體積極參與預防和打擊貪腐 ③提高決策過程之透明度，並促進公眾在決策過程中發揮作用 ④對公職人員訂定執行公務之行為守則或標準。

(②) 82. 為建立良好之公司治理制度，公司內部宜納入何種檢舉人制度？ ①告訴乃論制度 ②吹哨者（whistleblower）保護程序及保護制度 ③不告不理制度 ④非告訴乃論制度。

(④) 83. 有關公司訂定誠信經營守則時，以下何者不正確？ ①避免與涉有不誠信行為者進行交易 ②防範侵害營業秘密、商標權、專利權、著作權及其他智慧財產權 ③建立有效之會計制度及內部控制制度 ④防範檢舉。

(①) 84. 乘坐轎車時，如有司機駕駛，按照國際乘車禮儀，以司機的方位來看，首位應為 ①後排右側 ②前座右側 ③後排左側 ④後排中間。

(④) 85. 今天好友突然來電，想來個「說走就走的旅行」，因此，無法去上班，下列何者作法不適
當？ ①打電話給主管與人事部門請假 ②用 LINE 傳訊息給主管，並確認讀取且有回覆
③發送 E-MAIL 給主管與人事部門，並收到回覆 ④什麼都無需做，等公司打電話來確
認後，再告知即可。

(④) 86. 每天下班回家後，就懶得再出門去買菜，利用上班時間瀏覽線上購物網站，發現有很多
限時搶購的便宜商品，還能在下班前就可以送到公司，下班順便帶回家，省掉好多時
間，請問下列何者最適當？ ①可以，又沒離開工作崗位，且能節省時間 ②可以，還
能介紹同事一同團購，省更多的錢，增進同事情誼 ③不可以，應該把商品寄回家，不
是公司 ④不可以，上班不能從事個人私務，應該等下班後再網路購物。

(④) 87. 宜樺家中養了一隻貓，由於最近生病，獸醫師建議要有人一直陪牠，這樣會恢復快一
點，因為上班家裡都沒人，所以準備帶牠到辦公室一起上班，請問下列何者最適當？
①可以，只要我放在寵物箱，不要影響工作即可 ②可以，同事們都答應也不反對 ③
可以，雖然貓會發出聲音，大小便有異味，只要處理好不影響工作即可 ④不可以，建
議送至專門機構照護，以免影響工作。

(④) 88. 根據性別平等工作法，下列何者非屬職場性騷擾？ ①公司員工執行職務時，客戶對其
講黃色笑話，該員工感覺被冒犯 ②雇主對求職者要求交往，作為僱用與否之交換條件
③公司員工執行職務時，遭到同事以「女人就是沒大腦」性別歧視用語加以辱罵，該員
工感覺其人格尊嚴受損 ④公司員工下班後搭乘捷運，在捷運上遭到其他乘客偷拍。

(④) 89. 根據性別平等工作法，下列何者非屬職場性別歧視？ ①雇主考量男性賺錢養家之社會
期待，提供男性高於女性之薪資 ②雇主考量女性以家庭為重之社會期待，裁員時優先
資遣女性 ③雇主事先與員工約定倘其有懷孕之情事，必須離職 ④有未滿 2 歲子女之
男性員工，也可申請每日六十分鐘的哺乳時間。

(③) 90. 根據性別平等工作法，有關雇主防治性騷擾之責任與罰則，下列何者錯誤？ ①僱用受
僱者 30 人以上者，應訂定性騷擾防治措施、申訴及懲戒辦法 ②雇主知悉性騷擾發生
時，應採取立即有效之糾正及補救措施 ③雇主違反應訂定性騷擾防治措施之規定時，
處以罰鍰即可，不用公布其姓名 ④雇主違反應訂定性騷擾申訴管道者，應限期令其改
善，屆期未改善者，應按次處罰。

(①) 91. 根據性騷擾防治法，有關性騷擾之責任與罰則，下列何者錯誤？ ①對他人為性騷擾
者，如果沒有造成他人財產上之損失，就無需負擔金錢賠償之責任 ②對於因教育、訓
練、醫療、公務、業務、求職，受自己監督、照護之人，利用權勢或機會為性騷擾者，
得加重科處罰鍰至二分之一 ③意圖性騷擾，乘人不及抗拒而為親吻、擁抱或觸摸其臀
部、胸部或其他身體隱私處之行為者，處 2 年以下有期徒刑、拘役或科或併科 10 萬元以
下罰金 ④對他人為權勢性騷擾以外之性騷擾者，由直轄市、縣（市）主管機關處 1 萬
元以上 10 萬元以下罰鍰。

(③) 92. 根據性別平等工作法規範職場性騷擾範疇，下列何者為「非」？ ①上班執行職務時，
任何人以性要求、具有性意味或性別歧視之言詞或行為，造成敵意性、脅迫性或冒犯性
之工作環境 ②對僱用、求職或執行職務關係受自己指揮、監督之人，利用權勢或機會
為性騷擾 ③下班回家時被陌生人以盯梢、守候、尾隨跟蹤 ④雇主對受僱者或求職者
為明示或暗示之性要求、具有性意味或性別歧視之言詞或行為。

(③) 93. 根據消除對婦女一切形式歧視公約（CEDAW）之直接歧視及間接歧視意涵，下列何者錯誤？ ①老闆得知小黃懷孕後，故意將小黃調任薪資待遇較差的工作，意圖使其自行離開職場，小黃老闆的行為是直接歧視 ②某餐廳於網路上招募外場服務生，條件以未婚年輕女性優先錄取，明顯以性或性別差異為由所實施的差別待遇，為直接歧視 ③某公司員工值班注意事項排除女性員工參與夜間輪值，是考量女性有人身安全及家庭照顧等需求，為維護女性權益之措施，非直接歧視 ④某科技公司規定男女員工之加班時數上限及加班費或津貼不同，認為女性能力有限，且無法長時間工作，限制女性獲取薪資及升遷機會，這規定是直接歧視。

(①) 94. 目前菸害防制法規範，「不可販賣菸品」給幾歲以下的人？ ① 20 ② 19 ③ 18 ④ 17。

(①) 95. 按菸害防制法規定，下列敘述何者錯誤？ ①只有老闆、店員才可以出面勸阻在禁菸場所抽菸的人 ②任何人都可以出面勸阻在禁菸場所抽菸的人 ③餐廳、旅館設置室內吸菸室，需經專業技師簽證核可 ④加油站屬易燃易爆場所，任何人都可以勸阻在禁菸場所抽菸的人。

(③) 96. 關於菸品對人體危害的敘述，下列何者「正確」？ ①只要開電風扇、或是抽風機就可以去除菸霧中的有害物質 ②指定菸品（如：加熱菸）只要通過健康風險評估，就不會危害健康，因此工作時如果想吸菸，就可以在職場拿出來使用 ③雖然自己不吸菸，同事在旁邊吸菸，就會增加自己得肺癌的機率 ④只要不將菸吸入肺部，就不會對身體造成傷害。

(④) 97. 職場禁菸的好處不包括 ①降低吸菸者的菸品使用量，有助於減少吸菸導致的健康危害 ②避免同事因為被動吸菸而生病 ③讓吸菸者菸癮降低，戒菸較容易成功 ④吸菸者不能抽菸會影響工作效率。

(④) 98. 大多數的吸菸者都嘗試過戒菸，但是很少自己戒菸成功。吸菸的同事要戒菸，怎樣建議他是無效的？ ①鼓勵他撥打戒菸專線 0800-63-63-63，取得相關建議與協助 ②建議他到醫療院所、社區藥局找藥物戒菸 ③建議他參加醫院或衛生所辦理的戒菸班 ④戒菸是自己意願的問題，想戒就可以戒了不用尋求協助。

(②) 99. 禁菸場所負責人未於場所入口處設置明顯禁菸標示，要罰該場所負責人多少元？ ① 2 千～ 1 萬 ② 1 萬～ 5 萬 ③ 1 萬～ 25 萬 ④ 20 萬～ 100 萬。

(③) 100. 目前電子煙是非法的，下列對電子煙的敘述，何者錯誤？ ①跟吸菸一樣會成癮 ②會有爆炸危險 ③沒有燃燒的菸草，不會造成身體傷害 ④可能造成嚴重肺損傷。

90008 環境保護

(①)　1. 世界環境日是在每一年的哪一日？　①6月5日　②4月10日　③3月8日　④11月12日。

(③)　2. 2015年巴黎協議之目的爲何？　①避免臭氧層破壞　②減少持久性污染物排放　③遏阻全球暖化趨勢　④生物多樣性保育。

(③)　3. 下列何者爲環境保護的正確作爲？　①多吃肉少蔬食　②自己開車不共乘　③鐵馬步行　④不隨手關燈。

(②)　4. 下列何種行爲對生態環境會造成較大的衝擊？　①植種原生樹木　②引進外來物種　③設立國家公園　④設立自然保護區。

(②)　5. 下列哪一種飲食習慣能減碳抗暖化？　①多吃速食　②多吃天然蔬果　③多吃牛肉　④多選擇吃到飽的餐館。

(①)　6. 飼主遛狗時，其狗在道路或其他公共場所便溺時，下列何者應優先負清除責任？　①主人　②清潔隊　③警察　④土地所有權人。

(①)　7. 外食自備餐具是落實綠色消費的哪一項表現？　①重複使用　②回收再生　③環保選購　④降低成本。

(②)　8. 再生能源一般是指可永續利用之能源，主要包括哪些：A.化石燃料　B.風力　C.太陽能　D.水力？　①ACD　②BCD　③ABD　④ABCD。

(④)　9. 依環境基本法第3條規定，基於國家長期利益，經濟、科技及社會發展均應兼顧環境保護。但如果經濟、科技及社會發展對環境有嚴重不良影響或有危害時，應以何者優先？　①經濟　②科技　③社會　④環境。

(①)　10. 森林面積的減少甚至消失可能導致哪些影響：A.水資源減少　B.減緩全球暖化　C.加劇全球暖化　D.降低生物多樣性？　①ACD　②BCD　③ABD　④ABCD。

(③)　11. 塑膠爲海洋生態的殺手，所以政府推動「無塑海洋」政策，下列何項不是減少塑膠危害海洋生態的重要措施？　①擴大禁止免費供應塑膠袋　②禁止製造、進口及販售含塑膠柔珠的清潔用品　③定期進行海水水質監測　④淨灘、淨海。

(②)　12. 違反環境保護法律或自治條例之行政法上義務，經處分機關處停工、停業處分或處新臺幣五千元以上罰鍰者，應接受下列何種講習？　①道路交通安全講習　②環境講習　③衛生講習　④消防講習。

(①)　13. 下列何者爲環保標章？　① 🍃　② 🔥　③ 😊　④ CO₂。

(②)　14. 「聖嬰現象」是指哪一區域的溫度異常升高？　①西太平洋表層海水　②東太平洋表層海水　③西印度洋表層海水　④東印度洋表層海水。

(①)　15. 「酸雨」定義爲雨水酸鹼值達多少以下時稱之？　①5.0　②6.0　③7.0　④8.0。

(②)　16. 一般而言，水中溶氧量隨水溫之上升而呈下列哪一種趨勢？　①增加　②減少　③不變　④不一定。

(④)　17. 二手菸中包含多種危害人體的化學物質，甚至多種物質有致癌性，會危害到下列何者的健康？　①只對12歲以下孩童有影響　②只對孕婦比較有影響　③只有65歲以上之民眾有影響　④全民皆有影響。

(②)　18. 二氧化碳和其他溫室氣體含量增加是造成全球暖化的主因之一，下列何種飲食方式也能降低碳排放量，對環境保護做出貢獻：A.少吃肉，多吃蔬菜；B.玉米產量減少時，購買玉米罐頭食用；C.選擇當地食材；D.使用免洗餐具，減少清洗用水與清潔劑？　①AB　②AC　③AD　④ACD。

(①) 19. 上下班的交通方式有很多種，其中包括：A. 騎腳踏車；B. 搭乘大眾交通工具；C. 自行開車，請將前述幾種交通方式之單位排碳量由少至多之排列方式爲何？ ① ABC ② ACB ③ BAC ④ CBA。

(③) 20. 下列何者不是室內空氣污染源？ ①建材 ②辦公室事務機 ③廢紙回收箱 ④油漆及塗料。

(④) 21. 下列何者不是自來水消毒採用的方式？ ①加入臭氧 ②加入氯氣 ③紫外線消毒 ④加入二氧化碳。

(④) 22. 下列何者不是造成全球暖化的元凶？ ①汽機車排放的廢氣 ②工廠所排放的廢氣 ③火力發電廠所排放的廢氣 ④種植樹木。

(②) 23. 下列何者不是造成臺灣水資源減少的主要因素？ ①超抽地下水 ②雨水酸化 ③水庫淤積 ④濫用水資源。

(①) 24. 下列何者是海洋受污染的現象？ ①形成紅潮 ②形成黑潮 ③溫室效應 ④臭氧層破洞。

(②) 25. 水中生化需氧量（BOD）愈高，其所代表的意義爲下列何者？ ①水爲硬水 ②有機污染物多 ③水質偏酸 ④分解污染物時不需消耗太多氧。

(①) 26. 下列何者是酸雨對環境的影響？ ①湖泊水質酸化 ②增加森林生長速度 ③土壤肥沃 ④增加水生動物種類。

(②) 27. 下列哪一項水質濃度降低會導致河川魚類大量死亡？ ①氨氮 ②溶氧 ③二氧化碳 ④生化需氧量。

(①) 28. 下列何種生活小習慣的改變可減少細懸浮微粒（$PM_{2.5}$）排放，共同爲改善空氣品質盡一份心力？ ①少吃燒烤食物 ②使用吸塵器 ③養成運動習慣 ④每天喝 500cc 的水。

(④) 29. 下列哪種措施不能用來降低空氣污染？ ①汽機車強制定期排氣檢測 ②汰換老舊柴油車 ③禁止露天燃燒稻草 ④汽機車加裝消音器。

(③) 30. 大氣層中臭氧層有何作用？ ①保持溫度 ②對流最旺盛的區域 ③吸收紫外線 ④造成光害。

(①) 31. 小李具有乙級廢水專責人員證照，某工廠希望以高價租用證照的方式合作，請問下列何者正確？ ①這是違法行爲 ②互蒙其利 ③價錢合理即可 ④經環保局同意即可。

(②) 32. 可藉由下列何者改善河川水質且兼具提供動植物良好棲地環境？ ①運動公園 ②人工溼地 ③滯洪池 ④水庫。

(②) 33. 台灣自來水之水源主要取自 ①海洋的水 ②河川或水庫的水 ③綠洲的水 ④灌溉渠道的水。

(②) 34. 目前市面清潔劑均會強調「無磷」，是因爲含磷的清潔劑使用後，若廢水排至河川或湖泊等水域會造成甚麼影響？ ①綠牡蠣 ②優養化 ③秘雕魚 ④烏腳病。

(①) 35. 冰箱在廢棄回收時應特別注意哪一項物質，以避免逸散至大氣中造成臭氧層的破壞？ ①冷媒 ②甲醛 ③汞 ④苯。

(①) 36. 下列何者不是噪音的危害所造成的現象？ ①精神很集中 ②煩躁、失眠 ③緊張、焦慮 ④工作效率低落。

(②) 37. 我國移動污染源空氣污染防制費的徵收機制爲何？ ①依車輛里程數計費 ②隨油品銷售徵收 ③依牌照徵收 ④依照排氣量徵收。

(②) 38. 室內裝潢時，若不謹慎選擇建材，將會逸散出氣狀污染物。其中會刺激皮膚、眼、鼻和呼吸道，也是致癌物質，可能爲下列哪一種污染物？ ①臭氧 ②甲醛 ③氟氯碳化合物 ④二氧化碳。

(①) 39. 高速公路旁常見有農田違法焚燒稻草，除易產生濃煙影響行車安全外，也會產生下列何種空氣污染物對人體健康造成不良的作用？ ①懸浮微粒 ②二氧化碳 (CO_2) ③臭氧 (O_3) ④沼氣。

(②) 40. 都市中常產生的「熱島效應」會造成何種影響？ ①增加降雨 ②空氣污染物不易擴散 ③空氣污染物易擴散 ④溫度降低。

(④) 41. 下列何者不是藉由蚊蟲傳染的疾病 ①日本腦炎 ②瘧疾 ③登革熱 ④痢疾。

(④) 42. 下列何者非屬資源回收分類項目中「廢紙類」的回收物？ ①報紙 ②雜誌 ③紙袋 ④用過的衛生紙。

(①) 43. 下列何者對飲用瓶裝水之形容是正確的：A.飲用後之寶特瓶容器為地球增加了一個廢棄物；B.運送瓶裝水時卡車會排放空氣污染物；C.瓶裝水一定比經煮沸之自來水安全衛生？ ① AB ② BC ③ AC ④ ABC。

(②) 44. 下列哪一項是我們在家中常見的環境衛生用藥？ ①體香劑 ②殺蟲劑 ③洗滌劑 ④乾燥劑。

(①) 45 下列哪一種是公告應回收廢棄物中的容器類：A.廢鋁箔包、B.廢紙容器、C.寶特瓶？ ① ABC ② AC ③ BC ④ C。

(④) 46. 小明拿到「垃圾強制分類」的宣導海報，標語寫著「分 3 類，好 OK」，標語中的分 3 類是指家戶日常生活中產生的垃圾可以區分哪三類？ ①資源垃圾、廚餘、事業廢棄物 ②資源垃圾、一般廢棄物、事業廢棄物 ③一般廢棄物、事業廢棄物、放射性廢棄物 ④資源垃圾、廚餘、一般垃圾。

(②) 47. 家裡有過期的藥品，請問這些藥品要如何處理？ ①倒入馬桶沖掉 ②交由藥局回收 ③繼續服用 ④送給相同疾病的朋友。

(②) 48. 台灣西部海岸曾發生的綠牡蠣事件是與下列何種物質污染水體有關？ ①汞 ②銅 ③磷 ④鎘。

(④) 49. 在生物鏈越上端的物種其體內累積持久性有機污染物 (POPs) 濃度將越高，危害性也將越大，這是說明 POPs 具有下列何種特性？ ①持久性 ②半揮發性 ③高毒性 ④生物累積性。

(③) 50. 有關小黑蚊敘述下列何者為非？ ①活動時間以中午十二點到下午三點為活動高峰期 ②小黑蚊的幼蟲以腐植質、青苔和藻類為食 ③無論雄性或雌性皆會吸食哺乳類動物血液 ④多存在竹林、灌木叢、雜草叢、果園等邊緣地帶等處。

(①) 51. 利用垃圾焚化廠處理垃圾的最主要優點為何？ ①減少處理後的垃圾體積 ②去除垃圾中所有毒物 ③減少空氣污染 ④減少處理垃圾的程序。

(③) 52. 利用豬隻的排泄物當燃料發電，是屬於下列那一種能源？ ①地熱能 ②太陽能 ③生質能 ④核能。

(②) 53. 每個人日常生活皆會產生垃圾，下列何種處理垃圾的觀念與方式是不正確的？ ①垃圾分類，使資源回收再利用 ②所有垃圾皆掩埋處理，垃圾將會自然分解 ③廚餘回收堆肥後製成肥料 ④可燃性垃圾經焚化燃燒可有效減少垃圾體積。

(②) 54. 防治蚊蟲最好的方法是 ①使用殺蟲劑 ②清除孳生源 ③網子捕捉 ④拍打。

(①) 55. 室內裝修業者承攬裝修工程，工程中所產生的廢棄物應該如何處理？ ①委託合法清除機構清運 ②倒在偏遠山坡地 ③河岸邊掩埋 ④交給清潔隊垃圾車。

(①) 56. 若使用後的廢電池未經回收，直接廢棄所含重金屬物質曝露於環境中可能產生那些影響：A.地下水污染、B.對人體產生中毒等不良作用、C.對生物產生重金屬累積及濃縮作用、D.造成優養化 ① ABC ② ABCD ③ ACD ④ BCD。

(③) 57. 哪一種家庭廢棄物可用來作爲製造肥皂的主要原料？ ①食醋 ②果皮 ③回鍋油 ④熟廚餘。

(③) 58. 世紀之毒「戴奧辛」主要透過何者方式進入人體？ ①透過觸摸 ②透過呼吸 ③透過飲食 ④透過雨水。

(①) 59. 臺灣地狹人稠，垃圾處理一直是不易解決的問題，下列何種是較佳的因應對策？ ①垃圾分類資源回收 ②蓋焚化廠 ③運至國外處理 ④向海爭地掩埋。

(③) 60. 購買下列哪一種商品對環境比較友善？ ①用過即丟的商品 ②一次性的產品 ③材質可以回收的商品 ④過度包裝的商品。

(②) 61. 下列何項法規的立法目的爲預防及減輕開發行爲對環境造成不良影響，藉以達成環境保護之目的？ ①公害糾紛處理法 ②環境影響評估法 ③環境基本法 ④環境教育法。

(④) 62. 下列何種開發行爲若對環境有不良影響之虞者，應實施環境影響評估：A.開發科學園區；B.新建捷運工程；C.採礦。 ① AB ② BC ③ AC ④ ABC。

(①) 63. 主管機關審查環境影響說明書或評估書，如認爲已足以判斷未對環境有重大影響之虞，作成之審查結論可能爲下列何者？ ①通過環境影響評估審查 ②應繼續進行第二階段環境影響評估 ③認定不應開發 ④補充修正資料再審。

(④) 64. 依環境影響評估法規定，對環境有重大影響之虞的開發行爲應繼續進行第二階段環境影響評估，下列何者不是上述對環境有重大影響之虞或應進行第二階段環境影響評估的決定方式？ ①明訂開發行爲及規模 ②環評委員會審查認定 ③自願進行 ④有民眾或團體抗爭。

(②) 65. 依環境教育法，環境教育之戶外學習應選擇何地點辦理？ ①遊樂園 ②環境教育設施或場所 ③森林遊樂區 ④海洋世界。

(②) 66. 依環境影響評估法規定，環境影響評估審查委員會審查環境影響說明書，認定下列對環境有重大影響之虞者，應繼續進行第二階段環境影響評估，下列何者非屬對環境有重大影響之虞者？ ①對保育類動植物之棲息生存有顯著不利之影響 ②對國家經濟有顯著不利之影響 ③對國民健康有顯著不利之影響 ④對其他國家之環境有顯著不利之影響。

(④) 67. 依環境影響評估法規定，第二階段環境影響評估，目的事業主管機關應舉行下列何種會議？ ①說明會 ②聽證會 ③辯論會 ④公聽會。

(③) 68. 開發單位申請變更環境影響說明書、評估書內容或審查結論，符合下列哪一情形，得檢附變更內容對照表辦理？①既有設備提昇產能而污染總量增加在百分之十以下 ②降低環境保護設施處理等級或效率 ③環境監測計畫變更 ④開發行爲規模增加未超過百分之五。

(①) 69. 開發單位變更原申請內容有下列哪一情形，無須就申請變更部分，重新辦理環境影響評估？ ①不降低環保設施之處理等級或效率 ②規模擴增百分之十以上 ③對環境品質之維護有不利影響 ④土地使用之變更涉及原規劃之保護區。

(②) 70. 工廠或交通工具排放空氣污染物之檢查，下列何者錯誤？ ①依中央主管機關規定之方法使用儀器進行檢查 ②檢查人員以嗅覺進行氨氣濃度之判定 ③檢查人員以嗅覺進行異味濃度之判定 ④檢查人員以肉眼進行粒狀污染物排放濃度之判定。

(①) 71. 下列對於空氣污染物排放標準之敘述，何者正確：A.排放標準由中央主管機關訂定；B.所有行業之排放標準皆相同？ ①僅 A ②僅 B ③ AB 皆正確 ④ AB 皆錯誤。

(②) 72. 下列對於細懸浮微粒 (PM$_{2.5}$) 之敘述何者正確：A.空氣品質測站中自動監測儀所測得之數值若高於空氣品質標準，即判定爲不符合空氣品質標準；B.濃度監測之標準方法爲中央主管機關公告之手動檢測方法；C.空氣品質標準之年平均值爲 15μg/m3？ ①僅 AB ②僅 BC ③僅 AC ④ ABC 皆正確。

(　②　) 73. 機車為空氣污染物之主要排放來源之一，下列何者可降低空氣污染物之排放量：A.將四行程機車全面汰換成二行程機車；B.推廣電動機車；C.降低汽油中之硫含量？ ①僅AB ②僅BC ③僅AC ④ABC皆正確。

(　①　) 74. 公眾聚集量大且滯留時間長之場所，經公告應設置自動監測設施，其應量測之室內空氣污染物項目為何？ ①二氧化碳 ②一氧化碳 ③臭氧 ④甲醛。

(　③　) 75. 空氣污染源依排放特性分為固定污染源及移動污染源，下列何者屬於移動污染源？ ①焚化廠 ②石化廠 ③機車 ④煉鋼廠。

(　③　) 76. 我國汽機車移動污染源空氣污染防制費的徵收機制為何？ ①依牌照徵收 ②隨水費徵收 ③隨油品銷售徵收 ④購車時徵收。

(　④　) 77. 細懸浮微粒 ($PM_{2.5}$) 除了來自於污染源直接排放外，亦可能經由下列哪一種反應產生？ ①光合作用 ②酸鹼中和 ③厭氧作用 ④光化學反應。

(　④　) 78. 我國固定污染源空氣污染防制費以何種方式徵收？ ①依營業額徵收 ②隨使用原料徵收 ③按工廠面積徵收 ④依排放污染物之種類及數量徵收。

(　①　) 79. 在不妨害水體正常用途情況下，水體所能涵容污染物之量稱為 ①涵容能力 ②放流能力 ③運轉能力 ④消化能力。

(　④　) 80. 水污染防治法中所稱地面水體不包括下列何者？ ①河川 ②海洋 ③灌溉渠道 ④地下水。

(　④　) 81. 下列何者不是主管機關設置水質監測站採樣的項目？ ①水溫 ②氫離子濃度指數 ③溶氧量 ④顏色。

(　①　) 82. 事業、污水下水道系統及建築物污水處理設施之廢（污）水處理，其產生之污泥，依規定應作何處理？ ①應妥善處理，不得任意放置或棄置 ②可作為農業肥料 ③可作為建築土方 ④得交由清潔隊處理。

(　②　) 83. 依水污染防治法，事業排放廢(污)水於地面水體者，應符合下列哪一標準之規定？ ①下水水質標準 ②放流水標準 ③水體分類水質標準 ④土壤處理標準。

(　③　) 84. 放流水標準，依水污染防治法應由何機關定之：A.中央主管機關；B.中央主管機關會同相關目的事業主管機關；C.中央主管機關會商相關目的事業主管機關？ ①僅A ②僅B ③僅C ④ABC。

(　①　) 85. 對於噪音之量測，下列何者錯誤？ ①可於下雨時測量 ②風速大於每秒5公尺時不可量測 ③聲音感應器應置於離地面或樓板延伸線1.2至1.5公尺之間 ④測量低頻噪音時，僅限於室內地點測量，非於戶外量測。

(　④　) 86. 下列對於噪音管制法之規定何者敘述錯誤？ ①噪音指超過管制標準之聲音 ②環保局得視噪音狀況劃定公告噪音管制區 ③人民得向主管機關檢舉使用中機動車輛噪音妨害安寧情形 ④使用經校正合格之噪音計皆可執行噪音管制法規定之檢驗測定。

(　①　) 87. 製造非持續性但卻妨害安寧之聲音者，由下列何單位依法進行處理？ ①警察局 ②環保局 ③社會局 ④消防局。

(　①　) 88. 廢棄物、剩餘土石方清除機具應隨車持有證明文件且應載明廢棄物、剩餘土石方之：A產生源；B處理地點；C清除公司 ①僅AB ②僅BC ③僅AC ④ABC皆是。

(　①　) 89. 從事廢棄物清除、處理業務者，應向直轄市、縣（市）主管機關或中央主管機關委託之機關取得何種文件後，始得受託清除、處理廢棄物業務？ ①公民營廢棄物清除處理機構許可文件 ②運輸車輛駕駛證明 ③運輸車輛購買證明 ④公司財務證明。

(　④ 　) 90. 在何種情形下，禁止輸入事業廢棄物：A. 對國內廢棄物處理有妨礙；B. 可直接固化處理、掩埋、焚化或海拋；C. 於國內無法妥善清？ ①僅 A ②僅 B ③僅 C ④ ABC。

(　④ 　) 91. 毒性化學物質因洩漏、化學反應或其他突發事故而污染運作場所周界外之環境，運作人應立即採取緊急防治措施，並至遲於多久時間內，報知直轄市、縣（市）主管機關？ ① 1 小時 ② 2 小時 ③ 4 小時 ④ 30 分鐘。

(　④ 　) 92. 下列何種物質或物品，受毒性及關注化學物質管理法之管制？ ①製造醫藥之靈丹 ②製造農藥之蓋普丹 ③含汞之日光燈 ④使用青石綿製造石綿瓦。

(　④ 　) 93. 下列何行為不是土壤及地下水污染整治法所指污染行為人之作為？ ①洩漏或棄置污染物 ②非法排放或灌注污染物 ③仲介或容許洩漏、棄置、非法排放或灌注污染物 ④依法令規定清理污染物。

(　① 　) 94. 依土壤及地下水污染整治法規定，進行土壤、底泥及地下水污染調查、整治及提供、檢具土壤及地下水污染檢測資料時，其土壤、底泥及地下水污染物檢驗測定，應委託何單位辦理？ ①經中央主管機關許可之檢測機構 ②大專院校 ③政府機關 ④自行檢驗。

(　③ 　) 95. 為解決環境保護與經濟發展的衝突與矛盾，1992 年聯合國環境發展大會（UN Conference on Environment and Development, UNCED）制定通過： ①日內瓦公約 ②蒙特婁公約 ③ 21 世紀議程 ④京都議定書。

(　① 　) 96. 一般而言，下列那一個防治策略是屬經濟誘因策略？ ①可轉換排放許可交易 ②許可證制度 ③放流水標準 ④環境品質標準。

(　① 　) 97. 對溫室氣體管制之「無悔政策」係指： ①減輕溫室氣體效應之同時，仍可獲致社會效益 ②全世界各國同時進行溫室氣體減量 ③各類溫室氣體均有相同之減量邊際成本 ④持續研究溫室氣體對全球氣候變遷之科學證據。

(　③ 　) 98. 一般家庭垃圾在進行衛生掩埋後，會經由細菌的分解而產生甲烷氣，請問甲烷氣對大氣危機中哪一些效應具有影響力？①臭氧層破壞 ②酸雨 ③溫室效應 ④煙霧（smog）效應。

(　① 　) 99. 下列國際環保公約，何者限制各國進行野生動植物交易，以保護瀕臨絕種的野生動植物？ ①華盛頓公約 ②巴塞爾公約 ③蒙特婁議定書 ④氣候變化綱要公約。

(　② 　)100. 因人類活動導致「哪些營養物」過量排入海洋，造成沿海赤潮頻繁發生，破壞了紅樹林、珊瑚礁、海草，亦使魚蝦銳減，漁業損失慘重？ ①碳及磷 ②氮及磷 ③氮及氯 ④氯及鎂。

90009 節能減碳

(①) 1. 依經濟部能源署「指定能源用戶應遵行之節約能源規定」，在正常使用條件下，公眾出入之場所其室內冷氣溫度平均值不得低於攝氏幾度？ ① 26 ② 25 ③ 24 ④ 22。

(②) 2. 下列何者為節能標章？ ① ② ③ ④ 。

(④) 3. 下列產業中耗能占比最大的產業為 ①服務業 ②公用事業 ③農林漁牧業 ④能源密集產業。

(①) 4. 下列何者「不是」節省能源的做法？ ①電冰箱溫度長時間設定在強冷或急冷 ②影印機當 15 分鐘無人使用時，自動進入省電模式 ③電視機勿背著窗戶或面對窗戶，並避免太陽直射 ④短程不開汽車，以儘量搭乘公車、騎單車或步行為宜。

(③) 5. 經濟部能源署的能源效率標示中，電冰箱分為幾個等級？ ① 1 ② 3 ③ 5 ④ 7。

(②) 6. 溫室氣體排放量：指自排放源排出之各種溫室氣體量乘以各該物質溫暖化潛勢所得之合計量，以 ①氧化亞氮 (N_2O) ②二氧化碳 (CO_2) ③甲烷 (CH_4) ④六氟化硫 (SF_6) 當量表示。

(③) 7. 根據氣候變遷因應法，國家溫室氣體長期減量目標於中華民國幾年達成溫室氣體淨零排放？ ① 119 ② 129 ③ 139 ④ 149。

(②) 8. 氣候變遷因應法所稱主管機關，在中央為下列何單位？ ①經濟部能源署 ②環境部 ③國家發展委員會 ④衛生福利部。

(③) 9. 氣候變遷因應法中所稱：一單位之排放額度相當於允許排放多少的二氧化碳當量？ ① 1 公斤 ② 1 立方米 ③ 1 公噸 ④ 1 公升。

(③) 10. 下列何者「不是」全球暖化帶來的影響？ ①洪水 ②熱浪 ③地震 ④旱災。

(①) 11. 下列何種方法無法減少二氧化碳？ ①想吃多少儘量點，剩下可當廚餘回收 ②選購當地、當季食材，減少運輸碳足跡 ③多吃蔬菜，少吃肉 ④自備杯筷，減少免洗用具垃圾量。

(③) 12. 下列何者不會減少溫室氣體的排放？ ①減少使用煤、石油等化石燃料 ②大量植樹造林，禁止亂砍亂伐 ③增高燃煤氣體排放的煙囪 ④開發太陽能、水能等新能源。

(④) 13. 關於綠色採購的敘述，下列何者錯誤？ ①採購由回收材料所製造之物品 ②採購的產品對環境及人類健康有最小的傷害性 ③選購對環境傷害較少、污染程度較低的產品 ④以精美包裝為主要首選。

(①) 14. 一旦大氣中的二氧化碳含量增加，會引起那一種後果？ ①溫室效應惡化 ②臭氧層破洞 ③冰期來臨 ④海平面下降。

(③) 15. 關於建築中常用的金屬玻璃帷幕牆，下列敘述何者正確？ ①玻璃帷幕牆的使用能節省室內空調使用 ②玻璃帷幕牆適用於臺灣，讓夏天的室內產生溫暖的感覺 ③在溫度高的國家，建築物使用金屬玻璃帷幕會造成日照輻射熱，產生室內「溫室效應」 ④臺灣的氣候溼熱，特別適合在大樓以金屬玻璃帷幕作為建材。

(④) 16. 下列何者不是能源之類型？ ①電力 ②壓縮空氣 ③蒸汽 ④熱傳。

(①) 17. 我國已制定能源管理系統標準為 ① CNS 50001 ② CNS 12681 ③ CNS 14001 ④ CNS 22000。

(④) 18. 台灣電力股份有限公司所謂的三段式時間電價於夏月平日（非週六日）之尖峰用電時段為何？ ① 9：00~16：00 ② 9：00~24：00 ③ 6：00~11：00 ④ 16：00~22：00。

(①) 19. 基於節能減碳的目標，下列何種光源發光效率最低，不鼓勵使用？ ①白熾燈泡 ② LED 燈泡 ③省電燈泡 ④螢光燈管。

(①) 20. 下列的能源效率分級標示，哪一項較省電？ ①1 ②2 ③3 ④4。

(④) 21. 下列何者「不是」目前台灣主要的發電方式？ ①燃煤 ②燃氣 ③水力 ④地熱。

(②) 22. 有關延長線及電線的使用，下列敘述何者錯誤？ ①拔下延長線插頭時，應手握插頭取下 ②使用中之延長線如有異味產生，屬正常現象不須理會 ③應避開火源，以免外覆塑膠熔解，致使用時造成短路 ④使用老舊之延長線，容易造成短路、漏電或觸電等危險情形，應立即更換。

(①) 23. 有關觸電的處理方式，下列敘述何者錯誤？ ①立即將觸電者拉離現場 ②把電源開關關閉 ③通知救護人員 ④使用絕緣的裝備來移除電源。

(②) 24. 目前電費單中，係以「度」為收費依據，請問下列何者為其單位？ ① kW ② kWh ③ kJ ④ kJh。

(④) 25. 依據臺灣電力公司三段式時間電價（尖峰、半尖峰及離峰時段）的規定，請問哪個時段電價最便宜？ ①尖峰時段 ②夏月半尖峰時段 ③非夏月半尖峰時段 ④離峰時段。

(②) 26. 當用電設備遭遇電源不足或輸配電設備受限制時，導致用戶暫停或減少用電的情形，常以下列何者名稱出現？ ①停電 ②限電 ③斷電 ④配電。

(②) 27. 照明控制可以達到節能與省電費的好處，下列何種方法最適合一般住宅社區兼顧節能、經濟性與實際照明需求？ ①加裝 DALI 全自動控制系統 ②走廊與地下停車場選用紅外線感應控制電燈 ③全面調低照明需求 ④晚上關閉所有公共區域的照明。

(②) 28. 上班性質的商辦大樓為了降低尖峰時段用電，下列何者是錯的？ ①使用儲冰式空調系統減少白天空調用電需求 ②白天有陽光照明，所以白天可以將照明設備全關掉 ③汰換老舊電梯馬達並使用變頻控制 ④電梯設定隔層停止控制，減少頻繁啟動。

(②) 29. 為了節能與降低電費的需求，應該如何正確選用家電產品？ ①選用高功率的產品效率較高 ②優先選用取得節能標章的產品 ③設備沒有壞，還是堪用，繼續用，不會增加支出 ④選用能效分級數字較高的產品，效率較高，5 級的比 1 級的電器產品更省電。

(③) 30. 有效而正確的節能從選購產品開始，就一般而言，下列的因素中，何者是選購電氣設備的最優先考量項目？ ①用電量消耗電功率是多少瓦攸關電費支出，用電量小的優先 ②採購價格比較，便宜優先 ③安全第一，一定要通過安規檢驗合格 ④名人或演藝明星推薦，應該口碑較好。

(③) 31. 高效率燈具如果要降低眩光的不舒服，下列何者與降低刺眼眩光影響無關？ ①光源下方加裝擴散板或擴散膜 ②燈具的遮光板 ③光源的色溫 ④採用間接照明。

(④) 32. 用電熱爐煮火鍋，採用中溫 50％加熱，比用高溫 100％加熱，將同一鍋水煮開，下列何者是對的？ ①中溫 50％加熱比較省電 ②高溫 100％加熱比較省電 ③中溫 50％加熱，電流反而比較大 ④兩種方式用電量是一樣的。

(②) 33. 電力公司為降低尖峰負載時段超載的停電風險，將尖峰時段電價費率（每度電單價）提高，離峰時段的費率降低，引導用戶轉移部分負載至離峰時段，這種電能管理策略稱為 ①需量競價 ②時間電價 ③可停電力 ④表燈用戶彈性電價。

(②) 34. 集合式住宅的地下停車場需要維持通風良好的空氣品質，又要兼顧節能效益，下列的排風扇控制方式何者是不恰當的？ ①淘汰老舊排風扇，改裝取得節能標章、適當容量的高效率風扇 ②兩天一次運轉通風扇就好了 ③結合一氧化碳偵測器，自動啟動 / 停止控制 ④設定每天早晚二次定期啟動排風扇。

(②) 35. 大樓電梯為了節能及生活便利需求，可設定部分控制功能，下列何者是錯誤或不正確的做法？ ①加感應開關，無人時自動關閉電燈與通風扇 ②縮短每次開門 / 關門的時間 ③電梯設定隔樓層停靠，減少頻繁啟動 ④電梯馬達加裝變頻控制。

（ ④ ） 36. 爲了節能及兼顧冰箱的保溫效果，下列何者是錯誤或不正確的做法？ ①冰箱內上下層間不要塞滿，以利冷藏對流 ②食物存放位置紀錄清楚，一次拿齊食物，減少開門次數 ③冰箱門的密封壓條如果鬆弛，無法緊密關門，應儘速更新修復 ④冰箱內食物擺滿塞滿，效益最高。

（ ② ） 37. 電鍋剩飯持續保溫至隔天再食用，或剩飯先放冰箱冷藏，隔天用微波爐加熱，下列何者是對的？ ①持續保溫較省電 ②微波爐再加熱比較省電又方便 ③兩者一樣 ④優先選電鍋保溫方式，因爲馬上就可以吃。

（ ② ） 38. 不斷電系統 UPS 與緊急發電機的裝置都是應付臨時性供電狀況；停電時，下列的陳述何者是對的？ ①緊急發電機會先啓動，不斷電系統 UPS 是後備的 ②不斷電系統 UPS 先啓動，緊急發電機是後備的 ③兩者同時啓動 ④不斷電系統 UPS 可以撐比較久。

（ ② ） 39. 下列何者爲非再生能源？ ①地熱能 ②焦媒 ③太陽能 ④水力能。

（ ① ） 40. 欲兼顧採光及降低經由玻璃部分侵入之熱負載，下列的改善方法何者錯誤？ ①加裝深色窗簾 ②裝設百葉窗 ③換裝雙層玻璃 ④貼隔熱反射膠片。

（ ③ ） 41. 一般桶裝瓦斯（液化石油氣）主要成分爲丁烷與下列何種成分所組成？ ①甲烷 ②乙烷 ③丙烷 ④辛烷。

（ ① ） 42. 在正常操作，且提供相同暖氣之情形下，下列何種暖氣設備之能源效率最高？ ①冷暖氣機 ②電熱風扇 ③電熱輻射機 ④電暖爐。

（ ④ ） 43. 下列何種熱水器所需能源費用最少？ ①電熱水器 ②天然瓦斯熱水器 ③柴油鍋爐熱水器 ④熱泵熱水器。

（ ④ ） 44. 某公司希望能進行節能減碳，爲地球盡點心力，以下何種作爲並不恰當？ ①將採購規定列入以下文字：「汰換設備時首先考慮能源效率 1 級或具有節能標章之產品」 ②盤查所有能源使用設備 ③實行能源管理 ④爲考慮經營成本，汰換設備時採買最便宜的機種。

（ ② ） 45. 冷氣外洩會造成能源之浪費，下列的入門設施與管理何者最耗能？ ①全開式有氣簾 ②全開式無氣簾 ③自動門有氣簾 ④自動門無氣簾。

（ ④ ） 46. 下列何者「不是」潔淨能源？ ①風能 ②地熱 ③太陽能 ④頁岩氣。

（ ② ） 47. 有關再生能源中的風力、太陽能的使用特性中，下列敘述中何者錯誤？ ①間歇性能源，供應不穩定 ②不易受天氣影響 ③需較大的土地面積 ④設置成本較高。

（ ③ ） 48. 有關臺灣能源發展所面臨的挑戰，下列選項何者是錯誤的？ ①進口能源依存度高，能源安全易受國際影響 ②化石能源所占比例高，溫室氣體減量壓力大 ③自產能源充足，不需仰賴進口 ④能源密集度較先進國家仍有改善空間。

（ ③ ） 49. 若發生瓦斯外洩之情形，下列處理方法中錯誤的是 ①應先關閉瓦斯爐或熱水器等開關 ②緩慢地打開門窗，讓瓦斯自然飄散 ③開啓電風扇，加強空氣流動 ④在漏氣止住前，應保持警戒，嚴禁煙火。

（ ① ） 50. 全球暖化潛勢（Global Warming Potential, GWP）是衡量溫室氣體對全球暖化的影響，其中是以何者爲比較基準？ ① CO_2 ② CH_4 ③ SF_6 ④ N_2O。

（ ④ ） 51. 有關建築之外殼節能設計，下列敘述中錯誤的是 ①開窗區域設置遮陽設備 ②大開窗面避免設置於東西日曬方位 ③做好屋頂隔熱設施 ④宜採用全面玻璃造型設計，以利自然採光。

（ ① ） 52. 下列何者燈泡的發光效率最高？ ① LED 燈泡 ②省電燈泡 ③白熾燈泡 ④鹵素燈泡。

（ ④ ） 53. 有關吹風機使用注意事項，下列敘述中錯誤的是 ①請勿在潮濕的地方使用，以免觸電危險 ②應保持吹風機進、出風口之空氣流通，以免造成過熱 ③應避免長時間使用，使用時應保持適當的距離 ④可用來作爲烘乾棉被及床單等用途。

(②) 54. 下列何者是造成聖嬰現象發生的主要原因？　①臭氧層破洞　②溫室效應　③霧霾　④颱風。

(④) 55. 為了避免漏電而危害生命安全，下列「不正確」的做法是　①做好用電設備金屬外殼的接地　②有濕氣的用電場合，線路加裝漏電斷路器　③加強定期的漏電檢查及維護　④使用保險絲來防止漏電的危險性。

(①) 56. 用電設備的線路保護用電力熔絲（保險絲）經常燒斷，造成停電的不便，下列「不正確」的作法是　①換大一級或大兩級規格的保險絲或斷路器就不會燒斷了　②減少線路連接的電氣設備，降低用電量　③重新設計線路，改較粗的導線或用兩迴路並聯　④提高用電設備的功率因數。

(②) 57. 政府為推廣節能設備而補助民眾汰換老舊設備，下列何者的節電效益最佳？　①將桌上檯燈光源由螢光燈換為 LED 燈　②優先淘汰 10 年以上的老舊冷氣機為能源效率標示分級中之一級冷氣機　③汰換電風扇，改裝設能源效率標示分級為一級的冷氣機　④因為經費有限，選擇便宜的產品比較重要。

(①) 58. 依據我國現行國家標準規定，冷氣機的冷氣能力標示應以何種單位表示？　① kW　② BTU/h　③ kcal/h　④ RT。

(①) 59. 漏電影響節電成效，並且影響用電安全，簡易的查修方法為　①電氣材料行買支驗電起子，碰觸電氣設備的外殼，就可查出漏電與否　②用手碰觸就可以知道有無漏電　③用三用電表檢查　④看電費單有無紀錄。

(②) 60. 使用了 10 幾年的通風換氣扇老舊又骯髒，噪音又大，維修時採取下列哪一種對策最為正確及節能？　①定期拆下來清洗油垢　②不必再猶豫，10 年以上的電扇效率偏低，直接換為高效率通風扇　③直接噴沙拉脫清潔劑就可以了，省錢又方便　④高效率通風扇較貴，換同機型的廠內備用品就好了。

(③) 61. 電氣設備維修時，在關掉電源後，最好停留 1 至 5 分鐘才開始檢修，其主要的理由為下列何者？　①先平靜心情，做好準備才動手　②讓機器設備降溫下來再查修　③讓裡面的電容器有時間放電完畢，才安全　④法規沒有規定，這完全沒有必要。

(①) 62. 電氣設備裝設於有潮濕水氣的環境時，最應該優先檢查及確認的措施是　①有無在線路上裝設漏電斷路器　②電氣設備上有無安全保險絲　③有無過載及過熱保護設備　④有無可能傾倒及生鏽。

(①) 63. 為保持中央空調主機效率，最好每隔多久時間應請維護廠商或保養人員檢視中央空調主機？　①半年　② 1 年　③ 1.5 年　④ 2 年。

(①) 64. 家庭用電最大宗來自於　①空調及照明　②電腦　③電視　④吹風機。

(②) 65. 冷氣房內為減少日照高溫及降低空調負載，下列何種處理方式是錯誤的？　①窗戶裝設窗簾或貼隔熱紙　②將窗戶或門開啓，讓屋內外空氣自然對流　③屋頂加裝隔熱材、高反射率塗料或噴水　④於屋頂進行薄層綠化。

(②) 66. 有關電冰箱放置位置的處理方式，下列何者是正確的？　①背後緊貼牆壁節省空間　②背後距離牆壁應有 10 公分以上空間，以利散熱　③室內空間有限，側面緊貼牆壁就可以了　④冰箱最好貼近流理台，以便存取食材。

(②) 67. 下列何項「不是」照明節能改善需優先考量之因素？　①照明方式是否適當　②燈具之外型是否美觀　③照明之品質是否適當　④照度是否適當。

(②) 68. 醫院、飯店或宿舍之熱水系統耗能大，要設置熱水系統時，應優先選用何種熱水系統較節能？　①電能熱水系統　②熱泵熱水系統　③瓦斯熱水系統　④重油熱水系統。

（　④　）69. 如右圖，你知道這是什麼標章嗎？　①省水標章　②環保標章　③奈米標章　④能源效率標示。

（　③　）70. 臺灣電力公司電價表所指的夏月用電月份（電價比其他月份高）是為　① 4/1 ～ 7/31　② 5/1 ～ 8/31　③ 6/1 ～ 9/30　④ 7/1 ～ 10/31。

（　①　）71. 屋頂隔熱可有效降低空調用電，下列何項措施較不適當？　①屋頂儲水隔熱　②屋頂綠化　③於適當位置設置太陽能板發電同時加以隔熱　④鋪設隔熱磚。

（　①　）72. 電腦機房使用時間長、耗電量大，下列何項措施對電腦機房之用電管理較不適當？　①機房設定較低之溫度　②設置冷熱通道　③使用較高效率之空調設備　④使用新型高效能電腦設備。

（　③　）73. 下列有關省水標章的敘述中，正確的是　①省水標章是環保部為推動使用節水器材，特別研定以作為消費者辨識省水產品的一種標誌　②獲得省水標章的產品並無嚴格測試，所以對消費者並無一定的保障　③省水標章能激勵廠商重視省水產品的研發與製造，進而達到推廣節水良性循環之目的　④省水標章除有用水設備外，亦可使用於冷氣或冰箱上。

（　②　）74. 透過淋浴習慣的改變就可以節約用水，以下選項何者正確？　①淋浴時抹肥皂，無需將蓮蓬頭暫時關上　②等待熱水前流出的冷水可以用水桶接起來再利用　③淋浴流下的水不可以刷洗浴室地板　④淋浴沖澡流下的水，可以儲蓄洗菜使用。

（　①　）75. 家人洗澡時，一個接一個連續洗，也是一種有效的省水方式嗎？　①是，因為可以節省等熱水流出之前所流失的冷水　②否，這跟省水沒什麼關係，不用這麼麻煩　③否，因為等熱水時流出的水量不多　④有可能省水也可能不省水，無法定論。

（　②　）76. 下列何種方式有助於節省洗衣機的用水量？　①洗衣機洗滌的衣物盡量裝滿，一次洗完　②購買洗衣機時選購有省水標章的洗衣機，可有效節約用水　③無需將衣物適當分類　④洗濯衣物時盡量選擇高水位才洗的乾淨。

（　③　）77. 如果水龍頭流量過大，下列何種處理方式是錯誤的？　①加裝節水墊片或起波器　②加裝可自動關閉水龍頭的自動感應器　③直接換裝沒有省水標章的水龍頭　④直接調整水龍頭到適當水量。

（　④　）78. 洗菜水、洗碗水、洗衣水、洗澡水等的清洗水，不可直接利用來做什麼用途？　①洗地板　②沖馬桶　③澆花　④飲用水。

（　①　）79. 如果馬桶有不正常的漏水問題，下列何者處理方式是錯誤的？　①因為馬桶還能正常使用，所以不用著急，等到不能用時再報修即可　②立刻檢查馬桶水箱零件有無鬆脫，並確認有無漏水　③滴幾滴食用色素到水箱裡，檢查有無有色水流進馬桶，代表可能有漏水　④通知水電行或檢修人員來檢修，徹底根絕漏水問題。

（　③　）80. 水費的計量單位是「度」，你知道一度水的容量大約有多少？　① 2,000 公升　② 3000 個 600cc 的寶特瓶　③ 1 立方公尺的水量　④ 3 立方公尺的水量。

（　③　）81. 臺灣在一年中什麼時期會比較缺水（即枯水期）？　①6月至9月　②9月至12月　③11月至次年4月　④臺灣全年不缺水。

（　④　）82. 下列何種現象「不是」直接造成臺灣缺水的原因？　①降雨季節分佈不平均，有時候連續好幾個月不下雨，有時又會下起豪大雨　②地形山高坡陡，所以雨一下很快就會流入大海　③因為民生與工商業用水需求量都愈來愈大，所以缺水季節很容易無水可用　④臺灣地區夏天過熱，致蒸發量過大。

（　③　）83. 冷凍食品該如何讓它退冰，才是既「節能」又「省水」？　①直接用水沖食物強迫退冰　②使用微波爐解凍快速又方便　③烹煮前盡早拿出來放置退冰　④用熱水浸泡，每5分鐘更換一次。

(②) 84. 洗碗、洗菜用何種方式可以達到清洗又省水的效果？ ①對著水龍頭直接沖洗，且要盡量將水龍頭開大才能確保洗的乾淨 ②將適量的水放在盆槽內洗濯，以減少用水 ③把碗盤、菜等浸在水盆裡，再開水龍頭拼命沖水 ④用熱水及冷水大量交叉沖洗達到最佳清洗效果。

(④) 85. 解決臺灣水荒（缺水）問題的無效對策是 ①興建水庫、蓄洪（豐）濟枯 ②全面節約用水 ③水資源重複利用，海水淡化…等 ④積極推動全民體育運動。

(③) 86. 如右圖，你知道這是什麼標章嗎？ ①奈米標章 ②環保標章 ③省水標章 ④節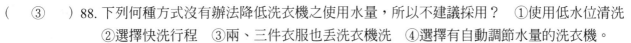

(③) 87. 澆花的時間何時較為適當，水分不易蒸發又對植物最好？ ①正中午 ②下午時段 ③清晨或傍晚 ④半夜十二點。

(③) 88. 下列何種方式沒有辦法降低洗衣機之使用水量，所以不建議採用？ ①使用低水位清洗 ②選擇快洗行程 ③兩、三件衣服也丟洗衣機洗 ④選擇有自動調節水量的洗衣機。

(③) 89. 有關省水馬桶的使用方式與觀念認知，下列何者是錯誤的？ ①選用衛浴設備時最好能採用省水標章馬桶 ②如果家裡的馬桶是傳統舊式，可以加裝二段式沖水配件 ③省水馬桶因為水量較小，會有沖不乾淨的問題，所以應該多沖幾次 ④因為馬桶是家裡用水的大宗，所以應該儘量採用省水馬桶來節約用水。

(③) 90. 下列的洗車方式，何者「無法」節約用水？ ①使用有開關的水管可以隨時控制出水 ②用水桶及海綿抹布擦洗 ③用大口徑強力水注沖洗 ④利用機械自動洗車，洗車水處理循環使用。

(①) 91. 下列何種現象「無法」看出家裡有漏水的問題？ ①水龍頭打開使用時，水表的指針持續在轉動 ②牆面、地面或天花板忽然出現潮濕的現象 ③馬桶裡的水常在晃動，或是沒辦法止水 ④水費有大幅度增加。

(②) 92. 蓮蓬頭出水量過大時，下列對策何者「無法」達到省水？ ①換裝有省水標章的低流量（5～10L/min）蓮蓬頭 ②淋浴時水量開大，無需改變使用方法 ③洗澡時間盡量縮短，塗抹肥皂時要把蓮蓬頭關起來 ④調整熱水器水量到適中位置。

(④) 93. 自來水淨水步驟，何者是錯誤的？ ①混凝 ②沉澱 ③過濾 ④煮沸。

(①) 94. 為了取得良好的水資源，通常在河川的哪一段興建水庫？ ①上游 ②中游 ③下游 ④下游出口。

(④) 95. 臺灣是屬缺水地區，每人每年實際分配到可利用水量是世界平均值約多少？ ① 1/2 ② 1/4 ③ 1/5 ④ 1/6。

(③) 96. 臺灣年降雨量是世界平均值的 2.6 倍，卻仍屬缺水地區，下列何者不是真正缺水的原因？ ①臺灣由於山坡陡峻，以及颱風豪雨雨勢急促，大部分的降雨量皆迅速流入海洋 ②降雨量在地域、季節分佈極不平均 ③水庫蓋得太少 ④臺灣自來水水價過於便宜。

(③) 97. 電源插座堆積灰塵可能引起電氣意外火災，維護保養時的正確做法是？ ①可以先用刷子刷去積塵 ②直接用吹風機吹開灰塵就可以了 ③應先關閉電源總開關箱內控制該插座的分路開關，然後再清理灰塵 ④可以用金屬接點清潔劑噴在插座中去除銹蝕。

(④) 98. 溫室氣體易造成全球氣候變遷的影響，下列何者不屬於溫室氣體？ ①二氧化碳 (CO_2) ②氫氟碳化物 (HFCs) ③甲烷 (CH_4) ④氧氣 (O_2)。

(④) 99. 就能源管理系統而言，下列何者不是能源效率的表示方式？ ①汽車－公里 / 公升 ②照明系統－瓦特 / 平方公尺 (W/m^2) ③冰水主機－千瓦 / 冷凍噸 (kW/RT) ④冰水主機－千瓦 (kW)。

(③)100. 某工廠規劃汰換老舊低效率設備，以下何種做法並不恰當？ ①可考慮使用較高效率設備產品 ②先針對老舊設備建立其「能源指標」或「能源基線」 ③唯恐一直浪費能源，未經評估就馬上將老舊設備汰換掉 ④改善後需進行能源績效評估。

90010 食品安全衛生及營養相關職類共同科目

工作項目 01：食品安全衛生

(①) 1. 食品從業人員經醫師診斷罹患下列哪些疾病不得從事與食品接觸之工作 A. 手部皮膚病、B. 愛滋病 C. 高血壓 D. 結核病 E. 梅毒 F. A 型肝炎 G. 出疹 H. B 型肝炎 I. 胃潰瘍 J. 傷寒 ① ADFGJ ② BDFHJ ③ ADEFJ ④ DEFIJ。

(②) 2. 食品從業人員之健康檢查報告應存放於何處備查 ①乾料庫房 ②辦公室的文件保存區 ③鍋具存放櫃 ④主廚自家。

(②) 3. 下列有關食品從業人員戴口罩之敘述何者正確 ①為了環保，口罩需重複使用 ②口罩應完整覆蓋口鼻，注意鼻部不可露出 ③「食品良好衛生規範準則」規定食品從業人員應全程戴口罩 ④戴口罩可避免頭髮污染到食品。

(②) 4. 洗手之衛生，下列何者正確 ①手上沒有污垢就可以不用洗手 ②洗手是預防交叉污染最好的方法 ③洗淨雙手是忙碌時可以忽略的一個步驟 ④戴手套之前可以不用洗手。

(③) 5. 下列何者是正確的洗手方式 ①使用清水沖一沖雙手即可，不需特別使用洗手乳 ②慣用手有洗就好，另一隻手可以忽略 ③使用洗手乳或肥皂洗手並以流動的乾淨水源沖洗手部 ④洗手後用圍裙將手部擦乾。

(①) 6. 食品從業人員正確洗手步驟為「濕、洗、刷、搓、沖、乾」，其中的「刷」是什麼意思 ①使用乾淨的刷子把指尖和指甲刷乾淨 ②使用乾淨的刷子把手心刷乾淨 ③使用乾淨的刷子把手肘刷乾淨 ④使用乾淨的刷子把洗手台刷乾淨。

(④) 7. 下列何者為使用酒精消毒手部的正確注意事項 ①應選擇工業用酒精效果較好 ②可以用酒精消毒取代洗手 ③酒精噴越多效果越好 ④噴灑酒精後，宜等酒精揮發再碰觸食品。

(④) 8. 從事食品作業時，下列何者為戴手套的正確觀念 ①手套應選擇越小的越好，比較不容易脫落 ②雙手若有傷口時，應先佩戴手套後再包紮傷口 ③只要戴手套就可以完全避免手部污染食品 ④佩戴手套的品質應符合「食品器具容器包裝衛生標準」。

(③) 9. 正確的手部消毒酒精的濃度為 ① 90-100% ② 80-90% ③ 70-75% ④ 50-60%。

(①) 10. 食品從業人員如配戴手套，下列哪個時機宜更換手套 ①更換至不同作業區之前 ②上廁所之前 ③倒垃圾之前 ④下班打卡之前。

(②) 11. 食品從業人員之個人衛生，下列敘述何者正確 ①指甲應留長以利剝除蝦殼 ②不應佩戴假指甲，因其可能會斷裂而掉入食品中 ③應擦指甲油保持手部的美觀 ④指甲剪短就可以不用洗手。

(①) 12. 以下保持圍裙清潔的做法何者正確 ①圍裙可依作業區清潔度以不同顏色區分 ②脫下的圍裙可隨意跟脫下來的髒衣服掛在一起 ③上洗手間時不需脫掉圍裙 ④如果公司沒有洗衣機就不需每日清洗圍裙。

(③) 13. 以下敘述何者正確 ①為了計時烹煮時間，廚師應隨時佩戴手錶 ②因為廚房太熱所以可以穿著背心及短褲處理食品 ③工作鞋應具有防水防滑功能 ④為了提神可以在烹調食品時喝藥酒。

(③) 14. 以下對於廚師在工作場合的飲食規範，何者正確 ①自己的飲料可以跟製備好的食品混放在冰箱 ②肚子餓了可以順手拿客人的菜餚來吃 ③為避免口水中的病原菌或病毒轉移到食品中，製備食品時禁止吃東西 ④為了預防蛀牙可以在烹調食品時嚼無糖口香糖。

(②) 15. 以下對於食品從業人員的健康管理何者正確 ①只要食材及環境衛生良好，即使人員感染上食媒性疾病也不會污染食品 ②食品從業人員應每日注意健康狀況，遇有身體不適應避免接觸食品 ③只有發燒沒有咳嗽就可以放心處理食品 ④腹瀉只要注意每次如廁後把雙手洗乾淨就可處理食品。

(④) 16. 感染諾羅病毒至少要症狀解除多久後，才能再從事接觸食品的工作 ①12小時 ②24小時 ③36小時 ④48小時。

(②) 17. 若員工在上班期間報告身體不適，主管應該 ①勉強員工繼續上班 ②請員工儘速就醫並了解造成身體不適的正確原因 ③辭退員工 ④責罵員工。

(②) 18. 外場服務人員的衛生規則何者正確 ①將食品盡可能的堆疊在托盤上，一次端送給客人 ②外場人員應避免直接進入內場烹調區，而是在專門的緩衝區域進行菜餚的傳送 ③傳送前不須檢查菜餚內是否有異物 ④如果地板看起來很乾淨，掉落於地板的餐具就可以撿起來直接再供顧客使用。

(③) 19. 食品從業人員的衛生教育訓練內容最重要的是 ①成本控制 ②新產品開發 ③個人與環境衛生維護 ④滅火器認識。

(④) 20. 下列內場操作人員的衛生規則何者正確 ①為操作方便可以用沙拉油桶墊腳 ②可直接以口對著湯勺試吃 ③可直接在操作台旁會客 ④使用適當且乾淨的器具進行菜餚的排盤。

(③) 21. 食品從業人員健康檢查及教育訓練記錄應保存幾年 ①一年 ②三年 ③五年 ④七年。

(④) 22. 下列何者對乾燥的抵抗力最強 ①黴菌 ②酵母菌 ③細菌 ④酵素。

(①) 23. 水活性在多少以下細菌較不易孳生 ①0.84 ②0.87 ③0.90 ④0.93。

(①) 24. 肉毒桿菌在酸鹼值（pH）多少以下生長會受到抑制 ①4.6 ②5.6 ③6.6 ④7.6。

(①) 25. 進行食品危害分析時須包括化學性、物理性及下列何者 ①生物性 ②化工性 ③機械性 ④電機性。

(①) 26. 關於諾羅病毒的敘述，下列何者正確 ①1-10個病毒即可致病 ②用75%酒精可以殺死 ③外層有脂肪膜 ④若貝類生長於受人類糞便污染的海域，病毒易蓄積於閉殼肌。

(④) 27. 下列何者為最常見的毒素型病原菌 ①李斯特菌 ②腸炎弧菌 ③曲狀桿菌 ④金黃色葡萄球菌。

(②) 28. 與水產食品中毒較相關的病原菌是 ①李斯特菌 ②腸炎弧菌 ③曲狀桿菌 ④葡萄球菌。

(③) 29. 經調查檢驗後確認引起疾病之病原菌為腸炎弧菌，則該腸炎弧菌即為 ①原因物質 ②事因物質 ③病因物質 ④肇因物質。

(③) 30. 一般而言，一件食品中毒案件之敘述，下列何者正確 ①有嘔吐腹瀉症狀即成立 ②民眾檢舉即成立 ③二人或二人以上攝取相同的食品而發生相似的症狀 ④多人以上攝取相同的食品而發生不同的症狀。

(①) 31. 關於肉毒桿菌食品中毒案件之敘述，下列何者正確 ①一人血清檢體中檢出毒素即成立 ②媒體報導即成立 ③三人或三人以上攝取相同的食品而發生相似的症狀 ④多人以上攝取相同的食品而發生不同的症狀。

(④) 32. 關於肉毒桿菌特性之敘述，下列何者正確 ①是肉條發霉 ②是肉腐敗所產生之細菌 ③是肉變臭之前兆 ④是會產生神經毒素。

(①) 33. 河豚毒素中毒症狀多於食用後 ①3小時內（通常是10～45分鐘）產生 ②6小時內（通常是60～120分鐘）產生 ③12小時內（通常是60～120分鐘）產生 ④24小時內（通常是120～240分鐘）產生。

(②) 34. 一般而言，河豚最劇毒的部位是 ①腸、皮膚 ②卵巢、肝臟 ③眼睛 ④肉。

(④) 35. 河豚毒素是屬於哪一種毒素 ①腸病毒 ②肝病毒 ③肺病毒 ④神經毒。

(④) 36. 下列哪一種化學物質會造成類過敏的食品中毒 ①黴菌毒素 ②麻痺性貝毒 ③食品添加物 ④組織胺。

(①) 37. 下列哪一種屬於天然毒素 ①黴菌毒素 ②農藥 ③食品添加物 ④保險粉。

(②) 38. 腸炎弧菌主要存在於下列何種食材，須熟食且避免交叉汙染 ①牛肉 ②海產 ③蛋 ④雞肉。

(③) 39. 沙門氏桿菌主要存在於下列何種食材，須熟食且避免交叉汙染 ①蔬菜 ②海產 ③禽肉 ④水果。

(③) 40. 低酸性真空包裝食品如果處理不當，容易因下列何者或其毒素引起食品中毒 ①李斯特菌 ②腸炎弧菌 ③肉毒桿菌 ④葡萄球菌。

(②) 41. 廚師很喜歡自己製造 XO 醬，如果裝罐封瓶時滅菌不當，極可能產生下列哪一種食品中毒 ①李斯特菌 ②肉毒桿菌 ③腸炎弧菌 ④葡萄球菌。

(①) 42. 因過氧化氫造成食品中毒的常見食品為 ①烏龍麵、豆干絲及豆干 ②餅乾 ③乳品、乳酪 ④罐頭食品。

(②) 43. 組織胺中毒常發生於腐敗之水產魚肉中，但組織胺是 ①不耐熱，加熱即可破壞 ②耐熱，加熱很難破壞 ③不耐冷，冷凍即可破壞 ④不耐攪拌，攪拌均勻即可破壞。

(③) 44. 台灣近年來，諾羅病毒造成食品中毒的主要原因食品為 ①漢堡 ②雞蛋 ③生蠔 ④罐頭食品。

(④) 45. 預防諾羅病毒食品中毒的最佳方法是 ①食物要冷藏 ②冷凍12 小時以上 ③用 70%的酒精消毒 ④勤洗手及不要生食。

(④) 46. 食品從業人員的皮膚上如有傷口，應儘快包紮完整，以避免傷口中何種病原菌污染食品 ①腸炎弧菌 ②肉毒桿菌 ③病原性大腸桿菌 ④金黃色葡萄球菌。

(②) 47. 預防食品中毒的五要原則是 ①要洗手、要充分攪拌、要生熟食分開、要澈底加熱、要注意保存溫度 ②要洗手、要新鮮、要生熟食分開、要澈底加熱、要注意保存溫度 ③要洗手、要新鮮、要戴手套、要澈底加熱、要注意保存溫度 ④要充分攪拌、要新鮮、要生熟食分開、要澈底加熱、要注意保存溫度。

(④) 48. 肉毒桿菌毒素中毒風險較高的食品為何 ①花生等低酸性罐頭 ②加亞硝酸鹽的香腸與火腿 ③真空包裝冷藏素肉、豆干等 ④自製醃肉、自製醬菜等醃漬食品。

(③) 49. 避免肉毒桿菌毒素中毒，下列何者正確 ①只要無膨罐情形，即使生鏽或凹陷也可以 ②開罐後如發覺有異味時，煮過即可食用 ③自行醃漬食品食用前，應煮沸至少 10 分鐘且要充分攪拌 ④真空包裝食品，無須經過高溫高壓殺菌，銷售及保存也不用冷藏。

(③) 50. 黴菌毒素容易存在於 ①家禽類 ②魚貝類 ③穀類 ④內臟類。

(②) 51. 奶類應在 ① 10～12 ② 5～7 ③ 22～24 ④ 16～18℃儲存，以保持新鮮。

(④) 52. 食用油若長時間高溫加熱，結果 ①能殺菌、容易保存 ②增加油色之美觀 ③增長使用期限 ④會產生有害物質。

(②) 53. 蛋類最容易有 ①金黃色葡萄球菌 ②沙門氏桿菌 ③螺旋桿菌 ④大腸桿菌汙染。

(②) 54. 選購包裝麵類製品的條件為何 ①色澤白皙 ②有完整標示 ③有使用防腐劑延長保存 ④麵條沾黏。

(①) 55. 選購冷凍包裝食品時應注意事項，下列何者正確 ①包裝完整 ②出廠日期 ③中心溫度達 0℃ ④出現凍燒情形。

(①) 56. 為防止肉毒桿菌生長產生毒素而引起食品中毒，購買真空包裝食品（例如真空包裝素肉），下列敘述何者正確　①依標示冷藏或冷凍貯藏　②既然是真空包裝食品無須充分加熱後就可食用　③知名廠商無須檢視標示內容　④只要方便取用，可隨意置放。

(④) 57. 選購豆腐加工產品時，下列何者為食品腐敗的現象　①更美味　②香氣濃郁　③重量減輕　④產生酸味。

(②) 58. 選購食材時，依據下列何者可辨別食物材料的新鮮與腐敗　①價格高低　②視覺嗅覺　③外觀包裝　④商品宣傳。

(③) 59. 選用發芽的馬鈴薯　①可增加口味　②可增加顏色　③可能發生中毒　④可增加香味。

(②) 60. 新鮮的魚，下列何者為正常狀態　①眼睛混濁、出血　②魚鱗緊附於皮膚、色澤自然　③魚鰓呈灰綠色、有黏液產生　④腹部易破裂、內臟外露。

(②) 61. 旗魚或鮪魚鮮度變差時，肉質易產生　①紅變肉　②綠變肉　③黑變肉　④褐變肉。

(③) 62. 蛋黃的圓弧度愈高者，表示該蛋愈　①腐敗　②陳舊　③新鮮　④美味。

(④) 63. 奶粉應購買　①有結塊　②有雜質　③呈黑色　④無不良氣味。

(②) 64. 漁獲後處理不當或受微生物污染之作用，容易產生組織胺，而導致組織胺中毒，下列何者敘述正確　①組織胺易揮發且具熱穩定性　②其中毒症狀包括有皮膚發疹、癢、水腫、噁心、腹瀉、嘔吐等　③魚類組織胺之生成量及速率不會因魚種、部位、貯藏溫度及污染菌的不同而有所差異　④鯖、鮪、旗、鰹等迴游性紅肉魚類比底棲性白肉魚所生成的組織胺較少且慢。

(①) 65. 如何選擇新鮮的雞肉　①肉有光澤緊實毛細孔突起　②肉質鬆軟表皮平滑　③肉的顏色暗紅有水般的光澤　④雞體味重肉無彈性。

(③) 66. 採購鮘仔魚乾，下列何者最符合衛生安全　①透明者　②潔白者　③淡灰白者　④暗灰色者。

(④) 67. 下列何者貯存於室溫會有食品安全衛生疑慮　①米　②糖　③鹽　④鮮奶油。

(④) 68. 依據 GHP 之儲存管理，化學物品應在原盛裝容器內並配合下列何種方式管理　①專人　②專櫃　③專冊　④專人專櫃專冊。

(①) 69. 下列何者為選擇乾貨應考量的因素　①是否乾燥完全且沒有發霉或腐爛　②外觀完整，乾溼皆可　③色澤自然，乾淨與否以及有無雜質皆可　④色澤非常亮艷。

(②) 70. 下列何種處理方式無法減少食品中微生物生長所導致之食品腐敗　①冷藏貯存　②室溫下隨意放置　③冷凍貯存　④妥善包裝後低溫貯存。

(①) 71. 熟米飯放置於室溫貯藏不當時，最容易遭受下列哪一種微生物的污染而腐敗變質　①仙人掌桿菌　②沙門氏桿菌　③金黃色葡萄球菌　④大腸桿菌。

(③) 72. 魚貝類在冷凍的溫度下　①可永遠存放　②不會變質　③品質仍然在下降　④新鮮度不變。

(③) 73. 下列何者敘述錯誤　①雞蛋表面在烹煮前應以溫水清洗乾淨，否則易有沙門氏桿菌污染　②在不清潔海域捕撈的牡蠣易有諾羅病毒污染　③牛奶若是來自於罹患乳房炎的乳牛，易有仙人掌桿菌污染　④製作提拉米蘇或慕斯類糕點時若因蛋液衛生品質不佳，易導致沙門氏桿菌污染。

(①) 74. 隨時要使用的肉類應保存於　①7　②0　③12　④-18　℃以下為佳。

(③) 75. 中長期存放的肉類應保存於　①4　②0　③-18　④8℃以下才能保鮮。

(②) 76. 肉類的加工過程，為了防止肉毒桿菌滋生，都會在肉中加入　①蘇打粉　②硝　③酒　④香料。

（ ② ）77. 直接供應飲食場所火鍋類食品之湯底標示，下列何者正確　①有無標示主要食材皆可　②標示熬製食材中含量最多者　③使用食材及風味調味料共同調製之火鍋湯底，不論使用比例都無需標示「○○食材及○○風味調味料」共同調製　④應必須標示所有食材及成分。

（ ② ）78. 下列何者添加至食品中會有食品安全疑慮　①鹽巴　②硼砂　③味精　④砂糖。

（ ④ ）79. 我國有關食品添加物之規定，下列何者為正確　①使用量並無限制　②使用範圍及使用量均無限制　③使用範圍無限制　④使用範圍及使用量均有限制。

（ ④ ）80. 食品作業場所之人流與物流方向，何者正確　①人流與物流方向相同　②物流：清潔區→準清潔區→污染區　③人流：污染區→準清潔區→清潔區　④人流與物流方向相反。

（ ② ）81. 食物之配膳及包裝場所，何者正確　①屬於準清潔作業區　②室內應保持正壓　③進入門戶必須設置空氣浴塵室　④門戶可雙向進出。

（ ① ）82. 烹調魚類、肉類及禽肉類之中心溫度要求，下列何者正確　①以禽肉類要求溫度最高，應達 74℃ /15 秒以上　②豬肉＞魚肉＞雞肉＞絞牛肉　③考慮品質問題，煎牛排至少 50℃　④牛肉因有旋毛蟲問題，一定要加熱至 100℃。

（ ② ）83. 盤飾使用之生鮮食品之衛生，下列何者最正確　①以非食品做為盤飾　②未經滅菌處理，不得接觸熟食　③使用 200ppm 以上之漂白水消毒　④花卉不得作為盤飾。

（ ② ）84. 依據 GHP 更換油炸油之規定，何者正確　①總極性化合物（TPC）含量 25％以下　②總極性化合物（TPC）含量 25％以上　③酸價應在 25 mg KOH/g 以下　④酸價應在 25 mg KOH/g 以上。

（ ① ）85. 下列何者屬低酸性食品　①魚貝類　②食物 pH 值 4.6 以下　③食物 pH 值 3.0 以下　④食用醋。

（ ③ ）86. 食物製備的衛生安全操作，何者正確　①以鹽水洗滌海鮮類　②切割吐司片使用蔬果用砧板　③蔬菜殺菁後直接食用，不可使用自來水冷卻　④烹調用油宜達發煙點後再炸。

（ ③ ）87. 食物冷卻處理，何者正確　①應在 4 小時內將食物由 60℃降至 21℃　②熱食放入冰箱可快速冷卻，以保持新鮮　③盛裝容器高度不宜超過 10 公分　④不可使用冷水或冰塊直接冷卻。

（ ③ ）88. 冷卻一大鍋的蛤蠣濃湯，何者正確　①湯鍋放在冷藏庫內　②湯鍋放在冷凍庫內　③湯鍋放在冰水內　④湯鍋放在調理檯上。

（ ③ ）89. 生魚片之衛生標準，何者正確　①大腸桿菌群（Coliform）：陰性　②大腸桿菌（E. coli）：1,000 MPN/g 以下　③總生菌數：100,000 CFU/g 以下　④揮發性鹽基態氮（VBN）：15 g/100g 以上。

（ ③ ）90. 食物之保溫與復熱，何者正確　①保溫應使食物中心溫度不得低於 50℃　②保溫時間以不超過 6 小時為宜　③具潛在危害性食物，復熱中心溫度至少達 74℃ /15 秒以上　④使用微波復熱中心溫度要求與一般傳統加熱方式一樣。

（ ④ ）91. 食品溫度之量測，何者最正確　①溫度計每兩年應至少校正一次　②每次量測應固定同一位置　③可以用玻璃溫度計測量冷凍食品溫度　④微波加熱食品之量測，不應僅以表面溫度為準。

（ ② ）92. 製冰機管理，何者正確　①生菜可放在其內之冰塊上冷藏　②冷卻用冰塊仍須符合飲用水水質標準　③任取一杯子取用　④用後冰鏟或冰夾可直接放冰塊內。

（ ③ ）93. 不同食材之清洗處理，何者正確　①乾貨僅需浸泡即可　②清潔度較低者先處理　③清洗順序：蔬果→豬肉→雞肉　④同一水槽同時一起清洗。

（ ④ ）94. 油脂之使用，何者正確　①回鍋油煙點較新鮮油煙點高　②油炸用油，煙點最好低於 160　③天然奶油較人造奶油之反式脂肪酸含量高　④奶油油耗酸敗與微生物性腐敗無關。

(④) 95. 調味料之使用，何者正確 ①不屬於食品添加物，無限量標準 ②各類焦糖色素安全無虞，無限量標準 ③一般食用狀況下，使用化學醬油致癌可能性高 ④海帶與昆布的鮮味成分與味精相似。

(②) 96. 食品添加物之認知，何者正確 ①罐頭食品不能吃，因加了很多防腐劑 ②生鮮肉類不能添加保水劑 ③製作生鮮麵條，使用雙氧水殺菌是合法的 ④鹼粽添加硼砂是合法的。

(②) 97. 為避免交叉污染，廚房中最好準備四種顏色的砧板，其中白色使用於 ①肉類 ②熟食 ③蔬果類 ④魚貝類。

(②) 98. 乾燥金針經常過量使用下列何種漂白劑 ①螢光增白劑 ②亞硫酸氫鈉 ③次氯酸鈉 ④雙氧水。

(①) 99. 下列何者為豆干中合法的色素食品添加物 ①黃色五號 ②二甲基黃 ③鹽基性介黃 ④皂素。

(③)100. 下列何者為不合法之食品添加物 ①蔗糖素 ②己二烯酸 ③甲醛 ④亞硝酸鹽。

(①)101. 食物保存之危險溫度帶係指 ① 7～60℃ ② 20～80℃ ③ 0～35℃ ④ 40～75℃。

(①)102. 為避免食品中毒，下列那種食材加熱中心溫度要求最高 ①雞肉 ②碎牛肉 ③豬肉 ④魚肉。

(③)103. 醉雞的製備流程屬於下列何種供膳型式 ①驗收→儲存→前處理→烹調→熱存→供膳 ②驗收→儲存→前處理→烹調→冷卻→復熱→供膳 ③驗收→儲存→前處理→烹調→冷卻→冷藏→供膳 ④驗收→儲存→前處理→烹調→冷卻→冷藏→復熱→供膳。

(①)104. 不會助長細菌生長之食物，下列何者正確 ①罐頭食品 ②截切生菜 ③油飯 ④馬鈴薯泥。

(①)105. 廚房用水應符合飲用水水質，其殘氯標準（ppm）何者正確 ① 0.2～1.0 ② 2.0～5.0 ③ 10～20 ④ 20～50。

(④)106. 食物製備與供應之衛生管理原則為新鮮、清潔、加熱與冷藏及 ①菜單多樣，少量製備 ②提早製備，隨時供應 ③大量製備，一次完成 ④處理迅速，避免疏忽。

(④)107. 餐飲業在洗滌器具及容器後，除以熱水或蒸氣外還可以下列何物消毒 ①無此消毒物 ②亞硝酸鹽 ③亞硫酸鹽 ④次氯酸鈉溶液。

(①)108. 下列哪一項是針對器具加熱消毒殺菌法的優點 ①無殘留化學藥劑 ②好用方便 ③具滲透性 ④設備價格低廉。

(③)109. 餐具洗淨後應 ①以毛巾擦乾 ②立即放入櫃內貯存 ③先讓其烘乾，再放入櫃內貯存 ④以操作者方便的方法入櫃貯存。

(②)110. 生的和熟的食物在處理上所使用的砧板應 ①共一塊即可 ②分開使用 ③依經濟情況而定 ④依工作量大小而定，以避免二次污染。

(①)111. 擦拭食器、工作檯及酒瓶 ①應準備多條布巾，隨時更新保持乾淨 ②為節省時間及成本，可用相同的抹布一體擦拭 ③以舊報紙來擦拭，既環保又省錢 ④擦拭用的抹布吸水力不可過強，以免傷害酒杯。

(④)112. 毛巾抹布之煮沸殺菌，係以溫度 100℃的沸水煮沸幾分鐘以上 ①一分鐘 ②三分鐘 ③四分鐘 ④五分鐘。

(②)113. 杯皿的清洗程序是 ①清水沖洗→洗潔劑→消毒液→晾乾 ②洗潔劑→清水沖洗→消毒液→晾乾 ③洗潔劑→消毒液→清水沖洗→晾乾 ④消毒液→洗潔劑→清水沖洗→晾乾。

(②)114. 清洗玻璃杯一般均使用何種消毒液殺菌 ①清潔藥水 ②漂白水 ③清潔劑 ④肥皂粉。

(③)115. 吧檯水源要充足，並應設置足夠水槽，水槽及工作檯之材質最好為 ①木材 ②塑膠 ③不銹鋼 ④水泥。

(②)116. 三槽式餐具洗滌法，其中第二槽沖洗必須　①滿槽的自來水　②流動充足的自來水　③添加消毒水之自來水　④添加清潔劑之自來水。

(③)117. 下列何者是食品洗潔劑選擇時須考慮的事項　①經濟便宜　②使用者口碑　③各種洗潔劑的性質　④廠牌名氣的大小。

(④)118. 以下有關餐具消毒的敘述，何者正確　①以100ppm氯液浸泡2分鐘　②以漂白水浸泡1分鐘　③以熱水60℃浸泡2分鐘　④以熱水80℃浸泡2分鐘。

(①)119. 餐具於三槽式洗滌中，洗潔劑應在　①第一槽　②第二槽　③第三槽　④不一定添加。

(③)120. 洗滌食品容器及器具應使用　①洗衣粉　②廚房清潔劑　③食品用洗潔劑　④強酸、強鹼。

(④)121. 食品用具之煮沸殺菌法係以　①90℃加熱半分鐘　②90℃加熱1分鐘　③100℃加熱半分鐘　④100℃加熱1分鐘。

(④)122. 製冰機的使用原則，下列何者正確　①只要是清理乾淨的食物都可以放置保鮮　②乾淨的飲料用具都可以放進去　③除了冰鏟外，不能存放食品及飲料　④不得放任何器具、材料。

(④)123. 清洗餐器具的先後順序，下列何者正確　A烹調用具、B鍋具、C磁、不銹鋼餐具、D刀具、E熟食砧板、F生食砧板、G抹布　①EDCBAFG　②GFEDCBA　③CBDFGAE　④CBADEFG。

(②)124. 將所有細菌完全殺滅使成為無菌狀態，稱之　①消毒　②滅菌　③巴斯德殺菌　④商業滅菌。

(④)125. 擦拭玻璃杯皿正確的步驟為　①杯身、杯底、杯內、杯腳　②杯腳、杯身、杯底、杯內　③杯底、杯身、杯內、杯腳　④杯內、杯身、杯底、杯腳。

(①)126. 擦拭玻璃杯時，需對著光源檢視，係因為　①檢查杯子是否乾淨　②使杯子水分快速散去　③展示杯子的造型　④多此一舉。

(②)127. 以漂白水消毒屬於何種殺菌、消毒方法　①物理性　②化學性　③生物性　④自然性。

(①)128. 以冷藏庫或冷凍庫貯存食材之敘述，下列敘述何者正確　①應考量菜單種類和食材安全貯存審慎計算規劃　②冷藏庫內通風孔前可堆東西，以有效利用空間　③可運用瓦楞紙板當作冷藏庫或冷凍庫內區隔食材之隔板　④冷藏庫或冷凍庫越大越好，可讓廚房彈性操作空間越大。

(②)129. 關於食品倉儲設施及原則，下列敘述何者正確　①冷藏庫之溫度應在10℃以下　②遵守先進先出之原則，並確實記錄　③乾貨庫房應以日照直射，藉此達到乾燥通風之目的　④應隨時注意冷凍室之溫度，充分利用所有地面空間擺置食材。

(②)130. 倉儲設施及管制原則影響食材品質甚鉅，下列何者敘述正確　①為維持濕度平衡，乾貨庫房應放置冰塊　②為控制溫度，冷凍庫房須定期除霜　③為防止品質劣變，剛煮滾之醬汁應立即放入冷藏庫降溫　④為有效利用空間，冷藏庫房儘量堆滿食物。

(①)131. 食材貯存設施應注意事項，下列敘述何者正確　①為避免冷氣外流，人員進出冷凍或冷藏庫速度應迅速　②為保持食材最新鮮狀態，近期將使用到之食材應置放於冷藏庫出風口　③為避免腐壞，煮熟之餐點不急於供應時，應立即送進冷藏庫　④為節省貯存空間，海鮮、肉類和蛋類可一起貯存。

(③)132. 冷藏庫貯存食材之說明，下列敘述何者正確　①煮過與未經烹調可一起存放，節省空間　②熱食應直接送入冷藏庫中，以免造成腐敗　③海鮮存放時，最好與其他材料分開　④乳製品、甜點、生肉可共同存放。

(④)133. 依據「食品良好衛生規範準則」，餐具採用乾熱殺菌法做消毒，需達到多少度以上之乾熱，加熱30分鐘以上　①80℃　②90℃　③100℃　④110℃。

(①)134. 乾料庫房之最佳濕度比應為何　①70%　②80%　③90%　④95%。

(①)135. 食品作業場所內化學物質及用具之管理，下列何者可暫存於作業場所操作區 ①清洗碗盤之食品用洗潔劑 ②去除病媒之誘餌 ③清洗廁所之清潔劑 ④洗刷地板之消毒劑。

(①)136. 使用砧板後應如何處理，再側立晾乾 ①當天用清水洗淨 ②當天用廚房紙巾擦乾淨即可 ③隔天用清水洗淨消毒 ④隔二天後再一併清洗消毒。

(③)137. 餐飲器具及設施，下列敘述何者正確 ①木質砧板比塑膠材質砧板更易維持清潔 ②保溫餐檯正確熱藏溫度為攝氏 50 度 ③洗滌場所應有充足之流動自來水，水龍頭高度應高於水槽滿水位高度 ④廚房之截油設施一年清理一次即可。

(①)138. 防治蒼蠅病媒傳染危害之因應措施，下列敘述何者為宜 ①將垃圾桶及廚餘密閉貯放 ②使用白色防蟲簾 ③噴灑農藥 ④使用蚊香。

(①)139. 餐飲業為防治老鼠傳染危害而做的措施，下列敘述何者正確 ①使用加蓋之垃圾桶及廚餘桶 ②出入口裝設空氣簾 ③於工作場所養貓 ④於工作檯面置放捕鼠夾及誘餌。

(③)140. 不鏽鋼工作檯之優點，下列敘述何者正確 ①使用年限短 ②易生鏽 ③耐腐蝕 ④不易清理。

(②)141. 為避免產生死角不易清洗，廚房牆角與地板接縫處在設計時，應該採用那一種設計為佳 ①直角 ②圓弧角 ③加裝飾條 ④加裝鐵皮。

(④)142. 餐廳廚房設計時，廁所的位置至少需遠離廚房多遠才可 ①1 公尺 ②1.5 公尺 ③2 公尺 ④3 公尺。

(②)143. 餐廳作業場所面積與供膳場所面積之比例最理想的標準為 ①1：2 ②1：3 ③1：4 ④1：5。

(①)144. 為防止污染食品，餐飲作業場所對於貓、狗等寵物 ①應予管制 ②可以攜入作業場所 ③可以幫忙看門 ④可以留在身邊。

(③)145. 杜絕蟑螂孳生的方法，下列敘述何者正確 ①掉落作業場所之任何食品，待工作告一段落再統一清理 ②使用紙箱作為防滑墊 ③妥善收藏已開封的食品 ④擺放誘餌於工作檯面。

(①)146. 作業場所內垃圾及廚餘桶加蓋之主要目的為何 ①避免引來病媒 ②減少清理次數 ③美觀大方 ④上面可放置東西。

(①)147. 選用容器具或包裝時，衛生安全上應注意下列何項 ①材質與使用方法 ②價格高低 ③國內外品牌 ④花色樣式。

(①)148. 一般手洗容器具時，下列何者適當 ①使用中性洗劑清洗 ②使用鋼刷用力刷洗 ③使用酸性洗劑清洗 ④使用鹼性洗劑清洗。

(③)149. 使用食品用容器具及包裝時，下列何者正確 ①應選用回收代碼數字高的塑膠材質 ②應選用不含金屬錳之不鏽鋼 ③應瞭解材質特性及使用方式 ④應選用含螢光增白劑之紙類容器。

(①)150. 使用保鮮膜時，下列何者正確 ①覆蓋食物時，避免直接接觸食物 ②微波食物時，須以保鮮膜包覆 ③應重複使用，減少資源浪費 ④蒸煮食物時，以保鮮膜包覆。

(③)151. 食品業者應選用符合衛生標準之容器具及包裝，以下何者正確 ①市售保特瓶飲料空瓶可回收裝填食物後再販售 ②容器具允許偶有變色或變形 ③均須符合溶出試驗及材質試驗 ④紙類容器無須符合塑膠類規定。

(②)152. 食品包裝之主要功能，下列何者正確 ①增加價格 ②避免交叉污染 ③增加重量 ④縮短貯存期限。

(②)153. 選擇食材或原料供應商時應注意之事項，下列敘述何者正確　①提供廉價食材之供應商　②完成食品業者登錄之食材供應商　③提供解凍再重新冷凍食材之供應商　④提供即期或重新標示食品之供應商。

(③)154. 載運食品之運輸車輛應注意之事項，下列敘述何者正確　①運輸冷凍食品時，溫度控制在 -4℃　②應妥善運用空間，儘量堆疊　③運輸過程應避免劇烈之溫濕度變化　④原材料、半成品及成品可以堆疊在一起。

(③)155. 食材驗收時應注意之事項，下列敘述何者正確　①採購及驗收應同一人辦理　②運輸條件無須驗收　③冷凍食品包裝上有水漬／冰晶時，不宜驗收　④現場合格者驗收，無須記錄。

(②)156. 食材貯存應注意之事項，下列敘述何者正確　①應大量囤積，先進後出　②應標記內容，以利追溯來源　③即期品應透過冷凍延長貯存期限　④不須定時查看溫度及濕度。

(③)157. 冷凍食材之解凍方法，對於食材之衛生及品質，何者最佳　①置於流水下解凍　②置於室溫下解凍　③置於冷藏庫解凍　④置於靜水解凍。

(③)158. 即食熟食食品之安全，下列敘述何者為正確　①冷藏溫度應控制在10℃以下　②熱藏溫度應控制在30℃至50℃之間　③食品之危險溫度帶介於7℃至60℃之間　④熱食售出後8小時內食用都在安全範圍。

(④)159. 食品添加物之使用，下列敘述何者為正確　①只要是業務員介紹的新產品，一定要試用　②食品添加物業者尚無需取得食品業者登錄字號　③複方食品添加物的內容，絕對不可對外公開　④應瞭解食品添加物的使用範圍及用量，必要時再使用。

(②)160. 食品業者實施衛生管理，以下敘述何者為正確　①必要時實施食品良好衛生規範準則　②掌握製程重要管制點，預防、降低或去除危害　③為了衛生稽查，才建立衛生管理文件　④建立標準作業程序書，現場操作仍依經驗為準。

(③)161. 餐飲服務人員操持餐具碗盤時，應注意事項　①戴了手套，偶而觸摸杯子或碗盤內部並無大礙　②以玻璃杯直接取用食用冰塊　③拿取刀叉餐具時，應握其把手　④為避免湯汁濺出，遞送食物時，可稍微觸摸碗盤內部食物。

(④)162. 餐飲服務人員對於掉落地上的餐具，應如何處理　①沒有髒污就可以繼續提供使用　②如果有髒污，使用面紙擦拭後就可繼續提供使用　③使用桌布擦拭後繼續提供使用　④回收洗淨晾乾後，方可提供使用。

(①)163. 餐飲服務人員遞送餐點時，下列敘述何者正確　①避免言談　②指甲未修剪　③衣著髒污　④嬉戲笑鬧口沫橫飛。

(③)164. 餐飲服務人員如有腸胃不適或腹瀉嘔吐時，應如何處理　①工作賺錢重要，忍痛撐下去　②外場服務人員與食品安全衛生沒有直接相關　③主動告知管理人員進行健康管理　④自行服藥後繼續工作。

(②)165. 食品安全衛生知識與教育，下列敘述何者正確　①廚師會做菜就好，沒必要瞭解食品安全衛生相關法規　②外場餐飲服務人員應具備食品安全衛生知識　③業主會經營賺錢就好，食品安全衛生法規交給秘書瞭解　④外場餐飲服務人員不必做菜，無須接受食品安全衛生教育。

(②)166. 餐飲服務人員進行換盤服務時，應如何處理　①邊收菜渣，邊換碗盤　②先收完菜渣，再更換碗盤　③請顧客將菜渣倒在一起，再一起換盤　④邊送餐點，邊換碗盤。

(③)167. 餐飲服務人員應養成之良好習慣，下列敘述何者正確　①遞送餐點時，同時口沫橫飛地介紹餐點　②指甲彩繪增加吸引力　③有身體不適時，主動告知主管　④同時遞送餐點及接觸紙鈔等金錢。

(④)168. 微生物容易生長的條件為下列哪一種環境？ ①高酸度 ②乾燥 ③高溫 ④高水分。

(④)169. 鹽漬的水產品或肉類，使用後若有剩餘，下列何種作法最不適當 ①可不必冷藏 ②放在陰涼通風處 ③放置冰箱冷藏 ④放在陽光充足的通風處。

(①)170. 下列何者敘述正確 ①冷藏的未包裝食品和配料在貯存過程中必須覆蓋，防止污染 ②生鮮食品（例如：生雞肉和肉類）在冷藏櫃內得放置於即食食品的上方 ③冷藏的生鮮配料不須與即食食品和即食配料分開存放 ④有髒污或裂痕蛋類經過清洗也可使用於製作蛋黃醬。

(④)171. 下列何者是處理蛋品的錯誤方式 ①選購蛋品應留意蛋殼表面是否有裂縫及泥沙或雞屎殘留 ②未及時烹調的蛋，鈍端朝上存放於冰箱中 ③烹煮前以溫水沖洗蛋品表面，避免蛋殼表面上病原菌污染內部 ④水煮蛋若沒吃完，可先剝殼長時間置於冰箱保存。

工作項目 02：食品安全衛生相關法規

(③) 1. 食品從業人員的健康檢查應多久辦理一次 ①每三個月 ②每半年 ③每一年 ④想到再檢查即可。

(①) 2. 下列何種肝炎，感染或罹患期間不得從事食品及餐飲相關工作 ①A型 ②B型 ③C型 ④D型。

(①) 3. 目前法規規範需聘用全職「技術證照人員」的食品相關業別為 ①餐飲業及烘焙業 ②販賣業 ③乳品加工業 ④食品添加物業。

(③) 4. 中央廚房式之餐飲業依法規需聘用技術證照人員的比例為 ①85% ②75% ③70% ④60%。

(②) 5. 供應學校餐飲之餐飲業依法規需聘用技術證照人員的比例為 ①85% ②75% ③70% ④60%。

(①) 6. 觀光旅館之餐飲業依法規需聘用技術證照人員的比例為 ①85% ②75% ③70% ④60%。

(②) 7. 持有烹調相關技術證者，從業期間每年至少需接受幾小時的衛生講習 ①4小時 ②8小時 ③12小時 ④24小時。

(④) 8. 廚師證書有效期間為幾年 ①1年 ②2年 ③3年 ④4年。

(②) 9. 選購包裝食品時要注意，依食品安全衛生管理法規定，食品及食品原料之容器或外包裝應標示 ①製造日期 ②有效日期 ③賞味期限 ④保存期限。

(②)10. 食品著色、調味、防腐、漂白、乳化、增加香味、安定品質、促進發酵、增加稠度、強化營養、防止氧化或其他必要目的，而加入、接觸於食品之單方或複方物質稱為 ①食品材料 ②食品添加物 ③營養物質 ④食品保健成分。

(②)11. 根據「餐具清洗良好作業指引」，下列何者是正確的清洗作業設施 ①洗滌槽：具有100℃以上含洗潔劑之熱水 ②沖洗槽：具有充足流動之水，且能將洗潔劑沖洗乾淨 ③有效殺菌槽：水溫應在100℃以上 ④洗滌槽：人工洗滌應浸20分鐘以上。

(④)12. 根據「餐具清洗良好作業指引」，有效殺菌槽的水溫應高於 ①50℃ ②60℃ ③70℃ ④80℃以上。

(②)13. 依據「食品良好衛生規範準則」，為有效殺菌，依規定以氯液殺菌法處理餐具，氯液總有效氯最適量為 ①50ppm ②200ppm ③500ppm ④1000ppm。

(④)14. 依據「食品良好衛生規範準則」，食品熱藏溫度為何 ①攝氏45度以上 ②攝氏50度以上 ③攝氏55度以上 ④攝氏60度以上。

(④)15. 依據「食品良好衛生規範準則」，食品業者工作檯面或調理檯面之照明規範，應達下列哪一個條件 ①120米燭光以上 ②140米燭光以上 ③180米燭光以上 ④200米燭光以上。

（　③　）16. 依據「食品良好衛生規範準則」，食品業者之蓄水池（塔、槽）之清理頻率爲何　①三年至少清理一次　②二年至少清理一次　③一年至少清理一次　④一月至少清理一次。

（　③　）17. 下列何者是「食品良好衛生規範準則」中，餐具或食物容器是否乾淨的檢查項目　①殘留澱粉、殘留脂肪、殘留洗潔劑、殘留過氧化氫　②殘留澱粉、殘留蛋白質、殘留洗潔劑、殘留過氧化氫　③殘留澱粉、殘留脂肪、殘留蛋白質、殘留洗潔劑　④殘留澱粉、殘留脂肪、殘留蛋白質、殘留過氧化氫。

（　③　）18. 與食品直接接觸及清洗食品設備與用具之用水及冰塊，應符合「飲用水水質標準」規定，飲用水的氫離子濃度指數（pH 值）限値範圍爲　① 4.6～6.5　② 4.6～7.5　③ 6.0～8.5　④ 6.0～9.5。

（　②　）19. 供水設施應符合之規定，下列敘述何者正確　①製作直接食用冰塊之製冰機水源過濾時，濾膜孔徑越大越好　②使用地下水源者，其水源與化糞池、廢棄物堆積場所等污染源，應至少保持十五公尺之距離　③飲用水與非飲用水之管路系統應完全分離，出水口毋須明顯區分　④蓄水池（塔、槽）應保持清潔，設置地點應距污穢場所、化糞池等污染源二公尺以上。

（　②　）20. 依據「食品良好衛生規範準則」，爲維護手部清潔，洗手設施除應備有流動自來水及清潔劑外，應設置下列何種設施　①吹風機　②乾手器或擦手紙巾　③刮鬍機　④牙線。

（　②　）21. 依照「食品良好衛生規範準則」，下列何者應設專用貯存設施　①價值不斐之食材　②過期回收產品　③廢棄食品容器具　④食品用洗潔劑。

（　②　）22. 依照「食品良好衛生規範準則」，當油炸油品質有下列哪些情形者，應予以更新　①出現泡沫時　②總極性化合物超過25%　③油炸超過1小時　④油炸豬肉後。

（　①　）23. 下列何者爲「食品良好衛生規範準則」中，有關場區及環境應符合之規定　①冷藏食品之品溫應保持在攝氏 7 度以下，凍結點以上　②蓄水池（塔、槽）應保持清潔，每兩年至少清理一次並作成紀錄　③冷凍食品之品溫應保持在攝氏 -10 度以下　④蓄水池設置地點應離汙穢場所或化糞池等污染源 2 公尺以上。

（　②　）24. 「食品良好衛生規範準則」中有關病媒防治所使用之環境用藥應符合之規定，下列敘述何者正確　①符合食品安全衛生管理法之規定　②明確標示爲環境用藥並由專人管理及記錄　③可置於碗盤區固定位置方便取用　④應標明其購買日期及價格。

（　②　）25. 「食品良好衛生規範準則」中有關廢棄物處理應符合之規定，下列敘述何者正確　①食品作業場所內及其四周可任意堆置廢棄物　②反覆使用盛裝廢棄物之容器，於丟棄廢棄物後，應立即清洗　③過期回收產品，可暫時置於其他成品放置區　④廢棄物之置放場所偶有異味或有害氣體溢出無妨。

（　②　）26. 「食品良好衛生規範準則」中有關倉儲管制應符合之規定，下列敘述何者正確　①應遵循先進先出原則，並貼牆整齊放置　②倉庫內物品不可直接置於地上，以供搬運　③應善用倉庫內空間，貯存原材料、半成品或成品　④倉儲過程中，應緊閉不透風以防止病媒飛入。

（　①　）27. 「食品良好衛生規範準則」中有關餐飲業之作業場所與設施之衛生管理，下列敘述何者正確　①應具有洗滌、沖洗及有效殺菌功能之餐具洗滌殺菌設施　②生冷食品可於熟食作業區調理、加工及操作　③爲保持新鮮，生鮮水產品養殖處所應直接置於生冷食品作業區內　④提供之餐具接觸面應保持平滑、無凹陷或裂縫，不應有脂肪、澱粉、膽固醇及過氧化氫之殘留。

（　③　）28. 廢棄物應依下列何者法規規定清除及處理　①環境保護法　②食品安全衛生管理法　③廢棄物清理法　④食品良好衛生規範準則。

(③) 29. 廢食用油處理,下列敘述何者正確 ①一般家庭及小吃店之廢食用油屬環境保護署公告之事業廢棄物 ②依環境保護法規定處理 ③非餐館業之廢食用油,可交付清潔隊或合格之清除機構處理 ④環境保護署將廢食用油列為應回收廢棄物。

(④) 30. 包裝食品應標示之事項,以下何者正確 ①製造日期 ②食品添加物之功能性名稱 ③含非基因改造食品原料 ④國內通過農產品生產驗證者,標示可追溯之來源。

(①) 31. 餐飲業者提供以牛肉為食材之餐點時,依規定應標示下列何種項目 ①牛肉產地 ②烹調方法 ③廚師姓名 ④牛肉部位。

(②) 32. 食品業者販售重組魚肉、牛肉或豬肉食品時,依規定應加註哪項醒語 ①烹調方法 ②僅供熟食 ③可供生食 ④製作流程。

(②) 33. 市售包裝食品如含有下列哪種內容物時,應標示避免消費者食用後產生過敏症狀 ①鳳梨 ②芒果 ③芭樂 ④草莓。

(①) 34. 為避免食品中毒,真空包裝即食食品應標示哪項資訊 ①須冷藏或須冷凍 ②水分含量 ③反式脂肪酸含量 ④基因改造成分。

(③) 35. 餐廳提供火鍋類產品時,依規定應於供應場所提供哪項資訊 ①外帶收費標準 ②火鍋達人姓名 ③湯底製作方式 ④供應時間限制。

(①) 36. 基因改造食品之標示,下列敘述何者為正確 ①調味料用油品,如麻油、胡麻油等,無須標示 ②產品中添加少於 2%的基因改造黃豆,無需標示 ③我國基因改造食品原料之非故意攙雜率是 2% ④食品添加物含基因改造原料時,無須標示。

(④) 37. 購買包裝食品時,應注意過敏原標示,請問下列何者屬之? ①殺菌劑過氧化氫 ②防腐劑己二烯酸 ③食用色素 ④蝦、蟹、芒果、花生、牛奶、蛋及其製品。

(③) 38. 下列產品何者無須標示過敏原資訊? ①花生糖 ②起司 ③蘋果汁 ④優格。

(③) 39. 工業上使用的化學物質可添加於食品嗎? ①只要屬於衛生福利部公告準用的食品添加物品目,則可依規定添加於食品中 ②視其安全性認定是否可添加於食品中 ③不得作食品添加物用 ④可任意添加於食品中。

(④) 40. 餐飲業者如因衛生不良,違反食品良好衛生規範準則,經命其限期改正,屆期不改正,依違反食安法可處多少罰鍰? ①6～100 萬元 ②6～1,500 萬元 ③6～5,000 萬元 ④6 萬～2 億元。

工作項目 03:營養及健康飲食

(①) 1. 下列全穀雜糧類,何者熱量最高? ①五穀米飯 1 碗(約 160 公克) ②玉米 1 根(可食部分約 130 公克) ③粥 1 碗(約 250 公克) ④中型芋頭 1/2 個(約 140 公克)。

(④) 2. 下列何者屬於「豆、魚、蛋、肉」類? ①四季豆 ②蛋黃醬 ③腰果 ④牡蠣。

(②) 3. 下列健康飲食的觀念,何者正確? ①不吃早餐可以減少熱量攝取,是減肥成功的好方法 ②全穀可提供豐富的維生素、礦物質及膳食纖維等,每日三餐應以其為主食 ③牛奶營養豐富,鈣質含量尤其高,應鼓勵孩童將牛奶當水喝,對成長有利 ④對於愛吃水果的女性,若當日水果吃得較多,則應將蔬菜減量,對健康就不影響。

(①) 4. 研究顯示,與罹患癌症最相關的飲食因子為 ①每日蔬、果攝取份量不足 ②每日「豆、魚、蛋、肉」類攝取份量不足 ③常常不吃早餐,卻有吃宵夜的習慣 ④反式脂肪酸攝食量超過建議量。

(③) 5. 下列何者是「鐵質」最豐富的來源? ①雞蛋 1 個 ②紅莧菜半碗(約 3 兩) ③牛肉 1 兩 ④葡萄 8 粒。

(③) 6. 每天熱量攝取高於身體需求量的 300 大卡,約多少天後即可增加 1 公斤? ①15 天 ②20 天 ③25 天 ④35 天。

（ ④ ） 7. 下列飲食行為，何者是對多數人健康最大的威脅？　①每天吃 1 個雞蛋（荷包蛋、滷蛋等）　②每天吃 1 次海鮮（蝦仁、花枝等）　③每天喝 1 杯拿鐵（咖啡加鮮奶）　④每天吃 1 個葡式蛋塔。

（ ④ ） 8. 世界衛生組織（WHO）建議每人每天反式脂肪酸不可超過攝取熱量的 1%。請問，以一位男性每天 2,000 大卡來看，其反式脂肪酸的上限為　① 5.2 公克　② 3.6 公克　③ 2.8 公克　④ 2.2 公克。

（ ③ ） 9. 下列針對「高果糖玉米糖漿」與「蔗糖」的敘述，何者正確？　①高果糖玉米糖漿甜度高、用量可以減少，對控制體重有利　②蔗糖加熱後容易失去甜味　③高果糖玉米糖漿容易讓人上癮、過度食用　④過去研究顯示：二者對血糖升高、癌症誘發等的影響是一樣的。

（ ③ ） 10. 老年人若蛋白質攝取不足，容易形成「肌少症」。下列食物何者蛋白質含量最高？　①養樂多 1 瓶　②肉鬆 1 湯匙　③雞蛋 1 個　④冰淇淋 1 球。

（ ③ ） 11. 100 克的食品，下列何者所含膳食纖維最高？　①番薯　②冬粉　③綠豆　④麵線。

（ ① ） 12. 100 克的食物，下列何者所含脂肪量最低？　①蝦仁　②雞腿肉　③豬腱　④牛腩。

（ ③ ） 13. 健康飲食建議至少應有多少量的全穀雜糧類，要來自全穀類？　① 1/5　② 1/4　③ 1/3　④ 1/2。

（ ③ ） 14. 每日飲食指南建議每天 1.5-2 杯奶，一杯的份量是指？　① 100cc　② 150cc　③ 240cc　④ 300cc。

（ ② ） 15. 每日飲食指南建議每天 3-5 份蔬菜，一份是指多少量？　①未煮的蔬菜 50 公克　②未煮的蔬菜 100 公克　③未煮的蔬菜 150 公克　④未煮的蔬菜 200 公克。

（ ③ ） 16. 健康飲食建議的鹽量，每日不超過幾公克？　① 15 公克　② 10 公克　③ 6 公克　④ 2 公克。

（ ① ） 17. 下列營養素，何者是人類最經濟的能量來源？　①醣類　②脂肪　③蛋白質　④維生素。

（ ④ ） 18. 健康體重是指身體質量指數在下列哪個範圍？　① 21.5-26.9　② 20.5-25.9　③ 19.5-24.9　④ 18.5-23.9。

（ ② ） 19. 飲食指南中六大類食物的敘述何者正確　①玉米、栗子、荸薺屬蔬菜類　②糙米、南瓜、山藥屬全穀雜糧類　③紅豆、綠豆、花豆屬豆魚蛋肉類　④瓜子、杏仁果、腰果屬全穀雜糧類。

（ ② ） 20. 關於衛生福利部公告之素食飲食指標，下列建議何者正確　①多攝食瓜類食物，以獲取足夠的維生素 B_{12}　②多攝食富含維生素 C 的蔬果，以改善鐵質吸收率　③每天蔬菜應包含至少一份深色蔬菜、一份淺色蔬菜　④全穀只須占全穀雜糧類的 1/4。

（ ③ ） 21. 關於衛生福利部公告之國民飲食指標，下列建議何者正確　①每日鈉的建議攝取量上限為 6 克　②多葷少素　③多粗食少精製　④三餐應以國產白米為主食。

（ ② ） 22. 飽和脂肪的敘述，何者正確　①動物性肉類中以紅肉（例如牛肉、羊肉、豬肉）的飽和脂肪含量較低　②攝取過多飽和脂肪易增加血栓、中風、心臟病等心血管疾病的風險　③世界衛生組織建議應以飽和脂肪取代不飽和脂肪　④於常溫下固態性油脂（例如豬油）其飽和脂肪含量較液態性油脂（例如大豆油及橄欖油）低。

（ ② ） 23. 反式脂肪的敘述，何者正確　①反式脂肪的來源是植物油，所以可以放心使用　②反式脂肪會增加罹患心血管疾病的風險　③反式脂肪常見於生鮮蔬果中　④即使是天然的反式脂肪依然對健康有危害。

（ ④ ） 24. 下列那一組午餐組合可提供較高的鈣質？　①白飯（200 g）＋荷包蛋（50 g）＋芥藍菜（100 g）＋豆漿（240 mL）　②糙米飯（200 g）＋五香豆干（80 g）＋高麗菜（100 g）＋豆漿（240 mL）　③白飯（200 g）＋荷包蛋（50 g）＋高麗菜（100 g）＋鮮奶（240 mL）　④糙米飯（200 g）＋五香豆干（80 g）＋芥藍菜（100 g）＋鮮奶（240 mL）。

(①) 25. 下列何者組合較符合地中海飲食之原則 ①雜糧麵包佐橄欖油＋烤鯖魚＋腰果拌地瓜葉 ②地瓜稀飯＋瓜仔肉＋涼拌小黃瓜 ③蕎麥麵＋炸蝦＋溫泉蛋 ④玉米濃湯＋菲力牛排 ＋提拉米蘇。

(③) 26. 下列何者符合高纖的原則 ①以水果取代蔬菜 ②以果汁取代水果 ③以糙米取代白米 ④以紅肉取代白肉。

(②) 27. 請問飲食中如果缺乏「碘」這個營養素，對身體造成最直接的危害為何？ ①孕婦低血壓 ②嬰兒低智商 ③老人低血糖 ④女性貧血。

(③) 28. 銀髮族飲食需求及製備建議，下列何者正確 ①應盡量減少豆魚蛋肉類的食用，避免增 加高血壓及高血脂的風險 ②應盡量減少使用蔥、薑、蒜、九層塔等，以免刺激腸胃道 ③多吃富含膳食纖維的食物，例如：全穀類食物、蔬菜、水果，可使排便更順暢 ④保 健食品及營養補充品的食用是必須的，可參考廣告資訊選購。

(②) 29. 以下敘述，何者為健康烹調？ ①含「不飽和脂肪酸」高的油脂有益健康，油炸食物最適 合 ②夏季涼拌菜色，可以選用麻油、特級冷壓橄欖油、苦茶油、芥花油等，美味又健康 ③裹於食物外層之麵糊層越厚越好 ④可多使用調味料及奶油製品以增加食物風味。

(①) 30. 「國民飲食指標」強調多選用「當季在地好食材」，主要是因為 ①當季盛產食材價錢便 宜且營養價值高 ②食材新鮮且衛生安全，不需額外檢驗 ③使用在地食材，增加碳足 跡 ④進口食材農藥使用把關不易且法規標準低於我國。

(②) 31. 下列何者是蔬菜的健康烹煮原則？ ①「水煮」青菜較「蒸」的方式容易保存蔬菜中的 維生素 ②可以使用少量的健康油炒蔬菜，以幫助保留維生素 ③添加「小蘇打」可以 保持蔬菜的青綠色，且減少維生素流失 ④分批小量烹煮蔬菜，無法減少破壞維生素 C。

(①) 32. 「素食」烹調要能夠提供足夠的蛋白質，下列何者是重要原則？ ①豆類可以和穀類互相 搭配（如黃豆糙米飯），使增加蛋白質攝取量，又可達到互補的作用 ②豆干、豆腐及腐 皮等豆類食品雖然是素食者重要蛋白質來源，但因其仍屬初級加工食品，素食不宜常常 使用 ③種子、堅果類食材，雖然蛋白質含量不低，但因其熱量也高，故不建議應用於 素食 ④素食成形的加工素材種類多樣化，作為「主菜」的設計最為方便且受歡迎，可 以多多利用。

(③) 33. 下列方法何者不宜作為「減鹽」或「減糖」的烹調方法？ ①多利用醋、檸檬、蘋果、 鳳梨增加菜餚的風（酸）味 ②於甜點中利用新鮮水果或果乾取代精緻糖 ③應用市售 高湯罐頭（塊）增加菜餚口感 ④使用香菜、草菇等來增加菜餚的美味。

(②) 34. 下列有關育齡女性營養之敘述何者正確？ ①避免選用加碘鹽以及避免攝取含碘食物， 如海帶、紫菜 ②食用富含葉酸的食物，如深綠色蔬菜 ③避免日曬，多攝取富含維生 素D的食物，如魚類、雞蛋等 ④為了促進鐵質的吸收率，用餐時應搭配喝茶。

(②) 35. 下列有關更年期婦女營養之敘述何者正確？ ①飲水量過少可能增加尿道感染的風險， 建議每日至少補充 15 杯（每杯 240 毫升）以上的水分 ②每天日曬 20 分鐘有助於預防 骨質疏鬆 ③多吃紅肉少吃蔬果，可以補充鐵質又能預防心血管疾病的發生 ④應避免 攝取含有天然雌激素之食物，如黃豆類及其製品等。

(④) 36. 下列何種肉類烹調法，不宜吃太多？ ①燉煮肉類 ②蒸烤肉類 ③川燙肉類 ④碳烤 肉類。

(①) 37. 下列何者是攝取足夠且適量的「碘」最安全之方式 ①使用加「碘」鹽取代一般鹽烹調 ②每日攝取高含「碘」食物，如海帶 ③食用高單位碘補充劑 ④多攝取海鮮。

(①) 38. 下列敘述的烹調方式，哪個是符合減鹽的原則 ①使用酒、糯米醋、蒜、薑、胡椒、八 角及花椒等佐料，增添料理風味 ②使用醬油、味精、番茄醬、魚露、紅糖等醬料取代 鹽的使用 ③多飲用白開水降低鹹度 ④採用醃、燻、醬、滷等方式，添增食物的香味。

(①) 39. 豆魚蛋肉類食物經常含有隱藏的脂肪，下列何者脂肪含量較低　①不含皮的肉類，例如雞胸肉　②看得到白色脂肪的肉類，例如五花肉　③加工絞肉製品，例如火鍋餃類　④食用油處理過的加工品，例如肉鬆。

(②) 40. 請問何種烹調方式最能有效減少碘的流失　①爆香時加入適量的加碘鹽　②炒菜起鍋前加入適量的加碘鹽　③開始燉煮時加入適量的加碘鹽　④食材和適量的加碘鹽同時放入鍋中熬湯。

(①) 41. 下列何者方式為用油較少之烹調方式　①涮：肉類食物切成薄片，吃時放入滾湯裡燙熟　②爆：強火將油燒熱，食材迅速拌炒即起鍋　③三杯：薑、蔥、紅辣椒炒香後放入主菜，加麻油、香油、醬油各一杯，燜煮至湯汁收乾，再加入九層塔拌勻　④燒：菜餚經過炒煎，加入少許水或高湯及調味料，微火燜燒，使食物熟透、汁液濃縮。

(③) 42. 下列有關國小兒童餐製作之敘述，何者符合健康烹調原則？　①建議多以油炸類的餐點為主，如薯條、炸雞　②應避免供應水果、飲料等甜食　③可運用天然起司入菜或以鮮奶作為餐間點心　④學童挑食恐使營養攝取不足，應多使用奶油及調味料來增加菜餚的風味。

(④) 43. 下列有關食品營養標示之敘述，何者正確？　①包裝食品上營養標示所列的一份熱量含量，通常就是整包吃完後所獲得的熱量　②當反式脂肪酸標示為「0」時，即代表此份食品完全不含反式脂肪酸，即使是心臟血管疾病的病人也可放心食用　③包裝食品每份熱量 220 大卡，蛋白質 4.8 公克，此份產品可以視為高蛋白質來源的食品　④包裝飲料每100 毫升為 33 大卡，1 罐飲料內容物為 400 毫升，張同學今天共喝了 4 罐，他單從此包裝飲料就攝取了 528 大卡。

(④) 44. 某包裝食品的營養標示：每份熱量 220 大卡，總脂肪 11.5 公克，飽和脂肪 5.0 公克，反式脂肪 0 公克，下列敘述何者正確？　①脂肪熱量佔比＜40%，與一般飲食建議相當　②完全不含反式脂肪，健康無慮　③飽和脂肪為熱量的 20%，屬安全範圍　④此包裝內共有 6 份，若全吃完，總攝取熱量可達 1320 大卡。

(①) 45. 某稀釋乳酸飲料，每 100 毫升的營養成分為：熱量 28 大卡，蛋白質 0.2 公克，脂肪 0 公克，碳水化合物 6.9 公克，內容量 330 毫升，而其內容物為：水、砂糖、稀釋發酵乳、脫脂奶粉、檸檬酸、香料、大豆多醣體、檸檬酸鈉、蔗糖素及醋磺類酯鉀。下列敘述何者正確？　①此飲料主要提供的營養成分是「糖」　②整罐飲料蛋白質可以提供相當於 1/3杯牛奶的量（1 杯為 240 毫升）　③蔗糖素可以抑制血糖的升高　④此飲料富含維生素 C。

(②) 46. 食品原料的成分展開，可以讓消費者對所吃的食品更加瞭解，下列敘述，何者正確？　①三合一咖啡包中所使用的「奶精」，是牛奶中的一種成分　②若依標示，奶精主要成分為氫化植物油及玉米糖漿，營養價值低　③有心臟病史者，每天 1 杯三合一咖啡，可以促進血液循環並提神，對健康及生活品質有利　④若原料成分中有部分氫化油脂，但反式脂肪含量卻為 0，代表不是所有的部分氫化油脂都含有反式脂肪酸。

(③) 47. 104 年 7 月起我國包裝食品除熱量外，強制要求標示之營養素為　①蛋白質、脂肪、碳水化合物、鈉、飽和脂肪、反式脂肪及纖維　②蛋白質、脂肪、碳水化合物、鈉、飽和脂肪、反式脂肪及鈣質　③蛋白質、脂肪、碳水化合物、鈉、飽和脂肪、反式脂肪及糖　④蛋白質、脂肪、碳水化合物、鈉、飽和脂肪、反式脂肪。

(②) 48. 下列何者不是衛福部規定的營養標示所必須標示的營養素？　①蛋白質　②膽固醇　③飽和脂肪　④鈉。

(①) 49. 食品每 100 公克固體或每 100 毫升液體，當所含營養素量不超過 0.5 公克時，可以用「0」做為標示，為下列何種營養素？　①蛋白質　②鈉　③飽和脂肪　④反式脂肪。

(③) 50. 包裝食品營養標示中的「糖」是指食品中　①單糖　②蔗糖　③單糖加雙糖　④單糖加蔗糖之總和。

(②) 51. 下列何者是現行包裝食品營養標示規定必需標示的營養素　①鉀　②鈉　③鐵　④鈣。

(①) 52. 一般民眾及業者於烹調時應選用加碘鹽取代一般鹽，請問可以透過標示中含有哪項成分，來辨別食鹽是否有加碘　①碘化鉀　②碘酒　③優碘　④碘 131。

(①) 53. 食品每 100 公克之固體（半固體）或每 100 毫升之液體所含反式脂肪量不超過多少得以零標示　① 0.3 公克　② 0.5 公克　③ 1 公克　④ 3 公克。

(④) 54. 依照衛生福利部公告之「包裝食品營養宣稱應遵行事項」，攝取過量將對國民健康有不利之影響的營養素列屬「需適量攝取」之營養素含量宣稱項目，不包括以下營養素　①飽和脂肪　②鈉　③糖　④膳食纖維。

(①) 55. 關於 102 年修訂公告的「全穀產品宣稱及標示原則」，「全穀產品」所含全穀成分應占配方總重量多少以上　① 51％　② 100％　③ 33％　④ 67％。

(②) 56. 植物中含蛋白質最豐富的是　①穀類　②豆類　③蔬菜類　④薯類。

(②) 57. 豆腐凝固是利用大豆中的　①脂肪　②蛋白質　③醣類　④維生素。

(①) 58. 市售客製化手搖清涼飲料，常使用的甜味來源為？　①高果糖玉米糖漿　②葡萄糖　③蔗糖　④麥芽糖。

(①) 59. 以營養學的觀點，下列那一種食物的蛋白質含量最高且品質最好　①黃豆　②綠豆　③紅豆　④黃帝豆。

(②) 60. 糙米，除可提供醣類、蛋白質外，尚可提供　①維生素 A　②維生素 B 群　③維生素 C　④維生素 D。

(②) 61. 下列油脂何者含飽和脂肪酸最高　①沙拉油　②奶油　③花生油　④麻油。

(④) 62. 下列何種油脂之膽固醇含量最高　①黃豆油　②花生油　③棕櫚油　④豬油。

(④) 63. 下列何種麵粉含有纖維素最高？　①粉心粉　②高筋粉　③低筋粉　④全麥麵粉。

(②) 64. 下列哪一種維生素可稱之為陽光維生素，除了可以維持骨質密度外，尚可預防許多其他疾病　①維生素 A　②維生素 D　③維生素 E　④維生素 K。

(②) 65. 下列何者不屬於人工甘味料（代糖）？　①糖精　②楓糖　③阿斯巴甜　④醋磺內酯鉀（ACE-K）。

(④) 66. 新鮮的水果比罐頭水果富含　①醣類　②蛋白質　③油脂　④維生素。

(③) 67. 最容易受熱而被破壞的營養素是　①澱粉　②蛋白質　③維生素　④礦物質。

(②) 68. 下列蔬菜同樣重量時，何者鈣質含量最多　①胡蘿蔔　②莧菜　③高麗菜　④菠菜。

(①) 69. 素食者可藉由菇類食物補充　①菸鹼酸　②脂肪　③水分　④碳水化合物。

乙級飲料調製技能檢定學術科完全攻略

編 著 者／閻寶蓉

發 行 人／陳本源

執行編輯／黃艾家

封面設計／盧怡瑄

出 版 者／全華圖書股份有限公司

郵政帳號／0100836-1 號

圖書編號／08222056-202406

I S B N／978-626-328-916-1（平裝）

I S B N／978-626-328-910-9（PDF）

定　　價／625 元

全華圖書／www.chwa.com.tw

全華網路書店 Open Tech／www.opentech.com.tw

若您對本書有任何問題，歡迎來信指導 book@chwa.com.tw

特別感謝－萬能科技大學旅館管理系提供場地拍攝

臺北總公司（北區營業處）

地址：23671 新北市土城區忠義路 21 號

電話：（02）2262-5666

傳眞：（02）6637-3695、6637-3696

中區營業處

地址：40256 臺中市南區樹義一巷 26 號

電話：（04）2261-8485

傳眞：（04）3600-9806（高中職）

　　　（04）3601-8600（大專）

南區營業處

地址：80769 高雄市三民區應安街 12 號

電話：（07）381-1377

傳眞：（07）862-5562

Recipe Cards 酒譜記憶小手卡

CS02
Mint Frappe
薄荷芙萊蓓

C1-5 注入法

1

CBU10
Mimosa
含羞草

C6-6 注入法

2

CP01
Kir Royale
皇家基爾

C9-1 注入法

3

CBU21
Bellini
貝利尼

C14-4 注入法

4

CP02
Kir
基爾

C17-4 注入法

5

CBU01
Hot Toddy
熱托地

C1-4 直接注入法

6

CBU03
Mojito
莫西多

C2-6 直注壓榨法

7

CBU04
Irish Coffee
愛爾蘭咖啡

C3-3 直接注入法

8

Recipe Cards 酒譜記憶小手卡

1/2 Fresh Orange Juice
新鮮柳橙汁
1/2 Champagne or Sparkling
Wine (Brut)
原味香檳或汽泡酒
（以杯皿容量八分滿計算）

C6-6 注入法

2

45ml Green Crème de Menthe
綠薄荷香甜酒
1 Cup Crushed Ice
1杯碎冰

C1-5 注入法

1

15ml Peach Liqueur
水蜜桃香甜酒
Fill up with Champagne or
Sparkling Wine (Brut)
原味香檳或汽泡酒注至八分滿

C14-4 注入法

4

15ml Crème de Cassis
黑醋栗香甜酒
Fill up with Champagne or
Sparkling Wine (Brut)
原味香檳或汽泡酒注至八分滿

C9-1 注入法

3

45ml Brandy
白蘭地
15ml Fresh Lemon Juice
新鮮檸檬汁
15ml Sugar Syrup
果糖
Top with Boiling Water
熱開水八分滿

C1-14 直接注入法

6

10ml Crème de Cassis
黑醋栗香甜酒
Fill up with Dry White Wine
不甜白葡萄酒注至八分滿

C17-4 注入法

5

45ml Irish
Whiskey
愛爾蘭威士忌
6~8g Sugar
糖包
30ml Espresso
Coffee
義式咖啡(7g)

120ml Boiling
Water
熱開水
Top with
Whipped
Cream
加滿泡沫鮮奶油

C3-3 直接注入法

8

45ml White Rum
白色蘭姆酒
15ml Fresh Lime
Juice
新鮮萊姆汁
1/2 Fresh
Lime Cut Into
4Wedges
新鮮萊姆切成4塊

12 Fresh Mint
Leaves
新鮮薄荷葉
6~8g Sugar
糖包
Top with Soda
Water
蘇打水八分滿
Crushed Ice
適量碎冰

C2-6 直注壓榨法

7

Recipe Cards 酒譜記憶小手卡

CBU05
Salty Dog
鹹狗

C4-1 直接注入法

9

CS10
Ginger
Mojito
薑味莫西多

C4-4 直注壓榨法

10

CBU07
Negus
尼加斯

C4-5 直接注入法

11

CBU08
Tequila
Sunrise
特吉拉日出

C5-1 直注飄浮法

12

CBU09
Americano
美國佬

C5-5 直接注入法

13

CS19
Long Island
Iced Tea
長島冰茶

C7-4 直接注入法

14

CBU12
White
Russian
白色俄羅斯

C7-6 直注飄浮法

15

CBU13
Frenchman
法國佬

C8-2 直接注入法

16

Recipe Cards 酒譜記憶小手卡

45ml White Rum
白色蘭姆酒
3 Slices Fresh
Root Ginger
三片嫩薑
12 Fresh Mint
Leaves
新鮮薄荷葉
15ml Fresh Lime

Juice
新鮮萊姆汁
6~8g Sugar
糖包
Top with Ginger
Ale
薑汁汽水八分滿
Crushed Ice
適量碎冰

C4-4 直注壓榨法
10

45ml Vodka
伏特加
Top with Fresh Grapefruit Juice
新鮮葡萄柚汁八分滿

C4-1 直接注入法
9

45ml Tequila
特吉拉
Top with Orange Juice
柳橙汁八分滿
10ml Grenadine Syrup
紅石榴糖漿

C5-1 直注飄浮法
12

60ml Tawny Port
波特酒
15ml Fresh Lemon Juice
新鮮檸檬汁
15ml Sugar Syrup
果糖
Top with Boiling Water
熱開水八分滿

C4-5 直接注入法
11

15ml Gin
琴酒
15ml White Rum
白色蘭姆酒
15ml Vodka
伏特加
15ml Tequila
特吉拉

15ml Triple Sec
白柑橘香甜酒
15ml Fresh
Lemon Juice
新鮮檸檬汁
Top with Cola
可樂八分滿

C7-4 直接注入法
14

30ml Campari
金巴利
30ml Rosso Vermouth
甜味苦艾酒
Top with Soda Water
蘇打水八分滿

C5-5 直接注入法
13

30ml Grand
Marnier
香橙干邑香甜酒
60ml Red Wine
紅葡萄酒
15ml Fresh
Orange
Juice
新鮮柳橙汁

15ml Fresh
Lemon Juice
新鮮檸檬汁
10ml Sugar
Syrup
果糖
Top with Boiling
Water
熱開水八分滿

C8-2 直接注入法
16

45ml Vodka
伏特加
15ml Crème de Café
咖啡香甜酒
30ml Cream
無糖液態奶精

C7-6 直注飄浮法
15

Recipe Cards 酒譜記憶小手卡

CBU14
John Collins
約翰可林

C8-6 直接注入法

17

CBU15
Black
Russian
黑色俄羅斯

C9-2 直接注入法

18

CBU16
Screw Driver
螺絲起子

C10-1 直接注入法

19

CS27
Classic
Mojito
經典莫西多

C10-3 直注壓榨法

20

CBU17
God Father
教父

C11-5 直接注入法

21

CBU18
Bloody Mary
血腥瑪莉

C12-2 直接注入法

22

CBU19
Cuba Libre
自由古巴

C13-2 直接注入法

23

CBU20
Apple Mojito
蘋果莫西多

C14-1 直注壓榨法

24

Recipe Cards 酒譜記憶小手卡

45ml Vodka
伏特加
15ml Crème de Café
咖啡香甜酒

C9-2 直接注入法

18

45ml Bourbon Whiskey
波本威士忌
30ml Fresh Lemon Juice
新鮮檸檬汁
15ml Sugar Syrup
果糖

Top with Soda Water
蘇打汽水八分滿
Dash Angostura Bitters
調勻後加入少許安格式苦精

C8-6 直接注入法

17

45ml Cachaça
甘蔗酒
30ml Fresh Lime Juice
新鮮萊姆汁
1/2 Fresh Lime Cut Into 4 Wedges
新鮮萊姆切成4塊

12 Fresh Mint Leaves
新鮮薄荷葉
6~8g Sugar
糖包
Top with Soda Water
蘇打水八分滿
Crushed Ice
適量碎冰

C10-3 直注壓榨法

20

45ml Vodka
伏特加
Top with Fresh Orange Juice
新鮮柳橙汁八分滿

C10-1 直接注入法

19

45ml Vodka
伏特加
15ml Fresh Lemon Juice
新鮮檸檬汁
Top with Tomato Juice
番茄汁八分滿
Dash Tabasco
少許酸辣油

Dash Worcestershire Sauce
少許辣醬油
Proper amount of Salt and Pepper
適量鹽跟胡椒

C12-2 直接注入法

22

45ml Blended Scotch Whisky
蘇格蘭調和威士忌
15ml Amaretto
杏仁香甜酒

C11-5 直接注入法

21

45ml White Rum
白色蘭姆酒
30ml Fresh Lime Juice
新鮮萊姆汁
15ml Sour Apple Liqueur
青蘋果香甜酒

12 Fresh Mint Leaves
新鮮薄荷葉
Top with Apple Juice
蘋果汁八分滿
Crushed Ice
適量碎冰

C14-1 直注壓榨法

24

45ml Dark Rum
深色蘭姆酒
15ml Fresh Lemon Juice
新鮮檸檬汁
Top with Cola
可樂八分滿

C13-2 直接注入法

23

Recipe Cards 酒譜記憶小手卡

CBU23
Harvey Wall
banger
哈維撞牆

C15-2 直注飄浮法

25

CBU24
Caipirinha
卡碧尼亞

C16-2 直注壓榨法

26

CBU25
Caravan
車隊

C16-3 直接注入法

27

CBU27
Horse's
Neck
馬頸

C17-5 直接注入法

28

CBU29
Old
Fashioned
古典酒

C18-4 直注壓榨法

29

CST01
Manhattan
曼哈頓
（製作三杯）

C1-3 攪拌法

30

CST02
Dry
Manhattan
不甜曼哈頓
（製作三杯）

C3-2 攪拌法

31

CST03
Dry Martini
不甜馬丁尼

C7-1 攪拌法

32

Recipe Cards 酒譜記憶小手卡

45ml Cachaça
甘蔗酒
15ml Fresh Lime Juice
新鮮萊姆汁
1/2 Fresh Lime Cut Into 4 Wedges
新鮮萊姆切成4塊

6~8g Sugar
糖包
Crushed Ice
適量碎冰

C16-2 直注壓榨法

26

45ml Vodka
伏特加
90ml Orange Juice
柳橙汁
15ml Galliano
義大利香草酒

C15-2 直注飄浮法

25

45ml Brandy
白蘭地
Top with Ginger Ale
薑汁汽水八分滿
Dash Angostura Bitters
調勻後加入少許安格式苦精

C17-5 直接注入法

28

90ml Red Wine
紅葡萄酒
15ml Grand Marnier
香橙干邑香甜酒
Top with Cola
可樂八分滿

C16-3 直接注入法

27

45ml Bourbon Whiskey
波本威士忌
15ml Rosso Vermouth
甜味苦艾酒
Dash Angostura Bitters
少許安格式苦精

C1-3 攪拌法

30

45ml Bourbon Whiskey
波本威士忌
2 Dashes Angostura Bitters
少許安格式苦精
1 Sugar Cube
方糖
Splash of Soda Water
蘇打水少許

C18-4 直注厚榨法

29

45ml Gin
琴酒
15ml Dry Vermouth
不甜苦艾酒

C7-1 攪拌法

32

45ml Bourbon Whiskey
波本威士忌
15ml Dry Vermouth
不甜苦艾酒
Dash Angostura Bitters
少許安格式苦精

C3-2 攪拌法

31

Recipe Cards 酒譜記憶小手卡

CST04
Gin & It
義式琴酒
（製作三杯）

C10-2 攪拌法

33

CST05
Perfect
Martini
完美馬丁尼
（製作三杯）

C11-2 攪拌法

34

CST06
Apple
Manhattan
蘋果曼哈頓

C15-4 攪拌法

35

CST07
Gibson
吉普森

C16-4 攪拌法

36

CST08
Rob Roy
羅伯羅依
（製作三杯）

C17-3 攪拌法

37

CBU28
Rusty Nail
銹釘子
（製作三杯）

C18-1 攪拌法

38

CS01
Expresso
Daiquiri
義式戴吉利

C1-2 搖盪法

39

CS03
Planter's
Punch
拓荒者賓治

C1-6 搖盪法

40

Recipe Cards 酒譜記憶小手卡

45ml Gin
琴酒
10ml Rosso Vermouth
甜味苦艾酒
10ml Dry Vermouth
不甜苦艾酒

C11-2 攪拌法

34

45ml Gin
琴酒
15ml Rosso Vermouth
甜苦艾酒

C10-2 攪拌法

33

45ml Gin
琴酒
15ml Dry Vermouth
不甜苦艾酒

C16-4 攪拌法

36

30ml Bourbon   15ml Rosso
Whiskey   Vermouth
波本威士忌   甜苦艾酒
15ml Sour
Apple Liqueur
青蘋果香甜酒
15ml Triple Sec
白柑橘香甜酒

C15-4 攪拌法

35

45ml Blended Scotch Whisky
蘇格蘭調和威士忌
30ml Drambuie
蜂蜜香甜酒

C18-1 攪拌法

38

45ml Blended Scotch Whisky
蘇格蘭調和威士忌
15ml Rosso Vermouth
甜味苦艾酒
Dash Angostura Bitters
少許安格式苦精

C17-3 攪拌法

37

45ml Dark Rum   Top with Soda
深色蘭姆酒   Water
15ml Fresh   蘇打水八分滿
Lemon Juice   Dash Angostura
新鮮檸檬汁   Bitters
10ml Grenadine   搖勻後加入少許
Syrup   安格式苦精
紅石榴糖漿

C1-6 搖盪法

40

30ml White Rum
白色蘭姆酒
30ml Espresso Coffee
義式咖啡(7g)
15ml Sugar Syrup
果糖

C1-2 搖盪法

39

Recipe Cards 酒譜記憶小手卡

CS05
Dandy
Cocktail
至尊雞尾酒

C2-2 搖盪法

41

CS04
Cool Sweet
Heart
冰涼甜心

C2-4 搖盪飄浮法

42

CS06
White Stinger
白醉漢
（製作三杯）

C2-5 搖盪法

43

CS07
Gin Fizz
琴費士

C3-5 搖盪法

44

CS08
Stinger
醉漢

C3-4 搖盪法

45

CS11
Golden
Dream
金色夢幻
（製作三杯）

C4-6 搖盪法

46

CS09
Captain
Collins
領航者可林

C5-4 搖盪法

47

CS13
Pink Lady
粉紅佳人
（製作三杯）

C5-6 搖盪法

48

Recipe Cards 酒譜記憶小手卡

30ml White Rum 白色蘭姆酒 30ml Mozart Dark Chocolate Liqueur 莫札特黑色巧克力香甜酒	30ml Mojito Syrup 莫西多糖漿 75ml Fresh Orange Juice 新鮮柳橙汁 15ml Fresh Lemon Juice 新鮮檸檬汁

C2-4 搖盪飄浮法　42

30ml Gin 琴酒 30ml Dubonnet Red 紅多寶力酒 10ml Triple Sec 白柑橘香甜酒 Dash Angostura Bitters 少許安格式苦精

C2-2 搖盪法　41

45ml Gin 琴酒 30ml Fresh Lemon Juice 新鮮檸檬汁 15ml Sugar Syrup 果糖 Top with Soda Water 蘇打水八分滿

C3-5 搖盪法　44

45ml Vodka 伏特加 15ml White Crème de Menthe 白薄荷香甜酒 15ml White Crème de Cacao 白可可香甜酒

C2-5 搖盪法　43

30ml Galliano 義大利香草酒 15ml Triple Sec 白柑橘香甜酒 15ml Fresh Orange Juice 新鮮柳橙汁 10ml Cream 無糖液態奶精

C4-6 搖盪法　46

45ml Brandy 白蘭地 15ml White Crème de Menthe 白薄荷香甜酒

C3-4 搖盪法　45

30ml Gin 琴酒 15ml Fresh Lemon Juice 新鮮檸檬汁 10ml Grenadine Syrup 紅石榴糖漿 15ml Egg White 蛋白

C5-6 搖盪法　48

30ml Canadian Whisky 加拿大威士忌 30ml Fresh Lemon Juice 新鮮檸檬汁	10ml Sugar Syrup 果糖 Top with Soda Water 蘇打水八分滿

C5-4 搖盪法　47

Recipe Cards 酒譜記憶小手卡

CS14
Jack Frost
傑克佛洛
斯特

C6-1 搖盪法

49

CS15
Viennese
Espresso
義式
維也納咖啡

C6-3 搖盪法

50

CS17
Silver Fizz
銀費士

C6-5 搖盪法

51

CS16
Kamikaze
神風特攻隊
（製作三杯）

C6-4 搖盪法

52

CS18
Grasshopper
綠色蚱蜢
（製作三杯）

C7-2 搖盪法

53

CS20
Sangria
聖基亞

C7-5 搖盪法

54

CS21
Egg Nog
蛋酒

C8-1 搖盪法

55

CS22
Orange
Blossom
橘花
（製作三杯）

C8-5 搖盪法

56

Recipe Cards 酒譜記憶小手卡

30ml Espresso Coffee
義式咖啡(7g)
30ml White Chocolate Cream
白巧克力酒
30ml Macadamia Nut Syrup
夏威夷豆糖漿
120ml Milk
鮮奶

C6-3 搖盪法

50

45ml Bourbon Whiskey
波本威士忌
15ml Drambuie
蜂蜜酒
30ml Fresh Orange Juice
新鮮柳橙汁

10ml Fresh Lemon Juice
新鮮檸檬汁
10ml Grenadine Syrup
紅石榴糖漿

C6-1 搖盪法

49

45ml Vodka
伏特加
15ml Triple Sec
白柑橘香甜酒
15ml Fresh Lime Juice
新鮮萊姆汁

C6-4 搖盪法

52

45ml Gin
琴酒
15ml Fresh Lemon Juice
新鮮檸檬汁
15ml Sugar Syrup
果糖

15ml Egg White
蛋白
Top with Soda Water
蘇打水八分滿

C6-5 搖盪法

51

30ml Brandy
白蘭地
30ml Red Wine
紅葡萄酒
15ml Grand Marnier
香橙干邑香甜酒
60ml Fresh Orange Juice
新鮮柳橙汁

C7-5 搖盪法

54

20ml Green Crème De Menthe
綠薄荷香甜酒
20ml White Crème de Cacao
白可可香甜酒
20ml Cream
無糖液態奶精

C7-2 搖盪法

53

30ml Gin
琴酒
15ml Rosso Vermouth
甜苦艾酒
30ml Fresh Orange Juice
新鮮柳橙汁

C8-5 搖盪法

56

30ml Brandy
白蘭地
15ml White Rum
白色蘭姆酒
135ml Milk
鮮奶

15ml Sugar Syrup
果糖
1 Egg Yolk
蛋黃

C8-1 搖盪法

55

Recipe Cards 酒譜記憶小手卡

CS23
Sherry Flip
雪莉惠而浦

C9-4 搖盪法

57

CS25
Blue Bird
藍鳥
（製作三杯）

C9-5 搖盪法

58

CS26
Vanilla
Espresso
Martini
義式香草
馬丁尼

C10-5 搖盪法

59

CS30
Side Car
側車

C11-3 搖盪法

60

CS31
Mai Tai
邁泰

C12-1 搖盪飄浮法

61

CS32
White
Sangria
白色聖基亞

C12-3 搖盪法

62

CS33
Vodka
Espresso
義式伏特加

C12-5 搖盪法

63

CS35
New York
紐約

C13-1 搖盪法

64

Recipe Cards 酒譜記憶小手卡

30ml Gin
琴酒
15ml Blue
Curaçao
Liqueur
藍柑橘香甜酒

15ml Fresh
Lemon Juice
新鮮檸檬汁
10ml Almond
Syrup
杏仁糖漿

C9-5 搖盪法

58

15ml Brandy
白蘭地
45ml Sherry
雪莉酒
15ml Egg White
蛋白

C9-4 搖盪法

57

30ml Brandy
白蘭地酒
15ml Triple Sec
白柑橘香甜酒
30ml Fresh Lime Juice
新鮮萊姆汁

C11-3 搖盪法

60

30ml Vanilla Vodka
香草伏特加
30ml Espresso Coffee
義式咖啡(7g)
15ml Kahlúa
卡魯瓦咖啡香甜酒

C10-5 搖盪法

59

30ml Grand Marnier
香橙干邑香甜酒
60ml White Wine
白葡萄酒
Top with 7-Up
無色汽水八分滿

C12-3 搖盪法

62

30ml White Rum
白色蘭姆酒
15ml Orange
Curaçao
柑橘香甜酒
10ml Sugar
Syrup
果糖

10ml Fresh
Lemon Juice
新鮮檸檬汁
30ml Dark Rum
深色蘭姆酒

C12-1 搖盪飄浮法

61

45ml Bourbon
Whiskey
波本威士忌
15ml Fresh
Lime Juice
新鮮萊姆汁

10ml Sugar
Syrup
果糖
10ml Grenadine
Syrup
紅石榴糖漿

C13-1 搖盪法

64

30ml Vodka
伏特加
30ml Espresso Coffee
義式咖啡(7g)
15ml Crème de Café
咖啡香甜酒
10ml Sugar Syrup
果糖

C12-5 搖盪法

63

Recipe Cards 酒譜記憶小手卡

CS36
Amaretto
Sour
(with ice)
杏仁酸酒
（含冰塊）

C13-3 搖盪法

65

CS37
Brandy
Alexander
白蘭地
亞歷山大
（製作三杯）

C13-4 搖盪法

66

CS38
Jalisco
Expresso
墨西哥義
式咖啡

C13-6 搖盪法

67

CS39
New Yorker
紐約客
（製作三杯）

C14-2 搖盪法

68

CS40
Porto Flip
波特惠而浦

C15-1 搖盪法

69

CS41
Cosmopolitan
四海一家
（製作三杯）

C15-3 搖盪法

70

CS42
Jolt'ini
震撼

C15-6 搖盪法

71

CS43
Singapore
Sling
新加坡司令

C16-1 搖盪法

72

Recipe Cards 酒譜記憶小手卡

20ml Brandy
白蘭地
20ml Brown Crème de Cacao
深可可香甜酒
20ml Cream
無糖液態奶精

C13-4 搖盪法

66

45ml Amaretto
杏仁香甜酒
30ml Fresh Lemon Juice
新鮮檸檬汁
10ml Sugar Syrup
果糖

C13-3 搖盪法

65

45ml Bourbon Whiskey
波本威士忌
45ml Red Wine
紅葡萄酒
15ml Fresh Lemon Juice
新鮮檸檬汁
15ml Sugar Syrup
果糖

C14-2 搖盪法

68

30ml Tequila
特吉拉
30ml Espresso Coffee
義式咖啡(7g)
30ml Kahlúa
卡魯哇咖啡香甜酒

C13-6 搖盪法

67

45ml Vodka
伏特加
15ml Triple Sec
白柑橘香甜酒
15ml Fresh
Lime Juice
新鮮萊姆汁

30ml Cranberry
Juice
蔓越莓汁

C15-3 搖盪法

70

10ml Brandy
白蘭地
45ml Tawny Port
波特酒
1 Egg Yolk
蛋黃

C15-1 搖盪法

69

30ml Gin
琴酒
15ml Cherry Brandy
(Liqueur)
櫻桃白蘭地（香甜酒）
10ml Cointreau
君度橙酒
10ml Bénédictine
班尼狄克丁香甜酒
10ml Grenadine Syrup
紅石榴糖漿

90ml Pineapple Juice
鳳梨汁
15ml Fresh Lemon
Juice
新鮮檸檬汁
Dash Angostura
Bitters
少許安格式苦精

C16-1 搖盪法

72

30ml Vodka
伏特加
30ml Espresso Coffee
義式咖啡(7g)
15ml Crème de Café
咖啡香甜酒

C15-6 搖盪法

71

Recipe Cards 酒譜記憶小手卡

CS44
Flying
Grasshopper
飛天蚱蜢
（製作三杯）

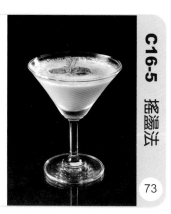

C16-5　搖盪法

73

CS45
Whiskey
Sour
威士忌酸酒

C17-2　搖盪法

74

CS47
Sex on the
Beach
性感沙灘

C18-2　搖盪法

75

CS48
Strawberry
Night
草莓夜

C18-3　搖盪法

76

CS49
Tropic
熱帶

C18-5　搖盪法

77

CB01
Banana
Batida
香蕉巴迪達

C2-3　電動攪拌法

78

CB02
Coffee
Batida
巴迪達咖啡

C5-3　電動攪拌法

79

CB03
Brazilian
Coffee
巴西佬咖啡

C8-4　電動攪拌法

80

Recipe Cards 酒譜記憶小手卡

45ml Bourbon Whiskey
波本威士忌
30ml Fresh Lemon Juice
新鮮檸檬汁
30ml Sugar Syrup
果糖

C17-2 搖盪法

74

30ml Vodka
伏特加
15ml Green Crème de Menthe
綠薄荷香甜酒
15ml White Crème de Cacao
白可可香甜酒
15ml Cream
無糖液態奶精

C16-5 搖盪法

73

20ml Vodka
伏特加
20ml Passion Fruit Liqueur
百香果香甜酒
20ml Sour Apple Liqueur
青蘋果香甜酒
40ml Strawberry Juice
草莓汁
10ml Sugar Syrup
果糖

C18-3 搖盪法

76

45ml Vodka
伏特加
15ml Peach Liqueur
水蜜桃香甜酒
30ml Orange Juice
柳橙汁
30ml Cranberry Juice
蔓越莓汁

C18-2 搖盪法

75

45ml Cachaça
甘蔗酒
30ml Crème de Bananes
香蕉香甜酒
20ml Fresh Lemon Juice
新鮮檸檬汁
1 Fresh Peeled Banana
1 條新鮮香蕉

C2-3 電動攪拌法

78

30ml Bénédictine
班尼狄克丁香甜酒
60ml White Wine
白葡萄酒
60ml Fresh Grapefruit Juice
新鮮葡萄柚汁

C18-5 搖盪法

77

30ml Cachaça
甘蔗酒
30ml Espresso Coffee
義式咖啡(7g)
30ml Cream
無糖液態奶精
15ml Sugar Syrup
果糖

C8-4 電動攪拌法

80

30ml Cachaça
甘蔗酒
30ml Espresso Coffee
義式咖啡(7g)
30ml Crème de café
咖啡香甜酒
10ml Sugar Syrup
果糖

C5-3 電動攪拌法

79

Recipe Cards 酒譜記憶小手卡

CB04
Piña Colada
鳳梨可樂達

C9-6 電動攪拌法

81

CB05
Blue
Hawaiian
藍色
夏威夷佬

C11-6 電動攪拌法

82

CS34
Frozen
Margarita
霜凍
瑪格麗特
（製作三杯）

C12-6 霜凍法

83

CB06
Kiwi Batida
奇異果
巴迪達

C14-3 電動攪拌法

84

CB07
Banana
Frozen
Daiquiri
霜凍
香蕉戴吉利

C17-1 霜凍法

85

CL01
Pousse Café
普施咖啡

C3-6 分層法

86

CL02
B-52 Shot
B-52 轟炸機

C4-3 分層法

87

CL03
Rainbow
彩虹酒

C11-1 分層法

88

Recipe Cards 酒譜記憶小手卡

C11-6 電動攪拌法

45ml White Rum
白色蘭姆酒
30ml Blue
Curaçao Liqueur
藍柑橘香甜酒
45ml Coconut
Cream
椰漿

120ml
Pineapple Juice
鳳梨汁
15ml Fresh
Lemon Juice
新鮮檸檬汁

82

C9-6 電動攪拌法

30ml White Rum
白色蘭姆酒
30ml Coconut Cream
椰漿
90ml Pineapple Juice
鳳梨汁

81

C14-3 電動攪拌法

60ml Cachaça
甘蔗酒
30ml Sugar Syrup
果糖
1 Fresh Kiwi
1 顆奇異果

84

C12-6 霜凍法

30ml Tequila
特吉拉
15ml Triple Sec
白柑橘香甜酒
15ml Fresh Lime Juice
新鮮萊姆汁

83

C3-6 分層法

1/5 Grenadine
Syrup
紅石榴糖漿
1/5 Brown Crème
de Cacao
深可可香甜酒
1/5 Green Crème
de Menthe
綠薄荷香甜酒

1/5 Triple Sec
白柑橘香甜酒
1/5 Brandy
白蘭地
（以杯皿容量九
分滿為準）

86

C17-1 霜凍法

30ml White
Rum
白色蘭姆酒
10ml Fresh
Lime Juice
新鮮萊姆汁

15ml Sugar
Syrup
果糖
1/2 Fresh
Peeled
Banana
1/2 條新鮮香蕉

85

C11-1 分層法

1/7 Grenadine
Syrup
紅石榴糖漿
1/7 Crème de
Cassis
黑醋栗香甜酒
1/7 White Crème
de Cacao
白可可香甜酒
1/7 Blue Curaçao

Liqueur
藍柑橘香甜酒
1/7 Campari
金巴利酒
1/7 Galliano
義大利香草酒
1/7 Brandy
白蘭地酒
（以器皿容量九分
滿為主）

88

C4-3 分層法

1/3 Kahlúa
卡魯哇咖啡香甜酒
1/3 Bailey's Irish Cream
貝里斯奶酒
1/3 Grand Marnier
香橙干邑香甜酒
（以杯皿容量九分滿為準）

87

Recipe Cards 酒譜記憶小手卡

CL04
Angel's Kiss
天使之吻

C14-6 分層法

89

DC01
Latte Art Heart
咖啡拉花-
心形奶泡
（圖案需超過杯
面1/3）

義式咖啡機

90

DC07
Latte Art
Rosetta
咖啡拉花-
葉形奶泡
（圖案之葉片需
左右對稱至少各
5 葉以上）

義式咖啡機

91

Recipe Cards 酒譜記憶小手卡

30ml Espresso Coffee
義式咖啡(7g)
Top with Foaming Milk
加滿奶泡

義式咖啡機

90

3/4 Brown Crème de Cacao
深可可香甜酒
1/4 Creme
無糖液態奶精
　（以杯器皿容量九分滿為準）

C14-6 分層法

89

30ml Espresso Coffee
義式咖啡(7g)
Top with Foaming Milk
加滿奶泡

義式咖啡機

91

飲料調製 乙級

—— 閻寶蓉 (Amy Yen) 編著 ——

技能檢定學術科完全攻略

台灣調酒師之母－閻寶蓉，擁有 18 年勞委會飲料調製監評資歷、
福華飯店酒吧經理、亞太郵輪飲務部總監、義大利女巫咖啡酒吧研發
顧問、兼具理論與實務的專業知識，帶你掌握乙級飲料調製必勝攻略！

學科測驗卷

全華

單選題（每題 1.25 分，共 70 分）

( ) 1. 顧客點了一杯 Double Vodka Lime On the Rocks，調製時　(1) Vodka & Lime Juice Double Shot　(2) Lime Juice Double Shot　(3) Vodka Double Shot　(4) Ice Cube Double Up

( ) 2. Fizz 類的雞尾酒，最後須加入的 Carbonated Water 為　(1) Lemonade　(2) Root Beer　(3) Club Soda　(4) Ginger Ale

( ) 3. 特濃義式濃縮咖啡的原文為　(1) Espresso Solo　(2) Espresso Doppio　(3) Espresso Ristretto　(4) Epresso Lungo

( ) 4. 以蜂蜜、柳橙皮、香草等原料和愛爾蘭威士忌混合而成的蜂蜜香甜酒，為下列何者？　(1) Drambuie　(2) Grand Marnier　(3) Southern Comfort　(4) Irish Mist

( ) 5. 關於酒精飲料的敘述，下列何者錯誤？　(1) 啤酒中所加入的啤酒花，具有凝結蛋白質以及增加香氣等功能　(2) 琴酒中的杜松子具有利尿、解熱等功能　(3) 蘇格蘭威士忌用的麥芽常以泥煤 (Peat) 烘乾，故酒中帶有煙燻泥煤味　(4) 俄羅斯所生產的 Grappa 是以葡萄渣為原料

( ) 6. 大廳酒廊今天的營業額為 00,750 元（其中餐食收入 30,000 元，酒水收入 52,500 元，服務費收入 8,250 元），假設酒水成本為 10,000 元，目前政府加值營業稅 5%，請問大廳酒廊真正的酒水成本率為多少？　(1) 11.02%　(2) 17.4%　(3) 19.05%　(4) 20%

( ) 7. Maraschino 是一種　(1) 柑橘酒　(2) 櫻桃酒　(3) 草莓酒　(4) 水蜜桃酒

( ) 8. Barbado 以生產下列何種蒸餾酒聞名？　(1) Rum　(2) Vodka　(3) Gin　(4) Cachaca

( ) 9. Grappa 的主要生產國家是　(1) 義大利　(2) 西班牙　(3) 法國　(4) 德國

( ) 10. Scotch Whisky 的發酵時間若太長，除有滋生細菌的隱憂，並會產生哪種酸，影響到最後的風味？　(1) 乳酸　(2) 檸檬酸　(3) 蘋果酸　(4) 酒石酸

( ) 11. Bourbon Whiskey 發酵過程前，一般酵母菌會事先培養多久，再加到發酵槽中？　(1) 12 小時　(2) 24 小時　(3) 36 小時　(4) 48 小時

( ) 12. Cognac 必須在何時蒸餾完畢？　(1) 第二年的 1 月底　(2) 第二年的 2 月底　(3) 第二年的 3 月底　(4) 第二年的 4 月底

( ) 13. Scotch Whisky 中以三角形酒瓶聞名的是下列哪一個品牌？　(1) Dewars　(2) Cutty Sark　(3) Long John　(4) Dimple

( ) 14. Bunnahabhain 以生產 Single Malt 聞名，請問其產地位於　(1) Highland　(2) Lowland　(3) Speyside　(4) Islay

( ) 15. 自西元 1830 年就使用倫敦市郊的地下泉水釀造的 Gin 是哪一個廠牌？　(1) Tanqueray　(2) Beefeater　(3) Gordons　(4) Old Tom

(　　) 16. 北歐最有名的 Aquavit 是一種藥草蒸餾酒，其主要原料是　(1) 葡萄　(2) 大麥　(3) 馬鈴薯　(4) 稞麥

(　　) 17. 下列哪一瓶是墨西哥的 Mezcal 酒？　(1) Sauza　(2) Two Fingers　(3) Ole　(4) Monte Alban

(　　) 18. 下列何者為酒單規劃的主要目的　(1) 滿足顧客、達成營運目標　(2) 謹守傳統調酒方式不需創新　(3) 依調酒員手藝與個人理念規劃　(4) 配合酒商規劃酒單

(　　) 19. 以下何者不是雞尾酒單歸類常見的方式？　(1) 以杯形分類　(2) 以價位排列　(3) 以原產國分類　(4) 以調酒方式排列

(　　) 20. 酒單中以下何者不應歸類為 High Ball 雞尾酒？　(1) Gin Rickey　(2) Cuba Liberty　(3) Martini on the Rocks　(4)Mizuwari

(　　) 21. 酒單中以下何者不應歸類為 High Ball 雞尾酒？　(1) Apricot Fizz　(2) Moscow Mule　(3) Fifty Fifty Cocktail　(4) Harvey Wall Banger

(　　) 22. 飲務經理在沒有特殊促銷條件下，整瓶 Gin 的訂價何者應為最高？　(1) Gilbey　(2) Beefeater　(3) Gordon　(4) Tanqueray

(　　) 23. 飲務經理在沒有特殊促銷條件下，整瓶 Vodka 的訂價何者應為最高？　(1) Skyy　(2) Absolut　(3) Smirnoff　(4) Belvedere

(　　) 24. 飲務經理在沒有特殊促銷條件下，整瓶龍舌蘭酒的訂價何者最高？　(1) Jose Cuervo　(2) Don Julio　(3) Sauza　(4) Mezcal Del Maguey with Worm

(　　) 25. 酒瓶陳列也是酒單設計中的一環，Display 以何種方式成本最高？　(1) Liqueur 種類多　(2) Bourbon 品牌多　(3) Well Blended Scotch 多　(4) Vintage Single Malt Scotch 多

(　　) 26. 酒單中 Whisky 應以哪個產地占多數，以迎合市場需求？　(1) Scotch　(2) Bourbon　(3) Canadian　(4) Japanese

(　　) 27. 以下酒單中，哪個品牌不是 Scotch？　(1) I.W.Harper　(2) Famous Grouse　(3) Black & White　(4) 1801

(　　) 28. 以下酒單中，哪個品牌不是 Scotch？　(1) Royal Salute Ruby　(2) Dimple　(3) Jameson　(4) Old Parr

(　　) 29. 以下酒單中，哪個品牌不是 Scotch Single Malt？　(1) Famous Grouse　(2) Bowmore　(3) Balvenie　(4) Macallan

(　　) 30. 以下酒單中，哪個品牌不是 Cognac？　(1) Hennessy　(2) Remy Martin　(3) Chabot　(4) Otard

(　　) 31. 以下酒單中，以 Scotch 產區來區分由北（高緯度）到南（低緯度）排列何者正確？甲：Islay 乙：Glasgow 丙：Speyside 丁：North Highland　(1) 甲丁乙丙　(2) 丁丙乙甲　(3) 丙甲丁乙　(4) 乙丁甲丙

( ) 32. 全球出口之 Champagne，目前占有率最高的品牌是 (1) Bell Epque (2) Bollinger (3) Moet & Chandon (4) Lanson

( ) 33. 玉泉紅葡萄酒是採用下列那一種葡萄釀造而成？ (1) Cabernet Sauvignon (2) Pinot Noir (3) Zinfandel (4) Gamay

( ) 34. Sloe Gin 於酒單中應歸類為 (1) Dutch Gin (2) London Dry Gin (3) Plymouth Gin (4) Liqueur

( ) 35. 主要的產地為 Jamaica、Cuba、Porto Rico 等西印度群島的烈酒是 (1) Tequila (2) Pulque (3) Rum (4) Lime

( ) 36. 一般市售 Cognac 的酒精度約為 (1) 36% (2) 40% (3) 47% (4) 43%

( ) 37. Pernod 或 Ricard 一般適合於何時飲用？ (1) 餐前 (2) 餐中 (3) 餐後 (4) 搭配甜點

( ) 38. 西班牙著名的波特酒 (Port) 是屬於何種葡萄酒？ (1) Fermented Wine (2) Distilled Wine (3) Fortified Wine (4) Still Wine

( ) 39. 下列何種紅葡萄酒是屬於 Full-Body？ (1) Cabernet Sauvignon (2) Chardonnay (3) Riesling (4) Cabernet Blanc

( ) 40. 法國 Burgundy 葡萄酒 A.O.P. 等級本身也有優劣之分，則在所有貯存條件相同下，依下列葡萄酒標示，那一瓶等級較高？ (1) 只標示村莊名 (2) 只標示國家名 (3) 標示村莊名＋葡萄園名 (4) 只標示葡萄園名

( ) 41. 以下有關葡萄酒產區敘述何者正確？ (1) 法國 Sauternes 地區以甜紅酒著稱，乃因其氣候適合貴腐霉生長 (2) Napa Valley 為智利著名葡萄酒產區 (3) 法國的 Chablis 主要是以生產不甜白酒為主 (4) Alsace 是德國白酒的著名產區

( ) 42. 德國葡萄酒分級中，依品質、價格、糖度由低至高排列為 (1) Beerenauslese → Spatlese → Auslese → Kabinett (2) Kabinet → Auslese → Spatlese → Beerenauslese (3) Kabinett → Spatlese → Auslese → Beerenauslese (4) Beerenauslese → Kabinett → Auslese → Spatlese

( ) 43. 以下有關 Bordeaux 及 Burgundy 的葡萄酒敘述何者錯誤？ (1) Chardonnay 為 Bordeaux 地區釀造上好白酒的品種 (2) Burgundy 地區紅酒多數以單一葡萄品種釀製 (3) Bordeaux 地區的紅酒以數種葡萄調配釀製 (4) 除了薄酒萊 (Beaujolais) 地區，所有 Burgundy 紅酒均須用 Pinot Noir 葡萄釀製

( ) 44. 以下法國葡萄酒標字彙何者錯誤？ (1) Sec 不甜 (2) Mis-en-bouteille-au-Domaine 在酒莊內完成裝瓶 (3) Cru 年份 (4) Negociant 葡萄酒之中盤商

( ) 45. 關於葡萄酒的飲用原則，下列敘述何者正確？甲、先喝紅酒、再喝白酒；乙、先喝年輕、再喝陳年；丙、先喝甜的、再喝不甜的；丁、先喝低酒精濃度、再喝高酒精濃度 (1) 甲、乙 (2) 甲、丙 (3) 乙、丁 (4) 丙、丁

( ) 46. Alsace 並沒有生產下列哪一種葡萄品種？ (1) Sauvignon Blanc (2) Silvaner (3) Gewurztraminer (4) Traminer

（　　）47. 西班牙的氣泡酒瓶上，標示 Bruto 是指每公升的糖份必須低於　(1) 6 公克　(2) 10 公克　(3) 15 公克　(4) 20 公克

（　　）48. 法國 Bourgogne 的 Chassagne-Montrachet 所生產的葡萄酒是　(1) 白葡萄酒　(2) 紅葡萄酒　(3) 淡粉紅葡萄酒　(4) 紅葡萄酒和白葡萄酒

（　　）49. 下列哪一個酒莊的標示錯誤？　(1) Château Dauzac　(2) Château La Tour-Carnet　(3) Château Palmer　(4) Château Musigny

（　　）50. 下列哪一種紅葡萄酒有混合白葡萄釀造？　(1) Château de Chevalier　(2) Château La Tour Figeac　(3) Châteauneuf-du-Pape　(4) Château Laroze

（　　）51. Opus One 是由美國的 Robert Mondavi 和法國的哪一個酒莊所合作生產？　(1) Château Mouton Rothschild　(2) Château Latour　(3) Château Lafite Rothschild　(4) Château Margaux

（　　）52. 以 95% Merlot 和 5% Cabernet Franc 混合調配的世界名酒是　(1) Château Petrus　(2) Clos de Tart　(3) Musigny　(4) La Romanee Saint-Vivant

（　　）53. Chablis 以生產哪一種葡萄品種為主？　(1) Silvaner　(2) Chardonnay　(3) Sauvignon Blanc　(4) Riesling

（　　）54. 下列哪一種葡萄品種，為法國香檳區三種法定葡萄品種之一？　(1) Pinot Gris　(2) Pinot Liebault　(3) Pinot Meunier　(4) Pinot Blanc

（　　）55. Château Ausone 生產於法國 Bordeaux 的　(1) Medoc　(2) Saint-Emilon　(3) Pomerol　(4) Graves

（　　）56. Chablis Grand Cru 共有幾個酒莊？　(1) 7 個　(2) 9 個　(3) 11 個　(4) 13 個

（　　）57. 哪一種葡萄樹種，在葡萄成熟期會吸引蜜蜂環繞在四周？　(1) Riesling　(2) Gewurztraminer　(3) Muscat　(4) Chardonnay

（　　）58. 西班牙的 Sherry 酒，在以 Soleras 儲存培養時，橡木桶的高度最多可達幾層？　(1) 10 層　(2) 12 層　(3) 14 層　(4) 16 層

（　　）59. 西班牙的 Sherry 酒中，以哪一種的甘油成份含量最多？　(1) Fino　(2) Fino-Amontillado　(3) Amontillado　(4) Oloroso

（　　）60. Oloroso 等級的 Sherry 酒，最少須於 Soleras 中培養多久，才能裝瓶上市？　(1) 3 年　(2) 5 年　(3) 7 年　(4) 9 年

複選題（每題 1.25 分，共 25 分）

（　　）1. 關於波特酒的敘述，下列何者正確？　(1) Ruby Port 比 Tawny Port 的酒齡為長　(2) White Port 是以白葡萄釀製而成，多為不甜的波特酒，可當飯前酒　(3) 較晚裝瓶的 LBV Port 是指在橡木桶陳年的時間較短　(4) Port 源自 Porto、Oporto 是出口港的名稱

（　　）2. 下列哪些雞尾酒是屬於 shot drinks？　(1) Pousse-cafe　(2) margarita　(3) B-52　(4) Porto Flip

(　　) 3. 關於德國葡萄酒，下列敘述何者是正確的？ (1) 主要品種為 Riesling (2) 酒標上若出現品種名稱，表示該酒至少使用該品種 75% 以上 (3) 等級分類是依據葡萄的糖度 (4) 葡萄酒瓶多屬球棒型，又稱之為削肩型酒瓶

(　　) 4. 關於雞尾酒的基酒，下列何者正確？ (1) Golden Rico-Vodka (2) Stinger -Brandy (3) Kamikaze-Light Rum (4) Blue Bird-Gin

(　　) 5. 下列何者為飲料單設計需要掌握之原則 (1) 印刷清晰、版面整齊 (2) 設計精美、凸顯特色 (3) 標價合理確實 (4) 詳細的敘述與說明

(　　) 6. 當餐廳吧檯只有一台義式咖啡機時，其飲料單無法販售下列何者產品 (1) Cappuccino (2) Dutch Coffee (3) Filter Coffee (4) Ice Coffee

(　　) 7. 下列何者屬於 White Wine 的品種 (1) Ugni Blanc (2) Zinfandel (3) Chardonnay (4) Syrah

(　　) 8. 下列何者是 Gin 的品牌 (1) Old Tom (2) Beefeater (3) Gordon's (4) Smirnoff

(　　) 9. 下列何者不屬於 Cognac (1) Samalens (2) Chabot (3) Remy Martin (4) Louis Royer

(　　) 10. 關於雞尾酒的酒精濃度含量計算，需考慮因素 (1) 成分酒精含量 (2) 酒杯容量大小 (3) 成分進價 (4) 冰塊使用量

(　　) 11. 酒單中出現 Irish Mist 字眼的內容，根據判斷應屬於下列哪一種？ (1) 混合飲料酒單 (2) 烈酒酒單 (3) 餐後酒單 (4) 啤酒酒單

(　　) 12. 在飲料單或酒單中，通常不會列出下列何種項目？ (1) 價格 (2) 成本 (3) 利潤 (4) 成分

(　　) 13. Wine List 的設計內容裡，可有下列何種飲料種類？ (1) 波特酒 (2) 雞尾酒 (3) 香檳酒 (4) 葡萄酒

(　　) 14. 下列何者是酒單設計內容裡常見的分類？ (1) Beer (2) Red Wine & White Wine (3) Sparking Wine (4) Mocktail

(　　) 15. 如果酒單內容純粹以名稱、產區、年份及葡萄品種去進行分類編排，請問此酒單應為？ (1) 葡萄酒單 (2) Wine List (3) 烈酒酒單 (4) Spirit List

(　　) 16. Wine List 單獨設計成一本或一張的優點有哪些？ (1) 使用目的限於點購葡萄酒，可配合西餐出菜順序來編排 (2) 可以編列更多的內容說明，如年份、產區、葡萄品種、香氣、口味等 (3) 基於採購因素必須撤掉一些款項時，可以單獨重新印製 (4) 可搭配開胃酒、飯後酒、再製酒等作為內容架構

(　　) 17. 酒單內容設計宜先掌握的資訊，下列敘述何者錯誤？ (1) 不需注意市場酒類相關的流行趨勢 (2) 依業者經營風格、特色及定價策略，選擇自家品牌酒 (House Wine) (3) 依業者經營定位與客源屬性，選擇指定品牌酒 (Brand Wine) (4) 儘量列出所有能掌握到的各式類酒資料

( ) 18. 關於酒單的設計，下列敘述何者錯誤？ (1) 若爲雞尾酒酒單，設計時宜以產區分類 (2) 一張或一本設計優美、具有特色的酒單，可提高客人購酒的消費力 (3) 特殊酒單如季節性酒單，宜設計成精裝本 (4) 經過規劃與設計的酒單，是促進酒類銷售的最佳工具

( ) 19. 一份設計優良的葡萄酒酒單應包含下列哪些必要元素？ (1) 應標示酒類包裝容器 (2) 顯示年份與 區、品種及便於瀏覽的版面設計 (3) 有與佳餚的搭配建議 (4) 分別提供高價酒與平價酒、名牌酒與自家品牌酒

( ) 20. 下列何者不是雞尾酒單常見的歸類方式？ (1) 以顏色、口味分類 (2) 以原產國分類 (3) 以價位排列 (4) 以調酒方式分類

單選題（每題 1.25 分，共 75 分）

(　) 1. 下列何者為酒單規劃的主要目的　(1) 滿足顧客、達成營運目標　(2) 謹守傳統調酒方式不需創新　(3) 依調酒員手藝與個人理念規劃　(4) 配合酒商規劃酒單

(　) 2. 酒單設計時，應優先考慮　(1) 堅守專業，謹守傳統　(2) 堅守調酒員手藝與個人理念　(3) 品味取向、高價為主　(4) 名符其實、物有所值

(　) 3. 下列哪一種酒不應歸類於開胃酒　(1) Cognac　(2) Rosso Vermouth　(3) Dubonnet　(4) Campari

(　) 4. 以下何者不是酒單中整瓶酒常見的歸類方式？　(1) 以區域排列　(2) 以價位排列　(3) 按字母從 A ～ Z 依序排列　(4) 以國家排列

(　) 5. 飲務經理在沒有特殊促銷條件下，整瓶 Gin 的訂價何者應為最高？　(1) Gilbey　(2) Beefeater　(3) Gordon　(4) Tanqueray

(　) 6. 酒瓶陳列也是酒單設計中的一環，Display 以何種方式成本最低？　(1) Liqueur 種類多　(2) Cognac 品牌多　(3) Premier Blended Scotch 多　(4) Single Malt Scotch 多

(　) 7. 以下酒單中，哪個品牌不是 Scotch Single Malt？　(1) Glenlivet　(2) Johnnie Walker Green Label　(3) Glenfiddich　(4) Glenmorangie

(　) 8. 以下酒單中，哪個品牌不是 Cognac？　(1) Hennessy　(2) Remy Martin　(3) Chabot　(4) Otard

(　) 9. 以下哪一瓶酒比較適合單杯賣 (Sale By Glass)？　(1) Macallan 18 Double Oak　(2) Hennessy Paradis　(3) Famous Grouse Pure Malt　(4) Louis XIII

(　) 10. 以下哪一瓶酒是 American Blended Whiskey？　(1) Seagrams 7 Crown　(2) Jack Daniel　(3) Jim Beam　(4) Old Grand Dad

(　) 11. 以下哪一瓶酒是不屬於飯後酒？　(1) Irish Mist　(2) Midori　(3) Baileys　(4) Chablis

(　) 12. 全球出口之 Champagne，目前占有率最高的品牌是　(1) Bell Epque　(2) Bollinger　(3) Moet & Chandon　(4) Lanson

(　) 13. Champagne 中含有糖份 1% 稱為　(1) Doux　(2) Brut　(3) Demi-Sec　(4) Sec

(　) 14. 以下何種葡萄酒不是 Dessert Wine？　(1) Malaga　(2) Don Fino　(3) Twany Port　(4) Eiswein

(　) 15. 俗稱 The Heart of Cocktail 的基酒是　(1) Gin　(2) Vodka　(3) Whisky　(4) Tequila

(　) 16. 主要的產地為 Jamaica、Cuba、Porto Rico 等西印度群島的烈酒是　(1) Tequila　(2) Pulque　(3) Rum　(4) Lime

（　）17. 下列哪一種 Tequila 在釀造時，可以加入檸檬、甘蔗等其他材料加以調味？　(1) Joven　(2) Reposado　(3) Añejo　(4) Blanco

（　）18. 以下何種烈酒屬於一種飯後長飲型，適合純飲且細細品味的酒？　(1) Vodka　(2) Tequila　(3) Cognac　(4) Gin

（　）19. Pernod 或 Ricard 一般適合於何時飲用？　(1) 餐前　(2) 餐中　(3) 餐後　(4) 搭配甜點

（　）20. 法國香檳最常見的糖度為每公升含糖量少於 15 公克，原文標示　(1) Sec　(2) Semi-Sec　(3) Brut　(4) Doux

（　）21. 下列何種葡萄品種非用於釀製香檳？　(1) Pinot Noir　(2) Chardonnay　(3) Pinot Meunier　(4) Riesling

（　）22. 下列何種紅葡萄酒是屬於 Full-Body？　(1) Cabernet Sauvignon　(2) Chardonnay　(3) Riesling　(4) Cabernet Blanc

（　）23. 以下有關葡萄酒產區敘述何者正確？　(1) 法國 Sauternes 地區以甜紅酒著稱，乃因其氣候適合貴腐霉生長　(2) Napa Valley 為智利著名葡萄酒產區　(3) 法國的 Chablis 主要是以生產不甜白酒為主　(4) Alsace 是德國白酒的著名產區

（　）24. 德國葡萄酒分級中，依品質、價格、糖度由低至高排列為　(1) Beerenauslese → Spatlese → Auslese → Kabinett　(2) Kabinet → Auslese → Spatlese → Beerenauslese　(3) Kabinett → Spatlese → Auslese → Beerenauslese　(4) Beerenauslese → Kabinett → Auslese → Spatlese

（　）25. 以下葡萄酒名或產區之配對何者錯誤？　(1) Chianti →義大利　(2) Rioja →西班牙　(3) Tokaji →匈牙利　(4) Sherry →葡萄牙

（　）26. 葡萄酒標示中，Château 之意為　(1) 市中心　(2) 裝瓶　(3) 葡萄品種　(4) 城堡／酒莊

（　）27. "Still Wine" 是指　(1) 氣泡葡萄酒　(2) 強化的葡萄酒　(3) 不起泡的葡萄酒　(4) 起泡之香檳酒

（　）28. 關於葡萄酒的飲用原則，下列敘述何者正確？甲、先喝紅酒、再喝白酒；乙、先喝年輕、再喝陳年；丙、先喝甜的、再喝不甜的；丁、先喝低酒精濃度、再喝高酒精濃度　(1) 甲、乙　(2) 甲、丙　(3) 乙、丁　(4) 丙、丁

（　）29. 美國的葡萄酒規定商標上標示的葡萄品種使用比率最少要含　(1) 65%　(2) 75%　(3) 85%　(4) 95%

（　）30. 法國 Bourgogne 的 Chassagne-Montrachet 所生產的葡萄酒是　(1) 白葡萄酒　(2) 紅葡萄酒　(3) 淡粉紅葡萄酒　(4) 紅葡萄酒和白葡萄酒

（　）31. Dominus 是由美國的 Napanook 和法國的哪一個酒莊所合作生產？　(1) Château Petrus　(2) Château Lafleur　(3) Château Trotanoy　(4) Château Latour

（　）32. 以 95% Merlot 和 5% Cabernet Franc 混合調配的世界名酒是　(1) Château Petrus　(2) Clos de Tart　(3) Musigny　(4) La Romanee Saint-Vivant

( ) 33. 法國 Bordeaux 的法定紅葡萄並無下列哪一種？ (1) Malbec (2) Petit Verdot (3) Cabernet Franc (4) Grenache

( ) 34. Château Ausone 生產於法國 Bordeaux 的 (1) Medoc (2) Saint-Emilon (3) Pomerol (4) Graves

( ) 35. Chablis Grand Cru 共有幾個酒莊？ (1) 7 個 (2) 9 個 (3) 11 個 (4) 13 個

( ) 36. 哪一種葡萄樹種，在葡萄成熟期會吸引蜜蜂環繞在四周？ (1) Riesling (2) Gewurztraminer (3) Muscat (4) Chardonnay

( ) 37. 西班牙的 Sherry 酒，在以 Soleras 儲存培養時，橡木桶的高度最多可達幾層？ (1) 10 層 (2) 12 層 (3) 14 層 (4) 16 層

( ) 38. Fine 這個字，若標示在義大利 Marsala 的商標上是指 (1) 好的 (2) 白蘭地 (3) 在橡木桶中熟成一年以上 (4) 在橡木桶中熟成三年以上

( ) 39. 義大利 ASTI 是以哪一種葡萄品種釀造？ (1) Ugni-Blanc (2) Moscato (3) Chenin Blanc (4) Pinot Blanc

( ) 40. 對於法國 A.O.P. 級，下列敘述何者錯誤？ (1) 很便宜的葡萄酒 (2) 法國最高等級 (3) Bourgogne 都是這種等級 (4) A.O.P. 級又可再分等級

( ) 41. 法國哪一個產區的葡萄酒，瓶身最細長？ (1) Bordeaux (2) Alsace (3) Chablis (4) Savoie

( ) 42. 以下何者是調酒員執行 Opening Side Work 的內容？ (1) 檢視 Log Book (2) 確認 Daily Function Order (3) 組裝 Draft Beer Dispenser (4) 準備 Mixture

( ) 43. 吧檯坐了三個顧客，其中一個人點啤酒，另一個人點 Scotch on the Rocks，另一位點 Cognac，最適宜的 Up Selling 方式是 (1) One More Drink, Sir？ (2) Another Round ,Sir？ (3) Macallan ,Sir？ (4) X.O Sir？

( ) 44. 對待疑似酒醉的外籍顧客，宜說 (1) You are drunk! (2) Excuse me ,would you like to have a lemonade or a cup of Tea. (3) You have drink too much. (4) I will call the security.

( ) 45. 顧客結帳離開吧檯時，調酒員道謝後應立即 (1) 收拾吧檯杯皿 (2) 檢查是否有留下小費 (3) 擦拭桌面 (4) 有空再收拾

( ) 46. 外國顧客點生啤酒時，應詢問大杯與小杯，試問如何問會較得體？ (1) Large or Small (2) Thousand cc or Five Hundred cc (3) Pint or Half Pint (4) Liter or Half Liter

( ) 47. 以下哪項工作不是飲務經理的主要工作？ (1) 制定標準酒譜 (2) 填寫工作交接本 Log Book (3) 飲料調製 (4) 管理調酒員與外場服務人員

( ) 48. 用於酸味雞尾酒之酸酒杯之英文為 (1) Soda Glass (2) Sour Glass (3) Sherry Glass (4) Sowa Glass

（　　　）49. 下列適合搭配德國著名料理 Choucroute garni（酸白菜燉醃肉）的葡萄酒爲　(1) Cabernet Sauvignon　(2) Pinot Blanc　(3) Pinot Noir　(4) Sauternes

（　　　）50. 法國薄酒萊新酒 (Beaujolais Nouveau) 於每年 11 月的第幾個星期四全球同步銷售？　(1) 第 1 週　(2) 第 2 週　(3) 第 3 週　(4) 第 4 週

（　　　）51. 下列何字與 Wine Steward 一樣，均爲葡萄酒侍酒師之意？　(1) Captain　(2) Bartender　(3) Decanter　(4) Sommelier

（　　　）52. 人的舌頭味覺分佈是　(1) 舌尖甜兩邊酸、澀，舌根苦　(2) 舌尖甜兩邊苦舌根酸　(3) 舌尖苦兩邊甜舌根酸　(4) 舌尖酸兩邊甜舌根苦

（　　　）53. 下列有關成本的計算方式何者爲正確？　(1) 成本 × 售價＝成本率　(2) 售價 / 成本＝成本率　(3) 售價 × 成本率＝成本　(4) 成本 / 售價＝進貨成本

（　　　）54. 下列有關盤存的程序何者爲正確？　(1) 今日進貨＋前日存貨－今日銷售＝今日盤存　(2) 今日進貨－今日存貨＝今日盤存　(3) 今日銷售＋前日存貨＝今日盤存　(4) 今日進貨＋前日存貨＋今日銷售＝今日盤存

（　　　）55. 吧檯作業準備研磨刀子時，要求刀尖要鋒利的是　(1) 30cm 的大刀　(2) 21cm 的中刀　(3) 12cm 的小刀　(4) 刮皮刀

（　　　）56. 正式宴席前，賓客使用酒會之時間較其他型式酒會時間短，通常在宴席前多久時間舉行較爲恰當？　(1)10 分鐘　(2)20 分鐘　(3) 半小時至一小時　(4)2 小時

（　　　）57. 下列何者不是盤存的主要目的？　(1) 簡化採購程序　(2) 確實掌握現有之庫存量　(3) 了解酒類飲料的流動率　(4) 了解銷售量不高的酒類以便處理

（　　　）58. 驗收的基本原則下列敘述何者錯誤？　(1) 訂定標準化規格　(2) 招標單及合約條款應確切訂明　(3) 設置健全的驗收組織，以專責成　(4) 採購與驗收工作必須合爲一，以減少人力的浪費

（　　　）59. 在同一年份及相同儲存環境中，下列哪一瓶酒的儲存期限較長？　(1) Beaujolais Nouveau　(2) Beaujolais Villages　(3) Beaujolais Villages Nouveau　(4) Beaujolais Primeur

（　　　）60. 下列哪一種的酒類並無生產陳年酒款？　(1) Cognac　(2) Scotch Whisky　(3) Rum　(4) Gin

複選題（每題 1.25 分，共 25 分）

（　　　）1. 下列何者屬於飲料單　(1) Full Wine Menu　(2) Bar Menu　(3) Function Menu　(4) Restaurant Menu

（　　　）2. 關於 Wine List 分類，下列何者不適合歸類在 Aperitif Wine　(1) Dry Sherry　(2) Rosé Wine　(3) Campari　(4) Ruby Port

（　　　）3. 關於 Champagne 的敘述，下列何者錯誤　(1) 標籤印製 Doux 表示是 Sweet　(2) 屬於 Sparkling Wine　(3) 適合飲用溫度 12 ～ 15℃　(4) 只採用紅葡萄爲製作原料

(　) 4. 下列何者不是 Vodka 的品牌 　(1) Stolichnaya 　(2) Absolut 　(3) Bacardi 　(4) Lamb's

(　) 5. 下列何者不屬於 Cognac 　(1) Samalens 　(2) Chabot 　(3) Remy Martin 　(4) Louis Royer

(　) 6. 當客人點了一杯 1.5 盎司的 Bourbon Whiskey，每瓶容量爲 700cc、售價爲 550 元，下列何者正確 　(1) 每杯成本價爲 45.83 元 　(2) 每杯成本價爲 35.36 元 　(3) 每瓶可販售 15 杯 　(4) 每瓶可販售 12 杯

(　) 7. 酒單中出現 Irish Mist 字眼的內容，根據判斷應屬於下列哪一種？ 　(1) 混合飲料酒單 　(2) 烈酒酒單 　(3) 餐後酒單 　(4) 啤酒酒單

(　) 8. 下列何者是設計飲料單時應考量的因素？ 　(1) 顧客的需求 　(2) 製作成本 　(3) 分類與排列 　(4) 業者的喜好

(　) 9. 如果酒單內容純粹以名稱、產區、年份及葡萄品種去進行分類編排，請問此酒單應爲？ 　(1) 葡萄酒單 　(2) Wine List 　(3) 烈酒酒單 　(4) Spirit List

(　) 10. 針對雞尾酒酒單的設計內容，下列敘述何者正確？ 　(1) 一般英譯爲 Cocktail List 　(2) 內容架構可以基酒及酒精濃度來歸類 　(3) 內容架構可以產地、年份與品種來歸類 　(4) Screwdriver、Chi-Chi、Salty Dog 及 Bloody Mary 應編排在以伏特加爲基酒的歸類

(　) 11. 酒單內容設計宜先掌握的資訊，下列敘述何者錯誤？ 　(1) 不需注意市場酒類相關的流行趨勢 　(2) 依業者經營風格、特色及定價策略，選擇自家品牌酒 (House Wine) 　(3) 依業者經營定位與客源屬性，選擇指定品牌酒 (Brand Wine) 　(4) 儘量列出所有能掌握到的各式類酒資料

(　) 12. 酒單製作內容應包含下列哪些？ 　(1) 英文代號 　(2) 酒的名稱 　(3) 價格與計價方式 　(4) 簡介與描述

(　) 13. 下列何者應歸類在葡萄酒酒單的內容裡？ 　(1) 啤酒 　(2) 香檳酒 　(3) 葡萄酒 　(4) 波特酒

(　) 14. 以下何者爲營造 Pub 氣氛的要素 　(1) 燈光 　(2) 音樂 　(3) 裝潢 　(4) 酒單

(　) 15. 下列何者與酒吧營業額 Revenue 高低有關 　(1) 營業時間 Time of Business 　(2) 來客數 Covers 　(3) 客單價高低 Average Check 　(4) 座位大小 Seat Size

(　) 16. Average Check 是指 　(1) 營收 Revenue - 接待客數 Covers 　(2) 營收 Revenue / 接待客數 Covers 　(3) 營收 Revenue+ 接待客數 Covers 　(4) 月營收 month Revenue / 月來客數 Month Customers

(　) 17. 關於酒吧經營，下列敘述何者錯誤 　(1) 凡列入酒單的項目必須保證供應 　(2) 以顧客滿意爲導向，不須太在意成本 　(3) 銷售明細不列單 　(4) 雞尾酒四季通用不必調整

(　) 18. 下列何者不是調酒員的主要工作 　(1) 計算本班酒水 　(2) 關燈檢查清潔工具 　(3) 對 Pub 的存貨進行盤點 　(4) 控制音響與冷氣調節

(　) 19. 關於酒的主要原料，下列何者正確？ 　(1) Tequila 與 Gin 相同 　(2) Gin 與 Scotch 相同 　(3) Cognac 與 Wine 相同 　(4) Scotch 與 Tequila 相同

（　　　）20. 酒吧每月盤點時，以下滯銷酒類 Dead Stock，哪兩瓶所積壓的成本較高？　(1) Remy Martin VSOP　(2) Johnnie Walker Blue Label　(3) Macallan 12 Years fine Oak　(4) Dom Pérignon 1999

班級：＿＿＿＿＿ 學號：＿＿＿＿
姓名：＿＿＿＿＿＿＿＿＿＿

單選題（每題 1.25 分，共 75 分）

( ) 1. 美式酒吧度量衡中 One Jigger 指的是 (1) 3 cl (2) 3.5 cl (3) 4.5 cl (4) 5 cl

( ) 2. 每杯 Vodka 單價 $160，二位顧客各點一杯 Triple Vodka Martini，結帳時不含服務費合計應付 (1) 960 元 (2) 860 元 (3) 640 元 (4) 320 元

( ) 3. 標準 Boston Shaker 其內杯容量多為？ (1) 50 ml (2) 50 cl (3) 30 ml (4) 30cl

( ) 4. Fizz 類的雞尾酒，最後須加入的 Carbonated Water 為 (1) Lemonade (2) Root Beer (3) Club Soda (4) Ginger Ale

( ) 5. 酒吧中的裝飾物，何者宜使用原來瓶內的汁液浸漬在 Garnish Box 中，以保持其色澤亮麗？ (1) Maraschino Cherry (2) Lime Wedge (3) Lime Twist (4) Lime Peel

( ) 6. Hot Cocktail 會用到的酒杯是 (1) Shot Glass (2) Toddy Glass (3) Hurricane (4) Beer Mug

( ) 7. Last Call 之後，應先要做 (1) 整理帳單準備結帳 (2) 提醒顧客打烊時間 (3) 關冷氣、關音樂、亮燈 (4) 收拾桌面

( ) 8. 龍舌蘭酒在橡木桶中存放一年以上，稱為陳年龍舌蘭，原文標示為 (1) Blanco (2) Añejo (3) Reposado (4) Joven

( ) 9. 以蜂蜜、柳橙皮、香草等原料和愛爾蘭威士忌混合而成的蜂蜜香甜酒，為下列何者？ (1) Drambuie (2) Grand Marnier (3) Southern Comfort (4) Irish Mist

( ) 10. 關於酒精飲料的敘述，下列何者錯誤？ (1) 啤酒中所加入的啤酒花，具有凝結蛋白質以及增加香氣等功能 (2) 琴酒中的杜松子具有利尿、解熱等功能 (3) 蘇格蘭威士忌用的麥芽常以泥煤 (Peat) 烘乾，故酒中帶有煙燻泥煤味 (4) 俄羅斯所生產的 Grappa 是以葡萄渣為原料

( ) 11. Cocktail Lounge 今天的酒水營業額收入 60,000 元，服務費收入 6,000 元，雜項收入 4,000 元，政府加值營業稅 5%，假設酒水成本為 10,286 元，請問 Cocktail Lounge 真正的酒水成本率為多少？ (1) 14.69% (2) 15.58% (3) 17.14 % (4) 18%

( ) 12. Scotch Whisky 的發酵時間若太長，除有滋生細菌的隱憂，並會產生哪種酸，影響到最後的風味？ (1) 乳酸 (2) 檸檬酸 (3) 蘋果酸 (4) 酒石酸

( ) 13. Cognac 必須在何時蒸餾完畢？ (1) 第二年的 1 月底 (2) 第二年的 2 月底 (3) 第二年的 3 月底 (4) 第二年的 4 月底

( ) 14. Bunnahabhain 以生產 Single Malt 聞名，請問其產地位於 (1) Highland (2) Lowland (3) Speyside (4) Islay

( ) 15. 實體酒單設計時，依菸害防制法，頁尾須加註 (1) 10% 服務費 (2) 公司理念 (3) 應明顯標示「飲酒過量，有害健康」或其他警語 (4) 公司地址

( ) 16. 酒精度由強到弱歸類酒單，以下排序何者正確？甲：Wild Turkey Manhattan 乙：Kamikaze Straight Up 丙：Frozen Daiquiri 丁：Mimosa (1) 丁＞甲＞丙＞乙 (2) 甲＞乙＞丙＞丁 (3) 乙＞甲＞丙＞丁 (4) 丁＞乙＞丙＞甲

( ) 17. 以下何者不是酒單中整瓶酒常見的歸類方式？ (1) 以區域排列 (2) 以價位排列 (3) 按字母從 A ～ Z 依序排列 (4) 以國家排列

( ) 18. 以下何者不是雞尾酒單歸類常見的方式？ (1) 以杯形分類 (2) 以價位排列 (3) 以原產國分類 (4) 以調酒方式排列

( ) 19. 酒單中，以下何者不應歸類爲 Shooter？ (1) Long Island Iced Tea (2) Angels Kiss (3) Tequila on (4) B-52

( ) 20. 飲務經理在沒有特殊促銷條件下，整瓶 Vodka 的訂價何者應爲最高？ (1) Skyy (2) Absolut (3) Smirnoff (4) Belvedere

( ) 21. 飲務經理在沒有特殊促銷條件下，整瓶龍舌蘭酒的訂價何者最高？ (1) Jose Cuervo (2) Don Julio (3) Sauza (4) Mezcal Del Maguey with Worm

( ) 22. 酒單中 Whisky 應以哪個產地占多數，以迎合市場需求？ (1) Scotch (2) Bourbon (3) Canadian (4) Japanese

( ) 23. 以下酒單中，哪個品牌不是 Scotch？ (1) I.W.Harper (2) Famous Grouse (3) Black & White (4) 1801

( ) 24. 以下酒單中，哪個品牌不是 Scotch Single Malt？ (1) Glenlivet (2) Johnnie Walker Green Label (3) Glenfiddich (4) Glenmorangie

( ) 25. 以下酒單中，哪個品牌不是 Scotch Single Malt？ (1) Famous Grouse (2) Bowmore (3) Balvenie (4) Macallan

( ) 26. 以下酒單中，以 Scotch 產區來區分由北（高緯度）到南（低緯度）排列何者正確？甲：Islay 乙：Glasgow 丙：Speyside 丁：North Highland (1) 甲丁乙丙 (2) 丁丙乙甲 (3) 丙甲丁乙 (4) 乙丁甲丙

( ) 27. 以下哪一瓶酒是 American Blended Whiskey？ (1) Seagrams 7 Crown (2) Jack Daniel (3) Jim Beam (4) Old Grand Dad

( ) 28. Champagne 中含有糖份 1% 稱爲 (1) Doux (2) Brut (3) Demi-Sec (4) Sec

( ) 29. 以下何種葡萄酒不是 Dessert Wine？ (1) Malaga (2) Don Fino (3) Twany Port (4) Eiswein

( ) 30. 俗稱 The Heart of Cocktail 的基酒是 (1) Gin (2) Vodka (3) Whisky (4) Tequila

( ) 31. Sloe Gin 於酒單中應歸類爲 (1) Dutch Gin (2) London Dry Gin (3) Plymouth Gin (4) Liqueur

(　　) 32. 法國香檳最常見的糖度為每公升含糖量少於 15 公克，原文標示　(1) Sec　(2) Semi-Sec　(3) Brut　(4) Doux

(　　) 33. 下列何種紅葡萄酒是屬於 Full-Body？　(1) Cabernet Sauvignon　(2) Chardonnay　(3) Riesling　(4) Cabernet Blanc

(　　) 34. 以下有關 Bordeaux 及 Burgundy 的葡萄酒敘述何者錯誤？　(1) Chardonnay 為 Bordeaux 地區釀造上好白酒的品種　(2) Burgundy 地區紅酒多數以單一葡萄品種釀製　(3) Bordeaux 地區的紅酒以數種葡萄調配釀製　(4) 除了薄酒萊 (Beaujolais) 地區，所有 Burgundy 紅酒均須用 Pinot Noir 葡萄釀製

(　　) 35. 以下葡萄酒名或產區之配對何者錯誤？　(1) Chianti →義大利　(2) Rioja →西班牙　(3) Tokaji →匈牙利　(4) Sherry →葡萄牙

(　　) 36. 下列哪一種酒精飲料，飲用的適宜溫度最低？　(1) 甜的雪莉酒 (Sweet Sherry)　(2) 波爾多紅酒 (Bordeaux Red Wine)　(3) 氣泡葡萄酒 (Sparkling Wine)　(4) 夏伯力白酒 (Chablis)

(　　) 37. Tafelwein 是指哪一個國家的佐餐酒？　(1) 葡萄牙　(2) 西班牙　(3) 義大利　(4) 德國

(　　) 38. 法國 Bourgogne 的 Chassagne-Montrachet 所生產的葡萄酒是　(1) 白葡萄酒　(2) 紅葡萄酒　(3) 淡粉紅葡萄酒　(4) 紅葡萄酒和白葡萄酒

(　　) 39. 下列哪一種紅葡萄酒有混合白葡萄釀造？　(1) Château de Chevalier　(2) Château La Tour Figeac　(3) Châteauneuf-du-Pape　(4) Château Laroze

(　　) 40. Opus One 是由美國的 Robert Mondavi 和法國的哪一個酒莊所合作生產？　(1) Château Mouton Rothschild　(2) Château Latour　(3) Château Lafite Rothschild　(4) Château Margaux

(　　) 41. 以 95% Merlot 和 5% Cabernet Franc 混合調配的世界名酒是　(1) Château Petrus　(2) Clos de Tart　(3) Musigny　(4) La Romanee Saint-Vivant

(　　) 42. 法國 Bordeaux 的法定紅葡萄並無下列哪一種？　(1) Malbec　(2) Petit Verdot　(3) Cabernet Franc　(4) Grenache

(　　) 43. 西班牙的 Sherry 酒，在以 Soleras 儲存培養時，橡木桶的高度最多可達幾層？　(1) 10 層　(2) 12 層　(3) 14 層　(4) 16 層

(　　) 44. Oloroso 等級的 Sherry 酒，最少須於 Soleras 中培養多久，才能裝瓶上市？　(1) 3 年　(2) 5 年　(3) 7 年　(4) 9 年

(　　) 45. 對於法國 A.O.P. 級，下列敘述何者錯誤？　(1) 很便宜的葡萄酒　(2) 法國最高等級　(3) Bourgogne 都是這種等級　(4) A.O.P. 級又可再分等級

(　　) 46. 吧檯 Setup 時，Well Brand 通常都放在　(1) Sink　(2) Freezer　(3) Speed Rail　(4) Display Cabinet 裡

(　　) 47. 服務啤酒時，所使用的杯皿下列何者不適合？　(1) Pilsner Glass　(2) Beer Mug　(3) Snifter　(4) HighBall

( ) 48. 碰觸客用食物或杯口裝飾，應使用 (1) Tongs (2) Scoop (3) Fork (4) Bare Hand

( ) 49. 用於酸味雞尾酒之酸酒杯之英文為 (1) Soda Glass (2) Sour Glass (3) Sherry Glass (4) Sowa Glass

( ) 50. 下列何者不適合為搭配餐後甜點的酒類？ (1) Ice Wine (2) Sauternes (3) Port (4) Beaujolais

( ) 51. 下列較適合搭配法國名料理 Coq au Vin（紅酒燉雞）的葡萄酒為 (1) Alsace Wine (2) Beaujolais (3) Chambertin (4) Chablis

( ) 52. 餐廳的酒侍常用的隨身開瓶器為 (1) Ah-So (2) Bar Knife (3) Screw Driver (4) Cork Screw

( ) 53. 酒吧所使用的酒精性飲料成本是屬於 (1) 半變動成本 (2) 變動成本 (3) 固定成本 (4) 不可控成本

( ) 54. 下列飲料調製之度量標準，由多到少的排列順序，何者正確？甲、1 Teaspoon；乙、1 Dash；丙、1 Ounce (1) 甲、乙、丙 (2) 乙、丙、甲 (3) 丙、乙、甲 (4) 丙、甲、乙

( ) 55. 酒吧設在飯店的客房內，現場並不需要人員服務，此種酒吧稱為 (1) Mini-Bar (2) Cocktail Lounge (3) Mobile Bar (4) Night Club

( ) 56. 人的舌頭味覺分佈是 (1) 舌尖甜兩邊酸、澀，舌根苦 (2) 舌尖甜兩邊苦舌根酸 (3) 舌尖苦兩邊甜舌根酸 (4) 舌尖酸兩邊甜舌根苦

( ) 57. 下列有關成本的計算方式何者為正確？ (1) 成本 × 售價＝成本率 (2) 售價 / 成本＝成本率 (3) 售價 × 成本率＝成本 (4) 成本 / 售價＝進貨成本

( ) 58. 下列哪一種的酒類並無生產陳年酒款？ (1) Cognac (2) Scotch Whisky (3) Rum (4) Gin

( ) 59. 餐廳的門口若寫上 B.Y.O 三個英文字是表示 (1) 禁止攜帶外食 (2) 禁止在本餐廳喝酒 (3) 本餐廳不賣酒，歡迎自己帶酒 (4) 歡迎攜帶外食

( ) 60. 以下對於蘭姆酒的敘述，何者錯誤？ (1) 蘭姆酒種類：Light/Dark/Golden (2) 蘭姆酒早期是蔗糖的副產品「糖渣」發酵並蒸餾製成的酒 (3) 菲律賓是傳統蘭姆酒產區 (4) 常使用於製作點心

複選題（每題 1.25 分，共 25 分）

( ) 1. 下列哪些雞尾酒是以搖盪法 (shake) 調製？ (1) Side Car (2) Tropic (3) Gin Fizz (4) Gibson

( ) 2. 下列何種酒是產於義大利？ (1) Asti Spumante (2) Chianti (3) Grappa (4) Aquavit

( ) 3. 下列何者不屬於 Long Drinks (1) Planter's Punch (2) Singapore Sling (3) Gibson (4) Pink Lady

( ) 4. 下列何者不屬於 Short Drinks (1) Screw Driver (2) Long Island Iced Tea (3) Fin French (4) Perfect Martini

(　　) 5. 下列何者屬於 Long Drinks　(1) White Sangria　(2) Apple Mojito　(3) Bellini　(4)Whiskey Sour

(　　) 6. 下列何者是 Gin 的品牌　(1) Old Tom　(2) Beefeater　(3) Gordon's　(4) Smirnoff

(　　) 7. 關於酒單的設計與製作，下列述敘何者正確？　(1) 酒單的內容主要由名稱、數量、價格及描述所組成　(2) 酒單可謂酒類飲品的菜單　(3) 酒單裡所提供的項目，分量應有明確說明　(4) 酒單內容應就飲品特色明確描述

(　　) 8. 下列何者是雞尾酒酒單內容，在進行歸類時常見的方式？　(1) 以價位排列　(2) 以調製方式排列　(3) 以杯形分類　(4) 以產區分類

(　　) 9. 下列英文名詞，何者屬於酒單的一種？　(1) Cocktail list　(2) Mocktail list　(3) Wine list　(4) Mixed drink list

(　　) 10. Wine List 單獨設計成一本或一張的優點有哪些？　(1) 使用目的限於點購葡萄酒，可配合西餐出菜順序來編排　(2) 可以編列更多的內容說明，如年份、產區、葡萄品種、香氣、口味等　(3) 基於採購因素必須撤掉一些款項時，可以單獨重新印製　(4) 可搭配開胃酒、飯後酒、再製酒等作為內容架構

(　　) 11. 關於酒單，下列敘述何者錯誤？　(1) 依經營型態區分有酒吧酒單與餐廳酒單　(2) 依供應目的區分有客房酒單、宴會酒單、葡萄酒酒單、促銷酒單等　(3) 英文可直接譯為「Wine List」　(4) 酒吧內所供應的酒單概以雞尾酒為主要項目

(　　) 12. 一份酒單內提供了 House Wine、Champagne & Sparkling、White Wine/Blanc、Red Wine/Rouge、Dessert Wine、Digestif 等歸類的架構，依判斷應屬於何種酒單？　(1) 餐廳酒單　(2) 綜合性酒單　(3) 特殊酒單　(4) 主題產區酒單

(　　) 13. 關於酒單設計的原則，下列敘述何者正確？　(1) 內頁印刷清晰、文字易讀、編排美觀　(2) 封面的呈現與設計，代表業者的風格與等級　(3) 不需標示價格，避免讓買單的客人產生不禮貌　(4) 掌握印刷色彩的運用與品質，體現業者的形象

(　　) 14. 關於酒單的設計，下列敘述何者錯誤？　(1) 若為雞尾酒酒單，設計時宜以產區分類　(2) 一張或一本設計優美、具有特色的酒單，可提高客人購酒的消費力　(3) 特殊酒單如季節性酒單，宜設計成精裝本　(4) 經過規劃與設計的酒單，是促進酒類銷售的最佳工具

(　　) 15. 下列何者應歸類在葡萄酒酒單的內容裡？　(1) 啤酒　(2) 香檳酒　(3) 葡萄酒　(4) 波特酒

(　　) 16. 以 8 oz HighBall 杯調製的雞尾酒扣除冰塊容積，下列哪二者酒精度較高？冰塊以杯皿總容量 50% 計算，1 shot =45 cc　(1) Double Scotch Whisky 40%ABV 蘇格蘭威士忌加水至八分滿 without ice　(2) Single Scotch Whisky 43.7%ABV 蘇格蘭威士忌加水至八分滿 with ice　(3) Single Tanqueray 47.3%ABV 加 Tonic Water 至八分滿 with ice　(4) Single Absolute Screw Driver with ice

(　　) 17. 下列何者屬於 Spirit？　(1) 韓國燒酒 Soju　(2) 日本清酒 Sake　(3) 生命之水 Spirytus Rektyfikowany Vodka　(4) 金門高粱 Sorghum Wine

（　　　） 18. 酒吧制定的成本率為 20%，一杯 Tequila Sunrise 雞尾酒成本為 25 元，以下哪些售價低於成本率　(1) 120 元　(2) 122 元　(3) 124 元　(4) 126 元

（　　　） 19. 一瓶 12 年的威士忌成本為 850 元，若酒吧制定的毛利率為 65%，則下列何者售價高於此毛利率？　(1) 2300 元　(2) 2400 元　(3) 2500 元　(4) 2600 元

（　　　） 20. 酒吧每月盤點時，以下滯銷酒類 Dead Stock，哪兩瓶所積壓的成本較高？　(1) Remy Martin VSOP　(2) Johnnie Walker Blue Label　(3) Macallan 12 Years fine Oak　(4) Dom Pérignon 1999

班級：＿＿＿＿＿＿　學號：＿＿＿＿＿

姓名：＿＿＿＿＿＿＿＿＿＿＿＿＿

單選題（每題 1.25 分，共 75 分）

(　) 1. 若勞工工作性質需與陌生人接觸、工作中需處理不可預期的突發事件或工作場所治安狀況較差，較容易遭遇下列何種危害？ (1) 組織內部不法侵害 (2) 組織外部不法侵害 (3) 多發性神經病變 ④潛涵症。

(　) 2. 下列何者不是發生電氣火災的主要原因？ (1) 電器接點短路 (2) 電氣火花 (3) 電纜線置於地上 ④漏電。

(　) 3. 依勞工職業災害保險及保護法規定，職業災害保險之保險效力，自何時開始起算，至離職當日停止？ (1) 通知當日 (2) 到職當日 (3) 雇主訂定當日 ④勞雇雙方合意之日。

(　) 4. 依勞工職業災害保險及保護法規定，勞工職業災害保險以下列何者為保險人，辦理保險業務？ (1) 財團法人職業災害預防及重建中心 (2) 勞動部職業安全衛生署 (3) 勞動部勞動基金運用局 (4) 勞動部勞工保險局。

(　) 5. 有關「童工」之敘述，下列何者正確？ (1) 每日工作時間不得超過 8 小時 (2) 不得於午後 8 時至翌晨 8 時之時間內工作 (3) 例假日得在監視下工作 (4) 工資不得低於基本工資之 70%。

(　) 6. 酒單設計時，應優先考慮 (1) 堅守專業，謹守傳統 (2) 堅守調酒員手藝與個人理念 (3) 品味取向、高價為主 (4) 名符其實、物有所值。

(　) 7. 實體酒單設計時，依菸害防制法，頁尾須加註 (1) 10% 服務費 (2) 公司理念 (3) 應明顯標示「飲酒過量，有害健康」或其他警語 (4) 公司地址。

(　) 8. 下列哪一種酒不應歸類於開胃酒 (1) Cognac (2) Rosso Vermouth (3) Dubonnet (4) Campari。

(　) 9. 下列工作場所何者非屬勞動檢查法所定之危險性工作場所？ (1) 農藥製造 (2) 金屬表面處理 (3) 火藥類製造 (4) 從事石油裂解之石化工業之工作場所。

(　) 10. 有關電氣安全，下列敘述何者錯誤？ (1)110 伏特之電壓不致造成人員死亡 (2) 電氣室應禁止非工作人員進入 (3) 不可以濕手操作電氣開關，且切斷開關應迅速 (4)220 伏特為低壓電。

(　) 11. 依職業安全衛生設施規則規定，下列何者非屬於車輛系營建機械？ (1) 平土機 (2) 堆高機 (3) 推土機 (4) 鏟土機。

(　) 12. 下列何者非為事業單位勞動場所發生職業災害者，雇主應於 8 小時內通報勞動檢查機構？ (1) 發生死亡災害 (2) 勞工受傷無須住院治療 (3) 發生災害之罹災人數在 3 人以上 (4) 發生災害之罹災人數在 1 人以上，且需住院治療。

( ) 13. 依職業安全衛生管理辦法規定，下列何者非屬「自動檢查」之內容？ (1) 機械之定期檢查 (2) 機械、設備之重點檢查 (3) 機械、設備之作業檢點 (4) 勞工健康檢查。

( ) 14. 下列何者係針對於機械操作點的捲夾危害特性可以採用之防護裝置？ (1) 設置護圍、護罩 (2) 穿戴棉紗手套 (3) 穿戴防護衣 (4) 強化教育訓練。

( ) 15. 下列何者非屬從事起重吊掛作業導致物體飛落災害之可能原因？ (1) 吊鉤未設防滑舌片致吊掛鋼索鬆脫 (2) 鋼索斷裂 (3) 超過額定荷重作業 (4) 過捲揚警報裝置過度靈敏。

( ) 16. 請問下列何者「不是」個人資料保護法所定義的個人資料？ (1) 身分證號碼 (2) 最高學歷 (3) 職稱 (4) 護照號碼。

( ) 17. 有關專利權的敘述，何者正確？ (1) 專利有規定保護年限，當某商品、技術的專利保護年限屆滿，任何人皆可免費運用該項專利 (2) 我發明了某項商品，卻被他人率先申請專利權，我仍可主張擁有這項商品的專利權 (3) 製造方法可以申請新型專利權 (4) 在本國申請專利之商品進軍國外，不需向他國申請專利權。

( ) 18. 下列何者行為會有侵害著作權的問題？ (1) 將報導事件事實的新聞文字轉貼於自己的社群網站 (2) 直接轉貼高普考考古題在 FACEBOOK (3) 以分享網址的方式轉貼資訊分享於社群網站 (4) 將講師的授課內容錄音，複製多份分贈友人。

( ) 19. 下列有關著作權之概念，何者正確？ (1) 國外學者之著作，可受我國著作權法的保護 (2) 公務機關所函頒之公文，受我國著作權法的保護 (3) 著作權要待向智慧財產權申請通過後才可主張 (4) 以傳達事實之新聞報導的語文著作，依然受著作權之保障。

( ) 20. 廠商之商標在我國已經獲准註冊，請問若希望將商品行銷販賣到國外，請問是否需在當地申請註冊才能主張商標權？ (1) 是，因為商標權註冊採取屬地保護原則 (2) 否，因為我國申請註冊之商標權在國外也會受到承認 (3) 不一定，需視我國是否與商品希望行銷販賣的國家訂有相互商標承認之協定 (4) 不一定，需視商品希望行銷販賣的國家是否為 WTO 會員國。

( ) 21. 下列何者「非」屬於營業秘密？ (1) 具廣告性質的不動產交易底價 (2) 須授權取得之產品設計或開發流程圖示 (3) 公司內部管制的各種計畫方案 (4) 不是公開可查知的客戶名單分析資料。

( ) 22. 營業秘密可分為「技術機密」與「商業機密」，下何者屬於「商業機密」？ (1) 程式 (2) 設計圖 (3) 商業策略 (4) 生產製程。

( ) 23. 吧檯坐了三個顧客，其中一個人點啤酒，另一個人點 Scotch on the Rocks，另一位點 Cognac，最適宜的 Up Selling 方式是 (1) One More Drink, Sir？ (2) Another Round ,Sir？ (3) Macallan ,Sir？ (4) X.O Sir？。

( ) 24. 顧客點了一杯 Tequila Neat，調酒員最有可能推薦的飲用方法為下列何者？ (1) Splash of Soda (2) Glass of Water on The Side (3) Prepare Salt Shaker & Sliced Lime For Guest (4) Add Dash Syrup。

( ) 25. Opening Side Work 完成後，準備製作雞尾酒應先 (1) 取用杯皿 (2) 洗淨雙手 (3) 取酒 (4) 取裝飾物。

( ) 26. 下列關於政府採購人員之敘述，何者未違反相關規定？ (1) 非主動向廠商求取，是偶發地收到廠商致贈價值在新臺幣 500 元以下之廣告物、促銷品、紀念品 (2) 要求廠商提供與採購無關之額外服務 (3) 利用職務關係向廠商借貸 (4) 利用職務關係媒介親友至廠商處所任職。

( ) 27. 下列何者有誤？ (1) 憲法保障言論自由，但散布假新聞、假消息仍須面對法律責任 (2) 在網路或 Line 社群網站收到假訊息，可以敘明案情並附加截圖檔，向法務部調查局檢舉 (3) 對新聞媒體報導有意見，向國家通訊傳播委員會申訴 (4) 自己或他人捏造、扭曲、竄改或虛構的訊息，只要一小部分能證明是真的，就不會構成假訊息。

( ) 28. 為建立良好之公司治理制度，公司內部宜納入何種檢舉人制度？ (1) 告訴乃論制度 (2) 吹哨者（whistleblower）保護程序及保護制度 (3) 不告不理制度 (4) 非告訴乃論制度。

( ) 29. 有關公司訂定誠信經營守則時，以下何者不正確？ (1) 避免與涉有不誠信行為者進行交易 (2) 防範侵害營業秘密、商標權、專利權、著作權及其他智慧財產權 (3) 建立有效之會計制度及內部控制制度 (4) 防範檢舉。

( ) 30. 乘坐轎車時，如有司機駕駛，按照國際乘車禮儀，以司機的方位來看，首位應為 (1) 後排右側 (2) 前座右側 (3) 後排左側 (4) 後排中間。

( ) 31. 今天好友突然來電，想來個「說走就走的旅行」，因此，無法去上班，下列何者作法不適當？ (1) 打電話給主管與人事部門請假 (2) 用 LINE 傳訊息給主管，並確認讀取且有回覆 (3) 發送 E-MAIL 給主管與人事部門，並收到回覆 (4) 什麼都無需做，等公司打電話來卻認後，再告知即可。

( ) 32. 每天下班回家後，就懶得再出門去買菜，利用上班時間瀏覽線上購物網站，發現有很多限時搶購的便宜商品，還能在下班前就可以送到公司，下班順便帶回家，省掉好多時間，請問下列何者最適當？ (1) 可以，又沒離開工作崗位，且能節省時間 (2) 可以，還能介紹同事一同團購，省更多的錢，增進同事情誼 (3) 不可以，應該把商品寄回家，不是公司 (4) 不可以，上班不能從事個人私務，應該等下班後再網路購物。

( ) 33. 宜樺家中養了一隻貓，由於最近生病，獸醫師建議要有人一直陪牠，這樣會恢復快一點，因為上班家裡都沒人，所以準備帶牠到辦公室一起上班，請問下列何者最適當？ (1) 可以，只要我放在寵物箱，不要影響工作即可 (2) 可以，同事們都答應也不反對 (3) 可以，雖然貓會發出聲音，大小便有異味，只要處理好不影響工作即可 (4) 不可以，建議送至專門機構照護，以免影響工作。

( ) 34. 下列何者是酸雨對環境的影響？ (1) 湖泊水質酸化 (2) 增加森林生長速度 (3) 土壤肥沃 (4) 增加水生動物種類。

( ) 35. 下列哪一項水質濃度降低會導致河川魚類大量死亡？ (1) 氨氮 (2) 溶氧 (3) 二氧化碳 (4) 生化需氧量。

（　　）36. 下列何種生活小習慣的改變可減少細懸浮微粒（PM$_{2.5}$）排放，共同為改善空氣品質盡一份心力？　(1) 少吃燒烤食物　(2) 使用吸塵器　(3) 養成運動習慣　(4) 每天喝 500cc 的水。

（　　）37. 下列哪種措施不能用來降低空氣污染？　(1) 汽機車強制定期排氣檢測　(2) 汰換老舊柴油車　(3) 禁止露天燃燒稻草　(4) 汽機車加裝消音器。

（　　）38. 大氣層中臭氧層有何作用？　(1) 保持溫度　(2) 對流最旺盛的區域　(3) 吸收紫外線　(4) 造成光害。

（　　）39. 小李具有乙級廢水專責人員證照，某工廠希望以高價租用證照的方式合作，請問下列何者正確？　(1) 這是違法行為　(2) 互蒙其利　(3) 價錢合理即可　(4) 經環保局同意即可。

（　　）40. 可藉由下列何者改善河川水質且兼具提供動植物良好棲地環境？　(1) 運動公園　(2) 人工溼地　(3) 滯洪池　(4) 水庫。

（　　）41. 台灣自來水之水源主要取自　(1) 海洋的水　(2) 河川或水庫的水　(3) 綠洲的水　(4) 灌溉渠道的水。

（　　）42. 目前市面清潔劑均會強調「無磷」，是因為含磷的清潔劑使用後，若廢水排至河川或湖泊等水域會造成甚麼影響？　(1) 綠牡蠣　(2) 優養化　(3) 秘雕魚　(4) 烏腳病。

（　　）43. 冰箱在廢棄回收時應特別注意哪一項物質，以避免逸散至大氣中造成臭氧層的破壞？　(1) 冷媒　(2) 甲醛　(3) 汞　(4) 苯。

（　　）44. 下列何者不是噪音的危害所造成的現象？　(1) 精神很集中　(2) 煩躁、失眠　(3) 緊張、焦慮　(4) 工作效率低落。

（　　）45. 我國移動污染源空氣污染防制費的徵收機制為何？　(1) 依車輛里程數計費　(2) 隨油品銷售徵收　(3) 依牌照徵收　(4) 依照排氣量徵收。

（　　）46. 室內裝潢時，若不謹慎選擇建材，將會逸散出氣狀污染物。其中會刺激皮膚、眼、鼻和呼吸道，也是致癌物質，可能為下列哪一種污染物？　(1) 臭氧　(2) 甲醛　(3) 氟氯碳化合物　(4) 二氧化碳。

（　　）47. 高速公路旁常見有農田違法焚燒稻草，除易產生濃煙影響行車安全外，也會產生下列何種空氣污染物對人體健康造成不良的作用？　(1) 懸浮微粒　(2) 二氧化碳 (CO$_2$)　(3) 臭氧 (O$_3$)　(4) 沼氣。

（　　）48. 都市中常產生的「熱島效應」會造成何種影響？　(1) 增加降雨　(2) 空氣污染物不易擴散　(3) 空氣污染物易擴散　(4) 溫度降低。

（　　）49. 基於節能減碳的目標，下列何種光源發光效率最低，不鼓勵使用？　(1) 白熾燈泡　(2) LED 燈泡　(3) 省電燈泡　(4) 螢光燈管。

（　　）50. 下列的能源效率分級標示，哪一項較省電？　(1)1　(2)2　(3)3　(4)4。

（　　）51. 下列何者「不是」目前台灣主要的發電方式？　(1) 燃煤　(2) 燃氣　(3) 水力　(4) 地熱。

（　　）52. 有關延長線及電線的使用，下列敘述何者錯誤？　(1) 拔下延長線插頭時，應手握插頭取下　(2) 使用中之延長線如有異味產生，屬正常現象不須理會　(3) 應避開火源，以免

外覆塑膠熔解，致使用時造成短路　(4) 使用老舊之延長線，容易造成短路、漏電或觸電等危險情形，應立即更換。

(　　) 53. 有關觸電的處理方式，下列敘述何者錯誤？　(1) 立即將觸電者拉離現場　(2) 把電源開關關閉　(3) 通知救護人員　(4) 使用絕緣的裝備來移除電源。

(　　) 54. 目前電費單中，係以「度」為收費依據，請問下列何者為其單位？　(1)kW　(2)kWh　(3) kJ　(4)kJh。

(　　) 55. 依據臺灣電力公司三段式時間電價（尖峰、半尖峰及離峰時段）的規定，請問哪個時段電價最便宜？　(1) 尖峰時段　(2) 夏月半尖峰時段　(3) 非夏月半尖峰時段　(4) 離峰時段。

(　　) 56. 當用電設備遭遇電源不足或輸配電設備受限制時，導致用戶暫停或減少用電的情形，常以下列何者名稱出現？　(1) 停電　(2) 限電　(3) 斷電　(4) 配電。

(　　) 57. 照明控制可以達到節能與省電費的好處，下列何種方法最適合一般住宅社區兼顧節能、經濟性與實際照明需求？　(1) 加裝 DALI 全自動控制系統　(2) 走廊與地下停車場選用紅外線感應控制電燈　(3) 全面調低照明需求　(4) 晚上關閉所有公共區域的照明。

(　　) 58. 上班性質的商辦大樓為了降低尖峰時段用電，下列何者是錯的？　(1) 使用儲冰式空調系統減少白天空調用電需求　(2) 白天有陽光照明，所以白天可以將照明設備全關掉　(3) 汰換老舊電梯馬達並使用變頻控制　(4) 電梯設定隔層停止控制，減少頻繁啟動。

(　　) 59. 為了節能與降低電費的需求，應該如何正確選用家電產品？　(1) 選用高功率的產品效率較高　(2) 優先選用取得節能標章的產品　(3) 設備沒有壞，還是堪用，繼續用，不會增加支出　(4) 選用能效分級數字較高的產品，效率較高，5 級的比 1 級的電器產品更省電。

(　　) 60. 以下對於蘭姆酒的敘述，何者錯誤？　(1) 蘭姆酒種類：Light/Dark/Golden　(2) 蘭姆酒早期是蔗糖的副產品「糖渣」發酵並蒸餾製成的酒　(3) 菲律賓是傳統蘭姆酒產區　(4) 常使用於製作點心。

複選題（每題 1.25 分，共 25 分）

(　　) 1. 下列哪些雞尾酒是以 Cachaca 做為基酒？　(1) Caipirinha　(2) Mojito　(3) Banana Batida　(4) Classic Mojito

(　　) 2. 下列哪些雞尾酒，其基酒與調製方法的對應是錯誤的？　(1) Black Russian-Vodka-Build　(2) Daiquiri-White Rum-stir　(3) Horses's Neck-Gin-Build　(4) Americano-Brandy-Build

(　　) 3. 關於世界各國葡萄酒的說法，下列何者正確　(1) 法國 :Vino　(2) 英文 :Wine　(3) 德國 :Wein　(4) 西班牙 :Vin

(　　) 4. 下列何者屬於 Long Drinks　(1) White Sangria　(2) Apple Mojito　(3) Bellini　(4) Whiskey Sour

(　　) 5. 下列何者屬於 Short Drinks　(1) Caravan　(2) Rob Roy　(3) Manhattan　(4) Tropic

(　　) 6. 客人點了威士忌，Bartender 可以建議提供何種的服務　(1) Straight Up　(2) On the Rocks　(3) Scotch Mizuwali　(4) Chill a Glass

(　　) 7. Wine List 的設計內容裡，可有下列何種飲料種類？ (1) 波特酒 (2) 雞尾酒 (3) 香檳酒 (4) 葡萄酒

(　　) 8. 下列何者是設計飲料單時應考量的因素？ (1) 顧客的需求 (2) 製作成本 (3) 分類與排列 (4) 業者的喜好

(　　) 9. 關於酒單裡的價格標示，下列敘述何者正確？ (1) 應有以杯計價的價格 (2) 應有以瓶計價的價格 (3) 價格宜由高至低編排 (4) 價格應標準化

(　　) 10. 關於酒單，下列敘述何者錯誤？ (1) 依經營型態區分有酒吧酒單與餐廳酒單 (2) 依供應目的區分有客房酒單、宴會酒單、葡萄酒酒單、促銷酒單等 (3) 英文可直接譯為「Wine List」 (4) 酒吧內所供應的酒單概以雞尾酒為主要項目

(　　) 11. 一份酒單內提供了 House Wine、Champagne & Sparkling、White Wine/Blanc、Red Wine/ Rouge、Dessert Wine、Digestif 等歸類的架構，依判斷應屬於何種酒單？ (1) 餐廳酒單 (2) 綜合性酒單 (3) 特殊酒單 (4) 主題產區酒單

(　　) 12. 關於酒單，下列敘述何者正確？ (1) 英文直譯為 Spirit List (2) 係指餐飲業者提供各種酒精性飲料產品的目錄與價目表 (3) 全系列酒單係指綜合性酒單，將業者所提供的酒精性飲料彙整於內 (4) 可視為一種飲料單 (Beverage List)

(　　) 13. 關於宴會酒單，下列敘述何者正確？ (1) 可視為一種功能性酒單 (Function Menu) (2) 可視為一種季節性酒單 (Seasonal Menu) (3) 依據各類型宴會之不同需求而設定的酒單 (4) 依據各類型宴會之不同場景而設定的酒單

(　　) 14. 關於 MixedDrinks List 的設計內容，下列敘述何者正確？ (1) 內容架構可依基酒、調製方法及酒精濃度來歸類 (2) 內容架構可依 Alcoholic Drink 與 Non-Alcoholic Drink 來分類 (3) 內容架構可依雞尾酒、混合調製酒、香甜酒、加烈葡萄酒來歸類 (4) 係指混合調製飲料單

(　　) 15. 下列何者應歸類在葡萄酒酒單的內容裡？ (1) 啤酒 (2) 香檳酒 (3) 葡萄酒 (4) 波特酒

(　　) 16. 下列何者應歸類在雞尾酒酒單的內容裡？ (1) Manhattan (2) Vodka Straight Up (3) Frozen Daiquiri (4) Mimosa

(　　) 17. 以下何者為營造 Pub 氣氛的要素 (1) 燈光 (2) 音樂 (3) 裝潢 (4) 酒單

(　　) 18. Pub 裡的空調設備可依 (1) 顧客要求 (2) 現場客數多寡 (3) 員工的感受 (4) 老闆的決策，調整溫度高低

(　　) 19. 關於酒類的甜度比較，下列敘述何者正確？ (1) Kaluha 高於 Cointreau (2) Cointreau 高於 Fino Sherry (3) Fino Sherry 高於 Cream Sherry (4) Absolute Mango Vodka 高於 Triple Sec

(　　) 20. 在不增加酒吧人事成本，且提高酒吧營收及提升工作效率，下列何者為適當之作法 (1) 增聘調酒員以加速出酒效率 (2) 安裝 POS 系統 (3) 安裝生啤酒機 Draft Beer Dispenser (4) 管制顧客入場人數

單選題（每題 1.25 分，共 100 分）

( )　1. 下列何者不會使電路發生過電流？　(1) 電氣設備過載　(2) 電路短路　(3) 電路漏電　(4) 電路斷路。

( )　2. 下列何者較屬安全、尊嚴的職場組織文化？　(1) 不斷責備勞工　(2) 公開在眾人面前長時間責罵勞工　(3) 強求勞工執行業務上明顯不必要或不可能之工作　(4) 不過度介入勞工私人事宜。

( )　3. 下列何者與職場母性健康保護較不相關？　(1) 職業安全衛生法　(2) 妊娠與分娩後女性及未滿十八歲勞工禁止從事危險性或有害性工作認定標準　(3) 性別平等工作法　(4) 動力堆高機型式驗證。

( )　4. 油漆塗裝工程應注意防火防爆事項，下列何者為非？　(1) 確實通風　(2) 注意電氣火花　(3) 緊密門窗以減少溶劑擴散揮發　(4) 嚴禁煙火。

( )　5. 依職業安全衛生設施規則規定，雇主對於物料儲存，為防止氣候變化或自然發火發生危險者，下列何者為最佳之採取措施？　(1) 保持自然通風　(2) 密閉　(3) 與外界隔離及溫濕控制　(4) 靜置於倉儲區，避免陽光直射。

( )　6. 依職業安全衛生法規定，事業單位勞動場所發生死亡職業災害時，雇主應於多少小時內通報勞動檢查機構？　(1) 8　(2) 12　(3) 24　(4) 48。

( )　7. 事業單位之勞工代表如何產生？　(1) 由企業工會推派之　(2) 由產業工會推派之　(3) 由勞資雙方協議推派之　(4) 由勞工輪流擔任之。

( )　8. 職業安全衛生法所稱有母性健康危害之虞之工作，不包括下列何種工作型態？　(1) 長時間站立姿勢作業　(2) 人力提舉、搬運及推拉重物　(3) 輪班及工作負荷　(4) 駕駛運輸車輛。

( )　9. 依職業安全衛生法施行細則規定，下列何者非屬特別危害健康之作業？　(1) 噪音作業　(2) 游離輻射作業　(3) 會計作業　(4) 粉塵作業。

( )　10. 從事於易踏穿材料構築之屋頂修繕作業時，應有何種作業主管在場執行主管業務？　(1) 施工架組配　(2) 擋土支撐組配　(3) 屋頂　(4) 模板支撐。

( )　11. 關於菸品對人體危害的敘述，下列何者「正確」？　(1) 只要開電風扇、或是抽風機就可以去除菸霧中的有害物質　(2) 指定菸品（如：加熱菸）只要通過健康風險評估，就不會危害健康，因此工作時如果想吸菸，就可以在職場拿出來使用　(3) 雖然自己不吸菸，同事在旁邊吸菸，就會增加自己得肺癌的機率　(4) 只要不將菸吸入肺部，就不會對身體造成傷害。

( )　12. 職場禁菸的好處不包括　(1) 降低吸菸者的菸品使用量，有助於減少吸菸導致的健康危害　(2) 避免同事因為被動吸菸而生病　(3) 讓吸菸者菸癮降低，戒菸較容易成功　(4) 吸

菸者不能抽菸會影響工作效率。

( ) 13. 大多數的吸菸者都嘗試過戒菸，但是很少自己戒菸成功。吸菸的同事要戒菸，怎樣建議他是無效的？ (1) 鼓勵他撥打戒菸專線 0800-63-63-63，取得相關建議與協助 (2) 建議他到醫療院所、社區藥局找藥物戒菸 (3) 建議他參加醫院或衛生所辦理的戒菸班 (4) 戒菸是自己意願的問題，想戒就可以戒了不用尋求協助。

( ) 14. 禁菸場所負責人未於場所入口處設置明顯禁菸標示，要罰該場所負責人多少元？ (1)2千～1萬 (2)1萬～5萬 (3)1萬～25萬 (4)20萬～100萬。

( ) 15. 目前電子煙是非法的，下列對電子煙的敘述，何者錯誤？ (1) 跟吸菸一樣會成癮 (2) 會有爆炸危險 (3) 沒有燃燒的菸草，不會造成身體傷害 (4) 可能造成嚴重肺損傷。

( ) 16. 針對在我國境內竊取營業秘密後，意圖在外國、中國大陸或港澳地區使用者，營業秘密法是否可以適用？ (1) 無法適用 (2) 可以適用，但若屬未遂犯則不罰 (3) 可以適用並加重其刑 (4) 能否適用需視該國家或地區與我國是否簽訂相互保護營業秘密之條約或協定。

( ) 17. 所謂營業秘密，係指方法、技術、製程、配方、程式、設計或其他可用於生產、銷售或經營之資訊，但其保障所需符合的要件不包括下列何者？ (1) 因其秘密性而具有實際之經濟價值者 (2) 所有人已採取合理之保密措施者 (3) 因其秘密性而具有潛在之經濟價值者 (4) 一般涉及該類資訊之人所知者。

( ) 18. 因故意或過失而不法侵害他人之營業秘密者，負損害賠償責任。該損害賠償之請求權，自請求權人知有行為及賠償義務人時起，幾年間不行使就會消滅？ (1)2年 (2)5年 (3)7年 (4)10年。

( ) 19. 某規範明定地政機關進用女性測量助理名額，不得超過該機關測量助理名額總數二分之一，根據消除對婦女一切形式歧視公約（CEDAW），下列何者正確？ (1) 限制女性測量助理人數比例，屬於直接歧視 (2) 土地測量經常在戶外工作，基於保護女性所作的限制，不屬性別歧視 (3) 此項二分之一規定是為促進男女比例平衡 (4) 此限制是為確保機關業務順暢推動，並未歧視女性。

( ) 20. 根據消除對婦女一切形式歧視公約（CEDAW）之間接歧視意涵，下列何者錯誤？ (1) 一項法律、政策、方案或措施表面上對男性和女性無任何歧視，但實際上卻產生歧視女性的效果 (2) 察覺間接歧視的一個方法，是善加利用性別統計與性別分析 (3) 如果未正視歧視之結構和歷史模式，及忽略男女權力關係之不平等，可能使現有不平等狀況更為惡化 (4) 不論在任何情況下，只要以相同方式對待男性和女性，就能避免間接歧視之產生。

( ) 21. 下列何者是酸雨對環境的影響？ (1) 湖泊水質酸化 (2) 增加森林生長速度 (3) 土壤肥沃 (4) 增加水生動物種類。

( ) 22. 下列哪一項水質濃度降低會導致河川魚類大量死亡？ (1) 氨氮 (2) 溶氧 (3) 二氧化碳 (4) 生化需氧量。

( ) 23. 下列何種生活小習慣的改變可減少細懸浮微粒（PM_{2.5}）排放，共同為改善空氣品質盡一份心力？ (1) 少吃燒烤食物 (2) 使用吸塵器 (3) 養成運動習慣 (4) 每天喝 500cc 的水。

( ) 24. 主管機關審查環境影響說明書或評估書，如認為已足以判斷未對環境有重大影響之虞，作成之審查結論可能為下列何者？ (1) 通過環境影響評估審查 (2) 應繼續進行第二階段環境影響評估 (3) 認定不應開發 (4) 補充修正資料再審。

( ) 25. 依環境影響評估法規定，對環境有重大影響之虞的開發行為應繼續進行第二階段環境影響評估，下列何者不是上述對環境有重大影響之虞或應進行第二階段環境影響評估的決定方式？ (1) 明訂開發行為及規模 (2) 環評委員會審查認定 (3) 自願進行 (4) 有民眾或團體抗爭。

( ) 26. 我國固定污染源空氣污染防制費以何種方式徵收？ (1) 依營業額徵收 (2) 隨使用原料徵收 (3) 按工廠面積徵收 (4) 依排放污染物之種類及數量徵收。

( ) 27. 在不妨害水體正常用途情況下，水體所能涵容污染物之量稱為 (1) 涵容能力 (2) 放流能力 (3) 運轉能力 (4) 消化能力。

( ) 28. 水污染防治法中所稱地面水體不包括下列何者？ (1) 河川 (2) 海洋 (3) 灌溉渠道 (4) 地下水。

( ) 29. 下列何者不是主管機關設置水質監測站採樣的項目？ (1) 水溫 (2) 氫離子濃度指數 (3) 溶氧量 (4) 顏色。

( ) 30. 事業、污水下水道系統及建築物污水處理設施之廢（污）水處理，其產生之污泥，依規定應作何處理？ (1) 應妥善處理，不得任意放置或棄置 (2) 可作為農業肥料 (3) 可作為建築土方 (4) 得交由清潔隊處理。

( ) 31. 有關觸電的處理方式，下列敘述何者錯誤？ (1) 立即將觸電者拉離現場 (2) 把電源開關關閉 (3) 通知救護人員 (4) 使用絕緣的裝備來移除電源。

( ) 32. 目前電費單中，係以「度」為收費依據，請問下列何者為其單位？ (1)kW (2)kWh (3)kJ (4)kJh。

( ) 33. 依據臺灣電力公司三段式時間電價（尖峰、半尖峰及離峰時段）的規定，請問哪個時段電價最便宜？ (1) 尖峰時段 (2) 夏月半尖峰時段 (3) 非夏月半尖峰時段 (4) 離峰時段。

( ) 34. 當用電設備遭遇電源不足或輸配電設備受限制時，導致用戶暫停或減少用電的情形，常以下列何者名稱出現？ (1) 停電 (2) 限電 (3) 斷電 (4) 配電。

( ) 35. 照明控制可以達到節能與省電費的好處，下列何種方法最適合一般住宅社區兼顧節能、經濟性與實際照明需求？ (1) 加裝 DALI 全自動控制系統 (2) 走廊與地下停車場選用紅外線感應控制電燈 (3) 全面調低照明需求 (4) 晚上關閉所有公共區域的照明。

( ) 36. 澆花的時間何時較為適當，水分不易蒸發又對植物最好？ (1) 正中午 (2) 下午時段 (3) 清晨或傍晚 (4) 半夜十二點。

( ) 37. 下列何種方式沒有辦法降低洗衣機之使用水量，所以不建議採用？ (1) 使用低水位清洗 (2) 選擇快洗行程 (3) 兩、三件衣服也丟洗衣機洗 (4) 選擇有自動調節水量的洗衣機。

( ) 38 有關省水馬桶的使用方式與觀念認知，下列何者是錯誤的？ (1) 選用衛浴設備時最好能採用省水標章馬桶 (2) 如果家裡的馬桶是傳統舊式，可以加裝二段式沖水配件 (3) 省水馬桶因為水量較小，會有沖不乾淨的問題，所以應該多沖幾次 (4) 因為馬桶是家裡用水的大宗，所以應該儘量採用省水馬桶來節約用水。

( ) 39. 下列的洗車方式，何者「無法」節約用水？ (1) 使用有開關的水管可以隨時控制出水 (2) 用水桶及海綿抹布擦洗 (3) 用大口徑強力水注沖洗 (4) 利用機械自動洗車，洗車水處理循環使用。

( ) 40. 下列何種現象「無法」看出家裡有漏水的問題？ (1) 水龍頭打開使用時，水表的指針持續在轉動 (2) 牆面、地面或天花板忽然出現潮濕的現象 (3) 馬桶裡的水常在晃動，或是沒辦法止水 (4) 水費有大幅度增加。

( ) 41. 集合式住宅的地下停車場需要維持通風良好的空氣品質，又要兼顧節能效益，下列的排風扇控制方式何者是不恰當的？ (1) 淘汰老舊排風扇，改裝取得節能標章、適當容量的高效率風扇 (2) 兩天一次運轉通風扇就好了 (3) 結合一氧化碳偵測器，自動啟動 / 停止控制 (4) 設定每天早晚二次定期啟動排風扇。

( ) 42. 哪一種家庭廢棄物可用來作為製造肥皂的主要原料？ (1) 食醋 (2) 果皮 (3) 回鍋油 (4) 熟廚餘。

( ) 43. 世紀之毒「戴奧辛」主要透過何者方式進入人體？ (1) 透過觸摸 (2) 透過呼吸 (3) 透過飲食 (4) 透過雨水。

( ) 44. 臺灣地狹人稠，垃圾處理一直是不易解決的問題，下列何種是較佳的因應對策？ (1) 垃圾分類資源回收 (2) 蓋焚化廠 (3) 運至國外處理 (4) 向海爭地掩埋。

( ) 45. 組織胺中毒常發生於腐敗之水產魚肉中，但組織胺是 (1) 不耐熱，加熱即可破壞 (2) 耐熱，加熱很難破壞 (3) 不耐冷，冷凍即可破壞 (4) 不耐攪拌，攪拌均勻即可破壞。

( ) 46. 集合式住宅的地下停車場需要維持通風良好的空氣品質，又要兼顧節能效益，下列的排風扇控制方式何者是不恰當的？ (1) 淘汰老舊排風扇，改裝取得節能標章、適當容量的高效率風扇 (2) 兩天一次運轉通風扇就好了 (3) 結合一氧化碳偵測器，自動啟動 / 停止控制 (4) 設定每天早晚二次定期啟動排風扇。

( ) 47. 大樓電梯為了節能及生活便利需求，可設定部分控制功能，下列何者是錯誤或不正確的做法？ (1) 加感應開關，無人時自動關閉電燈與通風扇 (2) 縮短每次開門 / 關門的時間 (3) 電梯設定隔樓層停靠，減少頻繁啟動 (4) 電梯馬達加裝變頻控制。

( ) 48. 為了節能及兼顧冰箱的保溫效果，下列何者是錯誤或不正確的做法？ (1) 冰箱內上下層間不要塞滿，以利冷藏對流 (2) 食物存放位置紀錄清楚，一次拿齊食物，減少開門次數 (3) 冰箱門的密封壓條如果鬆弛，無法緊密關門，應儘速更新修復 (4) 冰箱內食物擺滿塞滿，效益最高。

( ) 49. 電鍋剩飯持續保溫至隔天再食用，或剩飯先放冰箱冷藏，隔天用微波爐加熱，下列何者是對的？ (1) 持續保溫較省電 (2) 微波爐再加熱比較省電又方便 (3) 兩者一樣 (4)

優先選電鍋保溫方式，因爲馬上就可以吃。

( ) 50. 不斷電系統 UPS 與緊急發電機的裝置都是應付臨時性供電狀況；停電時，下列的陳述何者是對的？ (1) 緊急發電機會先啓動，不斷電系統 UPS 是後備的 (2) 不斷電系統 UPS 先啓動，緊急發電機是後備的 (3) 兩者同時啓動 (4) 不斷電系統 UPS 可以撐比較久。

( ) 51. 下列何者爲非再生能源？ (1) 地熱能 (2) 焦媒 (3) 太陽能 (4) 水力能。

( ) 52. 研究顯示，與罹患癌症最相關的飲食因子爲 (1) 每日蔬、果攝取份量不足 (2) 每日「豆、魚、蛋、肉」類攝取份量不足 (3) 常常不吃早餐，卻有吃宵夜的習慣 (4) 反式脂肪酸攝食量超過建議量。

( ) 53. 下列何者是「鐵質」最豐富的來源？ (1) 雞蛋 1 個 (2) 紅莧菜半碗（約 3 兩） (3) 牛肉 1 兩 (4) 葡萄 8 粒。

( ) 54. 每天熱量攝取高於身體需求量的 300 大卡，約多少天後即可增加 1 公斤？ (1)15 天 (2)20 天 (3)25 天 (4)35 天。

( ) 55. 下列飲食行爲，何者是對多數人健康最大的威脅？ (1) 每天吃 1 個雞蛋（荷包蛋、滷蛋等） (2) 每天吃 1 次海鮮（蝦仁、花枝等） (3) 每天喝 1 杯拿鐵（咖啡加鮮奶） (4) 每天吃 1 個葡式蛋塔。

( ) 56. 世界衛生組織（WHO）建議每人每天反式脂肪酸不可超過攝取熱量的 1%。請問，以一位男性每天 2,000 大卡來看，其反式脂肪酸的上限爲 (1)5.2 公克 (2)3.6 公克 (3)2.8 公克 (4)2.2 公克。

( ) 57. 下列有關食品營養標示之敘述，何者正確？ (1) 包裝食品上營養標示所列的一份熱量含量，通常就是整包吃完後所獲得的熱量 (2) 當反式脂肪酸標示爲「0」時，即代表此份食品完全不含反式脂肪酸，即使是心臟血管疾病的病人也可放心食用 (3) 包裝食品每份熱量 220 大卡，蛋白質 4.8 公克，此份產品可以視爲高蛋白質來源的食品 (4) 包裝飲料每 100 毫升爲 33 大卡，1 罐飲料內容物爲 400 毫升，張同學今天共喝了 4 罐，他單從此包裝飲料就攝取了 528 大卡。

( ) 58. 冰箱在廢棄回收時應特別注意哪一項物質，以避免逸散至大氣中造成臭氧層的破壞？ (1) 冷媒 (2) 甲醛 (3) 汞 (4) 苯。

( ) 59. 下列何者不是噪音的危害所造成的現象？ (1) 精神很集中 (2) 煩躁、失眠 (3) 緊張、焦慮 (4) 工作效率低落。

( ) 60. 我國移動污染源空氣污染防制費的徵收機制爲何？ (1) 依車輛里程數計費 (2) 隨油品銷售徵收 (3) 依牌照徵收 (4) 依照排氣量徵收。

( ) 61. 依勞動基準法規定，雇主應置備勞工工資清冊並應保存幾年？ (1)1 年 (2)2 年 (3)5 年 (4)10 年。

( ) 62. 事業單位僱用勞工多少人以上者，應依勞動基準法規定訂立工作規則？ (1)30 人 (2)50 人 (3)100 人 (4)200 人。

( ) 63. 依勞動基準法規定，雇主延長勞工之工作時間連同正常工作時間，每日不得超過多少小時？ (1)10 (2)11 (3)12 (4)15

(　) 64. 依勞動基準法規定，下列何者屬不定期契約？ (1) 臨時性或短期性的工作 (2) 季節性的工作 (3) 特定性的工作 (4) 有繼續性的工作。

(　) 65. 依職業安全衛生法規定，事業單位勞動場所發生死亡職業災害時，雇主應於多少小時內通報勞動檢查機構？ (1) 8 (2) 12 (3) 24 (4) 48。

(　) 66. 世界環境日是在每一年的哪一日？ (1)6 月 5 日 (2)4 月 10 日 (3)3 月 8 日 (4)11 月 12 日。

(　) 67. 2015 年巴黎協議之目的為何？ (1) 避免臭氧層破壞 (2) 減少持久性污染物排放 (3) 遏阻全球暖化趨勢 (4) 生物多樣性保育。

(　) 68. 下列何者為環境保護的正確作為？ (1) 多吃肉少蔬食 (2) 自己開車不共乘 (3) 鐵馬步行 (4) 不隨手關燈。

(　) 69. 下列何種行為對生態環境會造成較大的衝擊？ (1) 植種原生樹木 (2) 引進外來物種 (3) 設立國家公園 (4) 設立自然保護區。

(　) 70. 下列哪一種飲食習慣能減碳抗暖化？ (1) 多吃速食 (2) 多吃天然蔬果 (3) 多吃牛肉 (4) 多選擇吃到飽的餐館。

(　) 71. 下列內場操作人員的衛生規則何者正確 (1) 為操作方便可以用沙拉油桶墊腳 (2) 可直接以口對著湯勺試吃 (3) 可直接在操作台旁會客 (4) 使用適當且乾淨的器具進行菜餚的排盤。

(　) 72. 食品從業人員健康檢查及教育訓練記錄應保存幾年 (1) 一年 (2) 三年 (3) 五年 (4) 七年。

(　) 73. 下列何者對乾燥的抵抗力最強 (1) 黴菌 (2) 酵母菌 (3) 細菌 (4) 酵素。

(　) 74. 水活性在多少以下細菌較不易孳生 (1)0.84 (2)0.87 (3)0.90 (4)0.93。

(　) 75. 肉毒桿菌在酸鹼值（pH）多少以下生長會受到抑制 (1)4.6 (2)5.6 (3)6.6 (4)7.6。

(　) 76. 進行食品危害分析時須包括化學性、物理性及下列何者 (1) 生物性 (2) 化工性 (3) 機械性 (4) 電機性。

(　) 77. 關於諾羅病毒的敘述，下列何者正確 (1)1-10 個病毒即可致病 (2) 用 75％酒精可以殺死 (3) 外層有脂肪膜 (4) 若貝類生長於受人類糞便污染的海域，病毒易蓄積於閉殼肌。

(　) 78. 下列何者為最常見的毒素型病原菌 (1) 李斯特菌 (2) 腸炎弧菌 (3) 曲狀桿菌 (4) 金黃色葡萄球菌。

(　) 79. 與水產食品中毒較相關的病原菌是 (1) 李斯特菌 (2) 腸炎弧菌 (3) 曲狀桿菌 (4) 葡萄球菌。

(　) 80. 經調查檢驗後確認引起疾病之病原菌為腸炎弧菌，則該腸炎弧菌即為 (1) 原因物質 (2) 事因物質 (3) 病因物質 (4) 肇因物質。

解答

第1回

一、單選題

1. 3	2. 3	3. 3	4. 4	5. 4	6. 4	7. 2	8. 1	9. 1	10. 1
11. 2	12. 3	13. 4	14. 4	15. 1	16. 3	17. 4	18. 1	19. 3	20. 3
21. 3	22. 4	23. 4	24. 2	25. 4	26. 1	27. 1	28. 3	29. 1	30. 3
31. 2	32. 3	33. 1	34. 4	35. 3	36. 2	37. 1	38. 3	39. 1	40. 4
41. 3	42. 3	43. 1	44. 3	45. 3	46. 1	47. 3	48. 4	49. 4	50. 3
51. 1	52. 1	53. 2	54. 3	55. 2	56. 1	57. 3	58. 3	59. 4	60. 3

二、複選題

1. 24	2. 13	3. 134	4. 124	5. 123	6. 23	7. 13	8. 123	9. 12	10. 124
11. 13	12. 23	13. 134	14. 123	15. 12	16. 123	17. 14	18. 13	19. 234	20. 12

第2回

一、單選題

1. 1	2. 4	3. 1	4. 3	5. 4	6. 1	7. 2	8. 3	9. 3	10. 1
11. 4	12. 3	13. 2	14. 2	15. 1	16. 3	17. 1	18. 3	19. 1	20. 3
21. 4	22. 1	23. 3	24. 3	25. 4	26. 4	27. 3	28. 3	29. 2	30. 4
31. 1	32. 1	33. 4	34. 2	35. 1	36. 3	37. 3	38. 3	39. 2	40. 1
41. 2	42. 4	43. 2	44. 2	45. 1	46. 3	47. 3	48. 2	49. 2	50. 3
51. 4	52. 1	53. 3	54. 1	55. 3	56. 3	57. 1	58. 4	59. 2	60. 4

二、複選題

1. 12	2. 24	3. 34	4. 34	5. 12	6. 23	7. 13	8. 123	9. 12	10. 124
11. 14	12. 234	13. 234	14. 123	15. 123	16. 24	17. 234	18. 24	19. 23	20. 24

第3回

一、單選題

1. 3	2. 1	3. 2	4. 3	5. 1	6. 2	7. 1	8. 2	9. 4	10. 4
11. 4	12. 1	13. 3	14. 4	15. 3	16. 2	17. 3	18. 3	19. 1	20. 4
21. 2	22. 1	23. 1	24. 2	25. 1	26. 2	27. 1	28. 2	29. 2	30. 1
31. 4	32. 3	33. 1	34. 1	35. 4	36. 3	37. 4	38. 4	39. 3	40. 1
41. 1	42. 4	43. 3	44. 3	45. 1	46. 3	47. 3	48. 1	49. 2	50. 4
51. 3	52. 4	53. 2	54. 4	55. 1	56. 1	57. 3	58. 4	59. 3	60. 3

二、複選題

1. 123	2. 123	3. 34	4. 12	5. 12	6. 123	7. 1234	8. 123	9. 134	10. 123
11. 34	12. 12	13. 124	14. 13	15. 234	16. 23	17. 34	18. 123	19. 34	20. 24

第4回

一、單選題

1. 2	2. 3	3. 2	4. 4	5. 1	6. 4	7. 3	8. 1	9. 2	10. 1
11. 2	12. 2	13. 4	14. 1	15. 4	16. 3	17. 1	18. 4	19. 1	20. 1
21. 1	22. 3	23. 2	24. 3	25. 2	26. 1	27. 4	28. 2	29. 4	30. 1
31. 4	32. 4	33. 4	34. 1	35. 2	36. 1	37. 4	38. 3	39. 1	40. 2
41. 2	42. 2	43. 1	44. 1	45. 2	46. 2	47. 1	48. 2	49. 1	50. 1
51. 4	52. 2	53. 1	54. 2	55. 4	56. 2	57. 2	58. 2	59. 2	60. 3

二、複選題

1. 134	2. 234	3. 23	4. 12	5. 23	6. 123	7. 134	8. 123	9. 12	10. 34
11. 12	12. 234	13. 13	14. 124	15. 234	16. 134	17. 123	18. 12	19. 12	20. 23

第5回

1. 4	2. 4	3. 4	4. 3	5. 3	6. 1	7. 1	8. 4	9. 3	10. 3
11. 3	12. 4	13. 4	14. 2	15. 3	16. 3	17. 4	18. 1	19. 1	20. 4
21. 1	22. 2	23. 1	24. 1	25. 4	26. 4	27. 1	28. 4	29. 4	30. 1
31. 1	32. 2	33. 4	34. 2	35. 2	36. 3	37. 3	38. 3	39. 3	40. 1
41. 2	42. 3	43. 3	44. 1	45. 2	46. 2	47. 2	48. 4	49. 2	50. 2
51. 2	52. 1	53. 3	54. 3	55. 4	56. 4	57. 4	58. 1	59. 1	60. 2
61. 3	62. 1	63. 3	64. 4	65. 1	66. 1	67. 3	68. 3	69. 2	70. 2
71. 4	72. 3	73. 4	74. 1	75. 1	76. 1	77. 1	78. 4	79. 2	80. 3

飲料調製 乙級

技能檢定學術科完全攻略

回數	範圍	考試日期	分數
第一回	工作項目 01 飲務作業～ 02 酒單設計		
第二回	工作項目 02 酒單設計～ 03 現場管理		
第三回	工作項目 01 飲務作業～ 03 現場管理		
第四回	20600 飲料調製乙級＋90006 ～ 90009 共同科		
第五回	90006 ～ 90009 共同科＋90010 食品安全衛生及營養相關職類共同科		

學科測驗卷

教師：＿＿＿＿＿＿＿＿＿＿ 老師

班級：＿＿＿＿＿＿＿＿＿＿

座號：＿＿＿＿＿＿＿＿＿＿

姓名：＿＿＿＿＿＿＿＿＿＿

78222-04E